21世纪高等学校规划教材 | 计算机科学与技术

# 计算机导论

张志佳 主编
姜岩 李雅红 张姝 王军 副主编

清华大学出版社
北京

## 内容简介

结合作者多年讲授"计算机导论"的实践教学经验,同时借鉴国内外同类教材的经验,根据教育部高等学校计算机科学与技术教学指导委员会有关课程要求和大纲编写了本教材。

本教材结构分为5大部分,包括计算基础、计算机硬件、计算机软件、数据组织与前沿知识扩展,分别讲述了计算机学科及其知识体系、进制表示及转换、数据表示、硬件组成与组装、计算机网络、操作系统、程序设计、软件工程、数据结构、数据库技术、计算机软件、移动互联、人工智能、数字地球等。本教材的编写体系是每章为一个单独的主题,可根据专业方向进行取舍。

本教材可以作为高等学校计算机科学与技术及相关专业的计算机基础课教材,也适用于从事计算机应用与信息技术的相关人员作为参考资料。另外,本教材涵盖微软办公软件全球认证中心推出的计算机综合应用能力考核全球标准国际认证(Internet and Computing Core Certification, $IC^3$)内容,可以作为 $IC^3$ 认证的参考资料。



**图书在版编目(CIP)数据**

计算机导论/张志佳主编. --北京:清华大学出版社,2012.8 (2020.9重印)
(21世纪高等学校规划教材·计算机科学与技术)
ISBN 978-7-302-29281-4

Ⅰ. ①计… Ⅱ. ①张… Ⅲ. ①电子计算机-高等学校-教材 Ⅳ. ①TP3

中国版本图书馆 CIP 数据核字(2012)第152381号

**责任编辑**:付弘宇 薛 阳
**封面设计**:傅瑞学
**责任校对**:焦丽丽
**责任印制**:丛怀宇

**出版发行**:清华大学出版社
**网 址**:http://www.tup.com.cn, http://www.wqbook.com
**地 址**:北京清华大学学研大厦A座 **邮 编**:100084
**社 总 机**:010-62770175 **邮 购**:010-83470235
**投稿与读者服务**:010-62776969, c-service@tup.tsinghua.edu.cn
**质量反馈**:010-62772015, zhiliang@tup.tsinghua.edu.cn
**课件下载**:http://www.tup.com.cn,010-83470236
**印 装 者**:北京嘉实印刷有限公司
**经 销**:全国新华书店
**开 本**:185mm×260mm **印 张**:19.5 **字 数**:472千字
**版 次**:2012年8月第1版 **印 次**:2020年9月第10次印刷
**印 数**:14001~15500
**定 价**:39.80元

产品编号:048073-02

# 编审委员会成员

（按地区排序）

# 出版说明

随着我国改革开放的进一步深化，高等教育也得到了快速发展，各地高校紧密结合地方经济建设发展需要，科学运用市场调节机制，加大了使用信息科学等现代科学技术提升、改造传统学科专业的投入力度，通过教育改革合理调整和配置了教育资源，优化了传统学科专业，积极为地方经济建设输送人才，为我国经济社会的快速、健康和可持续发展以及高等教育自身的改革发展做出了巨大贡献。但是，高等教育质量还需要进一步提高以适应经济社会发展的需要，不少高校的专业设置和结构不尽合理，教师队伍整体素质亟待提高，人才培养模式、教学内容和方法需要进一步转变，学生的实践能力和创新精神亟待加强。

教育部一直十分重视高等教育质量工作。2007 年 1 月，教育部下发了《关于实施高等学校本科教学质量与教学改革工程的意见》，计划实施“高等学校本科教学质量与教学改革工程”（简称“质量工程”），通过专业结构调整、课程教材建设、实践教学改革、教学团队建设等多项内容，进一步深化高等学校教学改革，提高人才培养的能力和水平，更好地满足经济社会发展对高素质人才的需要。在贯彻和落实教育部“质量工程”的过程中，各地高校发挥师资力量强、办学经验丰富、教学资源充裕等优势，对其特色专业及特色课程（群）加以规划、整理和总结，更新教学内容、改革课程体系，建设了一大批内容新、体系新、方法新、手段新的特色课程。在此基础上，经教育部相关教学指导委员会专家的指导和建议，清华大学出版社在多个领域精选各高校的特色课程，分别规划出版系列教材，以配合“质量工程”的实施，满足各高校教学质量和教学改革的需要。

为了深入贯彻落实教育部《关于加强高等学校本科教学工作，提高教学质量的若干意见》精神，紧密配合教育部已经启动的“高等学校教学质量与教学改革工程精品课程建设工作”，在有关专家、教授的倡议和有关部门的大力支持下，我们组织并成立了“清华大学出版社教材编审委员会”（以下简称“编委会”），旨在配合教育部制定精品课程教材的出版规划，讨论并实施精品课程教材的编写与出版工作。“编委会”成员皆来自全国各类高等学校教学与科研第一线的骨干教师，其中许多教师为各校相关院、系主管教学的院长或系主任。

按照教育部的要求，“编委会”一致认为，精品课程的建设工作从开始就要坚持高标准、严要求，处于一个比较高的起点上。精品课程教材应该能够反映各高校教学改革与课程建设的需要，要有特色风格、有创新性（新体系、新内容、新手段、新思路，教材的内容体系有较高的科学创新、技术创新和理念创新的含量）、先进性（对原有的学科体系有实质性的改革和发展，顺应并符合 21 世纪教学发展的规律，代表并引领课程发展的趋势和方向）、示范性（教材所体现的课程体系具有较广泛的辐射性和示范性）和一定的前瞻性。教材由个人申报或各校推荐（通过所在高校的“编委会”成员推荐），经“编委会”认真评审，最后由清华大学出版社审定出版。

目前，针对计算机类和电子信息类相关专业成立了两个“编委会”，即“清华大学出版社计算机教材编审委员会”和“清华大学出版社电子信息教材编审委员会”。推出的特色精品教材包括：

（1）21 世纪高等学校规划教材·计算机应用——高等学校各类专业，特别是非计算机专业的计算机应用类教材。

（2）21 世纪高等学校规划教材·计算机科学与技术——高等学校计算机相关专业的教材。

（3）21 世纪高等学校规划教材·电子信息——高等学校电子信息相关专业的教材。

（4）21 世纪高等学校规划教材·软件工程——高等学校软件工程相关专业的教材。

（5）21 世纪高等学校规划教材·信息管理与信息系统。

（6）21 世纪高等学校规划教材·财经管理与应用。

（7）21 世纪高等学校规划教材·电子商务。

（8）21 世纪高等学校规划教材·物联网。

清华大学出版社经过三十多年的努力，在教材尤其是计算机和电子信息类专业教材出版方面树立了权威品牌，为我国的高等教育事业做出了重要贡献。清华版教材形成了技术准确、内容严谨的独特风格，这种风格将延续并反映在特色精品教材的建设中。

**清华大学出版社教材编审委员会**
**联系人：魏江江**
**E-mail：weijj@tup.tsinghua.edu.cn**

# 前言

在教育部关于高等学校计算机基础教育方案指导下，我国高等学校的计算机基础教育事业经过多年的改革与实践，取得了大量的宝贵经验与可喜成果，并在积极蓬勃发展。

作为计算机及相关专业的基础课教材，《计算机导论》的使用对象是计算机及相关专业的大学一年级学生。对该课程的定位应该是使学生了解计算机的基础知识、学科特点、知识体系、发展历史及趋势，掌握计算机的基本概念、计算基础、硬件基本组成、程序开发基本思想，在对专业知识了解的同时，认识学科范畴、发展潮流与方向，掌握学习方法，培养学生主动获取知识的能力、对计算机及相关学科的学习兴趣与热情。

根据课程定位思想，按照计算机学科的基本知识体系，本教材在内容上包括学科简介、计算机基本概念、数据运算与存储、计算机硬件基本组成、计算机常用软件、程序设计基础、操作系统、数据库原理、网络技术基础、软件工程基础及本学科的部分扩展阅读内容。本教材的编写旨在为一年级的新生尽快认识计算机学科的基本框架，为下一步系统学习专业知识打下基础并产生学习兴趣。教材在编写上尽量避开数学模型和技术细节，着重讲解计算机学科知识体系的基本概念和基本应用。

教材内容由浅入深、循序渐进，注重理论与实践相结合。本教材的每章为一个单独的主题，可根据专业方向进行取舍。适合作为计算机相关专业的教材，也适合有兴趣了解计算机科学的读者作为参考资料。另外，本教材涵盖微软办公软件全球认证中心推出的计算机综合应用能力考核全球标准国际认证（Internet and Computing Core Certification，$IC^3$）内容，可以作为对 $IC^3$ 认证感兴趣相关人员的参考资料。

本教材由张志佳主编，姜岩、李雅红、张姝、王军（沈阳化工大学）副主编。参加编写工作的还有朱天翔、冯海文、吴澎、王德新、杨德国、张永赫、宋继红等。另外，研究生路红亮、王博实、何纯静、李文强参与了本书的校正及部分编辑工作。本教材在编写过程中得到了清华大学出版社的大力支持与帮助，参考了大量的资料和文献，在此表示衷心的感谢。

为了方便教师使用和学生学习，教材配有教学课件，读者可与出版社或作者联系。

由于本教材涉及面广、技术新，书中如有不妥与疏漏之处，请各位专家和读者批评指正。

编　者

2012 年 4 月

# 目 录

# 第1章 绪论

计算机的发展已经有70余年的历史,无论在科学领域、工程领域,还是在生活、工作中,计算机都发挥着重要的作用。计算机学科研究计算机的设计与制造及利用计算机进行信息获取、表示、存储、处理、控制等相关的理论、方法和技术,并随着计算机的发展而迅速崛起。

## 1.1 计算机的基本概念

计算机是一种能够按照事先存储的程序,自动、高速地进行大量数值计算和各种信息处理的现代化智能电子设备。它具有较长的发展历史,并且已经渗透到各个领域。本节主要讨论计算机的基本组成、分类及工作原理,并介绍计算机的发展历史。

### 1. 什么是计算机

计算机(Computer)由硬件系统和软件系统组成,两者是计算机运行不可缺少而又相辅相成的重要组成部分。

### 2. 计算机的分类

计算机通常按其结构原理、用途、型体功能和字长多种方式分类。

(1) 按结构原理分类,可以分为数字电子计算机、模拟电子计算机。

数字电子计算机是以电脉冲的个数或电位的阶变形式来实现计算机内部的数值计算和逻辑判断,输出量仍是数值。目前广泛使用的都是数字电子计算机,简称计算机。

模拟电子计算机是对电压、电流等连续的物理量进行处理的计算机。输出量仍是连续的物理量。它的精度较低,应用范围有限。

(2) 按用途分类,可分为通用计算机和专用计算机。

通用计算机是指目前广泛应用的计算机,其结构复杂,但用途广泛,可用于解决各种类型的问题。

专用计算机是指为了某种特定的目的所设计制造的计算机,其使用范围窄,但结构简单,价格便宜,工作效率高。

(3) 按型体功能分类,可分为巨型机、大型机、小型机、微型机4类。

① 巨型机

巨型机有极高的速度、极大的容量,用于国防尖端技术、空间技术、大范围长期性天气预报、石油勘探等方面。目前这类计算机的运算速度可达每秒百亿次。这类计算机在技术上朝两个方向发展。一是开发高性能器件,特别是缩短时钟周期,提高单机性能。二是采用多处理器结构,构成超并行计算机,通常由100台以上的处理器组成超并行巨型计算机系统,它们同时解算一个课题,来达到高速运算的目的。

② 大型机

这类计算机具有极强的综合处理能力和极大的性能覆盖面。在一台大型机中可以使用几十台微机或微机芯片,用以完成特定的操作。可同时支持上万个用户,可支持几十个大型数据库。主要应用在政府部门、银行、大公司、大企业等。

③ 小型机

小型机规模小、结构简单、设计试制周期短,便于及时采用先进工艺技术,软件开发成本低,易于操作维护。它们已广泛应用于工业自动控制、大型分析仪器、测量设备、企业管理、大学和科研机构等,也可以作为大型与巨型计算机系统的辅助计算机。近年来,小型机的发展也引人注目。特别是缩减指令系统计算机(Reduced Instruction Set Computer,RISC)体系结构,顾名思义是指令系统简化、缩小了的计算机,而过去的计算机则统属于复杂指令系统计算机(Complex Instruction Set Computer,CISC)体系结构。RISC的思想是把那些很少使用的复杂指令用子程序来取代,将整个指令系统限制在数量甚少的基本指令范围内,并且绝大多数指令的执行都只占一个时钟周期,甚至更少,优化编译器,从而提高计算机的整体性能。

④ 微型机

微型机技术在近10年内发展速度迅猛,平均每2~3个月就有新产品出现,1~2年产品就更新换代一次。平均每两年芯片的集成度可提高一倍,性能提高一倍,价格降低一半。目前还有加快的趋势。微型机已经应用于办公自动化、数据库管理、图像识别、语音识别、专家系统、多媒体技术等领域,并且开始成为城镇家庭的一种常规电器。

(4) 计算机按字长分类,可分为8位机、16位机、32位机、64位机。

### 3. 计算机的特点

1) 自动地运行程序

计算机能在程序控制下自动连续地高速运算。由于采用存储程序控制的方式,因此一旦输入编制好的程序,启动计算机后,就能自动地执行直至完成任务。这是计算机最突出的特点。

2) 运算速度快

计算机能以极快的速度进行计算。现在普通的微型计算机每秒可执行几十万条指令,而巨型机则达到每秒几十亿次甚至几百亿次。随着计算机技术的发展,计算机的运算速度还在提高。例如天气预报,由于需要分析大量的气象资料数据,单靠手工完成计算是不可能的,而用巨型机只需十几分钟就可以完成。

3) 运算精度高

电子计算机的计算精度在理论上不受限制,一般的计算机均能达到15位有效数字,通过一定的技术手段,可以实现任何精度要求。

4) 具有记忆和逻辑判断能力

人是有思维能力的,而思维能力本质上是一种逻辑判断能力。计算机借助逻辑运算,可以进行逻辑判断，并根据判断结果自动地确定下一步该做什么。计算机的存储系统由内存和外存组成，具有存储和“记忆”大量信息的能力，现代计算机的内存容量已达到上百兆字节甚至几千兆字节，而外存也有惊人的容量。如今的计算机不仅具有运算能力，还具有逻辑判断能力，可以使用其进行诸如资料分类、情报检索等具有逻辑加工性质的工作。

5）可靠性高

随着微电子技术和计算机技术的发展，现代电子计算机连续无故障运行时间可达到几十万小时以上，具有极高的可靠性。例如，安装在宇宙飞船上的计算机可以连续几年时间可靠地运行。计算机应用在管理中也具有很高的可靠性，而人却很容易因疲劳而出错。另外，计算机对于不同的问题，只是执行的程序不同，因而具有很强的稳定性和通用性。用同一台计算机能解决各种问题，应用于不同的领域。

微型计算机除了具有上述特点外，还具有体积小、重量轻、耗电少、维护方便、可靠性高、易操作、功能强、使用灵活、价格便宜等特点。计算机还能代替人做许多复杂繁重的工作。

### 4. 计算机的用途

进入20世纪90年代以来，计算机技术作为科技的先导技术之一，得到了飞跃发展，超级并行计算机技术、高速网络技术、多媒体技术、人工智能技术等相互渗透，改变了人们使用计算机的方式，从而使计算机几乎渗透到人类生产和生活的各个领域，对工业和农业都有极其重要的影响。计算机的应用范围归纳起来主要有以下6个方面。

1）科学计算

科学计算亦称数值计算，是指用计算机完成科学研究和工程技术中所提出的数学问题。计算机作为一种计算工具，科学计算是它最早的应用领域，也是计算机最重要的应用之一。在科学技术和工程设计中存在着大量的各类数字计算，如求解几百乃至上千阶的线性方程组、大型矩阵运算等。这些问题广泛出现在导弹实验、卫星发射、灾情预测等领域，其特点是数据量大、计算工作复杂。在数学、物理、化学、天文等众多学科的科学研究中，经常遇到许多数学问题，这些问题用传统的计算工具是难以完成的，有时人工计算需要几个月、几年，而且不能保证计算准确，使用计算机则只需要几天、几小时甚至几分钟就可以精确地解决。所以，计算机是发展现代尖端科学技术必不可少的重要工具。

2）数据处理

数据处理又称信息处理，它是指信息的收集、分类、整理、加工、存储等一系列活动的总称。所谓信息是指可被人类感受的声音、图像、文字、符号、语言等。数据处理还可以在计算机上进行那些非科技工程方面的计算，管理和操纵任何形式的数据资料。其特点是要处理的原始数据量大，而运算比较简单，有大量的逻辑与判断运算。

据统计，目前在计算机应用中，数据处理所占的比重最大。其应用领域十分广泛，如人口统计、办公自动化、企业管理、邮政业务、机票订购、情报检索、图书管理、医疗诊断等。

3）计算机辅助技术

计算机辅助设计（Computer Aided Design，CAD）是指使用计算机的计算、逻辑判断等功能，帮助人们进行产品和工程设计。它能使设计过程自动化，设计合理化、科学化、标准化，大大缩短设计周期，以增强产品在市场上的竞争力。CAD技术已广泛应用于建筑工程设计、服装设计、机械制造设计、船舶设计等行业。使用CAD技术可以提高设计质量，缩短设计周期，提高设计自动化水平。

计算机辅助制造(Computer Aided Manufacturing，CAM)是指利用计算机通过各种数值控制生产设备，完成产品的加工、装配、检测、包装等生产过程的技术。将CAD进一步集成形成了计算机集成制造系统(Computer Integrated Manufacturing Systems，CIMS)，从而实现设计生产自动化。利用CAM可提高产品质量，降低成本和劳动强度。

计算机辅助教学(Computer Aided Instruction，CAI)是指将教学内容、教学方法以及学生的学习情况等存储在计算机中，帮助学生轻松地学习所需要的知识。它在现代教育技术中起着相当重要的作用。

除了上述计算机辅助技术外，还有其他的辅助功能，如计算机辅助出版、计算机辅助管理、计算机辅助绘制和计算机辅助排版等。

4）过程控制

过程控制亦称实时控制，是用计算机实时采集数据，按最佳值迅速对控制对象进行自动控制或采用自动调节。利用计算机进行过程控制，不仅大大提高了控制的自动化水平，而且大大提高了控制的实时性和准确性。

过程控制的特点是及时收集并检测数据，按最佳值调节控制对象。在电力、机械制造、化工、冶金、交通等部门采用过程控制，可以提高劳动生产效率、产品质量、自动化水平和控制精度，减少生产成本，减轻劳动强度。在军事上，可使用计算机实时控制导弹根据目标的移动情况修正飞行姿态，以准确击中目标。

5）人工智能

人工智能(Artificial Intelligence，AI)是用计算机模拟人类的智能活动，如判断、理解、学习、图像识别、问题求解等。它涉及计算机科学、信息论、仿生学、神经学和心理学等诸多学科。在人工智能中，最具代表性、应用最成功的两个领域是专家系统和机器人。

计算机专家系统是一个具有大量专门知识的计算机程序系统。它总结了某个领域专家的知识构建了知识库。根据这些知识，系统可以对输入的原始数据进行推理，做出判断和决策，以回答用户的咨询。

机器人是人工智能技术的另一个重要应用。目前，世界上有许多机器人工作在各种恶劣环境，如高温、高辐射、剧毒等。机器人的应用前景非常广阔。现在有很多国家正在研制各种新型的机器人。

6）计算机网络

把计算机的超级处理能力与通信技术结合起来就形成了计算机网络。人们熟悉的全球信息查询、邮件传送、电子商务等都是依靠计算机网络来实现的。计算机网络已进入到千家万户，给人们的生活带来了极大的方便。

### 5. 计算机的发展历程及前景

哪种计算机最先在商业上取得成功？大多数历史学家认为数字计算机是最早取得商业成功的。第一台UNIVAC(Universal Automatic Computer)是在Eckert-Mauchly计算机公司的赞助下研制成功的。1951年，在第一台UNIVAC完成的时候，Eckert-Mauchly计算机公司已经陷入财政危机，而且被IBM在商务计算机领域主要对手之一的Remington Rand公司收购。在1951年和1958年之间有46台UNIVAC被交付给Remington Rand的客户使用。

UNIVAC有14.5英尺长、7.5英尺高、9英尺宽。UNIVAC每秒钟可以读入7200个字符,每秒完成225万次指令循环。它的RAM(Random Access Memory)容量为12 000字节即12KB,并且采用磁带进行数据的存储和取出。UNIVAC的平均价格大约是930 000美元,按照现在的币值约为7 000 000人民币。

计算机是如何从房间大小的庞然大物发展成现代的个人计算机的?早期的计算机,如Harvard Mark I、ENIAC和UNIVAC,使用的技术需要大量的空间和电力。随着技术的发展,继电器开关和真空管被更小更节能的部件所替代。多数计算机史学家认为计算机的发展经历了4个不同的时代,每一代计算机都变得更小、更快、更可靠,而且操作起来成本更低。

第一代计算机有什么特征?第一代计算机的特征是使用真空管存储单个数据。真空管是能够在真空中控制电子流动的一种电子设备。每个真空管都可以设置成两种状态之一,一个状态被赋值为0,另一个状态赋值为1。真空管比机械式继电器反应更快,结果计算也更快,但是它们也存在一些缺点。消耗大量能量,并且其中大部分都以热的形式散发了。真空管的寿命较短,ENIAC是第一代计算机原型的代表,它包含18 000只真空管,在使用的第一年里每个真空管至少要更换一次。

除了真空管技术之外,第一代计算机还有定制的应用程序特征,它是为了执行特定的任务定制的。第一代计算机编程非常困难。计算机时代到来之后,程序员不得不思考使用机器语言中的0和1的序列来编写指令。第一代结束之前,程序员发明了基本的编译程序,允许他们使用汇编操作码LDA和JNZ等编写指令。汇编语言是一个小的进步,但是和机器语言一样,它也是因机器不同而不同的,对于每台不同的计算机,程序员都要学习不同的指令集。

尽管很多公司认识到了计算机具备可以进行快速计算的潜力,第一代计算机看起来却并没有为“黄金时间”做好准备。据说,很多商用计算机公司,如IBM、Burroughs和National Cash Register(NCR),开始将研发力量放到刚起步的计算机技术上来。电子产业中的公司,如General Electric、RCA、Control Data和Honeywell也表现出对计算机这一新领域的兴趣。

第二代计算机用晶体管代替了真空管。1947年,AT&T(American Telephone & Telegraph)的贝尔实验室第一次证明晶体管可以控制电流和电压,并且可以作为电子信号的开关。晶体管的功能和真空管类似,但是它更小、更便宜,而且耗电更低、更可靠。到20世纪50年代末期,晶体管已经取代了真空管成为大多数计算机的处理和存储技术。

第三代计算机使用集成电路技术,使得在单个小型芯片上集成相当于几千个真空管或晶体管成为可能。这大大减小了设备的物理尺寸、重量和能耗。

第四代计算机使用的技术出现在1971年,特德·霍夫研制出了第一个通用的微处理器,产生了比第三代计算机更快、更小、更便宜的第四代基于微处理器的计算机系统。

未来的计算机技术将向超高速、超小型、并行处理、智能化的方向发展。尽管受到集成极限的约束,采用硅芯片的计算机的核心部件CPU(Central Processing Unit)的性能还会持续增长。作为摩尔定律驱动下的成功企业的典范,Intel预计每秒100万亿次的超级计算机将出现在21世纪。超级计算机将采用并行处理技术,使计算机系统同时执行多条指令或同时对多个数据处理，这是改进计算机结构、提高计算机运行速度的关键技术。

硅片技术高速发展的同时也意味着硅技术越来越接近物理极限，为此，世界各国的研究人员正在加紧研究新型的计算机，计算机从体系结构的变革到器件与技术革命都要产生一次量的乃至质的飞跃。新型的分子计算机、光子计算机、量子计算机、生物计算机等将会在21世纪走进我们的生活，遍布各个领域。

1）分子计算机

分子计算机的运行靠的是分子晶体可以吸收以电荷形式存在的信息，并以更有效的方式进行组织排列。凭借着分子纳米级的尺寸，分子计算机的体积将剧减。此外，分子计算机耗电可大大减少并能更长期地存储大量数据。1998年，最先提出计算化学概念的约翰·波普尔教授被授予1998年度诺贝尔化学奖，美国《福布斯》杂志将此事和美国政府实施的“加速战略计算计划”实现每秒数万亿次的运算能力并称为两个令人瞩目的里程碑。

2）光子计算机

光子计算机利用光子取代电子进行数据运算、传输和存储。在光子计算机中，不同波长的光代表不同的数据，这远胜于电子计算机中通过电子“0”、“1”状态变化进行的二进制运算，可以对复杂度高、计算量大的任务实现快速的并行处理。光子计算机将使运算速度在目前基础上呈指数上升。美国贝尔实验室宣布研制出世界上第一台光学计算机。它采用砷化镓光学开关，运算速度达每秒10亿次。尽管这台光学计算机与理论上的光学计算机还有一定距离，但已显示出强大的生命力。

3）量子计算机

把量子力学和计算机结合起来的可能性是在1982年由美国著名物理学家理查德·费因曼首次提出的。随后，英国牛津大学物理学家戴维·多伊奇于1985年初步阐述了量子计算机的概念，并指出量子并行处理技术会使量子计算机比传统的图灵计算机（英国数学家图灵于1936年提出的计算数学模型）功能更强大。量子计算机是利用处于多现实态的原子作为数据进行运算的。美国、英国、以色列等国家都先后开展了有关量子计算机的基础研究。

除了传统的量子理论外，科学家认为量子棘轮理论可能引发电子学等领域的革命。据英国《新科学家》周刊报道，量子棘轮（Quantum Ratchet）是一门崭新的科学。通过一个振荡信号或随机变化信号，科学家可以从看似混乱无序的状态中得到可以控制方向的有用运动。借助于让电子从一个电气元件跳跃到另一个电气元件，可以制造出不用电线连接的电子设备。

虽然分子、光子和量子计算机的研究还处在实验初期阶段。但由于它们具有很高的应用价值，美国、欧洲和日本政府一直投入巨资资助相关研究，预计在未来一二十年内，这几种新型计算机可取得突破性进展。

4）生物计算机

生物计算机的主要原材料是生物工程技术产生的蛋白质分子，并以此作为生物芯片，利用有机化合物存储数据。在这种芯片中，信息以波的形式传播，当波沿着蛋白质分子链传播时，会引起蛋白质分子链中单键、双键结构顺序的变化，例如一列波传播到分子链的某一部位，它们就像硅芯片集成电路中的载流子那样传递信息。运算速度要比当今最新一代计算机快10万倍，它具有很强的抗电磁干扰能力，并能彻底消除电路间的干扰。能量消耗仅相当于普通计算机的十亿分之一，且具有巨大的存储能力。由于蛋白质分子能够自我组合，再生新的微型电路，使得生物计算机具有生物体的一些特点，如能发挥生物本身的调节机能，自动修复芯片上发生的故障，还能模仿人脑的机制等。

## 1.2 计算机学科的定义及人才需求

计算机学科虽然只有短短的几十年历史，但是它已经有相当丰富的内容，并且正在成长为一个基础技术学科。

### 1. 计算机学科的定义

计算机学科是研究计算机的设计、制造和利用计算机进行信息获取、表示、存储、处理、控制等的理论、原则、方法和技术的学科。它包括科学和技术两方面。计算机科学侧重于研究现象揭示规律，计算机技术则侧重于研制计算机和研究使用计算机进行处理的方法和技术手段。

### 2. 计算机人才需求分析

计算机学科的毕业生主要在科研部门、教育单位、IT企业、事业、技术和行政管理部门等单位从事计算机教学、科学研究和应用的高级科学技术人才，其中在IT企业工作的是主体部分，主要从事计算机网络和通信、软件工程等方面工作。

1）计算机就业现状

(1) 就业率居高不下，计算机人才市场需求潜力仍然很大。这无疑在很大程度上为我们将来的就业提供了很大的帮助。

(2) 考研率持续上升，大学生在摆脱就业压力和个人追求方面有新的认识。从不同的角度来说，为了提高自己的专业修养以及知识储备方面来说，考研绝对是值得大家考虑的。然而也有些人认为，自己所学到的知识越多越好，获得证书越多越好，因此有些人读完硕士还要读博士，从而就在一定程度上忽略了自身其他能力的培养。综合来看，选择继续读书或是提前毕业找工作要根据个人的兴趣爱好以及自身的实际情况选取合适的定位。

(3) 热门城市就业比率下降，对计算机人才需求标准逐渐提高。从人才的招募情况来看，热门城市对计算机人才的需求相对呈现饱和趋势，对毕业生的需求量也逐渐减少。同时，其招聘标准也是逐年呈现“水涨船高”的趋势。

(4) 毕业生选择企业方面思想日渐成熟。随着近年来三资企业用人制度的透明化，劳动价值比的不合理、淘汰现象日渐浮出水面，使得一些毕业生对三资企业持严谨态度。很多毕业生在工作过程中也会对所选企业的各个方面提出质疑，这就必然导致很多人在工作过程中选择跳槽，这也充分说明了当今大学生在选择用人单位方面思想的成熟。

(5) 毕业生对就业的期望值有待进一步提升。根据目前的市场就业反应来看，大学生在就业方面的期望值有待进一步提升，在找工作方面还不能完全放开自己，在一定程度上受到家人及朋友各方面意见的影响，会在不知不觉中和自己学长一类有一定工作经验的人作比较，这就在一定程度上限制了大学生在自己就业时展示自己的机会，也在一定程度上影响了就业形势。

2）计算机人才需求前景

按照人事部的有关统计，中国今后几年内急需人才主要有以下8大类：以电子技术、生物工程、航天技术、海洋利用、新能源新材料为代表的高新技术人才，信息技术人才，机电一体化专业技术人才，农业科技人才，环境保护技术人才，生物工程研究与开发人才，国际贸易人才，律师人才。教育部、信息产业部、国防科工委、交通部、卫生部目前联合调查的专业领域人才需求状况表明，随着中国软件业规模不断扩大，软件人才结构性矛盾显得日益突出，人才结构呈两头小、中间大的橄榄形，不仅缺乏高层次的系统分析员、项目总设计师，也缺少大量从事基础性开发的人员。初步测算，全国计算机专业人才的需求每年将增加一百万人左右。

软件人才被持续看好，教育部门的统计资料和各地的人才招聘会都传出这样的信息：计算机、微电子、通信等电子信息专业人才需求巨大，毕业生供不应求。从总体上看，电子信息类毕业生的就业行情十分看好，10年内将持续走俏。网络人才逐渐吃香，其中最走俏的是下列三类人才：软件工程师、游戏设计师、网络安全师。

电信业人才需求持续增长，电信企业对于通信技术人才的需求，尤其是对通信工程、计算机科学与技术、信息工程、电子信息工程等专业毕业生的需求持续增长。随着电信市场的竞争由国内竞争向国际竞争发展并日趋激烈，对人才层次的要求也不断升级，即由本科生、专科生向硕士生和博士生发展。市场营销人才也是电信业的需求亮点。随着电信市场由过去的卖方市场转变为现在的买方市场，电信企业开始大举充实营销队伍，既懂技术又懂市场的营销人才将会十分抢手。

3）计算机职业发展方向

计算机学科专业毕业生的职业发展路线基本上有两条。

第一类是从事纯技术工作。信息产业是朝阳产业，对人才提出了更高的要求，因为这个行业的特点是技术更新快，这就要求从业人员不断补充新知识，同时对从业人员学习能力的要求也非常高。

第二类是由技术转型为管理。这种转型在计算机行业尤为常见。计算机专业的高级管理人员必须在自身涉猎的计算机领域有系统、扎实的理论知识，有丰富的工作和实践经验及技能，有较强的自主研发能力和开拓能力，有良好的沟通协调能力和团队合作精神。做好计算机高级管理人员必须首先做好计算机技术工作。

4）计算机职位介绍

IT产业中计算机专业的职位主要分为以下9类。

(1) 计算机程序员

负责设计、编码和测试计算机程序。另外程序员也负责修改现有的程序使其适合新的需求或排除程序中的错误。计算机编程需要专心并且能够很好地记住编程项目中的细节。编程项目涵盖了娱乐和游戏、商业和办公应用等。采用设计高效的方式使计算机执行特定的工作、任务和例行公事，在其中也可以使程序员得到满足感。

(2) 安全专家

负责分析计算机系统的缺陷，这些缺陷使得系统易受病毒、蠕虫、未授权访问和物理破

坏等威胁。安全专家可以安装、配置防火墙和杀毒软件,也可以与管理部门和雇员们合作,指定策略和程序来保护计算机设备和数据。当受到病毒攻击或发现了安全漏洞时,计算机安全就会被危机打断。安全专家必须具备广博的有关通信协议和计算机的知识,从而在任何危机发生的时候可以快速地实施解决方案。

(3) 数据库管理员

负责分析公司的数据,从而确定最高效的方式来收集和存储数据。负责创建数据库、规定数据输入形式以及生成报告。同时也负责定义备份步骤,为授权用户分配访问权限以及监控数据库日常的使用情况。

(4) 网络专家/管理员

负责计划安装以及维护一个或多个局域网,同时也负责向认证用户提供网络账户和访问权限,负责解决连接问题和相应网络用户安装新软件的请求。网络专家/管理员也可能需要负责维护网络的安全,另外也经常会兼顾网站管理员的职责来维护某组织的网站。

(5) 计算机操作员

通常负责操作小型机、大型机和超级计算机。他们负责监控计算机的性能、安装软件补丁和升级、执行备份以及在必要的时候还原数据。

(6) 技术支持专家

负责解决硬件和软件问题。这个职位需要良好的与人交流的技巧以及足够的耐心。

(7) 网站设计员

负责创建、测试、发布以及更新网页。这个职位需要良好的设计感觉和艺术天分,还需要了解人们使用图形用户界面的习惯。熟悉 Web 工具(如 HTML、XML 等),同样还需要对计算机编程和数据库管理有所了解,这个职位正变得越来越重要。

(8) 计算机销售员

计算机销售员也称为销售代表,负责销售计算机。销售代表可能会自己去拜访潜在的团体客户或者是充当邮寄订单计算机公司的订货处职员。

(9) 计算机工程师

负责设计和测试新的硬件产品,例如,计算机芯片、电路板、系统单元以及外设的制造。这些职位中的一部分需要基本的金工技能,另一部分则需要经过微缩平版印刷方面的专门培训。

## 1.3 计算机学科知识体系

计算机学科包括科学与技术两个方面。科学侧重于研究现象、揭示规律,技术侧重于研究计算机和使用计算机进行信息处理的方法和技术手段。科学是技术的依据,技术是科学的体现,技术得益于科学,又向科学提出新的问题。科学与技术相辅相成,互相作用,两者高度融合是计算机学科的突出特点。除了学科有较强的科学性外,还有较强的工程性。计算机科学与工程之间没有本质的区别,只不过它们强调的学科形态不同。科学注重理论和抽象,工程注重应用和设计。

计算机学科代码为 0812,下属三个二级学科,分别为计算机系统结构、计算机软件与理论、计算机应用技术。目前，各高校的计算机学科主要包括计算机科学、计算机工程、信息工程等学科分支。

### 1.3.1 学科培养要求与能力

计算机学科培养具有良好的科学素养，系统地、较好地掌握计算机技术，包括计算机硬件、软件与应用的基本理论、基本知识和基本技能与方法，能在科研部门、教育、企业、事业、技术和行政管理部门等单位从事计算机教学、科学研究和应用的高级科学技术人才。

该学科学生主要学习计算机技术方面的基本理论和基本知识，接受从事研究与应用计算机的基本训练，具有研究和开发计算机系统的基本能力。

本科毕业生应获得以下几方面的知识和能力。

(1) 掌握计算机技术的基本理论、基本知识。

(2) 掌握计算机系统的分析和设计的基本方法。

(3) 具有研究开发计算机软件、硬件的基本能力。

(4) 了解与计算机有关的法规。

(5) 了解计算机学科的发展动态。

(6) 掌握文献检索、资料查询的基本方法，具有获取信息的能力。

### 1.3.2 计算机学科的知识体系

随着信息技术行业人才需求的与日俱增，世界上绝大多数高等院校均设立了计算科学或与之相关的专业，国内的高等院校也不例外。为了有效地推行国内的计算机教育，同时又能与国际接轨，中国计算机科学与技术学科教程研究组于 2002 年提出了“中国计算机科学与技术学科教程 2002”(China Computing Curriculum 2002，CCC2002)，该教程从计算机学科教学计划的发展、计算机学科的定义、计算机学科本科生能力培养、计算机学科知识体系演变、计算机学科课程体系结构、计算机学科课程的教学计划与组织方法等方面全面阐述了计算机学科知识与课程体系的外延与内涵，进一步明确了新形势下计算机学科本科生能力与素质培养的基本要求，为国内高校计算机学科制定培养方案和形成具有自身特色的课程体系提供了指南，对中国高校计算机学科教育的改革和发展具有重要的参考价值和积极的推动作用。

随着学科的发展，2006 年 9 月，教育部高等学校计算机科学与技术教学指导委员会发布了《高等学校计算机科学与技术专业发展战略研究报告暨专业规范(试行)》。规范中把计算机科学与技术学科知识体系按照 4 个层次来组织：专业方向、知识领域、知识单元、知识点。一个专业对应一个分支学科，它包括若干知识领域，一个知识领域包含若干个知识单元，一个知识单元包含若干知识点。每个知识领域用两个英文字母缩写表示。例如，OS 表示操作系统，PF 表示程序设计基础。知识单元是在知识领域的两个英文字母之后加上一个数字来表示的。例如，OS3 表示操作系统中有关并发性的知识单元。知识体系最底层是知识点，在《高等学校计算机科学与技术专业发展战略研究报告暨专业规范(试行)》有详细解释。

《高等学校计算机科学与技术专业发展战略研究报告暨专业规范(试行)》列出了计算机科学方向的知识体系,共有 14 个知识领域,其下有下划线标注的是核心知识单元,没有标注的是选修知识单元。

### 1. DS 离散结构

DS1 函数、关系和集合
DS2 基本逻辑
DS3 证明技巧
DS4 计数基础
DS5 图与树

### 2. PF 程序设计基础

PF1 程序设计基本结构
PF2 算法与问题求解
PF3 基本数据结构
PF4 递归
PF5 事件驱动程序设计

### 3. AL 算法与复杂性

AL1 算法分析基础
AL2 算法策略
AL3 基本算法
AL4 分布式算法
AL5 可计算性理论基础
AL6 复杂性类:P 类与 NP 类
AL7 自动机理论
AL8 高级算法分析
AL9 加密算法
AL10 几何算法
AL11 并行计算

### 4. AR 计算机组织与体系结构

AR1 数字逻辑与数字系统
AR2 数据的机器级表示
AR3 汇编级机器组织
AR4 存储系统组织与结构
AR5 接口和通信
AR6 功能组织
AR7 多处理和其他系统
AR8 系能提高技术
AR9 网络分布式系统结构

### 5. OS 操作系统

OS1 操作系统概述
OS2 操作系统原理
OS3 并发性
OS4 调度与分派
OS5 内存管理
OS6 设备管理
OS7 安全与防护
OS8 文件系统
OS9 实时与嵌入式系统
OS10 容错
OS11 系统性能评价
OS12 脚本

### 6. NC 网络及其计算

NC1 网络及其计算介绍
NC2 通信与网络
NC3 网络安全
NC4 客户—服务器计算举例
NC5 构建 Web 应用
NC6 网络管理
NC7 压缩与解压缩
NC8 多媒体数据技术
NC9 无线和移动计算

### 7. PL 程序设计语言

PL1 程序设计语言概论
PL2 虚拟机
PL3 语言翻译简介
PL4 声明和类型
PL5 抽象机制
PL6 面向对象程序设计
PL7 函数程序设计

PL8 语言翻译系统
PL9 类型系统
PL10 程序设计语言的语义
PL11 程序设计语言的设计

8. HC 人机交互

HC1 人机交互基础
HC2 简单图形用户界面的创建
HC3 以人为本的软件评估
HC4 以人为本的软件评估开发
HC5 图形用户界面的设计
HC6 图形用户界面的编辑
HC7 多媒体系统的人机交互
HC8 协作和通信的人机交互

9. GV 图形学和可视化计算

GV1 图形学的基本技术
GV2 图形系统
GV3 图形通信
GV4 几何建模
GV5 基本图形绘制方法
GV6 高级图形绘制方法
GV7 先进技术
GV8 计算机动画
GV9 可视化
GV10 虚拟现实
GV11 计算机视觉

10. IS 智能系统

IS1 智能系统的基本问题
IS2 搜索和约束满足
IS3 知识表示和知识推理
IS4 高级搜索
IS5 高级知识表示和知识推理
IS6 主体
IS7 自然语言处理技术
IS8 机器学习和神经网络
IS9 人工智能规划系统
IS10 机器人

11. IM 信息系统

IM1 信息模型和信息系统
IM2 数据库系统
IM3 数据模型化
IM4 关系数据库
IM5 数据库查询语言
IM6 关系数据库设计
IM7 事务处理
IM8 分布式数据库
IM9 物理数据库设计
IM10 数据挖掘
IM11 信息存储和信息搜索
IM12 超文本和超媒体
IM13 多媒体信息和系统
IM14 数字图书馆

12. SP 社会与职业问题

SP1 信息技术史
SP2 信息技术的社会环境
SP3 分析方法和分析工具
SP4 职业责任和职业道德
SP5 基于计算机的系统的风险和责任
SP6 知识产权
SP7 隐私和公民自由
SP8 计算机犯罪
SP9 与信息技术相关的经济问题

13. SE 软件工程

SE1 软件设计
SE2 使用 API
SE3 软件工具和环境
SE4 软件过程
SE5 软件需求和约定
SE6 软件确认
SE7 软件演化
SE8 软件项目管理
SE9 基于构件的计算
SE10 形式化方法

SE11 软件可靠性
SE12 特定系统开发

**14. CN 计算模型**

CN1 数值分析
CN2 运筹学
CN3 建模与模拟
CN4 高性能计算

这些知识点隶属于某一门课程,计算机学科核心课程主要有离散数学、数据结构与算法、计算机组成与结构、计算机网络、计算机操作系统、数据库原理、编译技术、软件工程、计算机图形学等,这些课程重点介绍计算机科学与技术的基本知识和基本方法。一些课程侧重于使用计算机进行信息处理的课程,例如多媒体技术、人工智能、嵌入式系统等。计算机工程主要工作是程序设计,这些工作离不开计算机语言,因此计算机语言类课程是非常重要的工具学科,这些课程主要包括 C 语言程序设计、面向对象程序设计、Java 语言程序设计、.NET 架构与程序设计、J2EE 架构与程序设计、可视化程序设计等。

## 习题

**一、填空题**

1. 目前计算机将向________、________、________和________方向发展。
2. 一台计算机主要由________和________两大系统组成。
3. 计算机主要应用于________、________、________、________和________领域。

**二、选择题**

1. 一个完整的计算机系统包括(　　)。
   A. 计算机及其外部设备　　B. 主机、键盘、显示器
   C. 系统软件与应用软件　　D. 硬件系统与软件系统
2. 目前使用的计算机采用(　　)为主要电子元器件。
   A. 电子管　　B. 晶体管
   C. 中小规模集成电路　　D. 超大规模集成电路
3. 目前使用的计算机属于第(　　)代计算机。
   A. 一　　B. 二　　C. 三　　D. 四
4. 个人计算机(PC)属于(　　)类型。
   A. 大型计算机　　B. 微型计算机　　C. 小型计算机　　D. 超级计算机

**三、简答题**

1. 简述计算机发展的 4 个时代。
2. 简述按照体型与功能可将计算机划分为几类,分别是什么?
3. 简述在 IT 产业中计算机专业的 9 类职位。

# 第2章 数据的存储与运算

计算机具有高速、海量的数据处理与计算能力。数据在计算机中的存储和表示、数据之间的相关运算是计算机能够处理与计算这些数据的基础，了解计算机技术首先要学习在计算机中如何存储并表示数据、如何进行数据之间的相关运算。本章介绍计算机中的数制表示方法、常用的数据存储方式以及基本的数据运算方式。

## 2.1 计算机中的数制

在日常生活中经常要用到各种数制，最常用的是我们所熟悉的十进制记数法。除了十进制外，还有许多其他的记数方法。例如，12 个月是 1 年，用的是十二进制；60 分钟是 1 个小时，用的是六十进制；7 天是 1 个星期，用的是七进制。这些记数方法都有其共同的特点和运算规律。在计算机领域常见的有二进制、八进制、十六进制等。

### 2.1.1 进位记数制

所谓进位记数制是指按进位的原则进行记数。常用的进位记数制有十进制、二进制、八进制、十六进制等。

十进制中的数包括 0、1、2、3、4、5、6、7、8、9，其进位规则为逢 10 进 1。

二进制中的数包括 0、1，其进位规则为逢 2 进 1。

八进制中的数包括 0、1、2、3、4、5、6、7，其进位规则为逢 8 进 1。

十六进制中的数包括 0、1、2、3、4、5、6、7、8、9、A、B、C、D、E、F，其进位规则为逢 16 进 1。

下面首先介绍几个概念。

**基数**：某种数制中使用的数字的个数。例如：十进制数的基数是 10，二进制数的基数是 2，八进制数的基数是 8，十六进制数的基数是 16。

**数位**：在某种数制中，数字在一个数中所处的位置称为数位。例如十进制数中包含的个位、十位、百位、千位等。

**位值**：位值也叫权(或者位权)，任何一个数都是由一串数字(符号)表示的，其中每一位所表示的值除其本身的数值外，还与它所处的位置有关，由位置决定的值就叫权。

不同进制中的权是不一样的，例如，十进制数中的 $10^0$、$10^1$、$10^2$…，二进制数中的 $2^0$、$2^1$、$2^2$…，八进制数中的 $8^0$、$8^1$、$8^2$…，十六进制中的 $16^0$、$16^1$、$16^2$…。

**例 2-1** 任意给定一个二进制数 $(11011.101)_2$，这个数的各位权表示如下：

| 数 | 1 | 1 | 0 | 1 | 1 | 1 | 0 | 1 |
|---|---|---|---|---|---|---|---|---|
| 数位 | 4 | 3 | 2 | 1 | 0 | −1 | −2 | −3 |
| 权 | $2^4$ | $2^3$ | $2^2$ | $2^1$ | $2^0$ | $2^{-1}$ | $2^{-2}$ | $2^{-3}$ |

即$(11011.101)_2=1\times2^4+1\times2^3+0\times2^2+1\times2^1+1\times2^0+1\times2^{-1}+0\times2^{-2}+1\times2^{-3}$

由此我们可以得出一个结论：对于 $M$ 位进制，整数的权为 $M^i$，从右向左，$i=0,1,2,3\cdots$；小数的权为 $M^{-i}$，从左向右，i=1,2,3…。

为了区别不同进制的数，我们用不同的下标进行注释。例如，$(101)_2$ 表示这是一个二进制数，而$(101)_{10}$表示这是一个十进制数。常用的进制数及其区别见表 2-1。

**表 2-1　常用的进制数及其区别**

| 进位制 | 十进制 | 二进制 | 八进制 | 十六进制 |
|---|---|---|---|---|
| 规则 | 逢 10 进 1 | 逢 2 进 1 | 逢 8 进 1 | 逢 16 进 1 |
| 基数 | 10 | 2 | 8 | 16 |
| 数码 | 0、1、2、3、4、5、6、7、8、9 | 0、1 | 0、1、2、3、4、5、6、7 | 0、1、2、3、4、5、6、7、8、9、A、B、C、D、E、F |
| 位权 | $10^i$ | $2^i$ | $8^i$ | $16^i$ |
| 下标 | D 或 10 | B 或 2 | O 或 8 | H 或 16 |

下面分别对这几种常见进制数的特点及其在计算机系统中的应用进行介绍。

### 1. 十进制

十进制记数法是相对二进制记数法而言的，也是我们日常使用最多的记数方法(俗称“逢 10 进 1”)。“十进制记数法”使用“每相邻的两个记数单位之间的进率都为 10”的记数法则，在此不进行过多解释。

### 2. 二进制

二进制是计算机技术中广泛采用的一种数制，由 18 世纪德国数理哲学大师莱布尼兹首先使用。二进制数据用 0 和 1 两个数码来表示，它的基数为 2，进位规则是“逢 2 进 1”，借位规则是“借 1 当 2”，当前计算机系统使用的基本上是二进制这种数制方式。

二进制系统具有以下特点。

(1) 二进制数容易用物理器件实现。低电平和高电平这两个物理状态就可以分别代表 0 和 1。

(2) 二进制数具有良好的可靠性。因为只有两个物理状态，数据传输和运算过程中，不容易由于干扰而发生错误。

(3) 二进制运算法则简单。

(4) 二进制中使用的 1 和 0，可分别用来代表逻辑运算中的“真”和“假”，可以很方便地实现逻辑运算。

### 3. 八进制

八进制数据用 0、1、2、3、4、5、6、7 这 8 个数码来表示，它的基数为 8，进位规则是

“逢 8 进 1”,借位规则是“借 1 当 8”。

八进制在早期的计算机系统中很常见。八进制适用于 12 位和 36 位计算机系统(或者其他位数为 3 的倍数的计算机系统)。但是,对于 8 位、16 位、32 位与 64 位的计算机系统来说,八进制就不太适合。目前的计算机多为 32 位与 64 位系统,所以八进制的使用范围越来越小。不过,仍有一些程序设计语言使用八进制符号来表示数字,而且还有一些 UNIX 应用在使用八进制这种表示方式。

C/C++语言中,如何表达一个八进制数呢? 如果这个数是 876,我们可以断定它不是八进制数,因为八进制数中不可能出 7 以上的阿拉伯数字。但如果这个数是 123 或是 567 或是 2467,那么它可能是八进制数,也可能是十进制数。所以,C/C++规定,一个数如果要指明它采用八进制,必须在它前面加上一个 0,例如,213 是十进制,但 0213 则表示采用八进制。

对于十进制表示的 100,我们在代码中可以用通常的十进制表示,例如在变量初始化时可以写作:

```
int a = 100;
```

也可以写作:

```
int a = 0144;
```

在这里,0144 是用八进制表示的十进制数字 100,一个十进制数如何转成八进制,我们后面会学到。

#### 4. 十六进制

十六进制的进位规则是“逢 16 进 1”,但我们只有 0～9 这 10 个数字,所以用 A、B、C、D、E、F 这 6 个字母来分别表示 10、11、12、13、14、15。在这里,字母不区分大小写。

如果不使用特殊的书写形式,十六进制数也会和十进制相混。例如,任意给定一个数:9876,就看不出它是十六进制还是十进制。C/C++规定,十六进制数必须以 0x 开头。比如 0x13 表示一个十六进制数。而 13 则表示一个十进制。比如 0xff、0xFF、0x102A 等都是十六进制表示方式。其中的 x 不区分大小写(注意:0x 中的 0 是数字 0,而不是字母 O)。

例如,在变量初始化时可以写作:

```
int a = 0x100F;
int b = 0x70 + a;
```

表 2-2 对这几种进制表示方式给出了对比,让大家对这几种进位记数制可以有更清晰的认识。

**表 2-2 进制变换对应关系**

| 十进制(逢 10 进 1) | 二进制(逢 2 进 1) | 八进制(逢 8 进 1) | 十六进制(逢 16 进 1) |
|---|---|---|---|
| 0 | 0 | 0 | 0 |
| 1 | 01 | 1 | 1 |
| 2 | 10 | 2 | 2 |
| 3 | 11 | 3 | 3 |

续表

| 十进制（逢 10 进 1） | 二进制（逢 2 进 1） | 八进制（逢 8 进 1） | 十六进制（逢 16 进 1） |
|---|---|---|---|
| 4 | 100 | 4 | 4 |
| 5 | 101 | 5 | 5 |
| 6 | 110 | 6 | 6 |
| 7 | 111 | 7 | 7 |
| 8 | 1000 | 10 | 8 |
| 9 | 1001 | 11 | 9 |
| 10 | 1010 | 12 | A |
| 11 | 1011 | 13 | B |
| 12 | 1100 | 14 | C |
| 13 | 1101 | 15 | D |
| 14 | 1110 | 16 | E |
| 15 | 1111 | 17 | F |

还有一点需要注意：在 C/C++中，十进制数有正负之分，比如 12 表示正 12，而－12 表示负 12；但八进制和十六进制只能表示无符号的正整数。如果你在程序中写－078 或者写－0xF2，C/C++并不把它当成一个负数。

### 2.1.2　数制之间的转换

为了书写、阅读方便，用户在编程时一般使用八进制、十进制、十六进制的形式表示一个数，而计算机中存储和处理的数据都为二进制数，因此各种进制的数之间经常需要转换。

如果用户使用十进制表示法，则必须将输入的十进制数转换为计算机能够接受的二进制数，计算机才能进行处理。计算机处理结束后再将二进制数转换为人们熟悉的十进制数输出给用户。不过这两个转换过程是由计算机系统自动完成的，并不需要用户参与。

在计算机中引入八进制和十六进制的目的是为了书写和表示上的方便，在计算机内部信息的存储和处理仍然采用二进制。

下面给出各种数制之间的转换方法。

#### 1. 将 *R* 进制转换为十进制

将 *R* 进制数转换为等值的十进制数，只要将 *R* 进制数按位权展开，再按十进制运算规则运算即可。

**例 2-2**　将二进制数$(11011.101)_2$转换为十进制数。

**解：**

$$
\begin{aligned}
&(11011.101)_2\\
&=1\times2^4+1\times2^3+0\times2^2+1\times2^1+1\times2^0+1\times2^{-1}+0\times2^{-2}+1\times2^{-3}\\
&=16+8+0+2+1+0.5+0+0.125\\
&=(27.675)_{10}
\end{aligned}
$$

**例 2-3** 将八进制数$(1507)_8$转换为十进制。

**解：**

$$
\begin{aligned}
&(1507)_8\\
&=1\times 8^3+5\times 8^2+0\times 8^1+7\times 8^0\\
&=512+320+0+7\\
&=(839)_{10}
\end{aligned}
$$

**例 2-4** 将十六进制数$(2AF5)_{16}$转换为十进制数。

**解：**

$$
\begin{aligned}
&(2AF5)_{16}\\
&=2\times 16^3+A\times 16^2+F\times 16^1+5\times 16^0 \text{（其中 A 为十进制中的 10，F 为十进制中的 15）}\\
&=8192+2560+240+5\\
&=(10997)_{10}
\end{aligned}
$$

### 2. 将十进制数转换成 $R$ 进制数

将十进制数转换成 $R$ 进制数，需要将十进制数的整数部分和小数部分分别进行转换，然后合并。

1）整数部分的转换

十进制数整数转换成 $R$ 进制数，采用逐次除以基数 $R$ 取余数的方法（简称为“除基取余”）。

其步骤如下：

(1) 将给定的十进制整数除以 $R$，余数作为 $R$ 进制数的最低位。

(2) 将前一步的商再除以 $R$，余数作为次低位。

(3) 重复(2)步骤，记下余数，直至最后商为 0，最后的余数即为 $R$ 进制的最高位。

2）小数部分的转换

十进制数纯小数转换成 $R$ 进制数，采用将小数部分逐次乘以基数 $R$ 取整数的方法（简称为“乘基取整”）。

其步骤如下：

(1) 将给定的十进制数的纯小数部分乘以 $R$，取乘积的整数部分作为 $R$ 进制的最高位。

(2) 将前一步的乘积的小数部分继续乘以 $R$，取乘积的整数部分作为 $R$ 进制的次高位。

(3) 重复(2)步骤，记下整数，直至最后乘积为 0 或达到一定的精度为止。

**注意**：所有的十进制整数都能准确地转换成二进制整数，而十进制小数不一定能精确地转换成二进制小数。

**例 2-5** 把十进制数$(69.8125)_{10}$转换为二进制数。

**解：**

方法：整数部分除 2 取余，小数部分乘 2 取整。

过程如下：

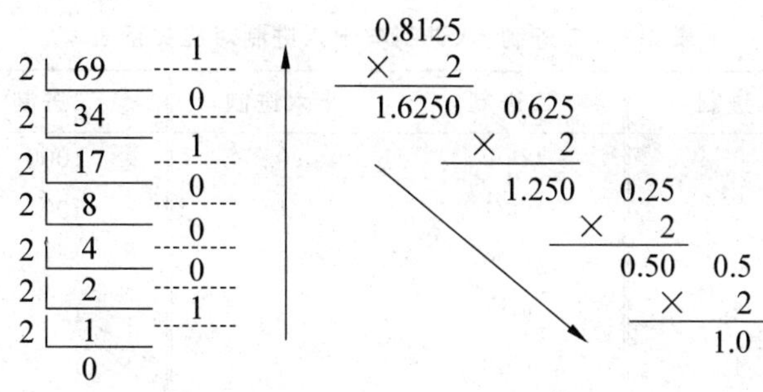


$(69)_{10}=(1000101)_2\quad (0.8125)_{10}=(0.1101)_2$

$(69.8125)_{10}=(1000101.1101)_2$

**例 2-6**　把十进制数$(69.8125)_{10}$转换为八进制数。

**解：**

方法：整数部分除 8 取余，小数部分乘 8 取整。

过程如下：

8 | 69 ---- 5
8 | 8 ---- 0
8 | 1 ---- 1
0

0.8125 × 8 = 6.5　　0.5 × 8 = 4.0

$(69)_{10}=(105)_8\quad (0.8125)_{10}=(0.64)_8$

$(69.8125)_{10}=(105.64)_8$

**例 2-7**　把十进制数$(69.8125)_{10}$转换为十六进制数。

**解：**

方法：整数部分除 16 取余，小数部分乘 16 取整。

过程如下：

16 | 69 ---- 5
16 | 4 ---- 4
0

0.8125 × 16 = 13

$(69)_{10}=(45)_{16}\quad (0.8125)_{10}=(0.D)_{16}$

$(69.8125)_{10}=(45.D)_{16}$

另外，十进制到八进制和十六进制的转换除了上面所述方法，还可以先将十进制转换为二进制，然后再将二进制转换为八进制或十六进制，进而也可实现十进制到八进制或十六进制的转换。

### 3. 非十进制间的转换

通常，可以先将被转换数转换为相应的十进制数，然后再将十进制数转换为其他进制数。例如，$(19)_{16}=(25)_{10}=(11001)_2$，$(11001)_2=(25)_{10}=(31)_8$。这是最基本的转换方法。另外，还可以利用二进制、八进制和十六进制之间的特殊关系直接进行转换。

表 2-3 是二进制、八进制与十六进制之间的对应关系表。

表 2-3 二进制、八进制与十六进制对应关系表

| 二进制 | 八进制 | 二进制 | 十六进制 | 二进制 | 十六进制 |
|---|---|---|---|---|---|
| 000 | 0 | 0000 | 0 | 1000 | 8 |
| 001 | 1 | 0001 | 1 | 1001 | 9 |
| 010 | 2 | 0010 | 2 | 1010 | A |
| 011 | 3 | 0011 | 3 | 1011 | B |
| 100 | 4 | 0100 | 4 | 1100 | C |
| 101 | 5 | 0101 | 5 | 1101 | D |
| 110 | 6 | 0110 | 6 | 1110 | E |
| 111 | 7 | 0111 | 7 | 1111 | F |

下面对非十进制之间的相互转换方式进行举例介绍。

1）二进制数转换为八进制数

方法：从小数点开始每 3 位分组，不足补 0，然后按照表 2-3 的关系进行转换。

**例 2-8** 把二进制数$(11110010.1110011)_2$转换成八进制数。

**解：**

分组：　　11 110 010. 111 001 1

不足补 0：011 110 010. 111 001 100

转换：　　3　6　2 . 7　1　4

则：$(11110010.1110011)_2=(362.714)_8$

2）八进制数转换为二进制数

方法：把每一位写成 3 位的二进制数，然后按照表 2-3 的关系进行转换。

**例 2-9** 把八进制数$(2376.14)_8$转换成二进制数。

**解：**

八进制：2　3　7　6 . 1　4

二进制：010 011 111 110 . 001 100

则：$(2376.14)_8=(10011111110.0011)_2$

3）二进制数转换为十六进制数

方法：从小数点开始每 4 位分组，不足补 0，然后按照表 2-3 的关系进行转换。

**例 2-10** 把二进制数$(110101011101001.011)_2$转换成十六进制数。

**解：**

分组：　110 1010 1110 1001. 011

不足补 0：0110 1010 1110 1001. 0110

转换：　6　A　E　9 . 6

则：$(110101011101001.011)_2=(6AE9.6)_{16}$

4）十六进制数转换为二进制数

方法：把每一位写成 4 位的二进制数，然后按照表 2-3 的关系进行转换。

**例 2-11** 把十六进制数$(6AE9.6)_{16}$转换成二进制数。

**解：**

十六进制：6 A E 9 . 6

二进制： 0110 1010 1110 1001. 0110

则：$(6AE9.6)_{16}=(110101011101001.011)_2$

5）八进制转数转换为十六进制数

方法：把八进制数转换为二进制数，然后再把二进制数转换为十六进制数，从而实现八进制数到十六进制数的转换。

**例 2-12** 把八进制数$(2376.14)_8$转换成十六进制数。

**解：**

转换为二进制数：$(2376.14)_8=(10011111110.0011)_2$

二进制数转换为十六进制数：$(10011111110.0011)_2=(4FE.3)_{16}$

则：$(2376.14)_8=(4FE.3)_{16}$

## 2.2 数据的存储与表示

计算机中常用的数据类型有多种，如数值型数字、文本符号、图像、音频及视频等，如图 2-1 所示。最初计算机处理的只有数字和字符两种类型的数据。现在这两类数据的表示和编码已经成熟并且在世界范围内形成了统一的标准。20 世纪末以来，随着多媒体技术的迅猛发展，音频、图像及视频等多媒体数据的转换、编码、存储等技术成为了多媒体应用领域的研究热点。

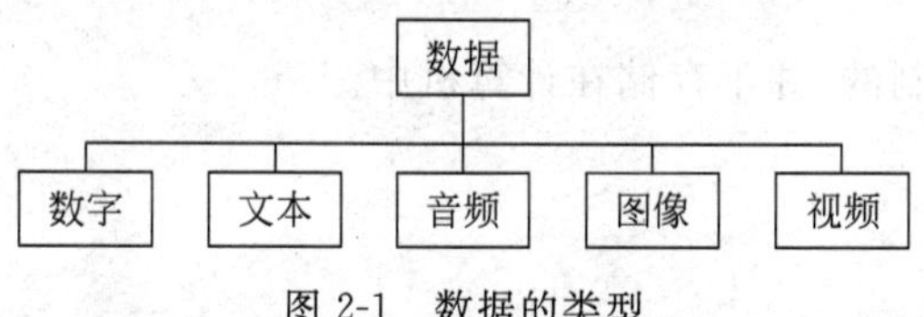


图 2-1 数据的类型

在讨论如何用二进制序列在计算机中表示并存储这些不同的数据类型之前，首先介绍二进制数据中几个常用的计量单位及其换算关系。

计算机数据用二进制表示，所以其计量单位与常用的十进制不同。计算机数据的计量单位有位、字节、字等。

位(bit)，又叫做比特，记为 b，就是一位二进制数据，是计算机中数据的最小单位。

字节(byte)，记为 B，1B 由 8b 组成，是计算机中数据的基本存储单位。

字(word)，一个字由两个以上的字节组成，不同类型的计算机有不同的字长。

计算机数据中 KB、MB、GB 的计量换算关系如下。

1. 1B＝8b
2. 1KB＝$2^{10}$B ＝1024B
3. 1MB＝$2^{20}$B ＝1024KB
4. 1GB ＝$2^{30}$B ＝1024MB

### 2.2.1 数字

常用的数字类型可以分为整数和实数。为了有效地利用计算机的存储空间，无符号整数和有符号整数在计算机中的存储与表示方式是不同的。本节对计算机中常用的无符号整数、有符号整数、浮点数等类型数字的存储与表示方式进行介绍。

### 1. 无符号整数的存储与表示

无符号整数就是没有符号的整数(0～+∞)。由于计算机不可能表示所有整数,通常计算机都定义了一个最大无符号整数的常量。这样,无符号整数的范围就介于0到该常量之间。最大无符号整数取决于计算机中分配用于保存无符号整数的二进制位数。设 $N$ 是计算机中分配用于表示一个无符号整数的二进制位数(即存储单元大小为 $N$),则无符号整数的范围为 $0\sim(2^N-1)$。

1) 存储无符号整数

在计算机中存储无符号整数需要两个步骤。

(1) 首先将整数变成二进制数。

(2) 如果二进制位数不足 $N$ 位,则在二进制整数的左边补0,使它的总位数为 $N$ 位。

如果一个无符号整数的位数大于 $N$,该整数无法存储,导致溢出,我们后面要讨论这个问题。

**例 2-13** 将7存储在8位存储单元中。

**解:**

首先将该整数转换为$(111)_2$,然后左侧补5个0使总位数为8位,得到$(00000111)_2$,再将该整数保存在存储单元中。

注意,右下角的2用于强调该整数是二进制的,并不存储在计算机中。

把7变为二进制 ⟶ 111

在左侧补5个0 ⟶ 00000111

**例 2-14** 将258存储在16位存储单元中。

**解:**

首先把整数转换为二进制$(100000010)_2$,然后左侧补7个0使总的位数满足16位的要求,得到$(0000000100000010)_2$。再将该整数保存在存储单元中。

把258变为二进制 ⟶ 100000010

在左边加7位 ⟶ 0000000100000010

2) 译解无符号整数

输出设备译解计算机内存中位模式的无符号整数并将之转换为一个十进制数,这个过程称为无符号整数的译解。

**例 2-15** 当译解作为无符号整数保存在内存中的位串00101011时,从输出设备输出值是多少?

**解:**

二进制整数转换为十进制无符号整数:$(00101011)_2=(43)_{10}$

则从输出设备输出值为43。

3) 无符号整数的溢出

因为大小(存储单元中位的数量)的限制,可以表示的整数范围是有限的。$N$ 位存储单元可以存储的无符号整数仅为 $0\sim(2^N-1)$之间。当超出存储范围的最大整数时,会发生溢出。

如果用4位空间存储一个无符号整数，图2-2显示了假如存储大于15 ($2^4-1$)的整数所发生溢出的情况。例如，保存整数11在存储单元中，因为$(11)_{10}=(1011)_2$，则实际存储的结果为(1011)。如果保存整数20在存储单元中，表示十进制数20的最小位数是5位，即$(20)_{10}=(10100)_2$，所以用4位空间存储时计算机会丢掉最左边的位，保留右边的4位(0100)。则实际存储的结果为$(0100)_2=(4)_{10}$。

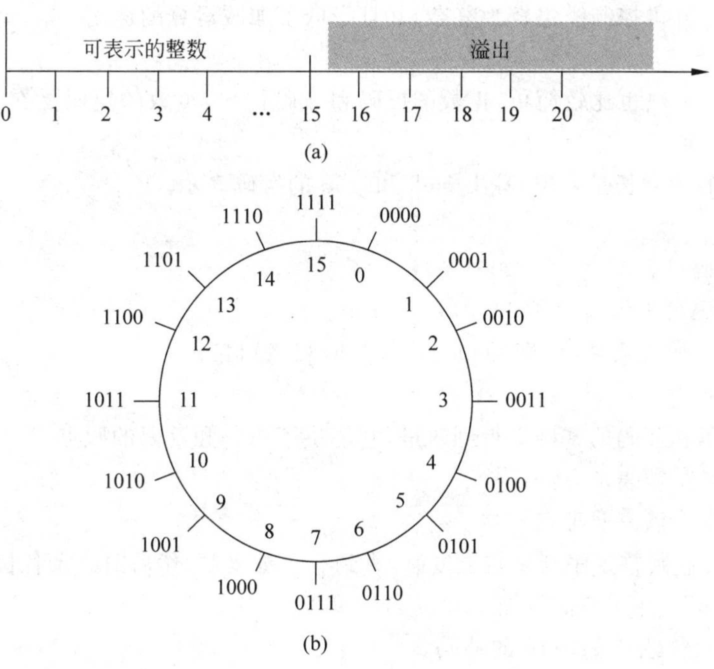


图2-2　无符号整数的溢出

4）无符号整数的应用

因为不必存储整数的符号，所有分配单元都可以用来存储数字，所以无符号整数表示法可以提高存储的效率。只要没有负整数的应用，就可以使用无符号整数表示法。

常见的应用有计数、寻址等。

### 2. 有符号整数的存储与表示

为了区别符号和数值，同时又便于计算，人们对有符号整数进行了合理的编码。常见的有原码、反码和补码三种编码方式。以下介绍原码、反码和补码三种编码方式以及以二进制补码格式如何存储或者还原整数。

1）原码

原码的表示方法比较简单，用首位表示符号(0表示正号、1表示负号)，余下各位表示数值。

**例2-16**　假设字长是8位，写出+68和−68的原码表示。

**解：**

+68的原码可表示为：$(01000100)_2$

−68的原码可表示为：$(11000100)_2$

不难理解，8位原码能够表示的最大整数是＋127(01111111)，最小整数是－127(11111111)。因为0的原码有两个，即$(00000000)_2$和$(10000000)_2$，所以，8位原码共能表示255个数。

原码表示直观易懂，且容易转换。但它的最大缺点是进行加减运算时比较复杂。当两个同符号数相加时，则数值相加、符号不变；当两个异号数相加时，则必须先比较出两数绝对值大小，然后用绝对值较大的数减去绝对值较小的数，差值的符号与绝对值较大数的符号一致。这就使计算机控制线路较为复杂，并且降低了加减运算的速度。

2) 反码

反码的编码方法也比较简单，正数的反码和原码相同，负数的反码是在其原码基础上，除符号位外按位取反。

**例 2-17** 假设字长是8位，写出＋68和－68的反码表示。

**解：**

＋68的反码可表示为：$(01000100)_2$

－68的反码可表示为：$(10111011)_2$

同样，0的反码也有两个，即$(00000000)_2$和$(11111111)_2$。

3) 补码

补码在原码和反码的基础上得到改进，它解决了原码和反码的缺点，是现在计算机中普遍采用的有符号整数表示方法。

补码运算的方法有两种。

(1) 先对二进制整数序列从右边复制，直到有1被复制，然后对其余各位取反。

(2) 按位取反，并在最低位加1。

**例 2-18** 取整数00110110的补码。

**解：**

原模式：00110110

进行补码运算：11001010

**例 2-19** 对整数00110110进行两次补码运算。

**解：**

原模式：00110110

第一次补码运算：11001010

第二次补码运算：00110110

可见，对一个整数进行两次补码运算，就可以得到原先的整数。

4) 以二进制补码格式存储整数

几乎所有的计算机都使用二进制补码表示法来存储于$N$位存储单元中的有符号整数。这一方法中，无符号整数的有效范围($0\sim2^N-1$)被分为2个相等的子范围。第1个子范围用来表示非负整数，第2个子范围用来表示负整数。例如，$N$为4，该范围是0000～1111。这个范围被分为两半，0000～0111以及1000～1111。这两半按照左负右正的常规互相交换，赋值给负和非负整数的位模式，如图2-3所示。

如果最左位是0，该整数为非负；如果最左位是1，该整数是负数。

以二进制补码格式存储整数，遵循以下两个步骤。

第一步：将整数变为位的二进制数。

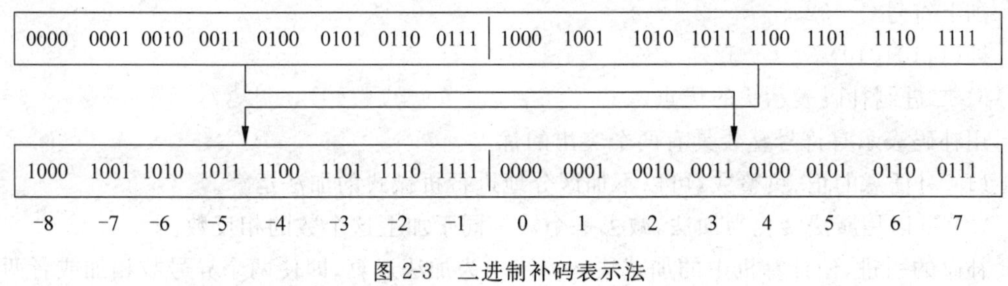


图 2-3　二进制补码表示法

第二步：如果整数是正数或零，以其原样存储，如果是负数，取其补码存储。

**例 2-20**　用二进制补码表示法将整数 29 存储在 8 位存储单元中。

**解：**

该整数是正数(无符号意味是正的)，因此在把该整数从十进制转换成二进制后不再需要其他操作。注意，3 个多余的零加到该整数的左边使其成为 8 位。

把 29 变为 8 位的二进制补码表示：00011101

即$(29)_{10}=(00011101)_{补}$。

**例 2-21**　用二进制补码表示法将整数－29 存储在 8 位存储单元中。

**解：**

该整数是负数，因此在转换成二进制后计算机对其进行二进制补码运算。

把 29 变为 8 位的二进制：00011101

进行补码运算：11100011

即$(-29)_{10}=(11100011)_{补}$。

5）以二进制补码格式还原整数

以二进制补码格式还原整数，遵循以下三个步骤。

第一步：如果最左位是 1，取其补码，如果最左位是 0，不操作。

第二步：将该整数转换为十进制。

第三步：添加符号。

**例 2-22**　用二进制补码表示法将存储在 8 位存储单元中的 00001110 还原成整数。

**解：**

最左位是 0，因此符号为正。该整数需要转换为十进制并加上符号即可。

最左位是 0，符号为正：00001110

整数转换为十进制：14

加上符号(可选)：＋14

即$(00001110)_{补}=(+14)_{10}$。

**例 2-23**　用二进制补码表示法将存储在 8 位存储单元中的 11101010 还原成整数。

**解：**

最左位是 1，因此符号为负。该整数需要在转换为十进制前进行补码运算。

最左位是 1，符号为负：11101010

进行补码运算：00010110

转换为十进制：32

加上符号：−32

即$(11101010)_{补}=(-32)_{10}$。

6）二进制补码表示法的优点

用补码表示有符号整数具有两个突出的优点。

(1) 对任意的正、负整数，可以不加区分地进行机械式的加法运算。

(2) 可以用减法转化为加法，减去一个数等同于加上这个数的相反数。

补码的引进，使计算机中的加减法运算统一为加法运算，即使两个异号数相加或者两个同号数相减时，均不做减法，而是通过补码做加法。这样，使得计算机内部的物理线路变得比较简单，通常只需要设置一个加法器和相应的电路，就可以完成加、减、乘、除四则运算了。

### 3. 实数的存储与表示

一个实数包括符号、整数部分和小数部分。依照小数点的位置不同，实数在计算机中表示有两种方法：小数点固定在一个位置，称为定点法；小数点位置浮动，称为浮点法。通常在计算机中采用浮点法表示一个实数。

1）浮点表示法

浮点表示法允许小数点浮动，即可以在小数点的左右有不同数量的数码，这样可以有效地保证数据的精度。另外，使用这种方法可以方便地存储带有很大的整数部分或很小的小数部分的实数，所以极大地增大了可存储的实数范围。

在浮点表示法中，无论十进制还是二进制，一个数字都由三部分组成，如图 2-4 所示。第一部分是符号，可正可负；第二部分是小数点应该左右移动构成实际数字的位移量；第三部分是小数点位置固定的定点表示法。

图 2-4 浮点表示法

浮点表示法可用于表示很大或者很小的十进制数。例如，在十进制科学记数法中，定点部分在小数点左边只有一个数码并且位移量是 10 的幂次。

**例 2-24** 用科学记数法表示十进制数 82050000000000000000.00。

**解：**

实际数字：+82050000000000000000.00

十进制科学记数法：$+8.205\times10^{19}$

在这个例子中，这个数字的三个部分分别是：符号(+)、位移量(19)、定点部分(8.205)。

**例 2-25** 用科学记数法表示数字 −0.00000000000316。

**解：**

实际数字：−0.00000000000316

十进制科学记数法：$-3.16\times10^{-12}$

在这个例子中，这个数字的三个部分分别是：符号(−)、位移量(−12)、定点部分(3.16)。

科学记数法的规则同样可用于表示很大或者很小的二进制数。

**例 2-26** 用浮点格式表示数字$(101101000000000000000000000000000.00)_2$。

**解：**

使用例 2-25 同样的方法，小数点前只保留一位数字。

实际数字：+(1011010000000000000000000000000.00)$_2$

二进制科学记数法：$+1.01101\times 2^{29}$

在这个例子中，这个数字的三个部分分别是：符号(+)、位移量(29)、定点部分(1.01101)。

**例 2-27** 用浮点格式表示数字 $-(0.0000000000000001101)_2$。

**解：**

使用例 2-25 同样的方法，小数点前只保留一位数字。

实际数字：$-(0.0000000000000001101)_2$

二进制科学记数法：$-1.101\times 2^{-16}$

在这个例子中，这个数字的三个部分分别是：符号(-)、位移量(-16)、定点部分(1.101)。

2) 规范化

为了使表示法的固定部分统一，十进制科学记数法和浮点表示法(即二进制科学记数法)都在小数点左边使用了唯一的非零数码，这称为规范化。十进制系统中的这位非零数码可能是 1～9，而二进制系统中该数码是 1。则定点部分的表示方法都可以规范为以下形式：

十进制 ⟶ $\pm d.xxxxxxxxxxxxxx$ 注意：$d$ 是 1～9，每个 $x$ 是 0～9。

二进制 ⟶ $\pm 1.yyyyyyyyyyyyyy$ 注意：每个 $y$ 是 0 或 1。

3) 符号、指数和尾数

在一个二进制数用浮点法表示并规范化之后，可以只存储该数的三部分信息：符号 $S$、指数 $E$ 和尾数 $M$(小数点右边的位)。

例如，$+(1000111.0101)_2$ 规范化后变成为：$+1.0001110101\times 2^6$。

可以只存储以下三部分以表示这个数。

符号 $S$：+

指数 $E$：6

尾数 $M$：0001110101

一个规范后的二进制数具有符号 $S$、指数 $E$ 和尾数 $M$。符号 $S$ 可以用一个二进制位来存储。尾数 $M$ 可以作为无符号数存储。指数 $E$ 是一个有符号的数。

可以用余码系统存储这个有符号的指数。在余码系统中，正的和负的整数都可以作为无符号数存储。为了用一个无符号数表示正的和负的整数，将一个偏移量加到每个数字上，将它们统一移到非负的一侧。如果用 $M$ 位存储单元在计算机中存储指数，则其余码系统偏移量的值是 $2^{M-1}-1$。

如果用 4 位存储单元在计算机中存储指数，它可以表示 16 个整数，即表示整数的范围是从 -7～8。如果统一地把这 16 个整数向右偏移 7，则这个整数序列的范围变为从 0～15。经过这种处理后的表示方法称为余 7 码。

余码系统没有改变序列中整数的相对位置，只是进行了一个统一的偏移。

4) IEEE 标准浮点数的存储与表示

美国电气和电子工程师协会(Institude of Electrical and Electronics Engineers，IEEE)定义了几种存储浮点数的标准。最常用的是单精度和双精度两种类型。

单精度格式使用 32 位存储一个用浮点法表示的实数。符号占用 1 位(0 为正，1 为负)，指数占用 8 位(使用偏移量 127)，尾数使用 23 位(无符号数)。因为偏移量是 127，该标准也称为余 127 码。

双精度格式使用 64 位来存储一个用浮点法表示的实数。符号占用 1 位(0 为正,1 为负),指数占用 11 位(使用偏移量 1023),尾数使用 52 位(无符号数)。因为偏移量是 1023,该标准也称为余 1023 码。

这两种数据的存储格式如图 2-5 所示。方框上的数是每一项的位数。

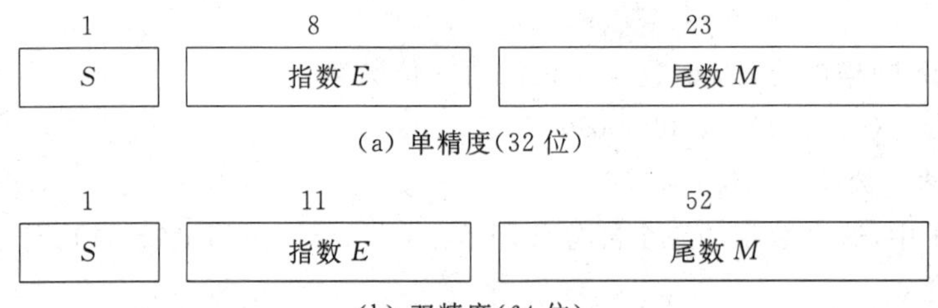


图 2-5 浮点数表示法的 IEEE 标准

一个十进制实数可以通过以下步骤存储为 IEEE 标准浮点数格式。

(1) 在符号位 $S$ 中存储符号(0 或 1)。

(2) 将数字转换为二进制。

(3) 规范化。

(4) 计算指数 $E$ 和尾数 $M$ 的值。

(5) 连接符号位 $S$、指数 $E$ 和尾数 $M$,即为 IEEE 标准浮点数存储格式。

**例 2-28** 写出十进制数 5.75 的单精度(余 127 码)表示法。

**解:**

(1) 符号为正,所以 $S=0$。

(2) 十进制转换为二进制:$5.75=(101.11)_2$。

(3) 规范化:$(101.11)_2=(1.1011)_2\times 2^2$。

(4) $E=2+127=129=(10000001)_2$,$M=1011$。需要在 $M$ 的右边增加 19 个 0 使之成为 23 位。

(5) 该表示法如下所示:

| 0 | 10000001 | 10110000000000000000000 |
|---|---|---|
| $S$ | $E$ | $M$ |

存储在计算机中的数是 01000000110110000000000000000000。

将存储在计算机中 IEEE 标准浮点数还原为十进制数的过程则正好相反。

**例 2-29** 二进制数$(11000100000110000011000000000000)_2$以单精度(余 127 码)格式存储在内存中,求该数字十进制记数法的值。

**解:**

(1) 首位表示符号 $S$、后 8 位表示指数 $E$、剩下 23 位表示尾数 $M$。

| $S$ | $E$ | $M$ |
|---|---|---|
| 1 | 10001000 | 00110000011000000000000 |

(2) 符号位 $S=1$,则是负号。

(3) 位移量$=E-127=136-127=9$。

(4) 去规范化,$(1.00110000011000000000000)_2\times 2^9=(1001100000.11)_2$。

(5) 十进制数值是 1216.75。

(6) 该数字的值为－1216.75。

## 2.2.2　字符

现代计算机不仅需要处理数值问题，还需要处理大量的非数值问题，必然要表示文字、字母、标点符号等。然而计算机只能处理二进制数据，因此，上述信息在计算机中应用时，必须编写为二进制格式的代码，也就是字符信息用二进制数据表示，称为符号数据。

目前国际上普遍采用的一种字符系统是美国信息交换标准字符码(American Standard Code for Information Interchange，ASCII)，用于给西文字符编码，包括英文字母的大小写、10 个十进制数码、一定数量的专用字符和控制字符等。这种编码由 7 位二进制数组合而成，可以表示 128 种字符。

例如，大写字母 A 的 ASCII 码值为 1000001，即十进制数 65；小写字母 a 的 ASCII 码值为 1100001，即十进制数 97。附录 A 列出了 ASCII 字符编码表。

在 ASCII 码中，按其作用可分为以下 4 部分。

(1) 34 个控制字符。

(2) 10 个阿拉伯数字。

(3) 52 个英文大小写字母。

(4) 32 个专用符号。

## 2.2.3　汉字

计算机处理汉字信息的前提条件是对每个汉字进行编码，这些编码统称为汉字代码。在汉字信息处理系统中，对于不同部位，存在着多种不同的编码方式。比如，从键盘输入汉字使用的汉字代码(外码)就与计算机内部对汉字信息进行存储、传送、加工所使用的代码(内码)不同，但它们都是为系统各相关部分标识汉字使用的。

系统工作时，汉字信息在系统的各部分之间传送，它到达某个部分就要用该部分所规定的汉字代码表示汉字。因此，汉字信息在系统内传送的过程就是汉字代码转换的过程。这些代码构成该系统的代码体系，汉字代码的转换和处理是由相应的程序来完成的。

### 1. 汉字代码的表示方法

1) 汉字输入码

汉字输入码是一种用计算机标准键盘上按键的不同排列组合来对汉字的输入进行编码，又称为汉字外部码，简称外码。目前汉字输入码主要分为音码和形码两类。

音码类：主要以汉字拼音为基础的编码方案，如全拼、双拼、搜狗拼音等。其优点是无须学习，与人们思维习惯一致。但由于汉字同音字较多，重码率高。

形码类：主要以汉字书写为基础的编码方案，主要是把汉字形状拆分成部首，然后加以组合，如五笔、郑码输入法等。

2) 汉字机内码

汉字机内码是汉字处理系统内部存储、处理汉字而使用的编码，简称内码。

3）汉字字形码

汉字字形码是表示汉字字形信息的编码，表示汉字字库中存储的汉字字形的数字化信息，用于输出显示和打印。

4）汉字交换码

汉字交换码是汉字信息处理系统之间或通信系统之间传输信息时，对每个汉字所规定的统一编码。

一般来说，在汉字处理系统中需要经过汉字输入码、汉字机内码、汉字字形码的三码转换过程。

**2.几种常用的汉字信息交换码**

1）国标码

国标码是我国于1980年颁布的国家标准《中华人民共和国国家标准信息交换汉字编码（GB 2312—80）》的简称。其主要用途是作为汉字信息交换码使用。

国标码与ASCII码属于同一制式，可以认为国标码是扩展的ASCII码。国标码以94个可显示的ASCII码字符为基集，采用双字节对汉字和符号进行编码，即用连续的两个字节表示一个汉字的编码。为了和ASCII码相区别，规定每个字节的最高位均为1。第一个字节称为区，第二个字节称为位。这样，该字符集共有94个区，每个区有94个位，最多可以组成94×94=8836个字符。

在国标码表中，共收录汉字和图形符号7445个。其中：一级常用汉字3755个；二级非常用汉字和偏旁部首3008个；图形符号682个。

GB 2312—80规定，所有的国标汉字与符号组成一个94×94的方阵，方阵中的每一行称为一个区，每一列称为一个位。这样，每一个字符便具有一个区码和一个位码，将区码置前，位码置后，组合在一起就成为该汉字的“国标区位码”。区位码的编码范围是：0101～9494。例如，1区的33位是符号“×”，则输入“×”可用区位码0133；41区的29位是汉字“山”，则输入“山”可用区位码4129。

区位码的最大特点就是没有重码，虽然不是一种常用的输入方式，但通过其他编码方式难以找到的汉字，通过区位码却很容易得到。

2）BIG-5码

BIG-5码是我国台湾地区编制和使用的一套中文内码。它是为了解决各生产厂家中文内码不统一的问题而设计出的一套编码，并采用五大套装软件的“五大”命名为BIG-5码，俗称“大五码”。

3）GB 13000码

国际标准化组织于1993年公布了《通用多八位编码字符集》的国际标准（ISO/IEC 10646）。我国发布了与其一致的国家标准，即GB 13000码。

## 2.2.4 多媒体数据

多媒体是全面的综合性的信息资源。它是数字、文字、声音、图形、图像、动画、视频等各种媒体的有机组合，并与先进的计算机、通信和广播电视技术相结合，形成一个可以组织、存储、操纵和控制多媒体信息的集成环境和交互系统。

多媒体系统可分为硬件系统和软件系统，常用的多媒体硬件系统包括计算机、电视、音响、录像机等设备，如图 2-6 所示。多媒体软件系统包括进行多媒体资源管理与信息处理的系统软件和用于多媒体创作或编辑的应用软件，包括字处理软件、绘图软件、图像处理软件、动画制作软件、声音编辑软件以及视频编辑软件等。

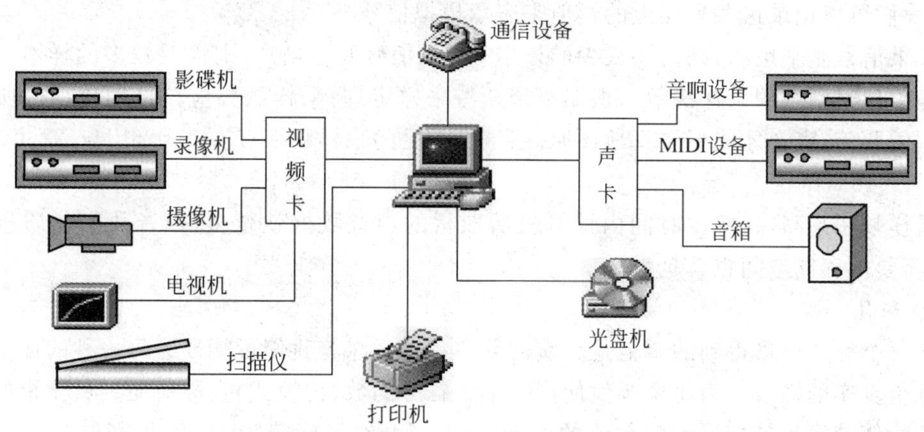


图 2-6　常用的多媒体硬件系统组成

在多媒体系统中，输入与输出的数据均可以称为多媒体数据。除了字符与文本外，常见的与计算机相关的多媒体数据主要有音频、图形、图像、动画、视频等。

音频是声音采集设备捕捉到或者生成的声波以数字化形式存储，并能够重现的声音信息。音频信息增强了对其他类型媒体所表达的信息的理解。计算机音频技术主要包括声音的采集、数字化、压缩、解压缩以及声音播放等。

图形一般指计算机生成的各种有规则的图，如直线、圆、多边形、任意曲线等几何图和统计图等。其最大优点在于可以分别控制处理图中的各个部分，如在屏幕上移动、旋转、放大、缩小而不失真。

图像是指由输入设备捕捉到的实际场景画面或以数字化形式存储的任意画面。计算机可以处理各种不规则的静态图像，如扫描仪、数字照相机输入的各种图像。图像记录了每个坐标位置上像素点的颜色值。

动画与视频是运动的图像，其实质是多幅静态图形或者图像的快速连续播放。

本部分对生活中常见的音频数据和图像数据在计算机中的形成、存储等过程进行相关介绍。

### 1. 音频数据

自然界的声音是一种连续变化的模拟信号，可以通过一种模拟(连续的)波形来表示。对于一个音频信号波形，其时间可以用横轴表示，振幅可以用纵轴表示。

在计算机中存储和处理音频信号，必须对其进行数字化。其方法是，按照一定的频率(时间间隔)对声音信号的幅值进行采样，然后对得到的一系列数据进行量化与二进制编码处理，即可将模拟声音信号转换为相应的二进制比特序列。这种数字化后的声音信息即可被计算机存储、传输和处理。

1）采样

如果我们不能记录一段间隔的音频信号的所有幅值，至少可以记录其中的一部分。采样意味着我们在模拟信号上选择数量有限的幅值并记录下来。每隔一个时间间隔在模拟声音波形上取一个幅值的过程称为采样。图 2-7 显示了在模拟信号上选择若干个样本的采样过程，我们可以记录这些采样点的幅值来表示模拟信号。

如果信号是平坦的，则需要很少的样本；如果信号变化剧烈，则需要较多的样本。采样频率是单位时间内的采样次数。根据奈奎斯特采样定理，采样频率应该选用该信号所含最高频率的两倍，声音才能不失真地还原。目前，常见的采样频率有：11.025kHz、22.05kHz、44.1kHz、48kHz。

采样频率越高，在单位时间内计算机所取得的声音数据就越多，声音数字化质量就越高，而需要的存储空间也就越大。

2）量化

从每个样本测量得到的幅值是真实的数字。这意味着我们可能要为每一秒的样本存储 40 000 个真实的幅值。为每个幅值使用一个无符号的数（位模式）会更简便。量化指的是将样本的幅值截取为最接近的整数值的一种过程。例如，实际值为 17.2，可截取为 17；如果实际值为 17.7，可截取为 18。图 2-8 显示了图 2-7 中的音频信号的量化结果。

对采样得到的样本进行数字化表示所使用的二进制位数称为量化位数。量化位数越高，数字化的精度越高，但数据率也比较大。过去的量化位数通常为 8 的位模式，现在量化位数分配为 16、24，甚至 32。

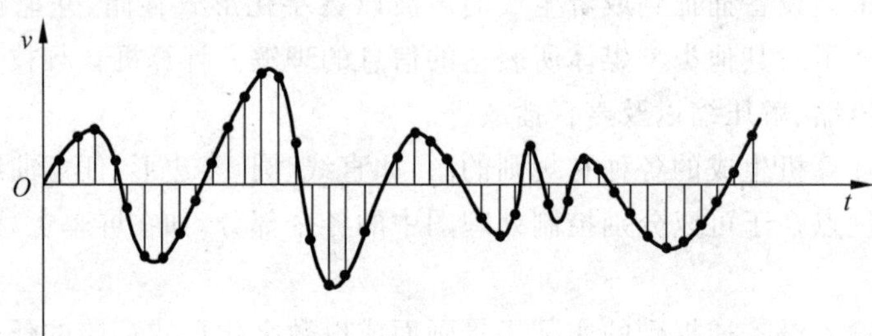


图 2-7 音频信号的采样

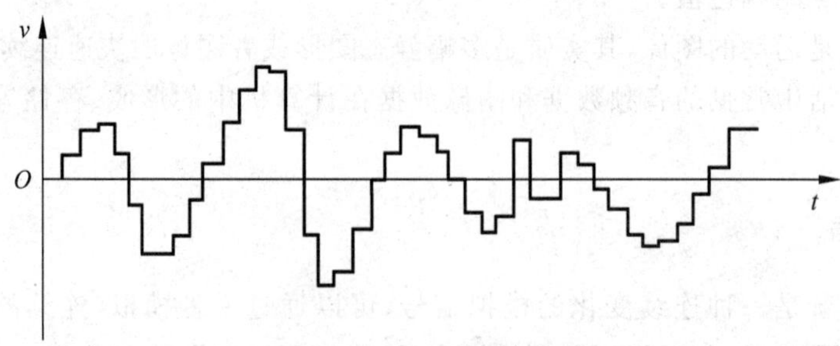


图 2-8 音频信号的量化

3）编码

量化后的样本值需要被编码成为位模式以便在计算机中进行存储和表示。编码就是按照一定的格式把经过采样和量化得到的离散数据记录下来，并在数据中加入一些用于纠错、同步和控制的数据。一些系统使用无符号整数来表示样本，也有一些系统使用有符号的整数来表示。

在音频数据的编码与存储过程中经常用到一个概念，即位率。

如果量化位数或每样本位的数量为 $B$，每秒样本数为 $S$，则需要为每秒的音频存储 $S\times B$ 位。该乘积称为位率 $R$。

**例 2-30**　如果使用每秒 40 000 个样本以及量化位数为 16 位，则位率是 $R=40\ 000\times 16=640\ 000$b/s。

4）音频文件的存储

多媒体音频信息经计算机处理后以一定的文件格式存储，最常见的几种音频存储格式是：WAVE 波形文件，MIDI 音乐数字文件和目前非常流行的 MP3 音乐文件。

WAVE 波形文件是基于 PCM(Pulse-Code Modulation)技术的波形音频文件，文件扩展名是 WAV，是 Windows 操作系统所使用的标准数字音频文件。在适当的软硬件条件下，使用波形文件能够重现各种声音，但波形文件的缺点是产生的文件太大，不适合长时间的记录。

MIDI 文件则是按 MIDI 数字化音乐的国际标准来记录描述音符、音高、音长、音量和触键力度(键从触按到最低位置的速度)等音乐信息的指令，通常称为 MIDI 音频文件。它在 Windows 下的扩展名为 MID。由于 MIDI 文件记录的不是声音信息本身，它只是对声音的一种数字化描述方式，因此，它与波形文件相比，MIDI 文件要小得多。MIDI 文件主要缺点是缺乏重现真实自然声音的能力，另外，MIDI 只能记录标准所规定的有限几种乐器的组合，并且受声卡上芯片性能限制难以产生真实的音乐效果。

MP3 全称为 MPEG Audio Layer 3。由于在 MPEG(Moving Pictures Experts Group)视频信息标准中，也规定了视频伴音系统，因此，MPEG 标准里也就包括了音频压缩方面的标准，称为 MPEG Audio。MP3 文件就是以 MPEG Audio Layer 3 为标准的压缩编码的一种数字音频格式文件。MP3 语音压缩具有很高的压缩比率，一般说来，1 分钟 CD 音质的 WAV 文件约需 10MB，而经过 MPEG Layer 3 标准压缩可以压缩为 1MB 左右且基本保持不失真。

另外还有一种互联网上流行的 RA(Real Audio)文件格式，是由 RealNetworks 公司开发的一种具有较高压缩比的音频文件。由于其压缩比高，因此文件小，适合于网络传输。

### 2. 图像数据

图像信息是人类直接用视觉感受的一种形象化信息。在多媒体技术中，计算机图像媒体通过形、体、色、影的变换与处理，可使人们产生不同的视觉快感，其特点是生动形象。

图像信息分为静态图像和动态图像两大类，静态图像根据原理不同又分为位图图像和矢量图形两类，动态图像又分为视频和动画两类，习惯上将通过摄像机拍摄得到的动态图像称为视频，而由计算机或绘画方法生成的动态图像称为动画。

位图图像是“点阵”图，可以看做是由若干行和若干列像素点所组成的一个矩阵，每个像素点可用若干个二进制数来表示，用于表示一个像素点的颜色所使用的二进制位数称为颜色深度。与位图图像不同，矢量图形不用大量的单个像素点来建立图像，而是用数学公式对物体进行描述以建立图像。对有些图形图像来说，数字叙述比位图更容易。例如，同样是在屏幕上画一个圆，矢量图的描述非常简单：圆心坐标(120,120)，半径 60；而位图必须要描述和存储整幅图像的每一个像素点的位置和颜色信息。

1) 图像数字化

图像数字化就是将一幅画面转化成计算机能够处理的形式——数字图像的过程。具体来说，就是在成像过程中把一幅画面分割成如图 2-9 所示的一个个小区(像素或者像元)，并将各个小区的颜色值用整数来表示，这样便形成一幅数字图像。小区域的位置和颜色称为像素的属性。

与前面讲过的模拟音频信号数字化处理的方法类似，图像数字化的过程主要也包括采样和量化两个步骤，如图 2-9 所示。

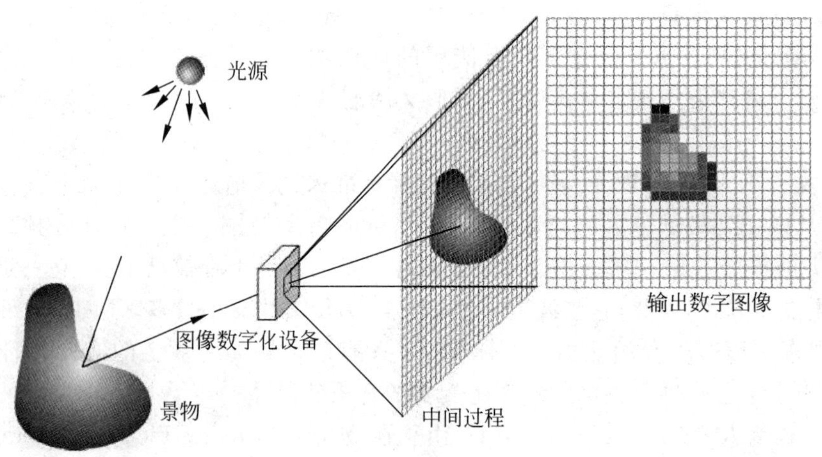


图 2-9 图像数字化过程

将空间上连续的图像变换成离散像素点的过程称为采样。一般来说，采样间隔越大，所得图像像素数目越少，图像空间分辨率越低，图像质量差，严重时还会出现块状的国际棋盘效应；采样间隔越小，所得图像像素数目越多，图像空间分辨率越高，图像质量好，但数据量较大。

经采样后图像被分割成空间上离散的像素，但其颜色是连续的，还不能用计算机进行处理。将像素颜色转换成离散的整数值的过程称为量化。量化等级越多，所得图像层次越丰富，颜色分辨率越高，图像质量越好，但数据量较大；量化等级越少，图像数据量较少，但图像层次欠丰富，颜色分辨率低，图像质量差，会出现假轮廓现象。图 2-10 分别表示了不同分辨率下的三幅图像。

若要使数字化的图像更细腻，色彩更逼真，就需要在采样过程中将该图像细分为更多的像素，在量化过程中将每个像素用更多的二进制数码来区分不同的颜色和层次。所以，图像数字化后的数据量非常大。

例如某幅画面上有 12 万个像素，每个像素用 16 个比特来表示，则该幅图像的数字化信息就需要 24 万个字节来表示和存储。

2) 图像文件格式

常用的静态图像文件格式包括 BMP、JPG、GIF 等。

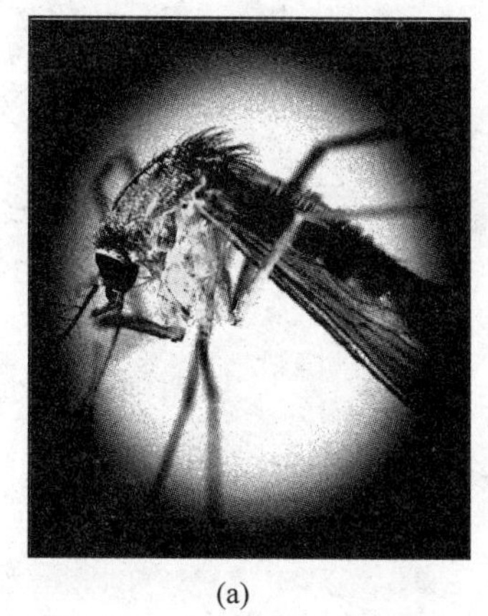
(a)

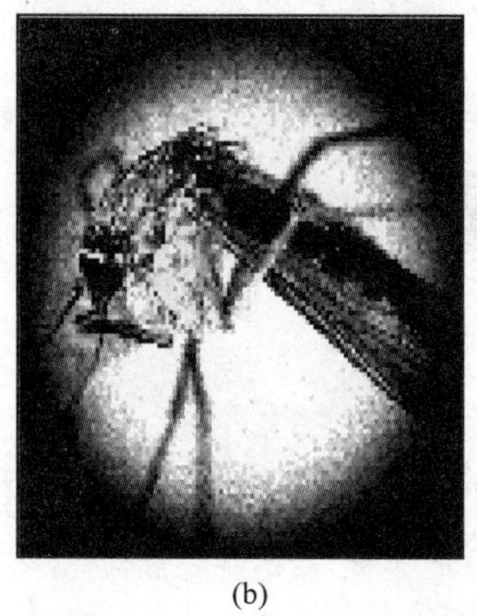
(b)

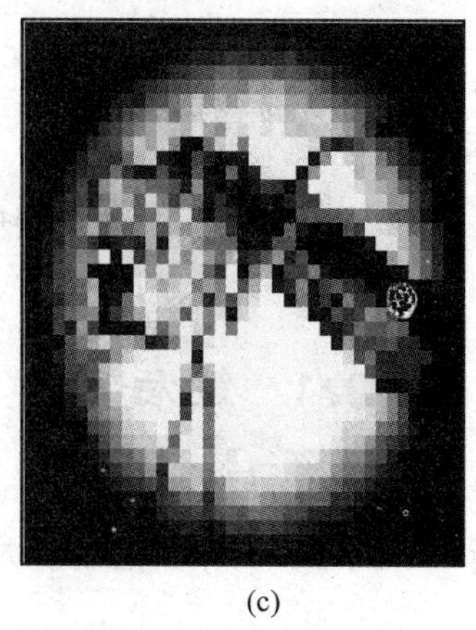
(c)

图 2-10　不同分辨率下的三幅图像

(1) BMP 格式：是标准的 Windows 和 OS/2 操作系统的基本位图格式，几乎所有在 Windows 环境下运行的图形图像处理软件都支持这一格式。BMP 文件有压缩(RLE 方式)格式和非压缩格式之分，一般作为图像资源使用的 BMP 文件是不压缩的，因此，BMP 文件占磁盘空间较大。BMP 文件格式支持从黑白图像到 24 位真彩色图像。

(2) JPG 格式：是由联合图像专家组(Joint Photographic Experts Group，JPEG)制定的压缩标准产生的压缩图像文件格式。JPG 格式文件压缩比可调，可以达到很高的压缩比，文件占磁盘空间较小，适用要处理大量图像的场合，是 Internet 上支持的重要文件格式。JPEG 支持灰度图，RGB 真彩色图像和 CMYK 真彩色图像。

(3) 图形交换文件格式(Graphics Interchange Format，GIF)：是由 Compuseve 公司开发的。各种平台都支持 GIF 格式图像文件。GIF 采用 LEW 格式压缩，压缩比较高，文件容量小，便于存储和传输，因此适合在不同的平台上进行图像文件的传播和互换。GIF 文件格式支持黑白、16 色和 256 色图像，有 87a 和 89a 两个规格，后者还支持动画，和 JPG 格式一样，也是 Internet 上支持的重要文件格式之一。

上面所述的只是几种流行的通用的位图图像文件格式。另外，各种图形图像处理软件大都有自己的专用格式，如 AutoCAD 的 DXF 格式、CorelDRAW 的 CDR 格式、Photoshop 的 PSD 格式等，这些都属于矢量图形文件。

常用的动态图像文件格式包括 AVI、MOV、MPG 等。

(1) AVI 格式：音频-视频交互格式，是 Windows 平台上流行的视频文件格式。

(2) MOV 格式：是 Apple 的 Macintosh 计算机的 QuickTime 的文件格式，图像质量优于 AVI。

(3) MPG 格式：是 MPEG 标准应用在计算机上的全屏幕运动视频标准文件格式。

(4) SWF 格式：是 Flash 软件支持的矢量动画文件格式。

(5) FLC 格式：是 Autodesk 公司的 Animator、Animator Pro、3D Studio、3D Studio MAX 等动画制作软件支持的动画文件格式。

# 2.3 数据运算

计算机中的常见运算包括算术运算、逻辑运算和移位运算，这些运算是计算机进行数学计算与信息处理的基础。

## 2.3.1 算术运算

二进制数据的算术运算(Arithmetic Operation)适用于整数和浮点数，包括加、减、乘、除等。这里只介绍二进制整数的加减运算。

### 1. 二进制补码中的加法运算

二进制中的加法与十进制中的加法一样：列与列相加，如果有进位，就加到前一列上。两个二进制数按位相加的规则如表 2-4 所示。

表 2-4 两个二进制数按位相加的结果及进位

| 按位相加的二进制数 | 结果 | 进位 |
|---|---|---|
| 0+0 | 0 | 无 |
| 1+0 或 0+1 | 1 | 无 |
| 1+1 | 0 | 1 |

二进制补码中两个整数的相加法则：两个位相加，将进位加到前一列。如果最左边的列相加后还有进位，则舍弃它。

**例 2-31** 用二进制补码方法计算(+17) + (+22)。

**解：**

$$(+17)_{10} = (00010001)_2 \quad (+22)_{10} = (00010110)_2$$

```
进位           1
    0   0   0   1   0   0   0   1   +
    0   0   0   1   0   1   1   0
    ---------------------------------
结果 0   0   1   0   0   1   1   1
```

则 (+17) + (+22) = (+39)

**例 2-32** 用二进制补码方法计算(+24) + (−17)。

**解：**

$$(+24)_{10} = (00011000)_2 \quad (-17)_{10} = (11101111)_2$$

```
进位   1   1   1   1   1
           0   0   0   1   1   0   0   0   +
           1   1   1   0   1   1   1   1
    -----------------------------------------
结果       0   0   0   0   0   1   1   1
```

则 (+24) + (−17) = (+7)

**例 2-33** 用二进制补码方法计算(−35) + (+20)。

**解:**

$(-35)_{10}=(11011101)_2$ $(+20)_{10}=(00010100)_2$

| | | | | | | | | | |
|---|---|---|---|---|---|---|---|---|---|
| 进位 | | | 1 | 1 | 1 | | | | |
| | 1 | 1 | 0 | 1 | 1 | 1 | 0 | 1 | + |
| | 0 | 0 | 0 | 1 | 0 | 1 | 0 | 0 | |
| 结果 | 1 | 1 | 1 | 1 | 0 | 0 | 0 | 1 | |

则 (−35) + (+20) = (−15)

**例 2-34** 用二进制补码方法计算(+127) + (+3)。

**解:**

$(+127)_{10}=(01111111)_2$ $(+3)_{10}=(00000011)_2$

| | | | | | | | | | |
|---|---|---|---|---|---|---|---|---|---|
| 进位 | 1 | 1 | 1 | 1 | 1 | 1 | 1 | | |
| | 0 | 1 | 1 | 1 | 1 | 1 | 1 | 1 | + |
| | 0 | 0 | 0 | 0 | 0 | 0 | 1 | 1 | |
| 结果 | 1 | 0 | 0 | 0 | 0 | 0 | 1 | 0 | |

则 (+127) + (+3) = (−126)

在本例中,运算结果发生溢出错误。

溢出是指试图把一个数存储在超出指定分配单元所允许的范围时发生的错误。当对两个 $N$ 位二进制补码相加时,务必使得相加结果在 $N$ 位二进制补码可表示的范围之内,否则会发生溢出。$N$ 位二进制补码表示范围:$-2^{N-1}\sim+2^{N-1}-1$。对于 8 位分配,二进制补码可表示数的范围为−128~+127。

### 2. 二进制补码的减法运算

二进制补码表示的一个优点是减法计算可以通过加法计算来实现。在进行减法运算时,首先把减数的符号取反,再与被减数相加。

**例 2-35** 用二进制补码方法计算(+101) −(+62)。

**解:**

(+101) − (+62) = (+101) + (−62)

$(+101)_{10}=(01100101)_2$ $(+62)_{10}=(00111110)_2$ $(-62)_{10}=(11000010)_2$

| | | | | | | | | | | |
|---|---|---|---|---|---|---|---|---|---|---|
| 进位 | 1 | 1 | | | | | | | | |
| | | 0 | 1 | 1 | 0 | 0 | 1 | 0 | 1 | + |
| | | 1 | 1 | 0 | 0 | 0 | 0 | 1 | 0 | |
| 结果 | | 0 | 0 | 1 | 0 | 0 | 1 | 1 | 1 | |

则 (+101)−(+62) = (39)

**注意:** 在计算机上进行算术运算时,确保参与运算的数以及运算结果在指定位分配可表示的区间之内,避免发生溢出现象。

## 2.3.2 逻辑运算

逻辑运算中的变量有两个值:FALSE(假)和 TRUE(真),刚好对应二进制符号 0 和 1。一个位可能是 0 或 1,可以假设 0 代表逻辑"假",1 代表逻辑"真"。这样,存储在计算机存储器中的位就能代表逻辑"真"或逻辑"假"。

逻辑运算(Logical Operation)可以分为两类,即一元运算和二元运算。

一元(Unary)运算:逻辑运算作用在一个输入位上,即逻辑非运算。

二元(Binary)运算:逻辑运算作用在两个输入位上,包括逻辑与(AND)、逻辑或(OR)、异或运算(XOR)。

逻辑运算分类如图 2-11 所示。逻辑运算规则如表 2-5 的逻辑真值表所示。

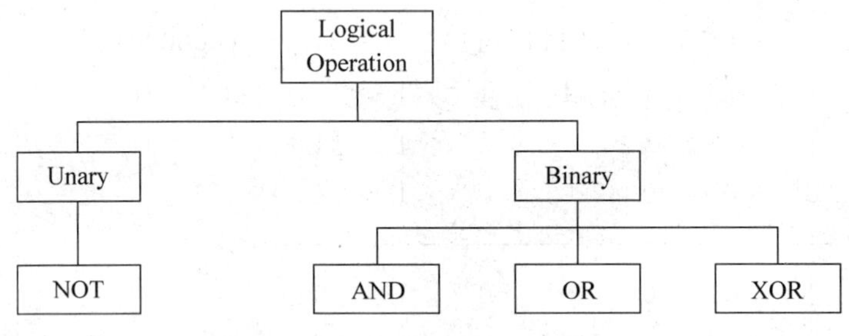


图 2-11 逻辑运算分类

**表 2-5 逻辑真值表**

| 输 入 | | 输 出 | | | | |
|---|---|---|---|---|---|---|
| $x$ | $y$ | NOT($x$) | NOT($y$) | AND($x$, $y$) | OR($x$, $y$) | XOR($x$, $y$) |
| 0 | 0 | 1 | 1 | 0 | 0 | 0 |
| 0 | 1 | 1 | 0 | 0 | 1 | 1 |
| 1 | 0 | 0 | 1 | 0 | 1 | 1 |
| 1 | 1 | 0 | 0 | 1 | 1 | 0 |

### 1. 逻辑非运算

非(NOT)运算是一元运算符,仅有一个输入,输出一个操作数。

运算过程:对输入的位模式逐位取反,即将 0 变为 1,将 1 变为 0。

**例 2-36** 对位模式 10111010 进行非运算。

**解:**

目标 1 0 1 1 1 0 1 0 NOT

结果 0 1 0 0 0 1 0 1

### 2. 逻辑与运算符

与(AND)运算是二元运算符,有两个输入操作数,输出一个操作数。

运算过程:两个操作数对应位作为逻辑值,借助真值表进行运算。只有当参与运算的两个位都是1时，结果为1；否则结果为0。

**例 2-37** 对位模式10011000和00110101进行与运算。

**解：**

| | | |
|---|---|---|
| 模式1 | 1 0 0 1 1 0 0 0 | |
| 模式2 | 0 0 1 1 0 1 0 1 | AND |
| 结果 | 0 0 0 1 0 0 0 0 | |

与运算过程中，如果参与运算的某位是0，则无论另一个输入对应的位是0还是1，运算结果均为0。

### 3. 逻辑或运算符

或(OR)运算是二元运算符，有两个输入操作数，输出一个操作数。

运算过程：对两个输入数逐位进行或运算，只有当两个位同为0时，结果为0；否则结果为1。

**例 2-38** 对位模式10011000和00110101进行或运算。

**解：**

| | | |
|---|---|---|
| 模式1 | 1 0 0 1 1 0 0 0 | |
| 模式2 | 0 0 1 1 0 1 0 1 | OR |
| 结果 | 1 0 1 1 1 1 0 1 | |

或运算过程中，如果参与运算的某位是1，则无论另一个输入对应的位是0还是1，运算结果均为1。

### 4. 逻辑异或运算符

异或(XOR)运算是二元运算符，有两个输入操作数，输出一个操作数。

运算过程：对两个输入数逐位进行异或运算，只有当两位相同时，结果为0；否则结果为1。

**例 2-39** 对位模式10011000和00110101进行异或运算。

**解：**

| | | |
|---|---|---|
| 模式1 | 1 0 0 1 1 0 0 0 | |
| 模式2 | 0 0 1 1 0 1 0 1 | XOR |
| 结果 | 1 0 1 0 1 1 0 1 | |

异或运算过程中，如果参与运算的某个位是1，则输出结果就是另一个输入对应位取反。

### 5. 逻辑运算的应用

利用三种逻辑运算(与、或、异或)，可以修改位模式，如将指定位进行复位(设置为0)、置位(设置为1)或反转。

实现以上功能需要借助一个特殊构造的位模式，该位模式称为掩码。

1) 对指定的位进行复位操作

与运算可以将目标位模式中的指定位进行复位，复位掩码满足以下条件：对于目标位模式中需要置 0 的位，掩码对应的位设置为 0；对于目标位模式中需要保持不变的位，掩码的相应位设置为 1。

**例 2-40** 构造一个掩码复位(清除)一个位模式的最左边 5 位，使用 10100110 进行测试。

**解：**

掩码为 00000111

目标位模式 1 0 1 0 0 1 1 0

掩码位模式 0 0 0 0 0 1 1 1 AND

运算结果 0 0 0 0 0 1 1 0

2) 对指定的位进行置位操作

或运算可以将目标位模式中的指定位进行置位，置位掩码满足以下条件：对于目标位模式中需要置 1 的位，掩码对应的位设置为 1；对于目标位模式中需要保持不变的位，掩码的相应位设置为 0。

**例 2-41** 构造一个掩码置位(置 1)一个位模式的最左边 5 位，使用 10100110 进行测试。

**解：**

掩码为 11111000

目标位模式 1 0 1 0 0 1 1 0

掩码位模式 1 1 1 1 1 0 0 0 OR

运算结果 1 1 1 1 1 1 1 0

3) 对指定的位进行反转操作

异或运算可以将目标位模式中的指定位进行反转，也就是把指定位的值从 0 变为 1、从 1 变为 0。异或掩码满足以下条件：对于目标位模式中需要反转的位，掩码对应的位设置为 1；对于目标位模式中需要保持不变的位，掩码的相应位设置为 0。

**例 2-42** 构造一个掩码反转一个位模式的最左边 5 位，使用 10100110 进行测试。

**解：**

掩码为 11111000

目标位模式 1 0 1 0 0 1 1 0

掩码位模式 1 1 1 1 1 0 0 0 XOR

运算结果 0 1 0 1 1 1 1 0

### 2.3.3 移位运算

移位运算(Shift Operation)的功能是将一个数据所有的位左移或者右移指定的位数。

如果某个数据是用二进制补码格式表示的整数，对这个数据进行右移一位相当于进行一次除 2 运算；对这个数据进行左移一位相当于进行一次乘 2 运算。在这个意义上的移位运算通常也称为算术移位运算。

#### 1. 算术右移运算

运算规则：

(1) 数据中所有位均右移一位；

(2) 最右端的位被移除；

(3) 最左端的位由原数据符号位复制。

**例 2-43**　对二进制补码表示格式的数据$(00010100)_2$进行1位的算术右移运算。

**解：**

最右位移除，最左位复制为0，其余各位均右移一位，则运算为：

移位前：　　　0 0 0 1 0 1 0 0

移位后：　　　0 0 0 0 1 0 1 0

$(00010100)_2=20$，$(00001010)_2=10$，可见此右移运算完成了一次除2运算。

**例 2-44**　对二进制补码表示格式的数据$(00010100)_2$进行2位的算术右移运算。

**解：**

第一次移位：

最右位移除，最左位复制为0，其余各位均右移一位，则运算为：

移位前：　　　0 0 0 1 0 1 0 0

移位后：　　　0 0 0 0 1 0 1 0

第二次移位：

最右位移除，最左位复制为0，其余各位均右移一位，则运算为：

移位前：　　　0 0 0 0 1 0 1 0

移位后：　　　0 0 0 0 0 1 0 1

$(00001010)_2=10$，$(00000101)_2=5$，可见此右移运算完成了两次除2运算。

### 2. 算术左移运算

运算规则：

(1) 数据中所有位均左移一位；

(2) 最左端的位被移除；

(3) 最右端的位由0补充。

**例 2-45**　对二进制补码表示格式的数据$(00010100)_2$进行1位的算术左移运算。

**解：**

最左位移除，最右位补0，其余各位均左移一位，则运算为：

移位前：　　　0 0 0 1 0 1 0 0

移位后：　　　0 0 1 0 1 0 0 0

$(00010100)_2=20$，$(00101000)_2=40$，可见此左移运算完成了一次乘2运算。

**例 2-46**　对二进制补码表示格式的数据$(00010100)_2$进行2位的算术左移运算。

**解：**

第一次移位：

最左位移除，最右位补0，其余各位均左移一位，则运算为：

移位前：　　　0 0 0 1 0 1 0 0

移位后：　　　0 0 1 0 1 0 0 0

第二次移位：

最左位移除，最右位补0，其余各位均左移一位，则运算为：

移位前：　　　0 0 1 0 1 0 0 0

移位后：　　　0 1 0 1 0 0 0 0

$(00010100)_2=20$，$(01010000)_2=80$，可见此右移运算完成了两次乘 2 运算。

因为用二进制补码格式表示的数是一个有符号的整数，所以完成算术移位运算后，如果新的符号位与原先的相同，表示运算成攻；如果新的符号位与原先的不同，表示发生了溢出，运算结果非法。

**例 2-47**　对二进制补码表示格式的数据$(01010000)_2$进行 1 位的算术左移运算。

**解：**

最左位移除，最右位补 0，其余各位均左移一位，则运算为：

移位前：　　　0 1 0 1 0 0 0 0

移位后：　　　1 0 1 0 0 0 0 0

$(01010000)_2=80$，$(10100000)_2=-96$，可见此左移运算发生了溢出。

## 习题

**一、判断题**

1. 字节是计算机中信息存储和管理的基本单位。（　　）
2. 整数分为有符号整数和无符号整数，无符号整数通常用于记数和寻址。（　　）
3. 在整数表示的二进制补码方法中，负数可以通过将最右边的所有 0 以及第一个 1 保持不变，其余位取反得到。（　　）
4. 一个汉字在计算机内部一般用 1 个字节表示。（　　）
5. 对于声音采样，样本位数越多，声音的质量越高，而需要的存储空间也越小。（　　）
6. 8 位二进制补码能表示的最大正整数是 128。（　　）
7. 在整数表示的二进制补码方法中，负数可以通过按照反码加 1 的方法得到。（　　）
8. 在二元异或运算中，仅当输入为不同时结果为真。（　　）

**二、填空题**

1. 存储器容量的换算关系是 1KB=________B，1MB=________KB，1GB=________MB。
2. 位与字节的关系是________位等于 1 字节。
3. 字节与字长的关系是字长为字节的________倍。
4. 将下列十进制数转换成相应的二进制数。

$(68)_{10}=(\_\_\_\_\_\_\_\_\_\_)_2$

$(347)_{10}=(\_\_\_\_\_\_\_\_\_\_)_2$

$(57.687)_{10}=(\_\_\_\_\_\_\_\_\_\_)_2$

5. 将下列二进制数转换成相应的十进制数、八进制数、十六进制数。

$(101101)_2=(\_\_\_\_)_{10}=(\_\_\_\_)_8=(\_\_\_\_)_{16}$

$(11110010)_2=(\_\_\_\_)_{10}=(\_\_\_\_)_8=(\_\_\_\_)_{16}$

$(10100.1011)_2=(\_\_\_\_)_{10}=(\_\_\_\_)_8=(\_\_\_\_)_{16}$

6. 在计算机中，一个字节由________个二进制位组成。一个汉字的内码由________个字节组成。

7. 一个浮点数所占用的存储空间被划分为三部分，分别存放________、________和________。

8. ________是计算机中信息存储和管理的基本单位。

## 三、选择题

1. 以下哪个与十进制数 12 等值？（　　）

A. $(110)_2$　B. $(C)_{16}$　C. $(15)_8$　D. 以上都不对

2. 以下哪个与十进制数 24 等值？（　　）

A. $(11000)_2$　B. $(1A)_{16}$　C. $(31)_8$　D. 以上都不对

3. 微型计算机能处理的最小数据单位是（　　）。

A. ASCII 码字符　B. 字节　C. 字符串　D. 比特（二进制位）

4. 二进制数 1110111.11 转换成十进制数是（　　）。

A. 119.375　B. 119.75　C. 119.125　D. 119.3

5. 若在一个非零无符号二进制整数右边加两个零形成一个新的数，则新数的值是原数值的（　　）。

A. 四倍　B. 二倍　C. 四分之一　D. 以上都不对

6. 微机中 1KB 表示的二进制位数是（　　）。

A. 1000　B. 8x1000　C. 1024　D. 8x1024

7. 下列 4 种不同数制表示的数中，数值最小的一个是（　　）。

A. 八进制数 247　B. 十进制数 169

C. 十六进制数 A6　D. 二进制数 10101000

8. 执行下列二进制算术加运算：01010100＋10010011。其运算结果是（　　）。

A. 11100111　B. 111000111　C. 00010000　D. 11101011

9. 下列数据中，有可能是八进制数的是（　　）。

A. 238　B. 764　C. 396　D. 789

10. 十进制 1024 等于二进制数（　　）。

A. 11111111110　B. 1111111110

C. 1000000000　D. 10000000000 *（除二留余法）

11. 十进制 25.6875 等于二进制数（　　）。

A. 11101.01011　B. 11001.01111

C. 11001.10110　D. 11001.1101 *（小数部分用乘二取整法）

12. 在 Excess_127 系统中将－32 转换成（　　）存储在 8 位存储单元中。

A. 10100111　B. 01011111　C. 10100011　D. 01011110

13. 要反转位模式全部的位，对位模式和掩码进行（　　）运算。

A. AND　B. OR　C. XOR　D. NOT

14. 在计算机中，所有信息的存放与处理采用（　　）。

A. ASCII 码　B. 二进制　C. 十六进制　D. 十进制

15. 在汉字国标码字符集中，汉字和图形符号的总个数为（　　）。

A. 3755　B. 3008　C. 7445　D. 6763

16. 用十六进制数给某存储器的各个字节编地址，其地址编号是从 0000～FFFF，则该存储器的容量是(　　)。

A. 64KB　　B. 256KB　　C. 640KB　　D. 1MB

17. 将十进制数 215.6531 转换成二进制数是(　　)。

A. 11110010.000111　　B. 11101101.110011

C. 11010111.101001　　D. 11100001.111101

18. 二进制数 10011010 和 00101011 进行逻辑乘运算(即"与"运算)的结果是(　　)。

A. 00001010　　B. 10111011　　C. 11000101　　D. 11111111

19. 二进制 1110111 转换成十六进制数为(　　)。

A. 77　　B. D7　　C. E7　　D. F7

20. 十进制 269 转换为十六进制数为(　　)。

A. 10E　　B. 10D　　C. 10C　　D. 10B

21. 在浮点表示法中,(　　)是隐含的。

A. 位数　　B. 基数　　C. 阶码　　D. 尾数

22. 下面哪种不是图像文件格式?(　　)

A. BMP 格式　　B. ASF 格式　　C. GIF 格式　　D. JPEG 格式

23. 在 Excess_127 系统中将 11011010 转换成十进制数是(　　)。

A. 90　　B. 91　　C. 92　　D. 93

24. 下面 4 个不同数制表示的数中,数值最小的是(　　)。

A. 二进制数 11100011　　B. 十进制数 228

C. 八进制数 340　　D. 十六进制数 E3

**四、计算题**

1. 将下列二进制数转换为十进制数。

(1) 01101　　(2) 1011000　　(3) 011110.01　　(4) 111111.111

2. 将下列十六进制数转换为十进制数。

(1) AB2　　(2) 123　　(3) ABB　　(4) 35E.E1

3. 将下列十进制数转换为二进制数。

(1) 1234　　(2) 88　　(3) 124.02　　(4) 14.56

4. 将下列十进制数转换为十六进制数。

(1) 567　　(2) 1411　　(3) 12.13　　(4) 16.5

5. 将下列二进制数转换为十六进制数。

(1) 01101　　(2) 1011000　　(3) 011110.01　　(4) 111111.111

6. 完成下列数据进制之间的转换。

(1) $(188.875)_{10}=(\qquad)_2$　　(2) $(3277)_{10}=(\qquad)_8$

(3) $(1916)_8=(\qquad)_{16}$　　(4) $(2010)_{10}=(\qquad)_{16}$

(5) $(1011100.101)_2=(\qquad)_{16}$　　(6) $(137.5)_8=(\qquad)_2$

(7) $(10110110011.01)_2=(\qquad)_{16}$　　(8) $(55.0625)_{10}=(\qquad)_8$

(9) $(3CF.9E)_{16}=(\qquad)_8$

7. 已知下面的数据都是以 8 位二进制形式存储在计算机中,请首先把下列数转换成二进制补码,然后运算,再把结果转换成十进制。

(1) 58＋39　　　　(2) 76－111

(3) 78＋29　　　　(4) 59－121

8. 已知下面以十进制方式表示的数据，若用无符号整数方式存储在内存中且存储长度为一个字节，完成它们之间的逻辑运算。

(1) 112　AND　63

(2) 99　OR　100

(3) 58　XOR　79

9. 掩码运算。

(1) 使用掩码把一个字节的位模式的最左 3 位置位，使用 10100110 检验这个掩码。

(2) 使用掩码来反转一个字节的位模式的最左边 3 位，使用 10101010 来检验这个掩码。

(3) 使用掩码把一个字节的位模式的最左 4 位复位，使用 10110110 检验这个掩码。

**五、问答题**

1. 什么是二进制代码和二进制数码？计算机为什么要采用二进制代码和二进制数码？

2. 什么是编码？计算机中常用的信息编码有哪几种？请列出它们的名称。

3. 什么是计算机外码？什么是计算机内码？简述它们之间的区别。

4. 请用单精度浮点数表示法写出 108.875 在计算机内存的存储格式。

5. 简述如何把模拟信号的音频数据存储到计算机中去。

6. 把内存中存储的 32 位单精度浮点数 11000001111011010000000000000000 转换为十进制数表示。

# 第3章 计算机组成与结构

计算机由运算器、控制器、存储器、输入设备和输出设备5大部件组成,本章主要介绍计算机系统的基本组成、层次结构与硬件系统组织以及计算机的组装。

## 3.1 计算机的组成

一个完整的计算机系统包括硬件系统和软件系统两大部分。计算机硬件系统是指构成计算机的所有实体部件的集合,通常这些部件由电路(电子元件)、机械等物理部件组成。直观地看,计算机硬件是一大堆设备,它们都是看得见摸得着的,是计算机进行工作的物质基础,也是计算机软件发挥作用、施展其技能的舞台。

### 3.1.1 计算机的组成概述

计算机软件是指在硬件设备上运行的各种程序以及有关资料。所谓程序实际上是用户用于指挥计算机执行各种动作以便完成指定任务的指令集合。用户要让计算机做的工作可能是很复杂的,因而指挥计算机工作的程序也可能是庞大而复杂的,有时还可能要对程序进行修改与完善。因此,为了便于阅读和修改,必须对程序作必要的说明或整理出有关的资料。这些说明或资料(称之为文档)在计算机执行过程中可能是不需要的,但对于用户阅读、修改、维护、交流,这些程序却是必不可少的。因此,也有人简单地用一个公式来说明包括的基本内容:软件=程序+文档。

通常,人们把不装备任何软件的计算机称为硬件计算机或裸机。裸机由于不装备任何软件,所以只能运行机器语言程序,这样的计算机,它的功能显然不会得到充分有效的发挥。普通用户面对的一般不是裸机,而是在裸机之上配置若干软件之后构成的计算机系统。有了软件,就把一台实实在在的物理机器(有人称为实机器)变成了一台具有抽象概念的逻辑机器(有人称为虚机器),从而使人们不必更多地了解机器本身就可以使用计算机,软件在计算机和计算机使用者之间架起了桥梁。正是由于软件的丰富多彩,可以出色地完成各种不同的任务,才使得计算机的应用领域日益广泛。当然,计算机硬件是支撑计算机软件工作的基础,没有足够的硬件支持,软件也就无法正常工作。实际上,在计算机技术的发展进程中,计算机软件随硬件技术的迅速发展而发展;反过来,软件的不断发展与完善又促进了硬件的新发展,两者的发展密切地交织着,缺一不可,如图3-1所示。

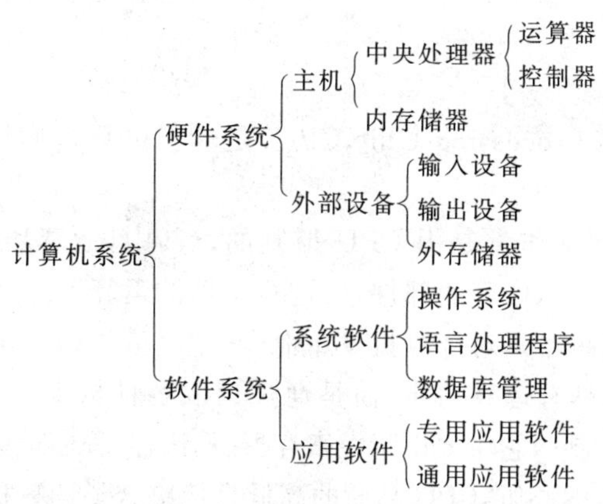


图 3-1 计算机系统的组成

计算机硬件的基本功能是接受计算机程序的控制来实现数据输入、运算、数据输出等一系列根本性的操作。虽然计算机的制造技术从计算机出现到今天已经发生了极大的变化，但在基本的硬件结构方面，一直沿袭着冯·诺依曼的传统框架，即计算机硬件系统由运算器、控制器、存储器、输入设备、输出设备 5 大部件构成。图 3-2 列出了一个计算机系统的基本硬件结构，实线代表数据流，虚线代表指令流，计算机各部件之间的联系就是通过这两股信息流动来实现的。原始数据和程序通过输入设备送入存储器，在运算处理过程中，数据从存储器读入运算器进行运算，运算的结果存入存储器，必要时再经输出设备输出。指令也以数据形式存于存储器中，运算时指令由存储器送入控制器，由控制器控制各部件工作。

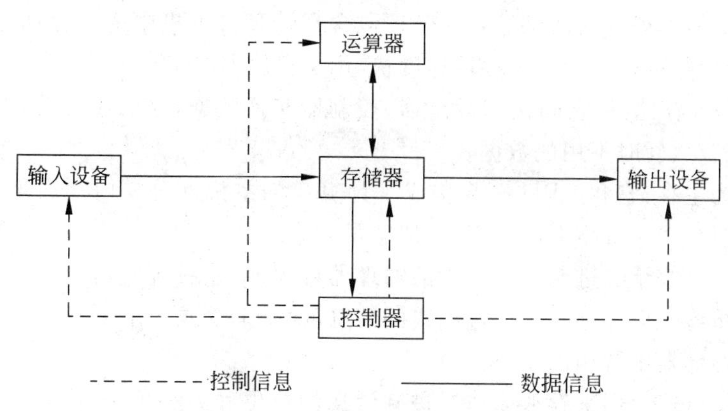


图 3-2 计算机基本结构框架

由此可见，输入设备负责把用户的信息(包括程序和数据)输入到计算机中；输出设备负责将计算机中的信息(包括程序和数据)传送到外部媒介，供用户查看或保存；存储器负责存储数据和程序，并根据控制命令提供这些数据和程序，它包括内存(储器)和外存(储器)；运算器负责对数据进行算术运算和逻辑运算(即对数据进行加工处理)；控制器负责对程序所规定的指令进行分析，控制并协调输入、输出操作或对内存的访问。下面分别对其各部分进行介绍。

### 1. 中央处理器

中央处理器(Central Processing Unit,CPU)是计算机系统的核心,包括运算器和控制器两个部件。

计算机所发生的全部动作都是由 CPU 控制的。其中,运算器主要完成各种算术运算和逻辑运算,是对信息加工和处理的部件,由进行运算的运算器件及用来暂时寄存数据的寄存器、累加器等组成。控制器是对计算机发布命令的"决策机构",用来协调和指挥整个计算机系统的操作,它本身不具有运算功能,而是通过读取各种指令,并对其进行翻译、分析,而后对各部件做出相应的控制。它主要由指令寄存器、译码器、程序记数器、操作控制器等组成。

中央处理器是计算机的心脏,CPU 品质的高低直接决定了计算机系统的档次。能够处理的数据位数是 CPU 的一个最重要的性能标志。人们通常所说的 8 位机、16 位机、32 位机即指 CPU 同时处理 8 位、16 位、32 位的二进制数据。8 位机是早期的微型机产品,后来的 IBM PC/XT、IBM PC/AT 及 80286 机均是 16 位机,80386 机和 80486 机是 32 位机,80586 机也是 32 位机。现在的 CPU 芯片主要由两大公司生产,它们是 Intel 公司和 AMD 公司。其中 Intel 公司生产的产品是要有"奔腾"系列和"赛扬"系列,目前主流是 P4 和以 P4 为内核的"赛扬"。

### 2. 内存储器

存储器是计算机的记忆和存储部件,用来存放信息。对存储器而言,容量越大、存储速度越快越好。计算机中的操作,大量的是与存储器交换信息,存储器的工作速度相对于 CPU 的运算速度要低很多,因此存储器的工作速度是制约计算机运算速度的主要因素之一。计算机存储器一般分为两部分:一个是包含在计算机主机中的内存储器,它直接和运算器、控制器交换数据,容量小,但存取速度快,用于存放那些正在处理的数据或正在运行的程序;另一个是外存储器,它间接和运算器、控制器交换数据,存取速度慢,但存储容量大,价格低廉,用来存放暂时不用的数据。

内存又称为主存,它和 CPU 一起构成了计算机的主机部分。内存由半导体存储器组成,存取速度较快,由于价格上的原因,一般容量较小。

存储器由一些表示二进制数 0 和 1 的物理器件组成,这种器件称为记忆元件或记忆单元。每个记忆单元可以存储一位二进制代码信息(即一个 0 或一个 1)。位、字节、存储容量和地址等都是存储器中常用的术语。

位又称比特(bit):用来存放一位二进制信息的单位称为一位,一位可以存放一个 0 或一个 1。位是二进制数的基础单位,也是存储器中存储信息的最小单位。

字节(byte):8 位二进制信息称为一个字节,用 B 来表示。

内存中的每个字节各有一个固定的编号,这个编号称为地址。CPU 在存取存储器中的数据时是按地址进行的。所谓存储器容量即指存储器中所包含的字节数,通常用 KB、MB、GB 和 TB 作为存储器容量单位。它们之间的关系为:

1KB=1024B　　1MB=1024KB　　1GB=1024MB　　1TB=1024GB

内存储器按其工作方式的不同,可以分为随机存储器(RAM)和只读存储器(ROM)两种。

RAM 是一种可读写存储器,其内容可以随时根据需要读出,也可以随时重新写入新的信息。这种存储器又可以分为静态 RAM 和动态 RAM 两种。静态 RAM 的特点是,存取速度快,但价格也较高,一般用作高速缓存。动态 RAM 的特点是,存取速度相对于静态 RAM 较慢,但价格较低,一般用作计算机的主存。不论是静态 RAM 还是动态 RAM,当电源电压去掉时,RAM 中保存的信息都将全部丢失。RAM 在计算机中主要用来存放正在执行的程序和临时数据。

ROM 是一种内容只能读出而不能写入和修改的存储器,其存储的信息是在制作该存储器时就被写入的。在计算机运行过程中,ROM 中的信息只能被读出,而不能写入新的内容。计算机断电后,ROM 中的信息不会丢失,即在计算机重新加电后,其中保存的信息依然是断电前的信息,仍可被读出。ROM 常用来存放一些固定的程序、数据和系统软件等,如检测程序、BOOT ROM、BIOS 等。只读存储器除了 ROM 外,还有 PROM、EPROM 和 EEPROM 等类型。PROM 是可编程只读存储器,它在制造时不把数据和程序写入,而是由用户根据需要自行写入,一旦写入,就不能修改。EPROM 是可擦除可编程只读存储器,与 PROM 相比,EPROM 是可以反复多次擦除原来写入的内容,重新写入新内容的只读存储器。但 EPROM 与 RAM 不同,虽然其内容可以通过擦除而多次更新,但只要更新固化好以后,就只能读出,而不能像 RAM 那样可以随机读出和写入信息。EEPROM 称为电可擦除可编程只读存储器,也称 Flash (闪存),目前普遍用于可移动电子硬盘和数码相机等设备的存储器中。不论哪种 ROM,其中存储的信息不受断电的影响,具有永久保存的特点。

### 3. 外存储器

内存由于技术及价格上的原因,容量有限,不可能容纳所有的系统软件及各种用户程序,因此,计算机系统都要配置外存储器。外存储器又称为辅助存储器,它的容量一般都比较大,而且大部分可以移动,便于不同计算机之间进行信息交流。

在微型计算机中,常用的磁盘、光盘等属于外存储器,磁盘又可以分为硬盘和软盘。

软磁盘是一种磁介质形式的大容量存储器。它的磁盘片被装在一个保护套内,保护套保护磁面上的磁层不被损伤,也防止盘片旋转时产生静电引起数据丢失。在软盘套上开有若干个孔,其中有主轴孔、磁头读写孔和索引孔等。软盘驱动器的主轴通过主轴孔将软盘卡紧,驱动软盘旋转。软盘驱动器的读/写磁头通过磁头读/写孔与磁盘接触,将信息读出或写入。索引孔为磁盘上每个磁道起始位置的标志。除此之外,在保护套上还有写保护口,对磁盘中的数据进行保护。磁盘写保护时,磁盘上的信息只能被读出,不能写入。在软盘上存有重要数据且不再改动时,最好对磁盘写保护,以保护该软盘上的信息,同时也可防止感染计算机病毒。

目前微型计算机上常用的软盘有 3.5 英寸盘,双面高密度 3.5 英寸盘的存储容量为 1.44MB。

软盘的每一面包含许多同心圆,称为磁道。磁道由外向内顺序编号,最外面的为 0 磁道,最里面的为末磁道。磁道被从圆心放射出的若干条线分割为若干个扇区。软盘上的信息就是按磁道和扇区存放的。扇区是软盘的基本存储单位,每当读或写时,总是读写一个完整的扇区,不论其中数据多少。软盘在使用前必须格式化,其作用就是划分磁道和扇区,指明扇区的位置、大小,并写入地址标志。

硬磁盘是由若干片硬盘片组成的盘片组,一般被固定在计算机箱内。硬盘的存储格式与软盘类似,但硬盘的容量要大很多,存取信息的速度也快得多。现在一般微型机上所配置的硬盘容量通常在几百 G 字节。硬盘在第一次使用时,也必须首先进行格式化。

光盘的存储介质不同于磁盘,它属于另一类存储器。由于光盘的容量大、存取速度较快、不易受干扰等特点，光盘的应用越来越广泛。光盘根据其制造材料和记录信息方式的不同一般分为三类：只读光盘、一次写入型光盘和可擦写光盘。

只读光盘是生产厂家在制造时根据用户要求将信息写到盘上，用户不能抹除，也不能写入，只能通过光盘驱动器读出盘中信息。只读光盘以一种凹坑的形式记录信息。光盘驱动器内装有激光光源，光盘表面以凹凸不平方式记录信息，可以反射出强弱不同的光线，从而使记录的信息被读出。只读光盘的存储容量约为650MB。

一次写入型光盘可以由用户写入信息，但只能写一次，不能抹除和改写(像PROM芯片一样)。信息的写入通过特制的光盘刻录机进行。它是用激光使记录介质熔融蒸发穿出微孔或使非晶膜结晶化，改变原材料特性来记录信息。这种光盘的信息可多次读出，读出信息时使用只读光盘用的驱动器即可。一次写入型光盘的存储容量一般为几百兆字节。

可擦写光盘用户可自己写入信息，也可对自己记录的信息进行抹除和改写，就像使用磁盘一样可反复使用。它是用激光照射在记录介质上(不穿孔)，利用光和热引起介质可逆性变化来进行信息记录的。可擦写光盘需插入特制的光盘驱动器进行读写操作，它的存储容量一般在几百兆字节至几十G字节之间。

#### 4. 输入设备

输入设备是外界向计算机送信息的装置。在微型计算机系统中，最常用的输入设备是键盘和鼠标。

键盘由一组按阵列方式装配在一起的按键开关组成。每按下一个键，就相当于接通一个开关电路，把该键的代码通过接口电路送入计算机。这时送入计算机的按键代码不是常用的字符ASCII码，而被称为"键盘扫描码"。每一个键的扫描码反映了该键在键盘上的位置。按键的扫描码送入计算机后，再由专门的程序将它转换为相应字符的ASCII码。

目前，微型计算机配置的标准键盘有101(或104)个按键，包括数字键、字母键、符号键、控制键和功能键等。

101键、104键键盘中有47个是"双符"键，每个键面上标有两个字符。当按一个"双符"键后，究竟代表哪一个字符，可由换档键Shift来控制；在按下Shift键的同时再按下某个"双符"键，则代表其上位字符；单独按下某个"双符"键，则代表其下位字符。键盘上有4个是"双态"键：Ins键、Caps Lock键、Num Lock键和Scroll Lock键。双态键是状态转换开关，按一下键，由一种状态转换为另一种状态；再按一下键，又回到原状态。Ins键包含插入状态和改写状态，Caps Lock键包含小写字母状态和大写字母自锁状态，Num Lock键包含数字自锁状态和其他状态，Scroll Lock键包含滚屏状态和自锁状态。计算机启动时，4个状态键都处于第一种情况。键盘上还有一些常用的键，Alt键是组合键，它与其他键组合成特殊功能键或控制键。Ctrl键是控制键，它与其他键组合成多种复合控制键。

鼠标也是一种常用的输入设备，它可以方便、准确地移动光标进行定位。

常用的鼠标器有两种：机械式鼠标和光电式鼠标。机械式鼠标对光标移动的控制是靠鼠标器下方的一个可以滚动的小球，通过鼠标器在桌面移动时小球产生的转动来控制光标的移动。光标的移动方向与鼠标器的移动方向相一致，移动的距离也成比例。光电式鼠标器对光标移动的控制是靠鼠标器下方的两个平行光源，通过鼠标器在特定的反射板上移动，使光源发出的光经反射板反射后被鼠标器接收为移动信号，并送入计算机，从而控制光标的移动。

微型计算机中根据不同的用途还可以配置其他一些输入设备，如光笔、数字化仪、扫描仪等。

#### 5. 输出设备

输出设备的作用是将计算机中的数据信息传送到外部媒介，并转化成某种为人们所认识的表示形式。在微型计算机中，最常用的输出设备有显示器和打印机。

显示器是微型计算机不可缺少的输出设备，它可以方便地查看计算机的程序、数据等信息和经过微型计算机处理后的结果，它具有显示直观、速度快、无工作噪声、使用方便灵活、性能稳定等特点。

目前显示器的分辨率(指像素点的大小)一般在 1024×768 以上，主要有阴极射线管显示器和液晶显示器。阴极射线管显示器主流是纯平 17 英寸显示器，液晶显示器这几年发展很快，价格也直线下降，是个人用户显示器的首选。

显示器与主机之间需要通过接口电路(即显示器适配卡)连接，适配卡通过信号线控制屏幕上的字符及图形的输出。目前主流的显示卡一般是 AGP(图形加速端口)接口的，能够满足三维图形和动画的显示要求。

微型计算机另一种常用的输出设备是打印机，常用的打印机有针式打印机、喷墨打印机和激光打印机。针式打印机在打印头上装有两列 24 针，打印时，随着打印头在纸上的平行移动，由电路控制相应的针动作或不动作。由于打印的字符由点阵组成，动作的针头接触色带击打纸面形成一墨点，不动作的针在相应位置留下空白，这样移动若干列后，就可打印出字符。针式打印机的优点是耗材成本低、可打印蜡纸，缺点是速度较慢、打印质量较差、噪声较大。喷墨式打印机是将特制的墨水通过喷墨管射到普通打印纸上打印信息的。喷墨打印机的优点是：价格较低、噪声较低、印字质量较好、彩色等，缺点是耗材成本较高、寿命较短等。激光打印机采用激光和电子照相技术打印信息。激光打印机的优点是打印速度快、分辨率高、无击打噪声。它的缺点是价格较高、普通的激光打印机是单色的。

根据各种应用的需要，在微型计算机上还可以配置其他的输出设备，如绘图仪等。

随着计算机技术的发展和 Internet 应用的不断普及，计算机已经成为人们工作、学习、生活及娱乐不可缺少的重要工具。作为“地球村”的村民，无论是学生还是寻常百姓都有必要了解计算机的基础知识，掌握计算机的基本操作技能，从而能够正确使用计算机，并可以对简单故障进行处理。

### 3.1.2 计算机的性能指标

微型计算机的性能指标是对微机的综合评价。在计算机科学技术发展过程中，人们概括出字长、主频、内存容量、运算速度和存取周期等几个主要性能指标。

#### 1. 字长

字长是计算机内部一次可以处理二进制数码的位数，如 CPU 字长为 32 位或 64 位。字长越长，一个字所能表示的数据精度就越高。在完成同样精度运算时，计算机一次处理数据的能力就越高。然而，字长越长，计算机所付出的硬件代价也相应增加。

#### 2. 主频

CPU 工作频率也叫主频，用来表示 CPU 的运算速度，单位是 MHz。CPU 的时钟频率包括外频与倍频两部分，两者的乘积是CPU的主频。CPU的主频表示在CPU内数字脉冲信号振荡的速度，与CPU实际运算能力没有直接关系。当然，主频和实际的运算速度是有关联的，但是目前还没有一个确定的公式能够实现两者之间的数值关系，而且CPU运算速度和CPU流水线的各方面性能指标也有关系。由于主频并不直接代表运算速度，因此在一定情况下，有可能会出现主频较高的CPU实际运算速度较低的现象。主频是CPU性能表现的一个方面，而不代表CPU的整体性能。

#### 3. 存储器容量

存储器容量是衡量计算机存储二进制信息量大小的一个重要指标。微型计算机中一般以字节(1B＝8b)为单位表示存储容量。目前市场的内存条容量为128MB、256MB、512MB、1GB、2GB等，硬盘容量为160GB、200GB、500GB等。

#### 4. 运算速度

计算机的运算速度一般用每秒钟所能执行的指令条数表示，单位是百万次每秒(MIPS)。运算速度越快性能越高。

#### 5. 存取周期

内存储器完成一次完整的读或写操作所需的时间称为存取周期。它是影响计算机速度的一个技术指标。

#### 6. 外设扩展能力

外设扩展能力主要是指计算机系统配置各种外部设备的可能性、灵活性和适应性。一台计算机允许配接多少外部设备，对于系统接口和软件研制都有重大影响。

#### 7. 软件配置情况

软件是计算机系统必不可少的重要组成部分，配置是否齐全、功能是否强大和方便适用等，直接关系到计算机性能的好坏和效率的高低。

以上前5个指标主要是用来说明主机的性能，在实际的计算机应用中，人们在上面指标中选取字长、内存容量、主频这三个指标，再加上重要外部设备的指标，形成一个综合说明的指标体系。例如，某微型计算机是PⅢ 550MHz、内存128MHz、配有3英寸软驱、20GB的硬盘、一个52倍速光驱、17英寸显示器，软件配有Windows XP、Office 2003等。在特殊应用场合下，人们更关心计算机配置中的专项功能，如上网用户关心网卡和调制解调器(Modem)的性能，进行图形、动画设计的用户关心速度和显示器性能等。

## 3.2 计算机的组装

计算机(Computer)是能够按照指令对各种数据和信息进行自动加工和处理的电子设备。电子计算机按其规模或系统功能，可以分为巨型机、大型机、小型机和微型机等几类。人们日常工作中使用的计算机属于微型计算机，简称微机、PC(Personal Computer，个人计算机)或电脑。巨型机如图 3-3 所示。

(a) ASCI Q

(b) 银河

图 3-3 巨型机

计算机按照生产厂商又可以分为品牌机和兼容机(又称组装机)。从结构形式上又可以分为台式计算机和便携式计算机,其中便携式计算机又称为笔记本电脑,如图 3-4 所示。

(a) 台式计算机 (b) 笔记本电脑

图 3-4 微机外观

虽然计算机的外形不一样,但其组成部件基本相同,常用的台式计算机主要由主机、显示器、键盘、鼠标和音箱几个关键部件组成,如图 3-5 所示。

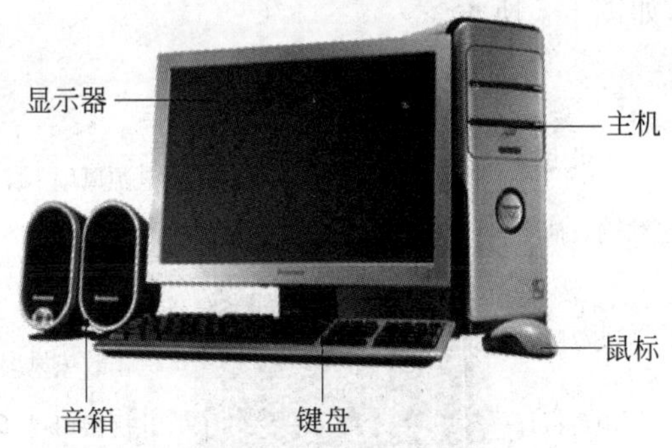


图 3-5 计算机组成

### 3.2.1 主机面板

把 CPU、内存、显示卡、声卡、网卡、硬盘、光驱和电源等硬件设备,通过计算机主板连接,并安装在一个密封的机箱中,称为主机。主机包含了除输入、输出设备以外的所有计算机部件,是一个能够独立工作的系统。

### 1. 前面板接口

主机前面板上有光驱、前置输入接口(USB 和音频)、电源开关和 Reset(重启)开关等,如图 3-6 所示。

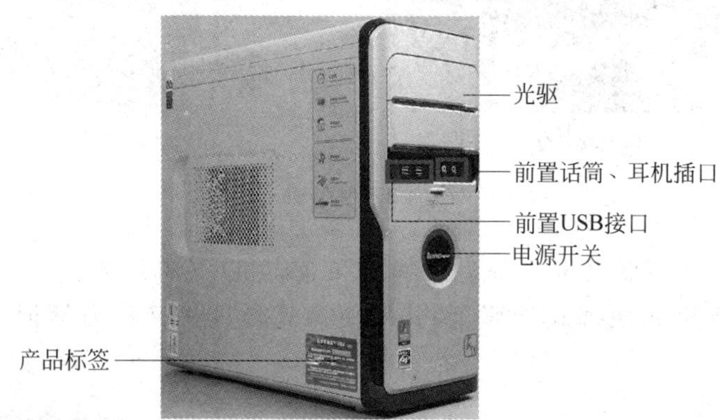


图 3-6 主机前面板

电源开关:按下主机的电源开关,即接通主机电源并开始启动计算机。

光驱:光驱的前面板,可以通过面板上的按钮打开和关闭光驱。

前置接口:使用延长线将主板上的 USB、音频等接口扩展到主机箱的前面板上,方便接入各种相关设备。常见的有前置 USB 接口、前置话筒和耳机插口。

### 2. 后部接口

主机箱的后部有电源、显示器、鼠标、键盘、USB、音频输入输出和打印机等设备的接口,用来连接各种外部设备,如图 3-7 所示。

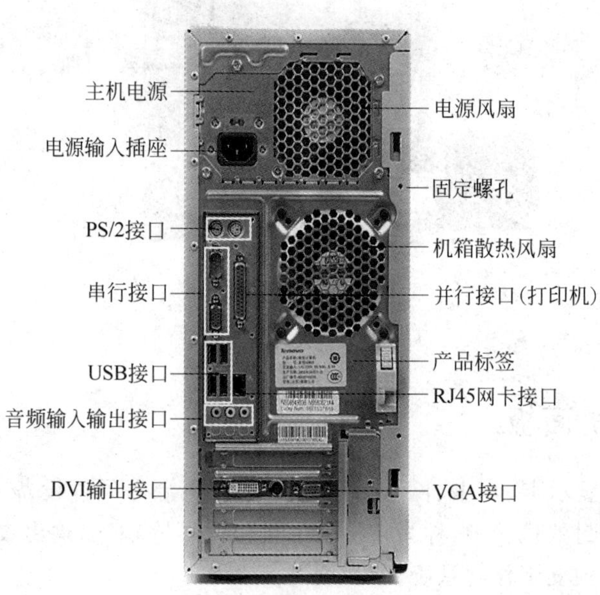


图 3-7 主机后部示意图

## 3.2.2 主机内部结构

主机箱内安装有电源、主板、内存、显示卡、声卡、网卡、硬盘和光驱等硬件设备，其中声卡和网卡多集成在主板上，如图 3-8 所示。

图 3-8 计算机内部结构

### 1. 电源

计算机电源将 220V 电压转换成计算机硬件设备所需要的一组或多组电压，供各硬件工作使用，如图 3-9 所示。电源功率的大小、电流和电压是否稳定，都直接影响到计算机性能和使用寿命。

### 2. 主板

主板又叫主机板、系统板或母板，它是安装在主机箱内最大的 PCB 线路板，如图 3-10 所示。主板把各种计算机硬件设备有机地组合在一起，使各硬件能协调工作。

图 3-9 电源

图 3-10 主板

1）系统总线

在计算机工作的过程中，各部件之间要快速传递各种各样的信息，而这些信息是通过微型计算机中的信息高速公路（系统总线）实现的。

（1）数据总线

数据总线（Data Bus，DB）用于 CPU 与主存储器、CPU 与 I/O 接口之间传送数据。数据总线的宽度等于计算机的字长。

（2）地址总线

地址总线（Address Bus，AB）用于 CPU 访问主存储器或外部设备时，传送相关的地址。地址总线的宽度决定了 CPU 的寻址能力。

（3）控制总线

控制总线（Control Bus，CB）用于传送 CPU 对主存储器和外部设备的控制信号。

2）CPU 插槽

CPU 插槽是 CPU 在主板上的落脚之地，CPU 需要通过 CPU 插槽与主板连接才能进行工作，CPU 插槽可以分为 Socket 构架（针脚式）和 Slot 构架（插卡式）两种。

（1）Socket 构架

Socket 在英文里就是插槽的意思，也称之为零插拔力（ZIF）插槽，特点是通过一个小杠杆将 CPU 卡紧，安装拆卸 CPU 都很方便。它有以下几种：Socket 7、Super 7（Socket 7＋AGP＋100MHz 外频）、Socket 370（主要支持的 CPU 有 Celeron、Celeron Ⅱ、Pentium Ⅲ等）、Socket A（Socket 462）、Socket 423、Socket 478、Socket 775（Socket T）。

（2）Slot 构架

Slot 构架（242 个引脚）是一种插卡形式的接口，主要有以下几种：Slot 1、Slot 2 、Slot A。

3）BIOS 芯片和 CMOS 芯片

在主板上往往有一些不太起眼，但十分重要的芯片，就是存放 BIOS 信息的 Flash EPROM 芯片。

（1）BIOS

BIOS 是 Basic Input Output System 的缩写，直译过来后中文名称就是“基本输入输出系统”。形象地说，BIOS 应该是连接软件程序与硬件设备的一座“桥梁”，负责解决硬件的即时要求。一块主板性能优越与否，很大程度上就取决于 BIOS 程序的管理功能是否合理、先进。

（2）CMOS 与 BIOS 的关系

不少人容易混淆 BIOS 与 CMOS，这里就讲讲 CMOS 及其与 BIOS 的关系。

CMOS 是 Complementary Metal Oxide Semiconductor 的缩写，翻译出来的本意是互补金属氧化物半导体存储器，指一种大规模应用于集成电路芯片制造的原料。但在这里 CMOS 的准确含义是指目前绝大多数计算机中都使用的一种用电池供电的可读写的 RAM 芯片。

（3）BIOS 的功能

①开机引导，②上电自检（POST），③I/O 设备驱动程序，④分配中断值，⑤装入系统自举程序。

4）后备电池

主板上有一个亮晶晶的电池，只有纽扣大小。它是主板的不间断电源，离开了它计算机将不能正常工作。计算机的内部时钟不会因为断电而停止，系统CMOS中的硬件配置信息也不会因为断电而丢失，都是这颗电池的作用。

5) Cache

在早期80486主板上，Cache高速缓冲存储器大多是以独立芯片形式集成在主板上，一般是28个引脚的芯片共有4～8个，在80486以后Cache是集成到CPU中的，叫L1即一级缓存(Internal Cache)和L2即二级缓存(External Cache)，现在的大多数主板上已经有了三级缓存，集成在北桥芯片中。

6) 内存插槽

内存插槽是指主板上所采用的内存插槽类型和数量。主板所支持的内存种类和容量都由内存插槽来决定。目前主要应用于主板上的内存插槽有：SIMM、DIMM、RIMM和DDR 4种。

(1) SIMM

单列直插式存储器模式(Single Inline Memory Module，SIMM)插槽是早期AT型主板上常见的内存插槽，主板的内存条里只有一侧提供引角用来传输数据。SIMM可分为30Pin的16位内存插槽和72Pin的32位内存插槽(Pin为线)。

(2) DIMM

双重在线存储器模式(Dual Inline Menory Module，DIMM)。内存条通过金手指与主板连接，内存条正反两面都带有金手指。金手指可以在两面提供不同的信号，也可以提供相同的信号。在内存发展进入SDRAM时代后，SIMM逐渐被DIMM技术取代。

DIMM内存为168Pin(金手指每面为84Pin)的64位内存插槽支持PC100和PC133，DIMM上有两个卡口，用来避免因错误插入而导致内存条烧毁，笔记本所用的DIMM为144Pin。

(3) RIMM

RIMM(Rambus Inline Memory Module)是Rambus公司生产的RDRAM内存所采用的接口类型，RIMM内存插槽的外形尺寸与DIMM差不多，金手指同样也是双面的。RIMM有184Pin的针脚(金手指每面为92Pin)，在金手指的中间部分有两个靠得很近的卡口。

(4) DDR

双倍速率同步动态随机存储器(Dual Data Rate SDRAM，DDR)内存插槽是最新的内存标准之一，DDR内存能够一个时钟周期内传输两次数据，即在时钟的上升沿和下降沿各传输一次数据，因此称为双倍速率同步动态随机存储器。

7) 总线

总线是指CPU与外部设备之间进行数据交换的通道。如果把主板上流动的信息，包括数据和指令比作血液的话，那么总线就相当于一个人的血管，它的粗细决定着主板上的信息在单位时间内通过的流量，即信息传递的速率。

从计算机诞生到今天已经出现了三代总线标准，它们分别是：第一代总线为ISA总线，第二代总线为现在使用广泛的PCI总线，第三代为近年来刚兴起的显示卡专用总线PCI-E。

(1) ISA

标准工业结构总线(Industry Standard Architecture，ISA)是早期的IBM公司在计算机

中最早推出的一种总线标准。在早期的 AT 型主板上常见，为黑色，具有 24 位地址线，8 位或 16 位数据线，时钟频率为 8.33MHz，传输率为 16.67MB/s。（注：最大数据传输率=（时钟频率×数据线的宽度）÷8B/s）

(2) EISA

扩展标准工业结构总线（Enhanced Industry Standard Architecture，EISA）是早期 AT 型主板上最长的总线，为前黑后棕。具有 32 位地址总线和数据总线，时钟频率为 8.33MHz，最大传输率为 33MB/s，是专门为 80486 计算机所设计。

(3) PCI

PCI（Peripheral Component Interconnect）总线使用最广泛的一种总线形式，为白色，具有 32 位地址总线和数据总线，最高为 64 位，时钟频率为 33MHz，最大传输率为 133MB/s。PCI 总线和 CPU 直接相连即外部设备可以直接和 CPU 进行数据交换。支持即插即用功能。

(4) AMR、CNR、NCR

AMR（声音/调制解调器接口）是 Intel 公司发展的一种扩展槽标准，用于声卡或调制解调器。

CNR（网络通信接口）是 Inter 公司开发的开放式工业规范，支持声音、Modem 和网络接口，用来代替 AMR，比 AMR 略长，但与 AMR 卡不兼容。

NCR（网络通信接口）是 VIA 和 AMD 等几个厂商推出的总线形式与 AMR 卡兼容。

8) I/O 接口

计算机 I/O 接口是用来连接各种输入输出设备，即外部设备与主板之间进行数据交换的通道。它包括串口、并口、IDE 接口、键盘接口等，它们都可以标准化。在计算机系统中采用标准接口技术，其目的是为了便于模块结构设计，可以得到更多厂商的广泛支持，便于生产与之兼容的外部设备和软件。不同类型的外设需要不同的接口，不同的接口是不通用的。

(1) AGP

AGP（Accelerated Graphics Port）总线只能安装 AGP 显示卡，它将显示卡同主板内存芯片组直接相连，大幅度提高了计算机对 3D 图形的处理速度，AGP 扩展槽为棕色，其时钟频率为 66MHz，传输率为 256MB/s。目前的 AGP 工作模式有：AGP 1X、AGP 2X、AGP 4X 和 AGP 8X 4 种，其对应的数据传输率为 266MB/s、532MB/s、1064MB/s 和 2GB/s。其中 AGP 4X 的插槽和金手指与 AGP 1X、AGP 2X 都不一样。支持 AGP 4X 的插槽中没有了原先的隔断，但金手指部分的缺口却多了一个。

(2) IDE 接口

在主板上 IDE（Integrated Drive Electronics）接口一般标有 Primary IDE 、Secondary 或 IDE 1 、IDE 2。

(3) 软盘接口

主板上的软驱插座一般为一个 34 针双排针插座，标有 Floppy、FDC 或 FDD。

(4) SCSI 接口

SCSI（Small Computer System Interface）接口的原意是小型计算机系统接口。

(5) 串行接口

在早期的主板上串行接口为两个 10 针双排针式插座标有 COM1 和 COM2。

(6) 并行接口

在早期的主板上为一个 26 针双排针式插座标有 LPT 或 PRN。

(7) PS/2

在 586 以后的主板上都做有 PS/2 接口以备扩充使用。现在所采用的 PS/2 接口是用来连接小口鼠标或小口键盘。

(8) USB 接口

USB 通用串行线是一种新的接口标准，是计算机系统连接外围设备(如键盘、鼠标、打印机)的输入/输出接口标准。现在的 ATX 主板一般集成了 2～6 个 USB 口或更多。

USB 有如下主要特点。

① 外设的安装十分简单。

② 对一般外设有足够的带宽和连接距离。

③ 支持多设备连接。

④ 提供内置电源。

(9) IEEE 1394 接口

1394 卡的全称是 IEEE 1394 Interface Card，Sony 等视频设备厂商称它为 iLink，而创造了这一接口技术的 Apple 公司称之为 FireWire(火线)。

9) 跳线插针

跳线是在主板上可以进行各种硬件设置的设备，通过这些设置可以规定主板安装什么型号和规格的硬件。现在的主机板上，需要跳线的地方越来越少，但是多多少少都有几个地方需要用到跳线。

10) 机箱面板指示灯及控制按键插针

| | | | |
|---|---|---|---|
| (1) POWER LED | 电源指示灯 | (2) SPEAKER | 铃(扬声器) |
| (3) HDD LED | 硬盘指示灯 | (4) TURBO LED | 跳频指示灯 |
| (5) TURBO SW | 跳频控制按键插针 | (6) RESET SW Reset | 控制按键插针 |
| (7) POWER SW | 电源控制按键插针 | (8) KEYLOCK | 键盘锁 |

11) 逻辑控制芯片组

芯片组是衡量主板不可缺少的指标。目前世界上能够生产计算机主板芯片组的厂商也只有 4 家公司，分别是 Intel、VIA(威盛)、ALI(扬智)、SIS(矽统)。除了 Intel 一家是外国企业，其余的都是我国台湾的厂商。

(1) 北桥芯片组

特征是离 CPU 较近并较大，和 CPU 密切通信，管理高速缓存。一般配有散热片或风扇。对 CPU 的支持决定了主板能安装何种档次的 CPU 及其频率，并决定是否支持 AGP 高速图形接口。对内存的支持决定了所使用的内存类型、最大容量及 ECC(数据纠错)等。

(2) 南桥芯片组

特征是离 CPU 较远。提供标准的 I/O 芯片，用于管理计算机中各个设备的接口及总线、键盘控制器、时钟、电源管理等。

### 3. CPU

CPU(中央处理器)是计算机的核心，决定着计算机的档次，如图 3-11 所示。常说的

P4、双核等都是指CPU的技术指标。目前市场上使用的CPU大多由Intel和AMD两家公司制造，中国也已经研制出了龙芯CPU，并已投入生产，如图3-11(a)～图3-11(c)所示。

1）主频

CPU的主频也称为内频，是指CPU内部的工作频率或时钟频率，单位为MHz(兆赫兹)或GHz(吉赫兹)。表示在CPU内数字脉冲信号振荡的速度。主频的高低直接影响CPU的运算速度，一般来说，主频越高，一个时钟周期里完成的指令数也越多，当然CPU的速度也就越快。CPU的主频通常和型号标注在一起，如Pentium Ⅱ/450MHz指其主频为450MHz，Pentium 4/1.70GHz其主频为1.7GHz，由于各种CPU的内部结构不尽相同，所以并非时钟频率相同性能就一样。如PⅡ800和PⅢ800。

2）外频

CPU外部工作频率称为外频，是指CPU与外部设备(内存或主板芯片组)之间的数据交换速度。外频速度高，CPU就可以同时接收更多的来自外围设备的数据，从而使整个系统的速度进一步提高。

3）倍频

倍频是CPU的内部频率与整个系统的频率(外频)之间的倍数。从80486 DX2开始，CPU的主频与外频就不一致了，而想让CPU更好地工作就要将整个系统的频率(外频)与CPU的内部频率以一定的倍数工作，即主频=外频×倍频。实际上，在相同外频的前提下，高倍频的CPU本身意义并不大，常会出现"瓶颈"，即CPU等外频送来数据，浪费CPU的计算能力，早期的倍频一般为5～8倍，而现在P4机多为8～17倍，通过这样的设置CPU的性能能够得到比较充分的发挥。

4）地址总线宽度

地址总线宽度决定了CPU可以直接寻址的内存空间大小，位数越多，则可以直接寻址空间就越大。例如，32位地址总线，可直接寻址4GB的内存空间。地址总线宽度也已由最初的8位发展到现在的64位。

5）数据总线宽度

数据总线宽度是CPU内部可以同时传输的数据位数，即一次性可传输数据的位数。位数越多，速度当然就越快，CPU性能就越好。数据总线宽度已由最初的8位发展到了目前的64位。

6）L1 Cache

L1 Cache即一级缓存，可达128KB，可提高系统性能的20%，现分为数据缓存和指令缓存两部分。

7）L2 Cache

L2 Cache即二级缓存，可达1MB，目的是为了弥补L1 Cache容量不足的问题。

8）生产工艺

早期的CPU大多采用0.5μm的制作工艺，后来随着CPU频率的提高，0.25μm制作工艺被普遍采用。在1999年底，Intel公司推出了采用0.18μm制作工艺的Pentium Ⅲ处理器，即Coppermine(铜矿)处理器。更精细的工艺使得原有的晶体管电路更大限度地缩小了，能耗越来越低，CPU也就更省电。

9）工作电压

工作电压是CPU正常工作所需的电压，早期的CPU(80286、80386、80486)由于制作工艺落后，因此工作电压较大，一般为5V(奔腾是3.5V、3V、2.8V等)左右，导致CPU的发热量过大，电子迁移现象缩短了CPU的使用寿命。现在随着CPU制作工艺的提高，工作电压一般在1.5～2.0V，使CPU发热量问题得到很好的解决。

10）插槽类型

插槽分为两大类。一类是针脚式Socket构架，一类为插卡式Slot构架。Socket为ZIF(零插拔力)插座，常用Socket 7、Socket 370、Socket 423、Socket 478。Slot常用的有Slot 1、Slot 2、Slot A三种。

11）协处理器

协处理器也称为数字协处理器(Network Process Units，NPU)，主要用于浮点运算，因此80286、80386、8088等微机CPU的浮点运算性能都相当落后，自从80486以后，CPU一般都内置了协处理器，协处理器的功能也不再局限于增强浮点运算，含有内置协处理器的CPU，可以加快特定类型的数值计算，某些需要进行复杂计算的软件系统，如AutoCAD就需要协处理器支持。

12）动态处理

动态处理是应用在高性能奔腾处理器中的新技术，动态处理不是简单执行一串指令，而是通过操作数据来提高处理器的工作效率。主要包括以下几项。

(1) 多路分流预测：通过几个分支对程序流向进行预测提高运行的速度(预测精确度可达90%以上)，当采用多路分流预测算法后，处理器便可以参与指令流向的跳转。这是因为处理器在取指令时，还会在程序中寻找未来要执行的指令，该项技术可以加速向处理器传送任务。

(2) 数据流量分析：抛开原程序的顺序，分析并重排指令，优化执行顺序。处理器读取经过解码的软件指令，判断该指令能否处理或是否需与其他另一道处理。然后处理器再决定如何优化执行顺序以便高效地处理和执行指令。

(3) 猜测执行：通过提前判断、读取并执行有可能需要的程序指令的方式来提高执行的速度。当处理器执行指令时(每条5次)，采用的是“猜测执行”的方法。这样可使PentiumⅡ及以上的处理器超级处理能力得到充分的发挥，从而提升软件性能。被处理的软件指令是建立在猜测分支的基础之上，因此结果也就作为“预测结果”存储起来。一旦其最终状态能被确定，指令便可返回到其正常顺序。

(4) CPU风扇

CPU风扇是安装在CPU芯片上部，用来辅助CPU散热的散热工具，如图3-11(d)所示。拥有良好散热性能的CPU风扇是计算机系统正常工作的基础。

(a) Intel产品

(b) AMD产品

(c) 龙芯

(d) CPU风扇

图3-11 CPU及风扇

(5) 内存

内存是计算机中最重要的内部存储器之一,如图 3-12 所示。CPU 直接与之沟通,并用其存储正在使用的(即执行中)数据和程序。内存的容量大小、速度也是衡量计算机性能的重要指标之一。

(6) 显示卡

显示卡在计算机中承担输出和显示图形的任务。计算机系统中的显示卡有独立显示卡和集成显示卡之分。独立显示卡如图 3-13 所示。

图 3-12 内存

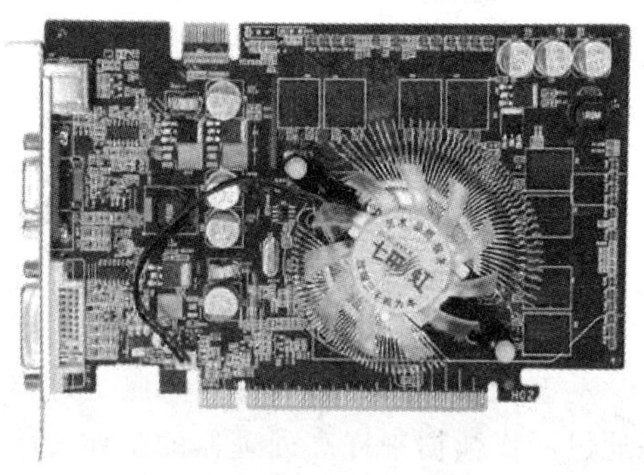

图 3-13 显示卡

(7) 硬盘

硬盘是计算机系统中最重要的外部存储设备,主要用于存储各种数据、程序等,如图 3-14 所示。

(8) 光驱

光驱是光盘驱动器的简称,主要用于读写 CD、DVD 等光盘中的数据信息,如图 3-15 所示。

图 3-14 硬盘

图 3-15 光驱

## 3.2.3 外设

### 1. 显示器

显示器是计算机的主要输出设备，用于显示计算机运行结果。按工作原理分有阴极射线管(Cathode Ray Tube，CRT)显示器和液晶显示器(Liquid Crystal Display，LCD)两种，按显示屏大小分则有15英寸、17英寸、19英寸、22英寸等不同规格，如图3-16所示。

(a) 液晶显示器

(b) 阴极射线管显示器

图3-16 两种显示器

### 2. 键盘和鼠标

键盘是最主要的输入设备，通过键盘可以将操作指令、程序和数据输入到计算机中。计算机常用的键盘有101键、104键和多媒体键盘(增加了快捷键的键盘)。

鼠标也是最常用的输入设备之一，根据工作原理可分为机械鼠标和光学鼠标等。

键盘、鼠标和计算机连接的接口有串行、PS/2、USB和无线等接口，如图3-17所示。

图3-17 键盘和鼠标

### 3. 音箱和耳机

音箱和耳机是将音频信号还原成声音信号的多媒体音频输出设备。主流的音箱有两个卫星音箱，一个低音音箱。耳机则可以戴在头上，在不影响他人的情况下使用，如图3-18所示。

### 4. 摄像头

摄像头又称为电脑相机、电脑眼等，是一种视频输入设备，常用来进行网络视频信息交流，一般使用USB口和计算机相连接，如图3-19所示。

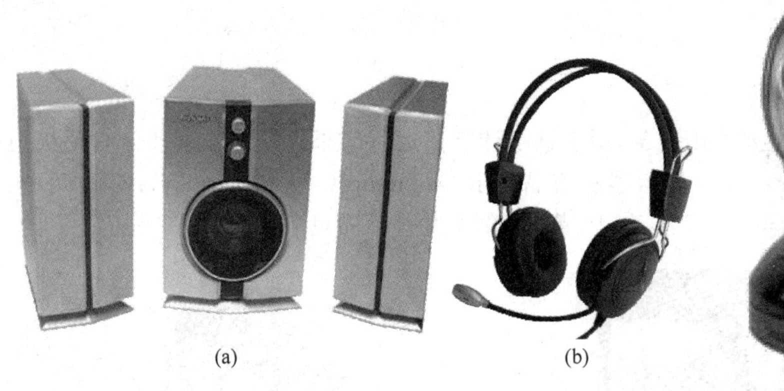
(a) (b)

图 3-18 音箱和耳机

图 3-19 摄像头

**5. 其他设备**

计算机的其他设备还有很多，常见的输入设备有写字板、扫描仪等，输出设备有打印机、投影仪等，如图 3-20 所示。

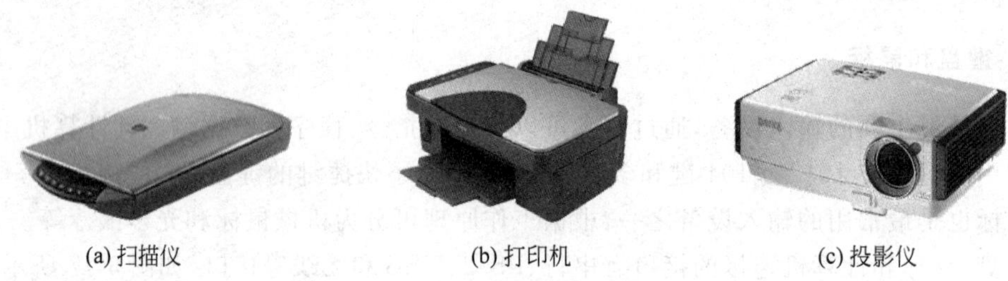
(a) 扫描仪 (b) 打印机 (c) 投影仪

图 3-20 计算机常用的其他设备

### 3.2.4 计算机市场与维修市场

伴随计算机市场成长与壮大，计算机维修市场也在进一步发展。宏大的计算机使用群体背后需要高效、规范的计算机使用培训、硬件维护和故障维修支持。

**1. 计算机市场**

IBM 公司于 1980 年生产了采用 Intel 8088 芯片作为 CPU 的个人计算机。人们就把 IBM 公司生产的采用 Intel CPU 的计算机称为原装机，而其他公司生产的计算机则被称为兼容机。

到 20 世纪 90 年代以后，人们又把由计算机公司批量生产，具有品牌标识并整机出售的计算机叫原装机或品牌机；把用户自己购买配件或装机店推荐配置组装的计算机，称为兼容机或组装机。

1) 品牌机

品牌机是由专业的计算机公司批量生产，经过兼容性测试，有明确品牌标识，并对外成套出售的计算机。品牌机由专家设计，流水生产线生产，经过严格的检验，有良好的质量保证,一般都提供免费咨询电话和 24～48 小时响应的上门服务。

目前,国内的品牌生产厂商主要有联想、方正、清华同方、TCL、海尔、神舟、七喜等。国外品牌有 HP(惠普)、Dell(戴尔)、东芝等。

根据不同的用户群体,计算机生产商将计算机分为 4 种。

(1) 家用机

家用机是以游戏和多媒体应用为主的娱乐型计算机,在均衡计算机各方面性能的同时,突出游戏和多媒体性能,而且注重追求个性化和外观与周围环境的和谐。

(2) 商用机

商用机主要面对商业用户,注重实用性、稳定性,以商业办公为应用重点的计算机。商用机突出硬件的稳定性和安全性,外观和多媒体性能没有优势。

(3) 笔记本

笔记本配备了液晶显示器和可充电笔记本电池,体积小巧,是可以随身携带的个人计算机。笔记本携带方便、具有很强的移动性,主要用于移动使用。

(4) 服务器

服务器专指能通过网络对外提供服务的高性能计算机。服务器的稳定性、安全性和系统性比普通计算机更高,其 CPU、芯片组、内存、磁盘系统和网络等硬件均采用服务器专用配置,可以全天候不间断工作。

2) 兼容机

兼容机又叫组装机,是计算机用户根据需求,自己购买计算机硬件设备,并组装到一起的计算机。组装机可以自己组装,也可以到 DIY(Do It Yourself)计算机配件市场组装。

组装机的搭配随意性很强,用户可以根据自己的经济条件和应用需求,购买不同价位、品质和用途的硬件,随意搭配出具有鲜明个性特色的计算机。由于减少了各种销售环节并具有极高的自主性,所以有很高的性价比。

3) 品牌机和兼容机比较

(1) 兼容机的各种硬件设备可以根据用户需求,随意购买和搭配,可以为某一用途选择专门的硬件,从而满足特殊需求。品牌机由于批量生产,要面向大多数用户,不能针对不同的用户进行专业的配置调整,硬件配置上没有特色。

(2) 计算机硬件发展和更新比较快,品牌机很难跟上更新速度,有些在散件市场已经淘汰的配件,还会出现在品牌机上。而兼容机则可以使用到最新的硬件设备,使计算机用户享受到新技术带来的高效率和便利。

(3) 品牌机的外观比较整齐统一,而且用户能够根据自己的喜好选择颜色或款式。组装机用户的配件一般由多个品牌组成,外观不是很整齐统一,但用户可以选择有特色的配件,组装出富有个性的计算机。

(4) 计算机散件市场流通环节少,所以组装机性价比相对较高。品牌机流通环节多,缺乏价格优势。另外品牌机为获得竞争优势,往往会降低主板和显示卡的成本,从而误导只注意硬盘容量和 CPU 频率,忽略主板和显示卡的普通消费者。

(5) 品牌机都经过严格的兼容性和可靠性测试,并通过国家强制的 3C 认证,计算机用户可以放心使用。兼容机则由于没有经过严格的测试,其可靠性和稳定性不高,不适合计算机新手使用。

(6) 一般的品牌机都会提供24小时响应的免费电话服务,并能在48小时内上门服务。组装机虽然也可以提供上门服务,但不同装机商售后服务会有不同,相对品牌机来说售后服务比较薄弱和烦琐。

(7) 品牌机都随机赠送正版操作系统和软件大礼包等,还会有优惠购买其他产品的服务。组装机一般安装的是盗版软件,不能享受到软件公司提供的升级和售后服务,并且违反了《中华人民共和国著作权法》,得不到法律的保护。

### 2. 计算机维修市场现状

1) 板卡维修

计算机主板和显示卡都是比较容易损坏的设备,在设计寿命达到或损坏后都需要进行维修。计算机平台架构的转变很快,如果不维修,很可能连同CPU和内存都要更换,而购买相同接口的主板又十分困难,因此维修几乎是唯一的选择。

2) 硬盘维修

硬盘的物理特征导致其故障率一直很高,尽管硬盘价格已经相对比较便宜,但是很多用户还是希望能够拯救其中的重要数据。更重要的是,不少硬盘通过更换损坏的部件后还可以正常使用。

3) 显示器维修

显示器是计算机中重要的输出设备,但由于采用了不同于电视机的线路设计,且生产厂商不提供电路图和维修资料。导致家电维修人员在对显示器进行维修时,经常会因缺少维修资料和专业测试仪器而束手无策。所以需要专业技术人员对计算机显示器进行检测和维修。

4) 笔记本维修

笔记本价格不菲,而且集成度相对较高,但不少笔记本厂商仅仅提供一年的质保服务。在超过质保期限后,生产厂商的维修费用又往往很高,用户只能求助于专业的维修服务商。

5) 外设维修

打印机、传真机、一体机和复印机等都是损耗较大的设备,这些外设的维修绝对是计算机维修业务的重要组成部分。

6) 数码产品维修

目前MP3、MP4、DC和DV等产品已经逐渐普及,其维修量也在不断增加。由于MP3和MP4的集成度较高,因此真正的维修难度并不高,而DC与DV的维修业务也将是重要的利润增长点之一,相关的维修业务自然也蒸蒸日上。

7) 网络维护与IT外包

网络维护是指对计算机网络进行日常维护和故障排除,保障网络通信的畅通和网络设备的正常高效运行,最大程度地发挥计算机网络的作用。

### 3. 维修市场现状

1) 市场潜力巨大

中国互联网络信息中心发布的《中国互联网络发展状况统计报告》统计中国网民已超过2.53亿,家庭计算机超过8470万台,计算机的数量反映了维修业的发展前景。计算机属于电子产品，基于其自身的特点，难免会出现故障。起初，计算机维修是厂家为销售服务的，是售后服务的一部分。现在IT行业流行服务外包，把某项服务承包给专业的企业来完成，计算机厂家的售后服务也正在向这种模式过渡。企业和家庭用户对计算机了解不多，需要专业的技术服务人员为他们提供计算机使用和操作指导，并及时排除故障，代购相关配件等。金融机构、中小型企业、学校和政府部门，都已成为或即将成为网络维护和外包服务的重要用户。

2）技术人才匮乏

虽然计算机维修行业发展前景看好，但是，目前计算机维修行业最大的危机是人才的缺乏。由于计算机产品技术含量很高，维修难度较大，如果不经过系统、专业的学习，就很难胜任计算机的维修工作。随着计算机行业的迅速发展，特别是计算机大量进入家庭后，计算机维修的质量也已成为社会各界和消费者越来越关心的问题。专业维修人员缺乏或维修人员素质不高，是造成质量纠纷的潜在因素，已成为制约计算机维修业向前发展的瓶颈。

3）专业设备不足

进行专业维修需要具备吹焊台、锡炉、拆焊机、专用烤箱、硬盘测试仪和专用示波器等专业维修设备。但目前维修市场中，拥有专业设备维修的屈指可数，大多数的计算机维修人员通常只能检查故障原因，焊接简单的芯片和电容，处理相对简单的故障。对于主板南北桥芯片损坏、硬盘数据丢失这样的问题大多束手无策或不敢维修。

4）质量良莠不齐

计算机维修从业人员的水平不高严重制约着行业的发展。目前的维修市场中，有相当一部分是私营企业，没有多余的资金或不愿意投资用于员工技能的培训。对于出现的一些无法解决的高技术问题，有的企业就采取混、蒙的办法来对付，甚至出现了维修作业不规范、偷工减料、使用假冒伪劣配件、收费混乱等现象。

计算机维修业已经由幕后走到了前台，被越来越多的计算机用户所了解，成为一个相对独立的、社会化的、初具规模的新兴行业，潜在客户群体不断增加，市场也在一步步地扩大。因此，大量地培养高素质的计算机维修技术人员已成为计算机维修服务业最迫切的要求。

## 习题

**一、选择题**

1. 关于随机存取存储器(RAM)功能的叙述正确的是(　　)。

   A. 只能读不能写　　B. 断电后信息不消失

   C. 读写速度比硬盘慢　　D. 能直接与CPU交换信息

2. 完整的计算机系统由(　　)组成。

   A. 运算器、控制器、存储器、输入设备和输出设备

   B. 主机和外部设备

   C. 硬件系统和软件系统

   D. 主机箱、显示器、键盘、鼠标、打印机

3. 以下软件中，(　　)不是操作系统软件。

   A. Windows XP　　B. UNIX　　C. Linux　　D. Microsoft Office

4. 任何程序都必须加载到(　　)中才能被 CPU 执行。
A. 磁盘　　B. 硬盘　　C. 内存　　D. 外存
5. 下列设备中,属于输出设备的是(　　)。
A. 显示器　　B. 键盘　　C. 鼠标　　D. 写字板
6. 计算机信息计量单位中的 K 代表(　　)。
A. 102　　B. 210　　C. 103　　D. 28
7. RAM 代表的是(　　)。
A. 只读存储器　　B. 高速缓存器　　C. 随机存储器　　D. 软盘存储器
8. 组成计算机 CPU 的两大部件是(　　)。
A. 运算器和控制器　　B. 控制器和寄存器
C. 运算器和内存　　D. 控制器和内存
9. 在描述信息传输中 bps 表示的是(　　)。
A. 每秒传输的字节数　　B. 每秒传输的指令数
C. 每秒传输的字数　　D. 每秒传输的位数
10. 微型计算机的内存容量主要指(　　)的容量。
A. RAM　　B. ROM　　C. CMOS　　D. Cache
11. 在计算机中,(　　)子系统存储数据和程序。
A. 算术逻辑单元　　B. 输入/输出　　C. 存储器　　D. 控制单元
12. 在计算机中,(　　)子系统执行计算和逻辑运算。
A. 算术逻辑单元　　B. 输入/输出　　C. 存储器　　D. 控制单元
13. 在计算机中,(　　)子系统接收数据和程序并将运算结果传给输出设备。
A. 算术逻辑单元　　B. 输入/输出　　C. 存储器　　D. 控制单元
14. 在计算机中,(　　)子系统是其他子系统的管理者。
A. 算术逻辑单元　　B. 输入/输出　　C. 存储器　　D. 控制单元

## 二、判断题

1. 计算机软件系统分为系统软件和应用软件两大部分。(　　)
2. 三位二进制数对应一位八进制数。(　　)
3. 一个正数的反码与其原码相同。(　　)
4. USB 接口只能连接 U 盘。(　　)
5. 光盘、硬盘、内存三者相比,光盘读写速度最快。(　　)
6. 扫描仪属于输入设备。(　　)
7. 相同档次的 AMD CPU 比 Intel CPU 处理办公软件能力强。(　　)
8. 当系统掉电或关机时,ROM 中的信息不会丢失。(　　)
9. 光盘称做 CDROM,所以光盘也是只读存储器。(　　)
10. 计算机 5 大部件中不包括 CPU。(　　)

## 三、简答题

1. 简述存储程序和程序控制原理。
2. 简述计算机硬件的组成及各组成部分的功能。
3. 简述 CPU 的中文含义和它的主要性能指标。

# 第4章 计算机网络技术

计算机网络是计算机技术与通信技术紧密结合的产物,网络技术对信息产业的发展产生深远的影响并且将发挥越来越大的作用。本章在介绍网络形成与发展历史的基础上,对网络定义、分类与基本原理等问题进行了系统的讨论,并对因特网及其应用、网络安全进行了讨论。

## 4.1 计算机网络概述

计算机网络是计算机技术与通信技术高度发展、紧密结合的产物,网络技术的进步正在对当代社会的发展产生重要的影响。

### 4.1.1 计算机网络定义

计算机网络(Computer Networks)是用通信线路将分散在不同地点的具有独立自主的计算机系统相互连接,并按网络协议进行数据通信和实现资源共享的计算机集合。它包含三层含义：自主计算机,相互连接,信息交换、资源共享、协调工作。从概念上讲,计算机网络由通信子网和资源子网两部分组成,其功能是将数据划分成不同长度的分组进行传输和处理。

资源共享观点将计算机网络定义为"以能够相互共享资源的方式互联起来的自治计算机系统的集合"。资源共享观点的定义符合当前计算机网络的基本特征,这主要表现在以下几个方面。

(1) 计算机网络建立的主要目的是实现计算机资源的共享。计算机资源主要指计算机硬件、软件与数据。网络用户不但可以使用本地计算机资源,而且可以通过网络访问联网的远程计算机资源,还可以调用网中几台不同的计算机共同完成某项任务。

(2) 互联的计算机是分布在不同地理位置的多台独立的"自治计算机"。互联的计算机之间应该没有明确主从关系,每台计算机即可以联网,也可以脱网独立工作。联网计算机可以为本地用户提供服务,也可以为远程网络的合法用户提供服务。

(3) 联网计算机之间的通信必须遵循共同的网络协议。计算机网络是由多个互联的结点组成,结点之间要做到有条不紊地交换数据,每个结点都必须遵守一些事先规定好的通信规则。

## 4.1.2 计算机网络发展过程

计算机网络技术的发展速度与应用的广泛程度是惊人的，下面阐述计算机网络产生的背景。

### 1. 计算机网络的产生背景

计算机网络是20世纪60年代美苏冷战时期的产物。传统的电路交换（Circuit Switching）的电信网有一个缺点：正在通信的电路中有一个交换机或有一条链路被炸毁，则整个通信电路就要中断，如要改用其他迂回电路，必须重新拨号建立连接。这将要延误一些时间。这样在战争中是非常不利的，于是在20世纪60年代初，美国国防部领导的远景研究规划局（Advanced Research Project Agency，ARPA）提出要研制一种生存性很强的网络。要求这种新型网络必须具有以下几个基本特点。

（1）网络用于计算机之间的数据传送，而不是为了打电话。

（2）网络能够连接不同类型的计算机，不局限于单一类型的计算机。

（3）所有的网络结点都同等重要，因而大大提高网络的生存性。

（4）计算机在进行通信时，必须有冗余的路由。

（5）网络的结构应当尽可能的简单，同时还能够非常可靠地传送数据。

计算机数据具有突发性，利用电路交换传送计算机数据，其效率低，导致通信线路的利用率很低，ARPANet（Advanced Research Project Agency Network）引入分组交换技术，分组交换网由若干个结点交换机和连接这些交换机的链路组成。在分组交换网中，主机是为用户进行信息处理的，结点交换机则是进行分组交换，用来转发分组的。各结点交换机之间要经常交换路由信息，为转发分组进行路由选择，从而带来分组交换的优点：高效，动态分配传输带宽，对通信链路是逐段占用的；灵活，以分组为发送单位和查找路由；迅速，不必先建立连接就能向其他主机发送分组，充分使用链路的带宽；可靠，完善的网络协议，自适应和路由选择协议使网络有很好分组。ARPANet的成功使计算机网络的概念发生根本变化，从主机为中心到以网络为中心，主机都处在网络的外围，用户通过分组交换网可共享连接在网络上的许多硬件和各种丰富的软件资源。ARPANet是计算机网络发展的一个重要里程碑，它对计算机网络技术发展的主要贡献表现在以下几个方面。

（1）完成对计算机网络定义、分类与子课题研究内容的描述。

（2）提出了资源子网、通信子网的两级网络结构的概念。

（3）研究了报文分组交换的数据交换方法。

（4）采用了层次结构的网络体系结构模型与协议体系。

（5）促进了TCP/IP协议的发展。

（6）为Internet的形成与发展奠定了基础。

ARPANet研究成果对世界计算机网络发展的意义是深远的。

### 2. 计算机网络的组成

组成网络的计算机可以是巨型机、大型机、小型机、个人计算机、笔记本电脑或其他具有处理器的设备。下面按硬件和软件两部分详细介绍计算机网络的组成。

1）计算机网络中的硬件

计算机网络是在物理上分布的相互协作的计算机系统，其硬件部分主要包括以下几种。

（1）计算机。

（2）光纤、同轴电缆和双绞线等传输媒体。

（3）通信网卡：用于收发数据。

（4）集线器(Hub)：用来把多台计算机连在一起。

（5）交换机(Switch)：用来扩展带宽及连接多台计算机。

（6）路由器(或 ATM 交换机)：负责路径管理和网络交通的控制。

在上述设备中，集线器和交换机是用于组成局域网的设备，而路由器和 ATM 交换机则主要用于组成广域网。

2）计算机网络中的软件

计算机网络中的软件主要分为 5 类。

（1）操作系统

操作系统是网络软件系统的核心软件。目前最常用的局域网操作系统是 Windows 2000 Server 和 UNIX。本书所涉及的 Web 站点管理、网页文件编辑器和数据库等所有内容都是以 Windows 2000 Server 作为平台的。

（2）通信协议

通信协议是计算机网络中各部分之间必须遵守的规则的集合，它定义了各设备之间信息交换的格式和顺序。相互通信的两个计算机系统必须高度协调工作才行，而这种协调是相当复杂的。分层可将庞大而复杂的问题转化为若干较小的局部问题，而这些较小的局部问题就比较易于研究和处理。网络的各层功能描述及其协议的集合就是计算机网络体系结构。通信协议是计算机网络体系结构中最重要的部分。常用的通信协议主要有 TCP/IP、Novell 的 IPX/SPX 和 Microsoft 的 NetBEUI。

（3）管理软件

管理软件的内容包括网络的配置、出错处理及用户与网络的接入等。它负责计算机网络的安全运行和维护等工作。

（4）交换与路由软件

交换与路由软件是通信的各部分之间建立和维护传输信息所需的通道。

（5）应用软件

计算机网络中的应用软件是计算机网络为用户提供网络服务的中介。如电子邮件、浏览工具和搜索工具等。

### 3. 计算机网络发展阶段

计算机网络技术的发展速度与应用的广泛程度是惊人的。纵观计算机网络的形成与发展历史，大致可以将它划分为 4 个阶段。

第一阶段可以追溯到 20 世纪 50 年代。那时，人们将彼此独立发展的计算机技术与通信技术集合起来，进行数据通信技术与计算机通信网络的研究，为计算机网络的产生做好技术准备，并且奠定了理论基础。

第二阶段应该从 20 世纪 60 年代美国的 ARPANet 与分组交换技术开始。ARPANet

是计算机网络技术发展中的一个里程碑,它的研究成果对促进网络技术发展和理论体系的研究产生重要的作用,并为 Internet 的形成奠定了基础。

第三阶段可以从 20 世纪 70 年代中期起。这个时期国际上各种广域网、局域网与公用分组交换网发展十分迅速,各个计算机生产商纷纷发展各自的计算机网络系统,随之而来的是网络体系结构与网络协议的标准化问题。国际标准化组织在推动开放系统参考模型与网络协议的研究方面做了大量的工作,对网络理论体系的形成与网络技术的发展起到了重要的作用,但它同时也面临着 TCP/IP 的严峻挑战。

第四阶段要从 20 世纪 90 年代开始。这个阶段最有挑战性的话题是 Internet、高速通信网络、无线网络与网络安全技术。Internet 作为国际性的国际网与大型信息系统,正在当今经济、文化、科学研究、教育与社会生活等方面发挥越来越重要的作用。宽带网络技术的发展为社会信息化提供了技术基础,网络安全技术为网络应用提供了安全技术保障。基于光纤技术的宽带城域网与无线网络技术,以及移动网络计算、网络多媒体计算、网络并行计算、网络技术与存储区域网络等正在成为网络应用与研究的热点问题。下面按照这 4 个发展阶段,分别对每个阶段最具代表性的技术与应用进行讨论,使读者对网络技术的形成、发展与应用有全面和准确的理解,为以后的学习打下基础。

### 4.1.3 计算机网络分类

在计算机网络发展过程的不同阶段,人们对计算机提出了不同的定义。不同的定义反映当时网络技术发展水平,以及人们对网络的认识程度。这些定义可以分为三类:广义的观点、资源共享的观点与用户透明性的观点。从当前计算机网络的特点来看,资源共享观点定义能比较准确地描述计算机网络的主要特征。相比之下,广义的观点定义了计算机通信网络,而用户透明性的观点定义了分布式计算机系统。

#### 1. 按网络传输技术进行分类

网络采用的传输技术决定了网络的主要技术特点,因此根据所采用的传输技术对网络进行分类是一种重要的方法。

在通信技术中,通信信道有两种类型:广播通信信道和点对点通信信道。在广播通信信道中,多个结点共享一个通信信道,一个结点广播信息,其他结点必须接收信息。在点对点通信信道中,一条通信线路只能连接一对结点,如果两个结点之间没有直接连接的线路,则它们只能通过中间结点转接。

显然,网络要通过通信信道来完成数据传输任务,它所采用的传输技术也只可能有两类:广播方式与点对点方式。因此,相应的计算机网络也可以分为两类:广播式网络(Broadcast Networks)与点对点式网络(Point-to-Point Networks)。

1) 广播式网络

在广播式网络中,所有联网计算机都共享一个公共通信信道。当一台计算机利用共享通信信道发送报文分组时,所有计算机都会“收听”到这个分组。由于分组中带有目的地址与源地址,接收到该分组的计算机将检查目的地址是否与本结点地址相同。如果被接收报文分组的目的地址与本结点地址相同,则接收该分组,否则丢弃该分组。显然,在广播式网络中,分组的目的地址可以有三类:单一结点地址、多结点地址和广播地址。

2）点对点式网络

在点对点式网络中，每条物理线路连接一对计算机。如果两台计算机之间没有直接连接的线路，则它们之间的分组传输需要通过中间结点的接收、存储与转发，直至目的结点。由于连接多台计算机之间的线路结构可能很复杂，因此从源结点到目的结点可能存在多条路由。决定分组从源结点到达目的结点的路由需要路由选择算法。采用分组存储转发与路由选择机制是点对点式网络与广播式网络的重要区别之一。

**2. 按网络覆盖范围进行分类**

计算机按照其覆盖的地理范围进行分类，可以很好地反映不同类型网络的技术特征。由于网络覆盖的地理范围不同，它们所采用的传输技术也就不同，因此形成不同的网络技术特点与网络服务功能。

按覆盖的地理范围划分，计算机网络可以分为以下三类。

(1) 局域网

局域网（Local Area Network，LAN）用于将有限范围内（例如一个实验室、大楼或校园）的各种计算机、终端与外部设备互联成网。按照采用的技术、应用范围和协议标准的不同，局域网可以分为共享局域网与交换局域网。局域网技术发展非常迅速并且应用日益广泛，是计算机网络中最为活跃的领域之一。

从局域网应用的角度来看，局域网的技术特点主要表现在以下几个方面。

① 局域网覆盖有限的地理范围，它适用于机关、校园、工厂等有限范围内的计算机终端与各类信息处理设备联网的需求。

② 局域网提供高数据传输速率（10Mb/s～10Gb/s）、低误码率的高质量数据传输环境。

③ 局域网一般属于一个单位所有，易于建立、维护与扩展。

④ 从介质访问控制方法的角度来看，局域网可以分为共享介质式局域网与交换式局域网；从使用的传输介质的类型角度来看，局域网可以分为使用有线介质与无线通信信道的无线局域网。

局域网可以用于个人计算机局域网、大型计算机设备群的后端网络与存储区域网络、高速办公室网络、企业与学校的主干局域网。

(2) 城域网

城市地区网络常简称为城域网（Metropolitan Area Network，MAN）。城域网是介于广域网与局域网之间的一种高速网络。城域网设计目标是满足几十公里范围内的大量企业、机关、公司的多个局域网的互联需求，以实现大量用户之间的数据、语音、图形与视频等多种信息传输。

(3) 广域网

广域网（Wide Area Network，WAN）又称为远程网，所覆盖的地理范围从几十公里到几千公里。广域网覆盖一个国家、地区或横跨几个洲，形成国际性的远程计算机网络。广域网的通信子网可以利用公用分组交换网、卫星通信网和无线分组交换网，他将分布在不同地区的计算机系统互联起来，以达到资源共享的目的。

## 4.2 网络体系结构

网络体系结构是网络技术中最基本的结构，要保证一个庞大而复杂的计算机网络有条不紊工作，就必须制定一系列的通信协议。

### 4.2.1 网络体系结构与协议标准化的研究

在计算机网络技术、产品与应用发展的同时，人们认识到必须研究和制定计算机网络的体系结构与协议标准。一些大的计算机公司在开发计算机网络研究与产品开发的同时，纷纷提出各种网络体系结构与网络协议，例如 IBM 公司的系统网络体系结构（System Network Architecture，SNA）、DEC 公司的数字网络体系结构（Distributed Network Architecture，DNA）与 UNIVAC 公司的分布式计算机体系结构（Distributed Computer Architecture，DCA ）。这些研究成果为网络理论体系的形成提供很多重要的经验，很多网络系统经过适当的修改后仍在广泛使用。20 世纪 70 年代后期，人们认识到不同公司网络体系结构与协议标准不统一，将会限制计算机网络自身的发展和应用，网络体系结构与网络协议必须走国际标准化的道路。

国际标准化组织成立计算机与信息处理标准化技术委员会（TC97），该委员会专门成立了一个分委员会（SC16），从事网络体系结构与网络协议的国际标准化问题研究。经过多年的努力，ISO 正式制定了开放系统互连（Open System Interconnection，OSI）参考模型，即 ISO/IEC 7498 国际标准。OSI 参考模型与协议的研究成果对推动网络体系结构理论的发展起了很大的作用。

在肯定 ISO/OSI 参考模型发展的同时，TCP/IP 协议与体系结构也逐渐发展起来。

在 1969 年 ARPANet 的实验性阶段，研究人员就开始 TCP/IP 协议雏形的研究。到了 1979 年，越来越多的研究人员投入到 TCP/IP 协议的研究中。在 1980 年前后，ARPANet 的所有主机都转向了 TCP/IP 协议。到 1983 年 1 月，ARPANet 向 TCP/IP 的转换全部结束。在 ISO/OSI 参考模型制定过程中，TCP/IP 协议已经成熟并开始应用，赢得了大量的用户和投资。TCP/IP 协议的成功促进了 Internet 的发展，Internet 的发展又进一步扩大了 TCP/IP 协议的影响。IBM、DEC 等大公司纷纷宣布支持 TCP/IP 协议，网络操作系统与大型数据库产品都支持 TCP/IP 协议。相比之下，符合 OSI 参考模型与协议标准产品迟迟没有推出，妨碍了其他厂家开发相应硬件和软件，从而影响了 OSI 研究成果的市场占有率。而随着 Internet 的高速发展，TCP/IP 协议与体系结构已成为业内公认的标准。

### 4.2.2 两种网络体系结构

#### 1. OSI 参考模型的基本理念

1）OSI 参考模型的提出

从历史上来看，在制定网络计算机标准方面起很大作用的两大国际组织是：国际电报与电话咨询委员会（Consultative Committee on International Telegraph and Telephone，

CCITT)和国际标准化组织。CCITT与ISO的工作领域不同,CCITT主要从通信的角度考虑一些标准的制定,而ISO则关心信息处理与网络体系结构。随着科学技术的发展,通信与信息处理之间的界限变得比较模糊。于是,通信与信息处理就都成为CCITT与ISO共同关心的领域。

1974年,ISO发布了著名的ISO/IEC 7498标准,它定义了网络互联的7层框架,就是开放系统互连参考模型。在OSI框架下,进一步详细规定了每层的功能,以实现开放系统环境中的互连性(Interconnection)、互操作性(Interoperation)与应用的可移植性(Portability)。CCITT的X.400建议书也定义了一些相似的内容。

2) OSI参考模型的概念

OSI中的"开放"是指只要遵循OSI标准,一个系统就可以与位于世界上任何地方、同样遵循统一标准的其他任何系统进行通信。在OSI标准的制定过程中,采用的方法是将整个庞大而复杂的问题划分为若干个容易处理的小问题,这就是分层的体系结构方法。在OSI标准中,采用的是三级抽象:体系结构(Architecture)、服务定义(Service Definition)与协议规范(Protocol Specifications)。

OSI参考模型定义了开放系统的层次结构。层次之间的互相关系,以及各层所包括的可能的服务。它是作为一个框架来协调与组织各层协议的制定,也是对网络内部结构最精练地概括与描述。OSI标准中的各种协议精确定义了应该发送的控制信息,以及应该通过哪种过程来解释这个控制信息。协议的规范说明具有最严格的约束。

OSI的服务定义详细地说明了各层所提供的服务。某一层提供的服务是指该层级以下各层的一种能力,这种服务通过接口提供给更高一层。各层所提供的服务与这些服务的具体实现无关。同时,服务定义还定义了层与层之间的接口与各层使用的原语,但是并不涉及接口的具体实现方法。

OSI参考模型并没有提供一个可以实现的方法。OSI参考模型只是描述了一些概念,用来协调进程之间通信标准的制定。在OSI的范围内,只有各种协议是可以被实现的,而各种产品只有和OSI的协议一致时才能互联。也就是说,OSI参考模型并不是一个标准,而是一个在制定标准时所使用的概念性的框架。

3) OSI参考模型的结构

OSI是分层体系结构的一个实例,每一层是一个模块,用于执行某种主要功能,并具有自己的一套通信指令格式(称为协议)。用于相同层之间通信的协议称为对等协议。根据分而治之的原则,OSI将整个通信功能化为7个层次,其划分层次的重要原则是:①网中各结点都具有相同的层次。②不同结点的同等层具有相同的功能。③同一结点内相邻层之间通过接口通信。④每层可以使用下层提供的服务,并向其上层提供服务。⑤不同结点的同等层通过协议来实现同等层之间的通信。

4) OSI参考模型各层的功能

OSI参考模型结构包括了以下7层:物理层、数据链路层、网络层、传输层、会话层、表示层、应用层。OSI参考模型结构如图4-1所示。

(1) 物理层

在OSI参考模型中,物理层是参考模型的最低层。物理层的主要功能是:利用传输介质为通信的网络结点之间建立、管理和释放物理连接,实现比特流的透明传输,为数据链路

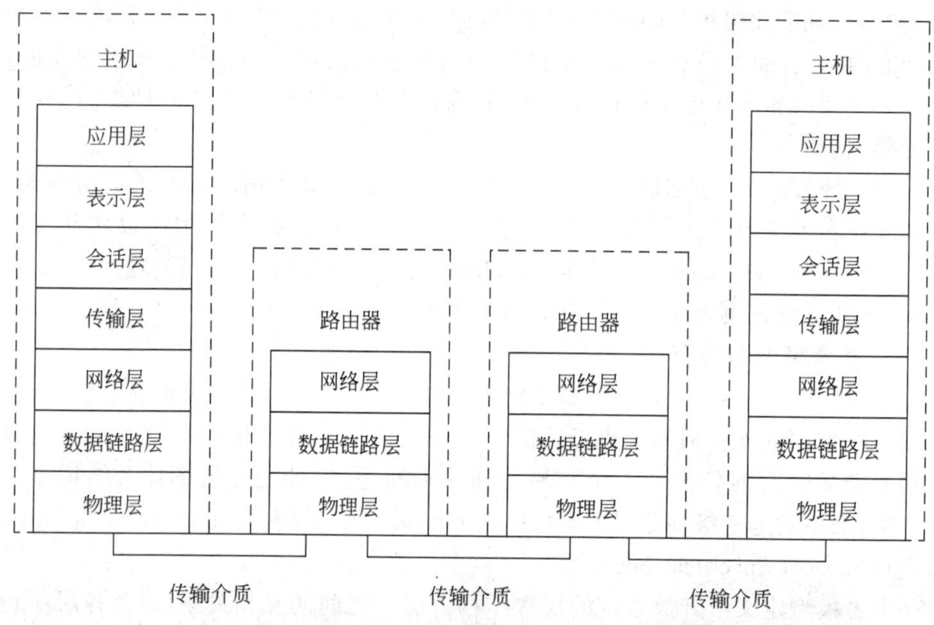


图 4-1 OSI 参考模型的结构

层提供数据传输服务。物理层的数据传输单元是比特。

(2) 数据链路层

在 OSI 参考模型中,数据链路层是参考模型的第二层。数据链路层的主要功能是:在物理层提供服务的基础上,数据链路层在通信的实体间建立数据链路连接,传输以帧为单位的数据包,并采用差错控制与流量控制方法,使有差错的物理线路变成无差错的数据线路。

(3) 网络层

在 OSI 参考模型中,网络层是参考模型的第三层。网络层的主要功能是:通过路由选择算法为分组通过通信子网选择最适当的路径,以及实现拥塞控制、网络互连等功能。网络层的数据传输单元是分组。

(4) 传输层

在 OSI 参考模型中,传输层是参考模型的第四层,传输层的主要功能是:向用户提供可靠的端到端服务。传输层向高层屏蔽了下层数据通信的细节,因此,它是计算机通信体系结构中关键的一层。

(5) 会话层

在 OSI 参考模型中,会话层是参考模型的第五层。会话层的主要功能是:负责维护两个结点之间会话连接的建立。

(6) 表示层

在 OSI 参考模型中,表示层是参考模型的第六层。表示层的主要功能是:用于处理在两个通信系统中交换信息的方式,主要包括数据格式变换、数据加密与解密、数据压缩与恢复等功能。

(7) 应用层

在 OSI 参考模型中,应用层是参考模型的最高层。应用层的主要功能是:为应用程序提供网络服务。应用层需要识别并保证通信对方的可用性,使得协同工作的应用程序之间同步,建立传输错误纠正与保证数据完整性控制机制。

### 2. TCP/IP 参考模型各层的功能

1) TCP/IP 参考模型的层次

图 4-2 给出了 TCP/IP 参考模型与 OSI 参考模型的对应关系。

TCP/IP 参考模型可以分为 4 个层次:应用层(Application Layer)、传输层(Transport Layer)、互联层(Internet Layer)、主机-网络层(Host-to-Network Layer)。

从实现功能的角度来看,TCP/IP 参考模型的应用层与 OSI 参考模型的应用层、表示层、会话层对应,TCP/IP 参考模型的传输层与 OSI 参考模型的传输层对应,TCP/IP 参考模型的互联层与 OSI 参考模型的网络层对应,TCP/IP 参考模型的主机-网络层与 OSI 参考模型的数据链路层和物理层对应。

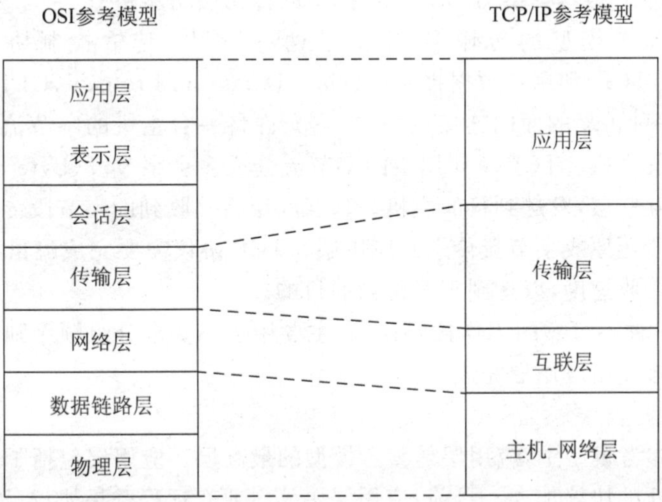

图 4-2 TCP/IP 参考模型与 OSI 参考模型的对应关系

2) TCP/IP 各层的主要功能

(1) 主机-网络层

在 TCP/IP 参考模型中,主机-网络层是参考模型的最低层,它负责通过网络发送和接收 IP 数据报。TCP/IP 参考模型允许主机联入网络时使用多种现成的与流行的协议,例如局域网协议或其他一些协议。在 TCP/IP 的主机-网络层中,它包括各种类型的物理网协议,例如局域网的 Ethernet 与 Token Ring、分组交换网的 X.25 等。当这种物理网被用作传送 IP 数据包的通道时,就可以认为是这一层的内容。这体现了 TCP/IP 协议的兼容性与适应性,它也为 TCP/IP 的成功奠定了基础。

(2) 互联层

在 TCP/IP 参考模型中,互联层(也称为互联网络层)是参考模型的第二层,它相当于 OSI 网络层的无连接网络服务。互联层负责将源主机的报文分组发送到目的主机,源主机与目的主机可以在一个网络中,也可以在不同网络中。

互联层的主要功能包括以下几点。

① 来自传输层的分组发送请求。在收到分组发送请求之后，将分组装入 IP 数据报，填充报头，选择发送路径，然后将数据报发送到相应的网络输出线。

② 处理接收的数据报。在接收到其他主机发送的数据报之后，检查目的地址，如需要转发，则选择发送路径，转发出去；如目的地址为本结点 IP 地址，则除去报头，将分组交送传输层处理。

③ 处理互联的路由选择、流控与拥塞问题。

TCP/IP 参考模型中网络层协议是 IP(Internet Protocol)协议。IP 协议是一种不可靠、无连接的数据报传送服务的协议，它提供的是一种“尽力而为”(Best-Effort)的服务，IP 协议的协议数据单元是 IP 分组。

(3) 传输层

在 TCP/IP 参考模型中，传输层是参考模型的第三层，它负责在应用进程之间建立端到端通信。传输层用来在源主机与目的主机的对等实体之间建立用于会话的端到端连接。从这点上来说，TCP/IP 参考模型与 OSI 参考模型的传输层功能相似。

在 TCP/IP 参考模型的传输层，定义了两种协议。传输控制协议(Transmission Control Protocol，TCP)和用户数据报协议(User Datagram Protocol，UDP)。

① TCP 是一种可靠的面向连接的协议，它允许将一台主机的字节流(Byte Stream)无差错地传送到目的主机。TCP 将应用层的字节流分成多个字节段(Byte Segment)，然后将每个字节段传送互联层，发送到目的主机。当互联层将接收到的字节段传送给传输层时，传输层将多个字节段还原成字节流传送到应用层。TCP 协议需要完成流量控制功能，协调收发双方的发送与接收速度，以达到正确传输的目的。

② UDP 是一种不可靠的无连接协议，它主要用于不要求分组顺序到达的传输中，分组传输顺序检查与排序由应用层完成。

(4) 应用层

在 TCP/IP 参考模型中，应用层是参考模型的最高层。应用层包括了所有的高层协议，并且总是不断有新的协议加入。目前，应用层协议主要有远程登录协议(Telnet)、文件传送协议(File Transfer Protocol, FTP)、简单邮件传送协议(Simple Mail Transfer Protocol, SMTP)、域名系统(Domain Name System，DNS)、超文本传送协议(Hyper Text Transfer Protocol，HTTP)等。

### 4.2.3 Internet 的应用与高速网络技术发展

目前，计算机网络的发展正处于第四阶段。这一阶段 Internet 被广泛使用，高速网络技术与基于 Web 技术的 Internet 网络应用迅速发展。

#### 1. Internet 高速发展

Internet 是全球最大和最具有影响力的计算机互联网络，也是一个世界范围的信息资源宝库。Internet 是通过路由器实现多个广域网、城域网和局域网互联的大型网际网，它对推动世界科学、文化、经济和社会的发展有着不可估量的作用。从用户的角度来看，Internet 是一个全球范围的信息资源网，接入 Internet 的主机可以是信息服务提供者的服务器，也可以是信息服务使用者的客户机。

随着Internet规模和用户的不断增加,Internet上的各种应用也进一步得到开拓。Internet不仅是一种资源共享、数据通信和信息查询的手段,还逐渐成为人们了解世界、讨论问题、休闲购物,乃至从事学术研究、商贸活动、教育,甚至是政治、军事活动的重要领域。Internet的全球性与开放性,使人们愿意在Internet上发布和获取信息。浏览器、超文本标记语言、搜索引擎、Java跨平台编程技术的产生,对Internet的发展产生了重要作用,使Internet中的信息更丰富、使用更简单。

### 2. 信息高速公路建设

20世纪90年代,世界经济进入一个全新的发展阶段。世界经济的发展推动着信息产业的发展,信息技术与网络应用已成为衡量21世纪综合国力与企业竞争的重要标准。1993年9月,美国公布国家信息基础设施(National Information Infrastructure,NII)建设计划,NII被形象的称为信息高速公路。美国建设信息高速公路的计划接触了世界各国,人们开始认识到信息技术的应用与信息产业发展将对各国经济发展产生重要作用,因此很多国家开始制定各自的信息高速公路建设计划。1995年2月,全球信息基础设施委员会(Global Information Infrastructure Committee,GIIC)成立,目的是推动与协调各国信息技术与信息服务的发展与应用。在这种情况下,全球信息化的发展趋势已经不可逆转。

未来的计算机网络将覆盖所有的企业、学校、科研部门、政府及家庭,其覆盖范围可能要超过现有的电话通信网。为了支持各种信息的传输,网上电话、视频会议等应用对网络传输的实时性要求很高,未来的网络必须具有足够的带宽、很好的服务质量与完善的安全机制,以满足电子政务、电子商务、远程教育、远程医疗、分布式计算、数字图书馆与视频点播等不同应用的需求。

在Internet飞速发展与广泛应用的同时,高速网络的发展也引起人们越来越多的注意。高速网络技术发展主要表现在:宽带综合业务数据网(Broadband-Integrated Service Digital Network,B-ISDN)、异步传输模式(Asynchronous Transfer Mode,ATM)、高速局域网、交换局域网、虚拟网络与无线网络。以高速Ethernet和ATM为代表高速网络技术发展迅速,竞争激烈。目前,在传输速率为10Mb/s的Ethernet广泛应用的基础上,传输速率为100Mb/s的快速以太网(Fast Ethernet)与1Gb/s的吉比特以太网(Gigabit Ethernet),以及传输速率为10Gb/s的Ethernet已开始进入实用阶段。2006年7月IEEE成为了一个特别研究组,着手速率为100Gb/s的Ethernet技术与标准的研究,同时,交换式局域网与虚拟局域网发展十分迅速。基于光纤通信技术的宽带领域网与宽带接入网技术,以及无线网络技术已经成为当前研究、应用热点。图4-3为Internet概念性的网络结构示意图。

### 3. 基于Web技术的Internet应用的高速发展

Web技术的出现,使Internet变成一种广泛使用的信息交互工具。Web的出现使网站数量和网络通信量成指数规律增长。Web服务是最方便与最受用户欢迎的服务类型,已广泛应用于电子商务、远程教育、远程医疗与信息服务等领域,并且有继续扩大的趋势,它的影响力已远远超出了专业技术范畴。搜索引擎是一种运行在Web上的应用软件系统,它接受用户提出的信息需求,并试图在有限的时间内,为用户提供与需求相关的信息。作为运行在Web上的应用软件,搜索引擎已成为继电子之后的第二大Web应用。2000年,出现了“对等”(Peer-to-Peer,P2P)通信的服务。在P2P系统中没有固定的客户与服务器。所有的成员计算机在不同的时间中,可以充当客户与服务器两个不同的角色。P2P文件共享应用的最典型例子是下载MP3以及大数据量的视频文件。

随着Internet应用的发展,播客(Podcast)、博客(Blog)、即时通信与网络电视将成为人与人之间通过网络交流信息的又一类新的应用。

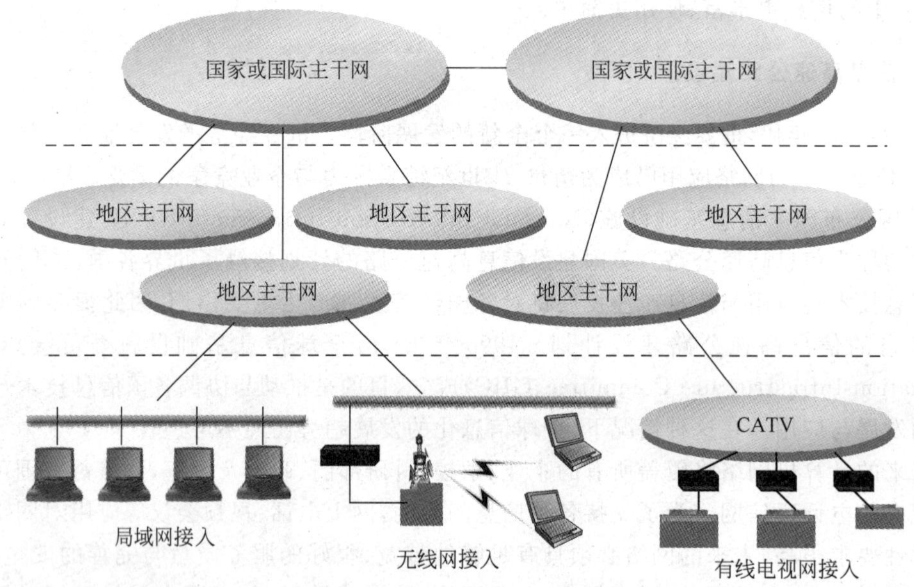


图4-3 Internet网络的基本结构

**4. 网络安全技术的发展**

为了有效地保护金融、贸易等商业秘密,保护政府机要信息与个人隐私,网络必须具有足够的安全机制,以防止信息被非法窃取、破坏与损失。因此,随着社会生活对网络技术与基于网络的信息系统安全的依赖程度越来越高,人们对网络与信息安全的需求就越来越强烈。网络与信息安全正在成为研究、应用和产业发展的重点问题,引起了社会的高度重视。

## 4.2.4 宽带网络与无线网络的研究与发展

**1. 宽带城域网技术的研究与发展**

Internet的广泛应用推动计算机网络与电信网技术的迅猛发展,引起电信业从传输网技术到服务业务类型的巨大变化。2000年前后,北美电信市场上长途线路的带宽过剩,很多长途电话公司和广域网运营公司倒闭。造成这种现象的主要原因是:使用低速调制解调器(Modem)和电话线路接入Internet的接入方式已不能满足人们的要求。低速调制解调器和电话线路带宽已成为用户接入的瓶颈,使得希望享受Internet新的服务功能的用户无法有效接入Internet。很多电信运营商虽然拥有大量的广域网带宽资源,却无法有效地将大量的用户接入进来。人们最终发现,制约大规模Internet接入的瓶颈在城域网。如果要满足大规模 Internet 接入和提供多种 Internet 服务，电信运营商必须提供全程、全网、端到端、可灵活配置的宽带城域网。在这样一个社会需求的驱动下，电信运营商纷纷将竞争重点和大量资金从广域网骨干网的建设，转移到高效、经济、支持大量用户接入和支持多种业务的城域网建设中，并导致了世界性的信息高速公路建设的高潮。各国信息高速公路的建设又促进电信产业的结构调整，出现了大规模的企业重组和业务转移。这就是 20 世纪后期出现的信息产业高速发展的一个缩影。

20 世纪 80 年代后期，人们在计算机网络类型划分中，以网络覆盖的地理范围为依据，提出了城域网的概念，同时将城域网的业务定位在城市地区范围内大量局域网的互联。根据 IEEE 802 委员会的最初表述，城域网是以光纤为传输介质，能够提供 45～150Mb/s 高传输速率，支持数据、语音、图形与视频综合业务数据传输，可以覆盖跨度在 50～100km 的城市范围，实现高速宽带传输的数据通信网络。早期的城域网的首选技术光纤环网使用的产品是 FDDI(Fiber-Distributed Data Interface)。设计 FDDI 的目的是为了实现高速、高可靠性和大范围局域网连接。FDDI 与 IEEE 802.5 令牌环网在基本技术上有很多相同点。FDDI 采用了光纤作为传输介质、双环结构和快速治愈能力，传输速率为 100Mb/s，可以用于 100km 范围内的城域网互联，能够适应城域网主干网建设的需要。现在看来，IEEE 802 委员会对城域网的最初表述有一点是准确的，那就是光纤一定会成为城域网的主要传输介质，但是它对传输速率的估计相当保守。IEEE 802 委员会对城域网的定义是在总结 FDDI 技术特点的基础上提出的，它是相对于广域网与城域网而产生的。计算机网络按覆盖范围来划分，城域网是指能够覆盖一个城市范围的计算机网络，主要用于局域网的互联。但是，随着 Internet 的应用、新服务的不断出现和三网融合的发展，城域网的业务扩展到几乎所有的信息服务领域，城域网的概念也相应发生了变化。

从当前城域网技术与应用现状来看，城域网的概念泛指网络运营商在城市范围内提供各种信息服务业务的所有网络，它是以宽带光传输网为开放平台，以 TCP/IP 协议为基础，通过各种网络互连设备，实现语音、数据、图像、食品、IP 电话、IP 接入和各种增值业务服务与智能业务，并与运营商的广域计算机网络、广播电视网、传统电话交换网(Public Switched Telephone Network，PSTN)互联互通的本地综合业务网络。为了满足语音、图像、多媒体应用的需求，现实意义上的城域网一定是能提供高传输速率和保证服务质量的网络系统，因此人们已经非常自然地将传统意义上的城域网扩展到宽带城域网。

如果将国家级大型主干网比作是国家级公路，各个城市和地区高速城域网比作是地区级公路，接入网就相当于最终把家庭、机关、企业用户接到地区级公路的道路。国家需要设计和建设覆盖全国的国家级高速主干网，各个城市、地区需要设计与建设覆盖一个城市与地区的主干网。但是，最后人们还是需要解决用户计算机的接入问题。对于 Internet 来说，任何一个家庭、机关、企业的计算机都必须首先连接到本地区的主干网络，才能通过地区主干网、国家级主干网与 Internet 连接。就像一个大学需要将校内道路就近与城市公路连接，以使学校的车辆可以方便地行驶出去一样，这样学校就要解决连接城市公路的“最后一千米”问题。同样，可以形象地将家庭、机关、企业的计算机接入地区主干网的问题也称为信息高速公路的“最后一千米”问题。接入网技术解决的是最终用户接入地区性网络的问题。由于 Internet 的应用越来越广泛，社会对接入网技术的需求也越来越强烈，接入网技术有着广阔的市场前景，它以成为当前网络技术研究、应用与产业发展的热点问题。

目前,可以作为用户接入网络主要有三类:计算机网络、电信网络与广播电视网络。长期以来,我国的三类网络是由不同的部门管理的,他们是按照各自的需求、采用不同的体制发展。由电信部门经营的通信网络最初主要是电话交换网,它用于模拟的语言信息的传输。由广播电视部门经营的广播电视网用于模拟图像、语音信息的传输。计算机网络出现的比较晚,不同的计算机网络由不同的部门各自建设与管理,它们主要用来传输计算机产生的数字信号。尽管这三类网络之间有很大区别,但是目前都在朝着一个共同的"数字化"方向发展。数字技术可以将各种信息都变成数字信号来获取、处理、存储与传输。这三类网络使用的传输介质、传输机制都不同,并且各自按各自的体制经历数字化进程,电通信网络的电话交换网正在从模拟通信方式向数字通信方式发展。广播电视网同样也在向数字化方向发展。计算机网络本身就是用于传输数字信号。在文本、语音、图像与视屏信息实现数字化后,这三类网络在传输数字信号这个基本点上是一致的。同时,它们在完成自己原来的传统业务之外,还有可能经营原本属于其他网络的业务。数字化技术使得这三类网络的服务业务相互交叉,三类网络之间的界限越来越模糊,人们希望能够选择一种简单、费用低的方式将自己的计算机接入 Internet。

从技术的角度来看,Internet 的用户接入方式主要分为 5 类:地面有线通信系统、无线通信和移动网通信网络、卫星通信网络、有线电视网络、地面广播电视网络。在这里,计算机局域网被归为地面有线通信系统。人们形象地将它称为用户连入信息高速公路的 5 条车道。

### 2. 光网络技术的研究与发展

Internet 业务正在以指数规律逐年增长,一些与人们视觉有关的图像信息,例如视频点播(Video On Demand,VOD)、可视电话、远程医疗、家庭购物、家庭办公等正在蓬勃发展,这些都必须依靠高性能的网络环境支持。但是,如果完全依靠现有的网络结构,必然会造成业务拥挤和带宽"枯竭",人们希望看到新一代网路——全光网路(All Optical Network, AON)。

如果把传输介质的发展作为传输网络的划代标准可以将以铜缆与无线射频作为主要传输介质的传输网络作为第一代,将以光纤作为传输介质的传输网络作为第二代,而将在传输网络中引入光交换机、光路由器等直接在光层配置的光通道的传输网络作为第三代。

第一代传输网络以铜缆与无线射频为主,在发展过程中必然无法逾越带宽的瓶颈问题。第二代传输网络在主干线路使用光纤,发挥光纤的高带宽、低误码率、抗干扰能力强等优点,但是有交换结点(例如路由器)电信号转换的瓶颈。第三代全光网络将以光结点取代现有的网络的电结点,并使用光纤将光结点互联成网,利用光波完成信号的传输、交换等功能,以此来克服现有网络在传输和交换时的瓶颈,减少信息传输的拥塞和提高网络的吞吐量。随着信息技术的发展,全光网已引起人们极大的兴趣,很多发达国家对全光网的关键技术(例如设备、部件、器件和材料)开展研究,加速推进产业化和应用的进程。美国的光网络计划包括 ARPA Ⅰ计划的一部分、欧洲与美国共同进行的光网络计划、欧洲先进通信研究与技术发展计划(RACE)、先进通信技术与业务(ACTS)等,以及 ARPA Ⅱ全球网计划。

1998 年,ITU-T 提出用光传输网络 OTN(Optical Transport Network)概念取代全光网的概念,这是由于在整个计算机网络环境中实现全光处理很困难。2000 年后,自动交换光网络(Automatic Switched Optical Network，ASON)引入智能控制的很多方法，解决了光网络的自动路由发现、分布式呼叫连接管理。实现了光网络的动态配置连接管理。

## 4.3 因特网及其应用

Internet(因特网)是由各种不同类型、不同规模独立管理和运行的主机或计算机网络组成的一个全球性特大网络。是世界上最大的互联网络，它将分布在世界各地的各种网络互联在一起，是一个遵从 TCP/IP 协议，将大大小小的计算机网络互联起来的计算机网络。

### 4.3.1 因特网定义与特点

通过 Internet，人们可以方便地进行通信，共享网络资源。Internet 代表着全球范围内一组无限增长的信息资源，其内容的丰富是难以用语言描述的，它是一个真正意义上的实用信息网络。入网的用户既可以是信息的消费者，也可以是信息的提供者。正因如此，它受到全世界几乎所有国家和地区的热切关注和广泛使用，每年都有大量的计算机加入到 Internet 中来。在现代的信息社会中，几乎没有行业能离开 Internet。

可以从不同角度了解 Internet，其主要特点有：①从网络互联的角度来看，Internet 可以说是由成千上万个具有特殊功能的专用计算机(称为路由器或网关)通过各种通信线路，把分散在各地的网络在物理上连接起来。②从网络通信的角度来看，Internet 是一个用 TCP/IP 协议把各个国家、各个部门、各种机构的内部网络连接起来的超级数据通信网。③从提供信息资源的角度来看，Internet 是一个集各个部门、各个领域内各种信息资源为一体的超级资源网。④从网络管理的角度来看，Internet 是一个不受任何国家政府管理和控制的、包括成千上万个相互协作的组织和网络集合体。

### 4.3.2 因特网发展概况

进入 20 世纪 90 年代以后，以因特网为代表的计算机网络得到了飞速的发展。已从最初的教育科研网络逐步发展成为商业网络，已成为仅次于全球电话网的世界第二大网络。因特网的基础结构大体上经历了三个阶段的演进，①实验研究网络，②学术性网络，③商业化网络。这三个阶段在时间划分上并非截然分开而是部分重叠的，这是因为网络的演进是逐渐的而不是突然的。

第一阶段是从单个网络 ARPANet 向互联网发展的过程，其经历时间从 1969 年到 20 世纪 80 年代中期。ARPANet 最初只是一个单个的分组交换网。后来 ARPA 研究多种网络互联的技术，产生了网络互联的概念。1983 年 TCP/IP 网络协议成为 ARPANet 标准协议，同年 ARPANet 分解成两个网络：ARPANet 进行实验研究用的科研网，MILNet 军用计算机网络。1983 年到 1984 年形成了 Internet。1990 年 ARPANet 正式宣布关闭，完成其实验任务。

第二阶段是建成了三级结构的因特网，其经历时间从 1986 年到 1994 年。1986 年，NSF 建立了以 ARPANet 为基础的国家科学基金网络(Nation Science Foundation Network，NSFNet)。NSFNet 是一个三级计算机网络，分为主干网、地区网、校园网。主机到主机的通信可能要经过多种网络。这种三级计算机网络覆盖了全美国主要的大学和研究所。NSFNet 的形成和发展,使它成为 Internet 的最重要的组成部分,Internet 最初的宗旨是用于支持教育和科研活动,而不是用于商业性的盈利活动。1991 年美国政府决定将因特网的主干网转交给私人公司来经营,开始对接入因特网的单位收费。1993 年因特网主干网的速率提高到 45MB/s(T3)。

第三阶段是多级结构,从 1993 年由美国政府资助的 NSFNet 逐渐被若干个商用的 ISP(Internet Service Provide)网络所代替开始。1994 年开始创建了 4 个网络接入点(Network Access Point,NAP),分别由 4 个电信公司经营。NAP 就是用来交换因特网流量的结点。在 NAP 中安装有性能很好的交换设施。到 21 世纪初,美国的 NAP 的数量已达到十几个。从 1994 年到现在,因特网逐渐演变成多级结构网络。今天的多级结构的因特网大致上可将因特网分为以下 5 个接入级:NAP、国家主干网(主干 ISP)、地区 ISP、本地 ISP、校园网、企业网或计算机上网用户。

主机到主机的通信可能经过多种 ISP。目前的 Internet 是由多个商业公司运行的多个主干网,通过若干个网络访问点将网络互联而成,出现了专门从事 Internet 活动的企业,例如 ISP、ICP(Internet Content Provider)等。1994 年 5 月我国正式加入 Internet。

Internet 使用的网络协议是 TCP/IP 协议,凡是连接 Internet 的计算机要安装和运行 TCP/IP 协议软件。TCP/IP 协议是一个协议集,其中最重要的是 TCP 协议和 IP 协议,因此通常将这些协议简称为 TCP/IP 协议。

TCP/IP 协议现在非常受到重视,主要有以下几个原因。

(1) TCP/IP 协议最初是为美国 ARPANet 设计的,后来,在 ARPANet 发展成为国际性的互联网时,TCP/IP 仍是网际通信协议。经过十几年的开发与研究,TCP/IP 已充分显示出它的强大连网能力与对多种应用环境的适应能力。当前在用 ARPANet、MILNet 和美国国家科学基金会的 NSFNet 作为主干网的基础上,Internet 已成为了用 TCP/IP 协议连接世界各国、各部门、各机构计算机网络的最大的国际互联网。

(2) Internet 在美国和欧洲对科学界、教育界、商业界、政府部门、军事部门等领域影响巨大。TCP/IP 协议已被各界公认为是异种计算机、异种网络彼此通信的重要协议,也是目前最为可行的协议。OSI 标准虽被公认为是网络发展方向,但目前尚难用于异种机和异种网之间的通信。

(3) 各主要计算机公司和一些软硬件厂商的计算机网络产品几乎都支持 TCP/IP 协议,TCP/IP 协议现在已成为事实上的国际标准和工业标准。

TCP/IP 协议把整个网络分成 4 个层次:应用层、传输层、网络层和网络接口层。

### 4.3.3 万维网

#### 1. 万维网定义

万维网(World Wide Web,WWW,简称 Web)是一种体系结构,通过它可以访问分布于 Internet 主机上的链接文档。包含以下几层含义。

(1) Web 是 Internet 提供的一种服务,是基于 Internet 协议的一种体系结构,因而它可以访问 Internet 的每一个角落。

(2) Web 是存储在全世界 Internet 计算机中、数量巨大的文档的集合。

(3) Web 上的信息是由彼此关联的文档组成的。这些文档是一种超文本信息通过超链接将其连在一起。

(4) Web 是一种基于客户机/服务器(Client/Server,C/S)的体系结构,也称为浏览器/服务器(Browser/Server,B/S)结构。

Web 具有以下特点。

(1) Web 是一种超文本信息系统。Web 的超文本链接使得 Web 文档可以从一个位置迅速跳转到另一个位置。

(2) Web 是图形化的、易于导航的。Web 可以提供将图形、音频、视频信息集于一体的特性。

(3) Web 与平台无关。

(4) Web 是分布式的。Web 把大量的图形、图像、音频和视频信息放在不同的站点上。

(5) Web 是动态的、交互的。以 ASP 和 Java 为代表的动态技术使 Web 从静态的页面变为可执行的程序。

从以上可以看出,Internet 与 Web 的区别如下。

Internet 是一个计算机及其他设备的集合,这些计算机和设备通过能进行互相通信的装置连接起来。而 Web 则是一个软件和协议的集合,这些软件和协议安装在 Internet 上所有的或绝大多数的计算机上。Internet 在 Web 还没有出现之前就已经在使用了,而且即使没有 Web,Internet 仍然可以使用。然而,现在绝大多数 Internet 用户就是 Web 用户。

所以从某种抽象的意义来说,Web 是一个巨大的文档集合,这其中的一些文档是通过链接(Link)来相互连接的,通过 Web 浏览器访问这些文档,并且由 Web 服务器提供这些文档。

### 2. Web 工作原理

Web 是基于客户机/服务器的一种体系结构,客户机向服务器发送请求,要求执行某项任务,服务器执行此项任务,并向客户机返回响应。可以从两个方面来看客户机和服务器的概念。

(1) 从硬件层面看:客户机指的是用户使用的计算机,是信息资源与服务的使用者,是普通微型机或便携机;服务器指的是提供信息资源和服务的服务器计算机,一般指性能比较高、存储容量比较大的计算机。

(2) 从软件层面看:客户机和服务器软件可以在一台计算机上运行,也可以在复杂网络环境中的两台或多台计算机上运行,但是工作环境不同。服务器提供专门的服务器软件向用户提供信息资源与服务,而用户使用各类 Internet 客户端软件来访问信息资源。

服务器和客户机在概念上更多的是指两台计算机上相应的客户机进程和服务器进程。Web 客户程序叫做浏览器,而浏览器程序基本上都是标准化的,因此 Web 体系结构也可以称为浏览器/服务器结构。

目前 Web 采用浏览器(Browser)、应用服务器(Server(Web))、数据服务器(Database Server)多层体系结构,该模式把传统 C/S 模式中的服务器部分分解为一个数据服务器与一个或多个应用服务器(Web 服务器),从而构成一个三层结构的客户机/服务器体系。第一层客户机，第二层 Web 服务器，第三层数据库服务器。同 C/S(两层)体系结构对比，三层体系结构优势如下。

(1) 简化了客户端。

(2) 简化了 Internet 应用系统的开发和维护工作。

(3) 使用户的操作变得更简单。

(4) 这种结构特别适用于网上信息发布，这是 C/S 所无法实现的。

### 3. Web 工作过程

Web 服务器管理各种 Web 文件，并为提出 HTTP 请求的浏览器提供 HTTP 响应，常见的 Web 服务器是微软操作系统 Windows 2000/XP 所提供的 Internet 信息服务器(Internet Information Services，IIS)。Web 服务器向 Web 浏览器提供服务的过程如下。

(1) 用户启动客户端浏览器，在浏览器中确定将要访问页面的 URL(Uniform/Universal Resource Locator)地址。浏览器软件使用 HTTP 协议，向该 URL 地址所指定的 Web 服务器发出请求。

(2) Web 服务器根据浏览器送来的请求，把 URL 地址转换成页面所在服务器上的文件路径名，找到相应的文件。

(3) 如果 URL 指向 HTML 文档，Web 服务器使用 HTTP 协议把该文档直接送给浏览器。在 HTML 文档中可能包含有 JavaScript、VBScript 等脚本程序段，随 HTML 文档一起下载的还可能有 Java Applet 和 ActiveX 等小程序。如果 HTML 文档中嵌入了 CGI 和 ASP 程序，则由 Web 服务器运行这些程序，把结果以 HTML 文档形式送到浏览器。Web 服务器运行 ASP 程序时还可能调用数据库服务器和其他服务器。

(4) 浏览器解释 HTML 文档，在客户端屏幕上向用户展示结果。

(5) URL 也可以指向 VRML(Virtual Reality Modeling Language)文档。只要浏览器配置有 VRML 插件，或者客户机上已安装 VRML 浏览器，就可以接收 Web 服务器发送的 VRML 文档。

## 4.3.4 域名管理系统

### 1. 域名管理系统概述

域名技术是与 Internet 技术同步发展的。在 Internet 发展之初，人们就意识到应该建立一种机制来告诉网络设备信息从何处来、到何处去，这就导致了 IP 编址方法的创立。例如，某网站的 IP 地址是 203.207.226.18，则表示它的主机属于 C 类网，203.207.226 是它所在网络的网络号，其主机号为 18。

IP 地址作为 Internet 上主机的数字标识，对计算机网络来说是非常有效的。但对于使用者来说，很难记忆这些由数字组成的 IP 地址。为此，人们研究出一种字符型标识，在 Internet 上采用“名称”寻址方案，为每台计算机主机都分配一个独有的“标准名称”，这个用字符表示的“标准名称”就是现在广泛使用的域名(Domain Name，DN)。

有了域名标识，对于计算机用户来说，在使用上的确方便了很多。但计算机本身并不能自动识别这些域名标识，于是域管理系统(Domain Name System，DNS)就应运而生了。所谓的域名管理系统就是以主机的域名来代替其在 Internet 上实际的 IP 地址的系统，它负责将 Internet 上主机的域名转化为计算机能识别的 IP 地址。从 DNS 的组织结构来看，它是一个按照层次组织的分布式服务系统；从它的运行机制来看，DNS 更像一个庞大的数据库，但这个数据库并不存储在任一计算机上，而是分散在遍布于整个 Internet 上数以千计的域名服务器中。

### 2. DNS 域名结构

DNS 是一个树形结构。树根是 InterNIC，树叶是主机，其余结点是域。顶级域的儿子是二级域，二级域的儿子是三级域，……在 Internet 上的每一台主机都必须属于一个域。InterNIC 划分域空间和分配域名。顶级域的域名是由 InterNIC 分配的，下级域的域名是由上级域来管理的，主机名由它的父结点所在域的 DNS 服务器进行管理，基本结构如下：

主机. 三级域. 二级域. 顶级域

例如沈阳工业大学的域名是 www. sut. edu. cn 。

顶级域名采用两种划分模式：组织模式和地理模式。有 7 个域对应于组织模式，其余对应于地理模式，例如，. cn 表示中国、. us 表示美国、. uk 表示英国等。7 个组织模式的顶级域名如下。com 表示公司企业、edu 表示教育机构（美国专用）、gov 表示政府部门（美国专用）、mil 表示军事部门（美国专用）、net 表示网络服务机构、org 表示非盈利性组织、int 表示国际组织。

### 3. 域名解析

在 Internet 上的每一台主机都要有一个在所在域中唯一的主机名，它所在的域名系统的路径称为它的域名，主机名和域名两部分组成全限定域名（Fully Qualified Domain Name，FQDN）。在 Internet 上，经常把一台主机的全限定域名称为 DNS 域名。

当用户按 DNS 域名的形式访问某一主机时，例如，按 www. yahoo. com. cn 访问，为什么能得到它所对应的 IP 地址呢？这项工作是由 DNS 服务器来完成的。无论哪一级的域都要有 DNS 服务器，这在注册域的时候就要提供。DNS 是一种客户机/服务器模式，DNS 服务器具有 DNS 名称空间的有关信息，提供将 DNS 域名映射到 IP 地址的服务。当客户端向 DNS 服务器查询某主机名称空间的有关信息时，如果此 DNS 服务器没有该主机的 FQDN，则通过查询其他 DNS 服务器来获取信息。

URL 用来指明主机和文件在 Internet 上的位置，URL 能以唯一且一致的方式定义每个资源在 Internet 的位置，一个 URL 就是一个资源在 Internet 上的具体位置。

## 4.3.5 E-mail 服务

电子邮件（E-mail）是因特网上使用得最多的和最受用户欢迎的一种应用。电子邮件把邮件发送到 ISP 的邮件服务器，并放在其中的收信人邮箱中，收信人可随时上网到 ISP 的邮件服务器进行读取。电子邮件不仅使用方便，而且还具有传递迅速和费用低廉的优点。现在电子邮件不仅可传送文字信息，而且还可附上声音和图像。

目前存在电子邮件的一些标准。1982 年制定出的简单邮件传送协议（SMTP）和因特网文本报文格式，它们都已成为因特网的正式标准。1993 年提出了通用因特网邮件扩充(Multipurpose Internet Mail Extensions，MIME)。MIME 在其邮件首部中说明了邮件的数据类型(如文本、声音、图像、视频等)。在 MIME 邮件中可同时传送多种类型的数据。

电子邮件中使用一些专门的术语描述邮件系统的组件。用户代理(User Agent，UA)是运行于用户计算机上的电子邮件客户程序，用于创建和读取邮件消息，是用户与电子邮件系统的接口，方便用户撰写、阅读和处理邮件。消息(报文)传输代理(Message Transfer Agent，MTA)存储并转发消息，且向发信人报告邮件传送情况(已发等)，是电子邮件系统的核心构件。

在电子邮件系统的具体实现中，UA 和 MTA 往往不在同一台计算机上。例如，UA 一般在个人计算机内，而 MTA 一般放在高档计算机上，且一般称之为电子邮件服务器。在 MTA 上，都有一个称为消息库(Message Store，MS)的设备，它是 MTA 所在计算机上的一个专用存储设备，负责存储消息直到被接收者读取或处理。MS 为每个用户开设一个电子信箱，用户的电子邮件可以存放在信箱中等待处理。

一封电子邮件的传送包括如下过程。

(1) 发信人调用用户代理，来编辑邮件，用户代理通过 SMTP 将邮件传送到发送端邮件服务器。

(2) 发送端邮件服务器将邮件缓存到队列。

(3) 运行在发送端邮件服务器的 SMTP 进程(客户进程)发现缓存中有待发邮件，向运行在接收端邮件服务器的 SMTP 进程(服务器进程)发起建立 TCP 连接。

(4) 连接建立后发送邮件，所有待发邮件发完关闭所建的 TCP 连接。

(5) 接收端邮件服务器的 SMTP 进程收到邮件后，将其放入收信人的邮箱。

(6) 收信人调用用户代理，使用 POP 3(Post Office Protocol 3)等协议，将自己的邮件从邮箱中取回来。

应当注意的是一个邮件服务器既可以作为客户，也可以作为服务器。例如，当邮件服务器 A 向另一个邮件服务器 B 发送邮件时，邮件服务器 A 就作为 SMTP 客户，而 B 是 SMTP 服务器。当邮件服务器 A 从另一个邮件服务器 B 接收邮件时，邮件服务器 A 就作为 SMTP 服务器，而 B 是 SMTP 客户。

电子邮件由信封(Envelope)和内容(Content)两部分组成。电子邮件的传输程序根据邮件信封上的信息来传送邮件。用户从自己的邮箱中读取邮件时才能见到邮件的内容，在邮件的信封上，最重要的就是收信人的地址。TCP/IP 体系的电子邮件系统规定电子邮件地址的格式如下。

＜收信人邮箱名＞@＜邮箱所在主机的域名＞，符号“@”读作 at，表示“在”的意思。

例如，电子邮件地址：username123@sut.edu.cn。

简单邮件传送协议，SMTP 所规定的就是在两个相互通信的 SMTP 进程之间应如何交换信息。由于 SMTP 使用客户服务器方式，因此负责发送邮件的 SMTP 进程就是 SMTP 客户，而负责接收邮件的 SMTP 进程就是 SMTP 服务器。一个电子邮件分为信封和内容两大部分。RFC 822(电子邮件的标准格式)只规定了邮件内容中的首部(Header)格式，而对邮件的主体(Body)部分则让用户自由撰写。用户写好首部后，邮件系统将自动地将信封所需的信息提取出来并写在信封上，所以用户不需要填写电子邮件信封上的信息。邮件内容首部包括一些关键字，后面加上冒号。最重要的关键字是：To 和 Subject。“To:”后面填入一个或多个收信人的电子邮件地址。用户只需打开地址簿，单击收信人名字，收信人的电子邮件地址就会自动地填入到合适的位置上。“Subject:”是邮件的主题。它反映了邮件的主要内容，便于用户查找邮件。抄送“Cc:”表示应给某人发送一个邮件副本。From 和 Date 表示发信人的电子邮件地址和发信日期。Reply-To 是对方回信所用的地址。

邮件读取协议 POP 3 和 IMAP(Internet Message Access Protocol)，邮局协议 POP 是一个非常简单，但功能有限的邮件读取协议，现在使用的是它的第三个版本 POP 3。POP 也使用客户服务器的工作方式。在接收邮件的用户计算机中必须运行 POP 客户程序，而在用户所连接的 ISP 的邮件服务器中则运行 POP 服务器程序。IMAP 也是按客户服务器方式工作，现在较新的版本是 IMAP 4。用户在自己的计算机上就可以操纵 ISP 邮件服务器的邮箱，就像在本地操纵一样。因此 IMAP 是一个联机协议，当用户计算机上的 IMAP 客户程序打开 IMAP 服务器的邮箱时，用户就可看到邮件的首部，若用户需要打开某个邮件，则该邮件才传到用户的计算机上。IMAP 最大的好处就是用户可以在不同的地方使用不同的计算机随时上网阅读和处理自己的邮件。IMAP 还允许收信人只读取邮件中的某一个部分。例如，收到了一个带有视频附件(此文件可能很大)的邮件。为了节省时间，可以先下载邮件的正文部分，待以后有时间再读取或下载这个需要很长时间的附件。IMAP 的缺点是如果用户没有将邮件复制到自己的计算机上，则邮件一直是存放在 IMAP 服务器上。因此用户需要经常与 IMAP 服务器建立连接。

必须注意的是不要将邮件读取协议 POP 或 IMAP 与 SMTP 弄混。发信人的用户代理向源邮件服务器发送邮件，以及源邮件服务器向目的邮件服务器发送邮件，都是使用 SMTP。而 POP 或 IMAP 则是用户从目的邮件服务器上读取邮件所使用的协议。

通用因特网邮件扩充 MIME 协议是目前采用的协议。SMTP 有以下缺点，如 SMTP 不能传送可执行文件或其他的二进制对象，SMTP 限于传送 7 位的 ASCII 码，许多其他非英语国家的文字(如中文、俄文，甚至带重音符号的法文或德文)无法传送，SMTP 服务器会拒绝超过一定长度的邮件，某些 SMTP 的实现并没有完全按照 RFC 821 的 SMTP 标准。MIME 并没有改动 SMTP 或取代它，MIME 的意图是继续使用目前的 RFC 822 格式，但增加了邮件主体的结构，并定义了传送非 ASCII 码的编码规则。MIME 主要包括三个部分。5 个新的邮件首部字段，它们可包含在 RFC 822 首部中，这些字段提供了有关邮件主体的信息。定义了许多邮件内容的格式，对多媒体电子邮件的表示方法进行了标准化。定义了传送编码，可对任何内容格式进行转换，而不会被邮件系统改变。MIME 增加 5 个新的邮件首部，定义了 7 个基本内容类型和 15 种子类型。

## 4.4 网络安全

随着计算机网络的发展，网络中的安全问题也日趋严重，当网络的用户来自社会各个阶层与部门时，大量在网络中存储和传输的数据就需要保护。因此计算机网络安全问题就显得尤为重要。

### 4.4.1 网络安全问题概述

网络安全从根本上来说，就是通过解决网络中存在的安全问题，确保信息在网络环境中的存储、处理与传输安全。

#### 1. 安全性的需求和攻击

为了能够理解安全性所面临的几种类型的威胁，首先需要定义安全性的需求。计算机和网络安全涉及三种需求。

(1) 保密性(Confidentiality)：要求计算机系统中的信息只能被授权方访问读取。这种类型的访问包括打印、显示以及其他方式的信息暴露，甚至包括显示一个对象是否存在。

(2) 完整性(Integrity)：要求属于某个计算机系统的资源只能被授权方更改。这些更改包括写、修改、状态修改、删除以及创建。

(3) 有效性(Availability)：要求属于某个计算机系统的资源可以提供给授权方。

可以把攻击划分为被动攻击和主动攻击两种类型。

(1) 被动攻击(Passive Attacks)的含义就是对传输的数据进行窃听或监视。敌方的目标就是要获得正在传输的信息。这里所涉及的攻击类型有两种：泄露报文内容以及通信量分析。第一种被动攻击泄露报文内容(Release of Message Contents)是非常容易理解的。电话对话、电子邮件报文以及传送的文件中都可能含有敏感的或机密的信息。希望能够防止敌方了解这些被传输的内容。第二种被动攻击是通信量分析(Traffic Analysis)，它更为狡猾。假设用某种方法来掩饰报文或其他信息流的内容，使得敌方即使截获了这个报文也无法从报文中获取信息。最常见的对内容进行掩饰的技术就是加密。如果实施了加密保护，敌方仍可能观察到这些报文的模式，敌方能够做到判断通信主机的位置以及身份，并且能够观察被交换报文的频率以及长度。这些信息可能有助于猜测正在进行的通信的种类及特点。被动攻击是很难检测的，因为它们并没有引起任何数据的改变。不过，还是有办法防范这些攻击的成功。因此，在对付被动攻击时，重在防范而不是检测。

(2) 主动攻击(Active Attacks)涉及对数据流的更改或者是创建假的数据流，它可以被划分成4个小类：伪装、重演、报文更改以及服务拒绝。当某个实体假装自己是另外一个实体时就出现了伪装(Masquerade)。通常伪装攻击包括其他几种主动攻击形式中的一种。例如，鉴别序列可能被捕获，并在有效的鉴别序列发生之后重演，这样，通过假装一个具有某些特权的实体，就可以使一个具有很少特权的授权实体能够获得更多的特权。重演(Replay)涉及对一个数据单元的被动捕获，然后再通过重新传输达到未经授权的效果。报文更改(Modification of Messages)的含义就是正当的报文中的某些内容被改变了，或者是报文被延迟或重新排序，以达到未经授权的效果。例如，原意为“允许 John Smith 阅读机密文件 accounts”被修改成了“允许 Fred Brown 阅读机密文件 accounts”。服务拒绝(Denial of Service)阻止或禁止正常用户访问或通信设施的管理。这种攻击可能具有特定的目标。例如，一个实体可能会抑制通往某个特定目的地的所有报文(如安全审计服务)。另一种服务拒绝的形式是破坏整个网络，或者是使网络瘫痪，或者是用报文使网络超负荷运作，以降低网络性能。主动攻击显示了与被动攻击相反的特点。尽管被动攻击是难以检测的，但有办法能够防范它们的成功实施。而与此相反，要完全防范主动攻击是相当困难的，要做到这一点就要求对所有的通信设施和路径进行全天候的物理保护。事实上,要检测出主动攻击,并从它们带来的破坏或延迟中恢复,由于检测具有威慑作用,所以它对于防范也是有帮助的。

## 2. 网络安全的层次划分

OSI 安全体系结构定义了网络安全的层次(ISO 7498-2),这个安全层次是和 OSI 参考模型相对应的表 4-1。

**表 4-1 OSI 安全体系结构中安全服务与层次**

| 安全服务 \ OSI 层次 | 1 | 2 | 3 | 4 | 5 | 6 | 7 |
|---|---|---|---|---|---|---|---|
| 对等协议实体鉴别 | | | √ | √ | | √ | |
| 数据源鉴别 | | | √ | √ | | | √ |
| 访问控制服务 | | | √ | √ | | √ | √ |
| 连接保密 | √ | √ | √ | √ | | √ | |
| 无连接保密 | | √ | √ | | | √ | |
| 选择字段保密 | | | | | | | √ |
| 分组流保密 | √ | | √ | | | | √ |
| 可恢复连接完整性 | | | | √ | | | |
| 不可恢复连接完整性 | | | √ | √ | | √ | |
| 选择字段连接完整性 | | | | | | √ | |
| 无连接完整性 | | | √ | √ | | √ | |
| 选择字段无连接完整性 | | | | | | √ | |
| 数字签名 | | | | | | √ | |

表 4-1 中符号"√"表示该层次应该提供相应的安全服务。其中:安全服务中的数据源鉴别是指在连接和传送数据时鉴别相应的协议实体的服务;访问控制服务被用来防止未得到授权的人访问不应该访问的网络资源;连接保密、无连接保密、选择字段保密以及分组流的保密服务均是用于防止未经许可暴露所传输数据内容的;几种完整性服务主要用于防止他人利用网络修改传输数据,以保证发送和接收的数据安全一致;数字签名主要用于确认数据来源和接收。当然,OSI 的安全体系结构只针对网络协议的有关部分。这对保证网络安全或信息系统安全来说,可能是不完整的。再者,当前主要使用的网络系统是 Internet 或基于 TCP/IP 协议的 Intranet 与 Extranet 等。因此,从 Internet 的角度考察网络安全就变得非常重要。

从整体上看,Internet 网络安全问题可分为以下几个层次,即操作系统层、用户层、应用层、网络层(路由器)和数据链路层。

1) 操作系统层安全

当前常用的操作系统主要是 UNIX 系列和 Windows 系列。无论是服务器还是客户机,大都如此。因为用户的应用系统全部都在操作系统上运行,而且大部分安全工具或软件也都在操作系统上运行。所以,操作系统的安全与否直接影响网络安全。

操作系统的安全问题主要在于用户口令的设置与保护,同一局域网或虚拟网内的共享文件和数据库的访问控制权限的设置等方面。例如,Solaris 2.5 以下的版本中就是因为其根目录程序有一很小的漏洞而让黑客钻了空子得以破解他人的口令。

2）用户层安全

用户层安全主要指他人冒名顶替或用户通过网络进行有关处理后不承认曾进行过有关活动的问题。例如，我国就曾发生过因冒名电子邮件而走上法庭的事件。用户层安全主要涉及对用户的识别、认证以及数字签名的问题。

3）应用层安全

应用层安全与应用系统直接相关，它既包括不同用户的访问权限设置和用户认证，数据的加密与完整性确认，也包括对色情、暴力以及政治上的反动信息的过滤和防止代理服务器的信息转让等。

4）网络层安全

网络层（路由器）安全是Internet网络安全中最重要的部分。它涉及三个方面。第一，IP协议本身的安全性。IP协议本身未加密使得人们非法盗窃信息和口令等成为可能。第二是网管协议的安全性。正如在网络管理中介绍的那样，由于SNMP（Simple Network Managment Protocol）的认证机制非常简单，且使用未加密的明码传输，这就存在人们通过非法途径获得SNMP分组并分析破解有关网络管理信息的可能性。第三个方面，也是最重要的方面，就是网络交换设备的安全性。交换设备包括路由器和ATM。由于Internet普遍采用路由器方式的无连接转发技术，且路由协议为动态更新的OSPF和RIP（参见第10章）。这些协议动态更新每个装有这些协议的路由器的路由表。从而，一旦某一个路由器发生故障或问题，将迅速波及路由器相关的整个Internet自治域。美国的有关网络以及我国的CERNet（China Education and Research Network）等，曾多次出现过因路由器地址问题而无法工作的情况。还有一点值得注意的是，Internet采用的是全球统一IP地址方式，而这些IP地址的分配权又控制在美国、日本与欧洲的相应机构手中。这些管理机构在分配给中国等第三世界国家IP地址之后，又将相应的信息转交给Internet网络交换中心，从而使得相应的Internet自治域可以通过Internet网络交换中心与其他Internet自治域连接起来，进行通信。这就使得国外的有关管理人员或别有用心的人和组织可以从Internet网络交换中心对我国的网络进行动态监视和控制。更进一步说，如果有人在我们所使用的路由器中预置窃取信息或口令的软件，他们就可以直接从国外获得我们的网络中传输的所有信息或破坏我们的网络，使之瘫痪或无法运转。

更为可怕的是，即使我们的网络不和Internet连接，但人们仍可以使用在网络路由器中预置破坏程序的方法使专用网络在指定的时间内瘫痪或出错。试想如果银行的网络中如果有一个主干路由器出错或错误地更新路由信息的话，依赖于网络的银行金融系统就没有办法正常工作。

5）数据链路层安全

数据链路层安全主要涉及传输过程中的数据加密以及数据的修改，也就是完整性问题。数据链路层涉及的另一个问题是物理地址的盗用问题。由于局域网的物理地址是可以动态分配的，因此，人们就可以盗用他人的物理地址发送或接收分组信息。这对网络计费以及用户确认等带来较多的问题。

对于上述网络问题，人们已经提出了较多的解决方法。归纳起来，可以分为如下几种。

（1）加强管理和制定相应的法律法规，尽量减少内部管理人员的犯罪，或因内部管理疏忽而造成的犯罪。

(2) 加强访问控制与口令管理。

(3) 采用防火墙技术并对应用网关以及代理服务器加强管理。

(4) 对数据和 IP 地址进行加密后传输。

(5) 使用用户认证和数字签名技术。

(6) 在重要的全国性网络中使用经过严格测试的、具有源代码和硬件驱动程序的路由器与其他网络交换设备。

## 4.4.2 加密与认证技术

加密是用来保护敏感信息的传输,保证信息安全性的最有效的方法。在一个加密系统中,信息使用加密密钥加密后,得到的密文传送给接收方,接收方使用解密密钥对密文解密得到原文。目前主要有两种加密体系:对称密钥加密和非对称密钥加密。

### 1. 对称密钥加密体制

对称密钥加密也称为秘密密钥加密,加密和解密使用同一个密钥。因此信息的发送方和接收方必须共享一个密钥,如图 4-4 所示。

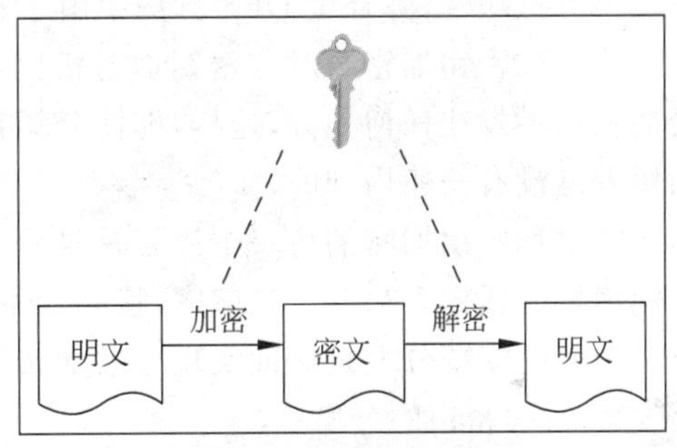


图 4-4 对称密钥加密

这种加密类型快速、牢固,但能力却很有限,入侵者用一台运算能力足够强大的计算机依靠“野蛮力量”就能破译,也就是说尝试亿万次密码直到其被解开。对称密钥加密的另一不足是密钥本身必须单独进行交换以使接收者能解密数据,如果密钥没有以安全方式传送,它就很可能被劫获并用于信息解密。数据加密标准(Data Encryption Standard,DES)算法是目前在对称密钥密码体制中加密效果最好的算法之一。它由 IBM 公司研制出,与 1977 年被美国定为联邦信息标准后,在国际上引起了极大的重视。ISO 曾将 DES 作为数据加密标准。

**DES 算法**如下:

$E(M)=C$ 或 $E(\text{Key}, M)=C$

$D(C)=M$ 或 $D(\text{Key}, C)=M$

$D(E(M))=M$ 或 $D(\text{Key}, E(\text{Key}, M))=M$

该算法的安全性在于攻击者破译的方法除了穷举搜索密钥外,没有更有效的手段,当密钥位数达到 1024 位时,则该算法在计算上是不可破的,所以 DES 算法有很高的保密强度。该算法使用了标准的算术和逻辑运算,而其处理的数据最多只有 64 位,因此用硬件技术很容易实现。而且算法的重复特性使得它可非常理想地用在一个专用芯片中。在这种体制中,加密密钥和解密密钥是相同的,即使二者不同,也能够用其中的一个很容易地推导出另一个。

### 2. 非对称密钥加密体制

非对称密钥加密也称为公开密钥加密。在这种体制中,一个加密系统的加密和解密是分开的，加密和解密分别通过两个不同的密钥 Key1 和 Key2 实现，并且由其中一个密钥推导出另一个密钥是不可行的。采用公开密钥密码体制的每一个用户都有一对选定的密钥，其中一个可以公开，即公钥，另一个由用户自己秘密保存，即私钥。这两个密钥是数学相关的，用某用户的加密密钥加密后所得的数据只能用该用户的解密密钥才能解密。因而要求用户的私钥不能透露给自己不信任的人。RSA（由发明者 Rivest，Shmir 和 Adleman 的名字而得名）是著名的公开密钥加密算法，如图 4-5 所示。

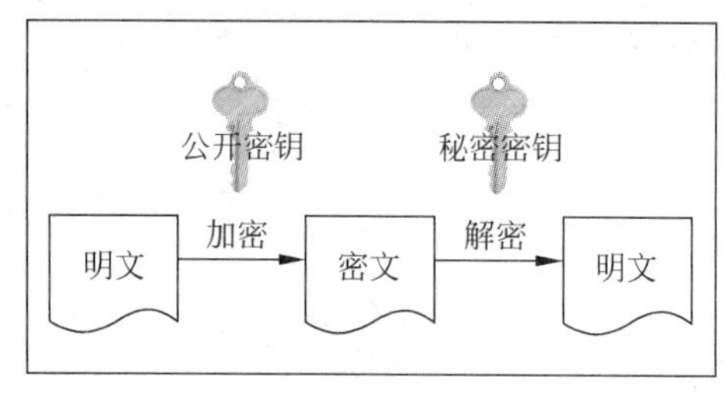


图 4-5 非对称密钥加密

**RSA 算法**如下：

$E(M)=C$ 或 $E(Key1, M)=C$

$D(C)=M$ 或 $D(Key2, C)=M$

$D(E(M))=M$ 或 $D(Key2, E(Key1, M))=M$

RSA 算法是非对称密钥密码体制中最著名的一种。RSA 算法的最大优点是实现数字签名，适应于开放型的使用环境。所谓的数字签名，主要是为了保证数据的完整性，防篡改，以及不可抵赖性，弥补了 DES 算法中由于收发方的不诚实、否认或伪造报文而产生的争议。

非对称密钥加密与对称密钥加密相比，其优势在于不需要一把共享的通用密钥，用于解密的私钥不发往任何地方，这样，即使公钥被截获，因为没有与其匹配的私钥，截获的公钥对入侵者是没有任何用处的。

非对称密钥加密的另一个用处是身份验证。如果某一方用私钥加密了一条信息，拥有公钥拷贝的任何人都能对其解密，接收者由此可以知道这条信息确实来自于拥有私钥的一方。密钥的安全分发是保证实现有效加密的重要环节。

1）对称密钥的分发

实现对称密钥加密必须保证信息发送方与信息接收方之间通过安全通道分发秘密密钥。因此，秘密密钥加密不适合用在公共网络上许多事先互不认识的通信者之间的信息传送。

2）公开密钥加密中公钥的分发

适合于公共网络上事务处理业务中分发公钥的方法有：使用公钥数据库管理公钥，使用认证公钥的数字证书。

### 3. 数字签名技术

许多法律、财务以及其他文件的真实性和可靠性最终要根据是否有亲笔签名来确定，复印件是无效的。如果要用计算机报文代替纸墨文件的传送，就必须找到解决亲笔签名这样问题的办法，这就是数字签名(Digital Signature)。

设计一个数字签名的方案是十分困难的。从根本上说，需要这样一个系统：一方通过该系统能依据如下条件向另一方发送自己的签名文件。

(1) 接收方能够验证发送方所宣称的身份。

(2) 发送方以后不能否认报文是他发送的。

(3) 接收方自己不能伪造该报文。

第一个条件是必需的。例如，当一位客户通过他的计算机向一家银行订购了1t黄金时，银行的计算机需要证实发出订购请求的客户确实是已经付款的公司。第二个条件用于保护银行不受欺骗。如果银行为客户买了这吨黄金，但金价随后立即暴跌。不诚实的客户可能会宣称他从未发出过任何购买黄金的订单，而当银行在法庭上出示电子订单时，该客户完全可以赖账。第三个条件用来在下述情况中保护客户。如果金价暴涨，银行伪造一条报文，说客户只是买一条黄金而不是1t黄金。如果采用非对称加密技术的话，就可以使数据同时具有身份可验证性和保密性。首先用发送方的私有密钥加密(数字签名)，再用接收方的公开密钥对已签名的数据再加密(保密通信)。其数学形式如下：

$$X = \text{encrypt (pub-u2,encrypt (prv-u1,}M\text{))}$$

其中：$M$ 表示原始数据；$X$ 表示加密后的数据；prv-u1 表示发送方 u1 的私有密钥；pub-u2 表示接收方 u2 的公开密钥。

在接收端，解密过程是加密过程的逆过程。首先，接收方 u2 用它的私有密钥 prv-u2 解除外层加密，然后再用发送方 u1 的公开密钥 pub-u1 解除内层加密。这一过程表示如下：

$$M = \text{decrypt (pub-ul,decrypt (pry-u2,}X\text{))}$$

经过加密的数据是保密的，因为只有指定的接收方才拥有解除外层加密所需的解密密钥，即接收方的私有密钥。同时该数据的身份一定是经过验证的，因为只有发送方才拥有所需的加密密钥，即发送方的私有密钥。

数字签名用来保证信息传输过程中信息的完整，提供信息发送者的身份认证和不可抵赖性。使用公开密钥算法是实现数字签名的主要技术。

#### 4. 报文鉴别

在信息安全领域中，对付被动攻击的重要措施是加密，而对付主动攻击中的篡改和伪造则要用报文鉴别(Message Authentication)的方法。报文鉴别就是一种过程，它使得通信的接收方能够验证所收到的报文(发送者、报文内容、发送时间、序列等)的真伪。

使用加密就可达到报文鉴别的目的。但在网络的应用中，许多报文并不需要加密。例如，通知网络上所有用户有关网络的一些情况。对于不需要加密的报文进行加密和解密，会使计算机增加很多不必要的负担。传送报文时应使接收者能用很简单的方法鉴别报文的真伪。

近年来，广泛使用报文摘要(Message Digest,MD)来进行报文鉴别。发送端将可变长度的报文 $m$ 经过报文摘要算法运算后得出固定长度的报文摘要 $H(m)$。然后对 $H(m)$ 进行加密，得出 $E_k(H(m))$，并将其追加在报文 $m$ 后面发送出去。接收端将 $E_k(H(m))$ 解密还原为 $H(m)$，再将收到的报文进行报文摘要运算，看得出的是否为此 $H(m)$。如不一样，则可断定收到的报文不是发送端产生的。

#### 5. 认证中心

在对称密钥体制中，如果每个用户都具有其他用户的公开密钥，就可实现安全通信。看来好像可以随意公布用户的公开密钥，其实不然。设想用户A要欺骗用户B。A可以向B发送一份C发送的伪造报文。A用自己的秘密密钥进行数字签名，并附上A自己的公开密钥，谎称这公开密钥是C的。B如何知道这个公开密钥不是C的呢？显然，这需要有一个值得信赖的机构来将公开密钥与其对应的实体(人或机器)进行绑定(Binding)。这样的机构就叫做认证中心(Certification Authority,CA),它一般由政府出资建立。每个实体都有CA发来的证书(Certificate),里面有公开密钥及其拥有者的标识信息(人名或IP地址)。此证书被CA进行了数字签名。任何用户都可从可信的地方(如代表政府的报纸)获得CA的公开密钥,此公开密钥用来验证某个公开密钥是否为某个实体所拥有(通过向CA查询)。

在双方通信时,通过出示有某个CA签发的证书来证明自己的身份,如果对签发证书的CA本身不信任,则可验证CA的身份,逐级进行,一直到公认的权威CA处,就可确信证书的有效性。每一个证书与数字化签发证书的认证中心的签名证书关联。沿着信任树一直到一个公认的信任组织,就可确认该证书是有效的。例如,C的证书是由名称为B的CA签发的,而B的证书又是由名称为A的CA签发的,A是权威的机构,通常称为根(Root)CA。验证到了根CA处,就可确定C的证书是合法的。

### 4.4.3 电子邮件加密技术——PGP

一封电子邮件在传送的过程中可能要经过几个中间站点,其中的任何一个站点都能够对转发的邮件进行阅读。从这个意义上讲,电子邮件是没有什么隐私可言的。为此,人们研究了如何对电子邮件进行加密。下面要介绍的是著名的安全电子邮件系统PGP(Pretty Good Privacy)。

PGP是Zimmermann于1995年开发的。它是一个完整的电子邮件安全软件包,包括加密、鉴别、数字签名和压缩等技术。PGP并没有使用新的概念,它只是将现有的一些算法如MD 5、RSA以及IDEA等综合在一起而已。PGP源程序的整个软件包可从因特网免费下载。PGP并不是因特网的正式标准。用户A向用户B发送一个电子邮件明文P,用PGP进行加密。假定A和B都有RSA的秘密密钥D$x$和公开密钥E$x$。明文P先经过MD 5运算,再用RSA的秘密密钥DA对报文摘要MD 5进行加密,得出H。明文P和RSA的输出H拼接在一起,成为另一个报文P1。经ZIP程序压缩后,得出P1. Z。下一步是对P1. Z进行IDEA加密,使用的是一次一密的加密密钥,即128b的KM。此外,密钥KM再经过RSA加密,其密钥是B的公开密钥DB。加密后的KM与加密后的P1. Z拼接在一起,用Base64进行编码,然后得出ASCII码的文本(只包含52个字母、10个数字和3个符号(+、/、=))发送到因特网上。用户B收到加密的邮件后,先进行Base64解码,并用其RSA秘密密钥解出IDEA的密钥。用此密钥恢复出P1. Z。对P1. Z进行解压后,还原出P1。B接着分开明文P和加了密的MD 5,并用A的公开密钥解出MD 5。若与B自己算出的MD 5一致,则可认为P是从A发来的邮件。PGP在两个地方使用了RSA:对128b的MD 5加密和对128b的IDEA密钥加密。虽然RSA的运算很慢,但这里只对数量不大的256b进行加密。PGP支持三种RSA密钥长度:384b(偶尔使用),512b(商业用)和1024b(军用)。PGP很难被攻破。根据计算,仅破译其中的RSA部分(密钥为1024b,使用1000MIPS(Million Instructions Per Second)的计算机)就需要3亿年。因此在目前可以认为PGP是足够安全的。密钥管理是PGP系统的一个关键。每个用户在其所在地要维持两个数据结构:秘密密钥环(Private Key Ring)和公开密钥环(Public Key Ring)。秘密密钥环包括一个或几个用户自己的秘密密钥-公开密钥对。这样做是为了使用户可经常更换自己的密钥。每一对密钥有对应的标识符。发信人将此标识符通知收信人,使收信人知道应当用哪一个公开密钥进行解密。公开密钥环包括用户的一些经常通信对象的公开密钥。因特网的正式邮件加密标准是 PEM(Privacy Enhanced Maid,参见 RFC 1421—1424),其功能和 PGP 差不多。PEM 像一个 OSI 的标准,因而广大的因特网用户更喜欢使用 PGP。

### 4.4.4 电子商务加密技术

目前国际上流行的电子商务所采用的协议主要包括:基于信用卡交易的安全电子交易协议(Secure Electronic Transaction,SET)、用于接入控制的安全套接层(Secure Socket Layer,SSL)协议、安全 HTTP(S-HTTP)协议、安全电子邮件协议(如 PEM、S/MIME 等)、用于公对公交易的 Internet EDI 等,这些协议分别工作在不同的层次上,在 Internet 上提供安全的电子商务服务。此外,为解决 Internet 的安全问题,世界各国对其进行了多年的研究,初步形成了一套完整的 Internet 安全解决方案,即目前被广泛采用的公钥基础设施(Public Key Infrastructure,PKI)技术,PKI 是一种易于管理的、集中化的网络安全方案,可以保证信息传输的机密性、真实性、完整性和不可否认性,从而保证信息的安全传输。

#### 1. 安全电子交易协议

SET 开发始于 1996 年 2 月,是 1997 年 5 月 31 日由国际上两大信用卡巨头 Mastercard 与 Visa 联合推出的用于电子商务的行业规范,其实质是一种应用在 Internet、以信用卡为基础的电子付款系统规范,目的就是为了保证网络交易的安全。这个规范自推出之后,得到了 IBM、Netscape、Microsoft、Oracle 等众多厂商的支持。SET 妥善地解决了信用卡在电子商务交易中的交易协议、信息保密、资料完整以及身份认证等问题,目前已被越来越多的人公认为 Internet 网上支付的安全标准。世界上已有不少公司推出符合 SET 标准的应用软件,供用户选用。我国少数几家实现网上支付的电子商场,也采用了 SET 标准。

目前全球采用的 SET 标准是 1.0 版本,它的功能还将不断增加。据成立于 1997 年 12 月 19 日的 SETCO 公司报导,正在研究之中的项目有 27 项之多,估计在 2000 年底有可能推出 2.0 版本的 SET 标准。

一个符合 SET 标准的网上安全支付应用软件系统由 4 个部分组成,根据 SETCO 的规定,它们分别称为持卡人电子钱包、商家服务器、支付网关以及认证机构。

**电子钱包**:在网上消费者的计算机上运行,产生能够被 SET 商家服务器、支付网关与认证机构各部分接受的 SET 协议消息。

**商家服务器**:运行在商家的服务器上,处理支付卡交易与认证。它与其他三个部分通信。

**支付网关**:运行在收单银行的计算机上,处理商家的认证与支付信息,并提供与专用金融网络的接口。

**认证机构**:运行在发卡银行的计算机上,发放与验证由其他三个部分要求提供的数字证书。

#### 2. 另一种安全标准协议——安全套接层协议

如今,Internet 的安全通信协议上还有一种协议与 SET 一起争占市场,那就是 SSL。由于 Web 上有时要传输重要或敏感的数据,因此 Netscape 公司在推出 Web 浏览器首版的同时,提出了安全通信协议 SSL,目前已有 2.0 和 3.0 版本。SSL 采用公开密钥技术。其目标是保证两个应用间通信的保密性和可靠性,可在服务器和客户机两端同时实现支持。利用公开密钥技术的 SSL,已成为 Internet 保密通信的工业标准。现行 Web 浏览器普遍将 HTTP 和 SSL 相结合,从而实现安全通信。

SSL 是在 Internet 基础上提供的一种保证私密性的安全协议。它已被广泛地用于 Web 浏览器与服务器之间的身份认证和加密数据传输。它能使客户机/服务器应用之间的通信不被攻击者窃听,并且始终对服务器进行认证,还可选择对客户进行认证。SSL 要求建立在可靠的传输层协议(如 TCP)之上。SSL 协议的优势在于它是与应用层协议独立无关的。高层的应用层协议(如 HTTP、FTP、Telnet)能透明地建立于 SSL 协议之上。SSL 协议在应用层协议通信之前就已经完成加密算法、通信密钥的协商以及服务器认证工作。在此之后应用层协议所传送的数据都会被加密,从而保证通信的私密性。

SSL 协议提供的安全信道有以下三个特性。

(1) 私密性。在握手协议定义了会话密钥后,所有的消息都被加密。

(2) 确认性。尽管会话的客户端认证是可选的,但是服务器端始终是被认证的。

(3) 可靠性。传送的消息包括消息完整性检查(使用 Mac)。

### 4.4.5 防火墙技术

内联网(Intranet)是近年来发展非常快的一种企业内部的网络,防火墙是从内联网的角度来解决网络的安全问题。所谓内联网就是使用因特网技术建立的支持企业或机关内部业务流程和信息交流的综合信息系统,即企事业单位内部的因特网。内联网的优点是:①建造的费用较低。②人机接口界面很好,易于使用。③连通性和兼容性好。这些优点都是由于使用了因特网技术才得到的。

内联网通常采用一定的安全措施与企业或机构外部的因特网用户相隔离,这个安全措施就是防火墙(Firewall)。

在内联网出现后,又有了另一种网络叫做外联网(Extranet)。外联网也使用因特网的技术,但它是一个企业内部的内联网的扩展,因为它已超过了本单位的范围,包括本单位经常联系的外单位和一些个人。外联网也使用防火墙技术。

防火墙就是一种由软件、硬件构成的系统,用来在两个网络之间实施存取控制策略。这里特别需要注意的是,这个存取控制策略是由使用防火墙的单位自行制定的。这种安全策略应最适合本单位的需要。一般都将防火墙内的网络称为"可信赖的网络"(Trusted Network),而将外部的因特网称为"不可信赖的网络"(Untrusted Network)。

防火墙是在互不信任的组织之间建立网络连接时所需的最重要的安全工具。通过设置防火墙为组织提供了内部网络的安全边界以防止外界侵入组织内部的计算机。特别是,通过限制对一小部分计算机的访问,防火墙能防止外界接触到组织内所有计算机或防止外部用户大量占用组织内部网络的通信。

防火墙具有两个功能:一个是阻止,另一个是允许。"阻止"就是组织某种类型的通信量通过防火墙(从外部网络到内部网络,或反过来)。"允许"的功能于"阻止"恰好相反。可见,防火墙必须能够识别通信量的各种类型。

在应用过程中,防火墙的主要功能是"阻止"。同绝对防止信息泄露一样,绝对阻止所不希望的通信也是很难做到的。简单地购买一个商用的防火墙往往不能得到所需要的保护，然而正确地使用防火墙则可以将风险降低到可接受的水平。

防火墙技术一般分为两类，即网络级防火墙和应用级防火墙。网络级防火墙主要是用来防止整个网络出现外来非法的入侵。属于这类的有分组过滤(Packet Filtering)和授权服务器(Authorization Server)。前者检查所有流入网络的信息，然后拒绝不符合事先制定好的一套准则的数据，而后者则是检查用户的登录是否合法。应用级防火墙从应用程序来进行存取控制。通常使用应用网关或委托服务器(Proxy Server)来区分各种应用。例如，可以只允许通过万维网的应用，而阻止 FTP 应用的通过。

分组过滤是靠查找系统管理员所设置的表格来实现的。表格列出了可接受的或必须进行阻挡的目的站和源站，以及其他的一些通过防火墙的规则。TCP 的端口号指出了在 TCP 上面的应用层服务。例如，端口号 23 是 Telnet、端口号 119 是 Usenet 等。所以，如果因特网进入防火墙分组过滤路由器中会将所有目的端口号为 23 的入分组都进行阻拦，那么所有外单位用户就不能使用 Telnet 登录到本单位的主机上。同理，如果某公司不愿意其雇员在上班时花费大量时间去看因特网的 Usenet 新闻，就可将目的端口号为 119 的出分组阻拦住，使其无法发送到因特网。

应用网关是从应用层的角度来检查每一个分组。例如，一个邮件网关在检查每一个邮件时，要根据邮件的首部或报文的大小，甚至是报文的内容(例如，有没有某些像“导弹”、“核弹头”等关键词)来确定该邮件能否通过防火墙。

### 4.4.6 网络防攻击与入侵检测技术

目前黑客攻击大致可以分为 8 种基本的类型：入侵系统类攻击、缓冲区溢出攻击、欺骗类攻击、拒绝服务攻击、对防火墙攻击、利用网络病毒攻击、木马程序攻击、后门攻击。

入侵系统类攻击手法很多，攻击者为了获得主机系统的控制权，从而破坏主机和网络系统。缓冲区溢出攻击是指通过向程序的缓冲区写超出其长度的内容，造成缓冲区的溢出，从而破坏程序的堆栈，使程序转而执行其他指令。对防火墙攻击主要有绕过防火墙认证和直接攻击防火墙系统，利用地址欺骗、IP 碎片攻击、TCP/IP 会话劫持、干扰攻击等方法。目前通过网络进行传播的病毒已有数万种，网络病毒攻击的传播途径有电子邮件、BBS、Web 浏览、FTP 文件下载、新闻组、通信系统以及软盘、光盘、U 盘等。木马以提供某些功能作为诱饵，当目标主机启动时，木马程序随之启动，在某一特定端口监听。收到命令后，木马程序根据命令在目标计算机上执行一些操作，如传送或删除文件、窃取口令、重启计算机等非法活动。后门攻击是指入侵者绕过日志，进入被入侵系统的过程。常见的后门有：调试后门、管理后门、恶意后门、Login 后门、服务后门、文件系统后门、内核后门等。

入侵检测系统是对计算机和网络资源的恶意使用行为进行识别系统。它的目的是监测和发现可能存在的攻击行为，包括来自系统外部的入侵行为和来自内部用户的非授权行为，并采取相应的防护手段。入侵监测系统基本功能主要有监控分析用户和系统行为；检查系统的配置和漏洞；评估重要的系统和数据文件的完整性；对异常行为的统计分析，识别攻击类型，并向网络管理人员报警；对操作系统进行审计、跟踪管理，识别违反授权的用户活动。

入侵检测系统按照所采用的检测技术，可以分为异常检测、误用检测及两种方式结合的入侵检测系统。按照检测的对象和基本方法，入侵检测系统可以分为：基于主机的入侵检测系统、基于网络的入侵检测系统、基于目标的入侵检测系统、基于应用的入侵检测系统。

### 4.4.7 网络防病毒技术

网络防病毒技术是网络应用系统设计中必须解决的问题之一。目前由网络病毒引起的安全事件占很大比例，而解决网络病毒必须从技术、法律法规与管理制度几方面入手。

病毒程序是一种专门修改其他宿主文件或硬盘的引导区，来复制自己的恶意程序。在很多情况下，目标文件被修改后并将恶意代码复制。一旦感染病毒，宿主文件就变成病毒再去感染其他文件。木马和蠕虫有很多共同点，他们主要区别在于木马总是假扮成其他程序，而蠕虫是在后台暗中破坏；木马依靠用户的信任去激活它，而蠕虫从一个系统传播到另一个系统，而不需要用户介入；木马不对自身进行复制，而蠕虫大量对自身进行复制。

网络病毒感染一般从用户工作站开始，而网络服务器是病毒潜在的攻击目标。网络病毒覆盖在宿主程序上，当宿主程序执行时，病毒也被启动，然后继续传染给其他程序，当符合某种条件时，病毒便会发作，它将破坏程序与数据。

网络防病毒可以从工作站和服务器两方面入手。用户根据不同需要选择合适的防病毒软件。

网络安全是指确保网络上的信息和资源不被非授权用户所使用。网络安全攻击分为主动攻击和被动攻击两种。尽管大多数人都希望有一个安全的网络，但要知道能满足各种需要的绝对安全的网络是不存在的。因此，各个组织必须能够评估出所拥有信息的价值从而制定出一个合适的安全策略。而在制定安全策略时，必须考虑数据的完整性、可用性和保密性等指标。

人们先后发明了多种安全机制，如密码机制、鉴别机制以及数字签名机制。其中公开密钥加密机制是一种有效的安全机制，它既可用于保密通信，又可用于鉴别机制和数字签名机制。

## 习题

**一、选择题**

1. 计算机病毒是指（　　）。

   A. 带细菌的磁盘　　　　B. 已损坏的磁盘

   C. 具有破坏性的特制程序　　　　D. 被破坏了的程序

2. 关于计算机病毒知识，叙述不正确的是（　　）。

   A. 计算机病毒是人为制造的一种破坏性程序

   B. 大多数病毒程序具有自身复制功能

   C. 安装防病毒卡，并不能完全杜绝病毒的侵入

   D. 不使用来历不明的软件是防止病毒侵入的有效措施

3. 计算机联网的主要目的是（　　）。

   A. 资源共享　　B. 共用一个硬盘　　C. 节省经费　　D. 提高可靠性

4. 在TCP/IP协议中,IP是否是交互式网络层上的可靠协议?(　　)

A. 是　　B. 不是

5. 在计算机网络中,IP地址与域名是否是一一对应的?(　　)

A. 是　　B. 不是

6. Intranet是(　　)。

A. 局域网　　B. 广域网

C. 企业内部网　　D. Internet的一部分

7. 中国科技网是(　　)。

A. CERNet　　B. CSTNet　　C. ChinaNet　　D. ChinaGBN

8. 以下关于进入Web站点的说法正确的有(　　)。

A. 只能输入IP　　B. 需要同时输入IP地址和域名

C. 只能输入域名　　D. 可以通过输入IP地址和域名

9. 在使用Internet浏览器前必须完成三项准备工作,其中不包括(　　)。

A. 准备好声卡

B. Internet Explorer软件的正确安装

C. Win98中拨号网络的条件设置

D. 调制解调器的连接与设置

10. 某用户的E-mail地址是LU-SP@online. sh. cn,那么它发送邮件服务器是(　　)。

A. online. sh. cn　　B. Internet

C. LU-SP　　D. iwh. com. cn

11. 应用Internet技术实现企业(或校园)内部计算机互联、信息互通、资源共享的计算机网络称为企业网,又称为(　　)。

A. Internet　　B. Extranet　　C. Intranet　　D. CERNet

12. 关于收发电子邮件,错误的是(　　)。

A. 向对方发送邮件时,并不要求对方开机

B. 可用电子邮件发送可执行程序

C. 一次只能发给一个接收者

D. 接收方无须了解对方地址就可发回函

13. 在计算机网络中,路由器是连接局域网、城域网和广域网的设备,它运行在OSI模型的(　　)层。

A. 数据链路　　B. 物理　　C. 网络　　D. 传输

14. 下列邮件中,为合法的电子邮件的是(　　)。

A. software. chinaren. com　　B. software. chinaren@com

C. software@chinaren. com　　D. software-chinaren. Com

## 二、问答题

1. 什么是计算机网络?它有哪些功能?

2. 什么是计算机局域网?它由哪几部分组成?

3. 常见的计算机网络的拓扑结构有哪几种?

4. 从网络规模和计算机之间的距离来看,计算机网络如何分类?

5. 计算机网络常用的传输介质和互联设备有哪些？

6. 网络通信协议的功能是什么？

7. 什么是计算机安全？它通常包括哪几个方面的内容？

8. 什么是计算机病毒？计算机病毒具有哪些特点？

9. 计算机病毒的传染方式有哪两种？

10. 常见的计算机病毒有哪些类型？清除计算机病毒的方法有哪些？

11. 在 TCP/IP 参考模型中，传输层的主要功能和特点是什么？

12. 在 TCP/IP 参考模型中，互联层的主要功能和特点是什么？

**三、填空题**

1. ________是计算机网络技术发展中的一个里程碑。

2. OSI 参考模型结构包括了以下 7 层：________、________、________、________、________、________和________。

3. 主机-网络层是参考模型的最底层，它负责通过网络发送和接收________。

4. 在 TCP/IP 参考模型中，传输层是参考模型的第三层，它负责在应用进程之间________。

5. ________是相互沟通以共享数据、硬件和软件的计算机和其他设备的集合。

# 第5章 计算机软件

计算机软件提供了用户所需的各种服务，随着计算机技术的发展各种软件层出不穷。本章首先简要介绍软件的分类和获取等基础知识，然后分别介绍系统软件和应用软件，重点介绍 Windows XP 和办公软件 Office 2007 的主要组件。

## 5.1 软件基础知识

本节对于软件的分类和获取等基础知识进行介绍，同时简要说明软件使用中碰到的升级维护等问题。

### 1. 软件分类

计算机软件决定了计算机能帮助用户完成任务的种类，不同的任务需要不同的软件支持才能完成，没有安装任何软件的裸机是无法完成任何工作的。根据软件提供的服务种类的不同，软件主要可以分为两种类型，即系统软件和应用软件。系统软件是用来完成计算机本身任务的，而应用软件是帮助用户完成特定任务的。其中系统软件又包括操作系统、设备驱动程序和编程语言等，应用软件按其用途可以划分为办公软件、图形软件、音乐软件、视频软件等。

### 2. 软件的获取

除了操作系统外，计算机还需要有浏览器软件、电子邮件客户端、办公软件、杀毒软件以及一些满足娱乐需求的软件（如音乐播放软件、计算机游戏等）。操作系统中通常自带少量的应用软件，用户可以使用操作系统自带的这些软件，也可以选择使用第三方软件。所谓的第三方软件是由专业的软件设计公司开发的一些和操作系统中自带的应用软件功能类似的软件。用户选择第三方软件代替操作系统自带的应用程序的原因有两个方面，一方面第三方软件更可靠，另一方面第三方软件的功能相对更强大。

软件的获取可以通过购买盒装软件或者从网上下载软件。盒装软件通常包括软件光盘和安装说明，还可能包括一份更详细的用户说明。光盘中存储的是安装程序和数据文件。同时正版的盒装软件还为用户提供了重装软件需要的注册码、序列号和真品凭证的物理记录。从网上下载软件可以省去购买的过程，直接从网站付费下载，过程更加简便。但是下载软件具有一定的风险。一些下载网站上有很多恼人的广告，同时从不正规的网站下载，有可能感染病毒。

软件许可证规定了计算机程序使用方式的法律合同。软件许可证对软件的使用做出额外的限制。按照法律观点，软件可以分为公共域软件和私有软件。公共域软件不受版权保护，因为版权已经到期或者软件作者把程序放在公共域中，这些程序可以不受限制地使用。基于不同的权利，专有软件可以分为商业软件、试用软件、共享软件、免费软件和开源软件。

商业软件通常在商店或者网站上出售。用户购买这类软件实际上只是购买了许可证条款规定的使用权利。尽管它允许安装在不同的计算机上，但只能在一台计算机上使用。试用软件是商用软件的试用版，以免费形式发布，通常功能或者试用时间受到限制。共享软件也是免费试用一段时间，但与试用软件不同的是共享软件提供了软件的全部功能。免费软件是指可以免费使用的具有版权的软件，它具有全部功能而且可以免费使用，许多驱动程序和游戏软件就是免费的。开源软件是指那些希望用户一起改进软件的程序员提供的未经过编译的程序源代码。开源软件可以编译后出售，但是必须包括源代码，这点与商用软件具有很大区别。例如 Linux 操作系统就是开源软件。

开源软件和免费软件具有相似的许可证，开源软件常用的许可证是通用公共许可证(General Public License，GPL)，如果用户对使用 GPL 的开源软件进行了修改，那么用户在发布修改时，也需要对修改使用 GPL。

### 3. 软件的安装和升级

随着用户对计算机的使用范围越来越广，计算机中的软件也在以惊人的速度递增。在使用软件前，用户必须先将软件安装在计算机上。

现在典型的软件包中通常包括许多文件，如扩展名为. exe、. dll、. hlp 的文件。通常安装文件是一个可以由操作系统自动运行的可执行文件，在个人计算机中它的扩展名为. exe。除了安装文件外，软件包中还包含一些数据文件，用来提供完成任务必需的但是又不是由用户提供的数据。例如，帮助文档，在线拼写检查的单词列表等。软件之所以需要这么多的文件，是因为主要的可执行文件需要结合其他的支持程序和数据文件，这样的开发方法为软件的修改带来很大的灵活性。程序员可以不对主要可执行文件修改的情况下，仅仅修改支持程序和数据，这种模块化的编程方法降低了软件修改的时间。

软件的安装可以使用光盘安装，也可以通过复制到硬盘上进行本地安装。对于下载的软件有的可能以压缩包的形式下载，安装前需要通过解压缩软件对其进行解压。如果需要节省系统资源，也可以下载绿色版本的软件，免除安装而直接运行。

在使用个人计算机时，可以通过"所有程序"菜单列出的大多数安装到计算机中的应用软件，如卸载程序删除软件，卸载程序会自动从桌面和系统文件(如注册表)中删除和程序相关的内容。如果程序本身没有提供卸载程序，用户也可以使用操作系统本身所提供的卸载程序。

软件发行商会定期的发布一些升级补丁或服务包等，对软件添加新特性，修复漏洞完善功能。软件补丁和服务包通常是用来对操作系统进行更新。补丁是一段小的程序代码，用来代替当前已经安装的软件中的部分代码。应用软件的发行商通常会定期发布新版本软件代替旧版本，软件开发商会通知用户进行更新，通常软件本身会检查网络连接，以检查有无更新可用，并提示用户进行安装。

安装新版本的软件通常会提示用户是否选择覆盖旧版本。用户也可以保留旧版本，以求在不再使用新版本而希望恢复旧版本时能够轻松实现。但大多数系统的补丁和服务包的安装是不可逆的。

## 5.2 计算机系统软件

本节首先介绍常用的操作系统及其功能，然后重点介绍 Windows XP 系统的基础知识、设置及其安装，并对于驱动程序进行了初步介绍。

### 5.2.1 常用的操作系统

操作系统是前面所提及的系统软件的一类。计算机的硬件只能提供数据的存储、处理、输入和输出的基本功能，实际上硬件可以看做是资源，软件在运行时必须要占用一定的硬件资源，软件对于资源的占用是否合理，取决于对资源的分配。如何合理的分配资源成为计算机使用的一个重要课题。操作系统正是安装在裸机上，对于硬件资源进行管理分配的管理系统，同时为软件提供各种服务，如编译软件、程序开发环境等。用户直接使用的软件通常为应用软件，而应用软件通常是通过系统软件来指挥计算机的硬件完成其功能的。最重要的系统软件是操作系统，它完成指挥计算机运行的各个细节，即操作系统是计算机系统中用于指挥和管理其自身软件的。实质上，使用计算机时，并不直接使用计算机的硬件，而是使用应用软件，由应用软件在“幕后”与操作系统打交道，再由操作系统指挥计算机完成相应的工作。不同体系的计算机硬件要求的操作系统不同，相同体系的计算机硬件也可用不同的操作系统来指挥和管理。应用软件通常是由计算机专业人员为满足人们完成特定任务的要求开发的，这些软件通常以特定的操作系统作为其运行基础。操作系统又分为字符界面的操作系统与图形界面的操作系统，两者是一样的，图形化用户界面是在字符形界面上加一个 X Window 的软件，通过服务器来把用户操作变为字符命令即可，图形界面的功取决于 X Window 软件的功能大小，所以图形界面没有字符界面强大。

#### 1. 常用的操作系统介绍

1) DOS

DOS(Disk Operation System)是一个基于磁盘管理的操作系统。与我们现在使用的操作系统最大的区别在于，它是命令行形式的，靠输入命令来进行人机对话，并通过命令的形式把指令传给计算机，让计算机实现操作。DOS 是 1981—1995 的个人计算机上使用的主要的操作系统。我们平时所说的 DOS 一般是指 MS-DOS。从早期 1981 年不支持硬盘分层目录的 DOS 1.0，到当时广泛流行的 DOS 3.3，再到非常成熟支持 CD-ROM 的 DOS 6.22，以及后来隐藏到 Windows 9x 下的 DOS 7.x，前前后后已经经历了 20 年，至今仍然活跃在计算机舞台上，扮演着重要的角色。计算机运行的第一个程序就是操作系统。操作系统是应用程序与计算机硬件的“中间人”，没有操作系统的统一安排和管理，计算机硬件没有办法执行应用程序的命令。最初的计算机采用的都是 DOS。

2）Microsoft Windows

世界上 80％的个人计算机安装使用了 Microsoft Windows，Windows 的优势在于运行程序的数量和种类都是其他操作系统不可匹敌的，因此 Windows 成为了应用最广泛的操作系统。为了有更好的软件选择，尤其是对一些游戏和商用软件能有更好的选择，应该选用 Windows 操作系统。Windows 硬件平台的多样化也是其优势之一。用户可以使用桌面系统、笔记本电脑、PDA（Personal Digital Assistant）运行具有相似界面的系统平台。Windows 的相关材料也可以轻松通过网站和书店找到。对于硬件和外设，Windows 系统采用即插即用功能。由于具有广大的用户群基础，很多硬件厂商纷纷以 Windows 作为目标市场，很多最酷最快的硬件都只提供给 Windows 平台。

虽然 Windows 名气很大，但是也有两个臭名昭著的缺点，即可靠性和安全性。操作系统的性能通常是由无故障正常连续运行的时间来度量的。Windows 出现不稳定情况并且速度减慢的情况往往比其他系统要高。虽然重新启动系统可以解决，但是这样的系统对于使用在服务器上是不适合的。另外，由于 Windows 系统的应用广泛，也使得 Windows 的病毒种类和数量最多，最易受到攻击。虽然微软始终致力于修补漏洞，但是程序员通常要比黑客慢一步，在用户等待补丁时，可能已经受到攻击。

目前微机上常用的操作系统有 Windows XP、Windows 7 等。

3）Mac OS

Mac OS 是指 Macintosh 操作系统，它是苹果公司为 Macintosh 系列的计算机系统专门设计的。Mac OS 被公认是易用、可靠且安全的操作系统。Mac OS 的操作系统是基于 UNIX 内核的，并且包括工业级的内存保护功能。这样就使得系统的错误或冲突变得很低。同时，它从 UNIX 身上继承了很强的安全性基础。这样就降低了黑客和病毒的攻击。Mac OS 还具有很好的向后兼容性，即旧版本的软件可以在新版本的操作系统上使用。双启动和虚拟机使得 Mac OS 可以运行多个系统。但是 Mac OS 对于应用软件的可选择性要比 Windows 少很多。

4）Linux

Linux 是芬兰学生 Linux Torvalds 在 1991 年开发的。他的灵感来自于从 UNIX 衍生出的 Minux 系统。Linux 作为个人计算机的系统不断得到用户的青睐。Linux 的优点在于它的源代码是公开的，允许编程人员对其改进版本并且继续开发实用程序。Linux 保留了 UNIX 的优点，使得它在局域网服务器以及电子邮件和 Web 服务器上成为一款很受欢迎的服务器。Linux 通常需要更多的修补，同时能运行的程序数量相对有限，这些使得非技术型用户在他们的个人计算机上选择操作系统时不倾向于选择 Linux。

### 2. 操作系统主要功能

操作系统主要具有 5 大管理功能，即作业管理、存储管理、信息管理、设备管理和处理机管理。这些管理工作是由一套规模庞大复杂的程序来完成的。

作业管理解决的是允许谁来使用计算机和怎样使用计算机的问题。在操作系统中，把用户请求计算机完成一项完整的工作任务称为一个作业。当有多个用户同时要求使用计算机时，允许哪些作业进入，不允许哪些进入，对于已经进入的作业应当怎样安排它的执行顺序，这些都是作业管理的任务。

存储管理解决的是内存的分配、保护和扩充的问题。计算机要运行程序就必须要有一定的内存空间。当多个程序都在运行时，如何分配内存空间才能最大限度地利用有限的内存空间为多个程序服务。当内存不够用时，如何利用外存将暂时用不到的程序和数据“调出”到外存上去，而将急需使用的程序和数据“调入”到内存中来，这些都是存储管理所要解决的问题。

信息管理解决的是如何管理好存储在磁盘、磁带等外存上的数据。由于计算机处理的信息量很大而内存十分有限，绝大部分数据都是保存在外存上。如果要用户自己去管理就要了解如何将数据存放到外存的物理细节，编写大量程序。在多个用户使用同一台计算机的情况下既要保证各个用户的信息在外存上存放的位置不会发生冲突，又要防止对外存空间占而不用；既要保证任一用户的信息不会被其他用户窃取、破坏，又要允许在一定条件下多个用户共享。这些都是要靠信息管理解决的。信息管理有时也称为文件管理，是因为在操作系统中通常是以“文件”作为管理的单位。操作系统中的文件概念与日常生活中的文件不同，在操作系统中，文件是存储在外存上的信息的集合，它可以是源程序、目标程序、一组命令、图形、图像或其他数据。

设备管理主要是对计算机系统中的输入输出等各种设备的分配、回收、调度和控制，以及输入输出等操作。

处理机管理主要解决的是如何将 CPU 分配给各个程序，使各个程序都能够得到合理的运行安排。

### 5.2.2 Windows XP 操作系统的使用

Windows XP 是一个使用用户非常多的操作系统，学习 Windows XP 操作系统是计算机使用的基础，本节对于 Windows XP 的常用基础操作进行简要概述。

#### 1. 桌面图标的基本操作

1）查看桌面图标

启动 Windows XP，在桌面上找到“我的文档”、“我的电脑”、“网上邻居”、“回收站”和 Internet Explorer 图标。

2）移动桌面图标

选中“我的文档”图标，可拖动到桌面任意的地方（若图标不能移动，应先右击桌面空白处，在弹出的菜单中单击“排列图标”→“自动排列”选项，取消自动排列）。

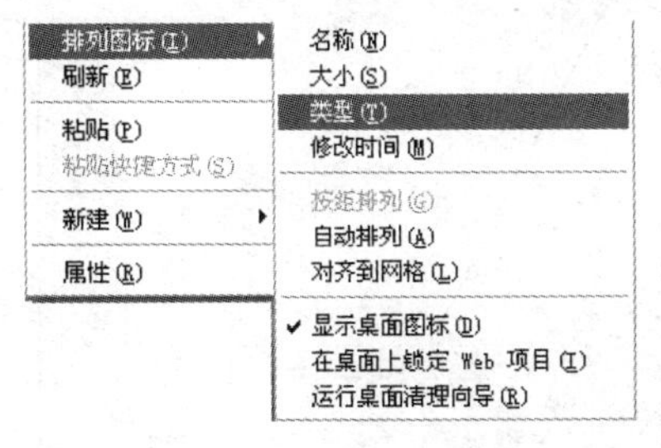


图 5-1 排列桌面图标界面

3）排列桌面图标

右击桌面空白处，在弹出的菜单中分别单击“排列图标”→“名称”、“大小”、“类型”、“修改时间”及“自动排列”选项，查看桌面图标排列方式的变化如图 5-1 所示。

4）隐藏和显示桌面图标

右击桌面空白处，在弹出的菜单中单击“排列图标”→“显示桌面图标”选项，桌面上图标全部隐藏，若再执行一次“显示桌面图标”选项，图标又将全部显示。

### 2. 任务栏的基本操作

1）任务栏的锁定

右击任务栏空白处，在弹出的菜单中单击“锁定任务栏”选项，任务栏将被锁定，不能改变其大小和位置，如要解除锁定，需重复操作一次，如图 5-2 所示。

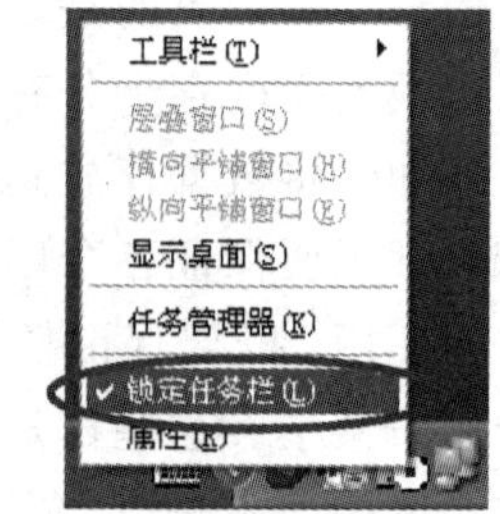


图 5-2 任务栏锁定界面

2）改变任务栏的大小

将光标移到任务栏边缘，当光标变成双箭头，向上或向下拖动可改变任务栏的大小。

3）改变任务栏的位置

把光标移到任务栏的空白处，分别向桌面上下、左右边拖动可把任务栏放置到相应的位置。

4）隐藏/显示任务栏

右击任务栏的空白处，在弹出的菜单中单击“属性”选项，打开“任务栏和「开始」菜单属性”对话框，如图 5-3 所示，在“任务栏”选项卡中选择“自动隐藏任务栏”复选框，使其打“√”，单击“确定”按钮即可，若要恢复显示任务栏，应取消复选框的“√”。

5）任务切换

打开“我的电脑”以及“附件”中的“画图”和“计算器”程序，单击任务栏中的任务实现任务切换，也可以使用组合键 Alt＋Tab 或组合键 Alt＋Esc 切换活动窗口。

6）使用任务管理器结束任务

按 Ctrl＋Alt＋Del 组合键，打开“Windows 任务管理器”窗口，双击“我的电脑”，在“Windows 任务管理器”的“应用程序”选项卡“任务”列表中列出刚打开的“我的电脑”程序，选中该项目，单击下方的“结束任务”按钮可关闭该程序，如图 5-4 所示。通过任务管理器，常用来结束系统中停止响应的程序。

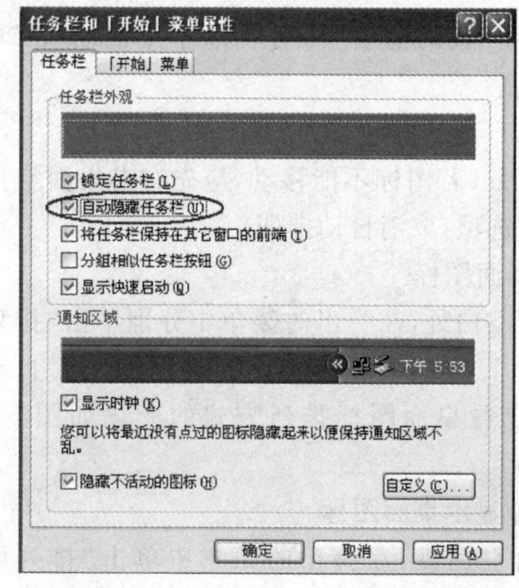


图 5-3 “任务栏和「开始」菜单属性”对话框

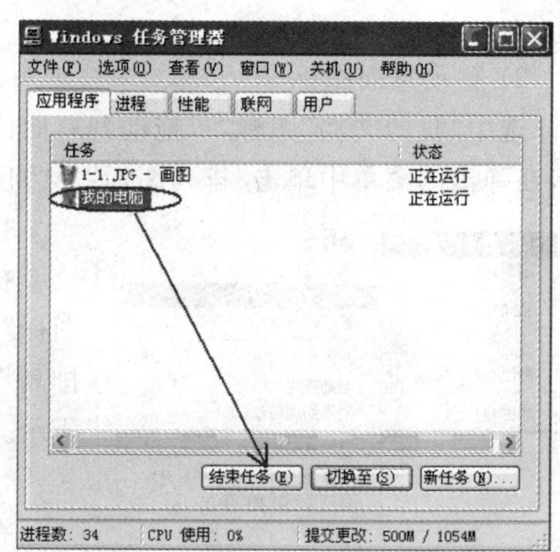


图 5-4 “Windows 任务管理器”窗口

### 3. 创建快捷方式图标

1）创建快捷方式图标

打开“我的电脑”，找到 C:\WINDOWS 文件夹下的 NOTEPAD.EXE 程序图标右击，在弹出的菜单中单击“发送到”→“桌面快捷方式”选项，在桌面上创建名为 NOTEPAD.EXE 快捷方式图标，如图 5-5 所示。

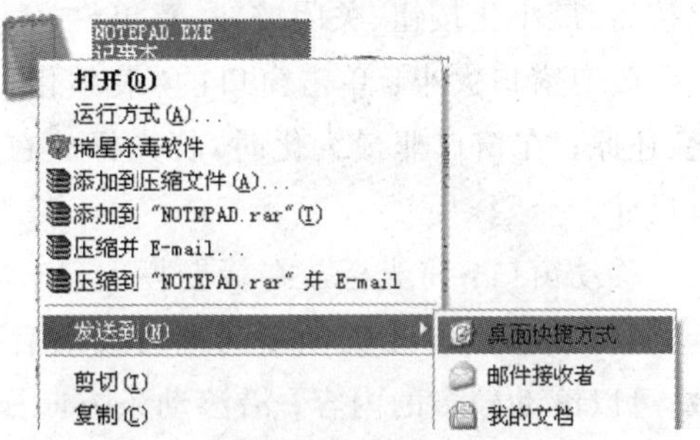


图 5-5 创建桌面快捷方式图标界面

2）图标重命名

选中桌面上的 NOTEPAD.EXE 图标右击，在弹出的菜单中单击“重命名”选项，在图标名称编辑框内重命名为“记事本”。

3）图标复制和删除

选中“记事本”图标，按 Ctrl+C 组合键复制该图标，然后按 Ctrl+V 组合键在桌面上执行粘贴操作，把该图标复制为“复件 记事本”；删除“复件 记事本”图标，然后查看对其所指向的 NOTEPAD.EXE 程序有何影响。

4）图标更改

选中桌面上的“记事本”图标右击，在弹出的菜单中单击“属性”选项，在打开的“记事本属性”对话框中单击“更改图标”按钮，打开“更改图标”对话框，单击“浏览”按钮，选择 C:\Program Files\Windows NT\Accessories 文件夹中 wordpad.exe 文件提取图标，并选择该图标作为更改图标如图 5-6 所示。

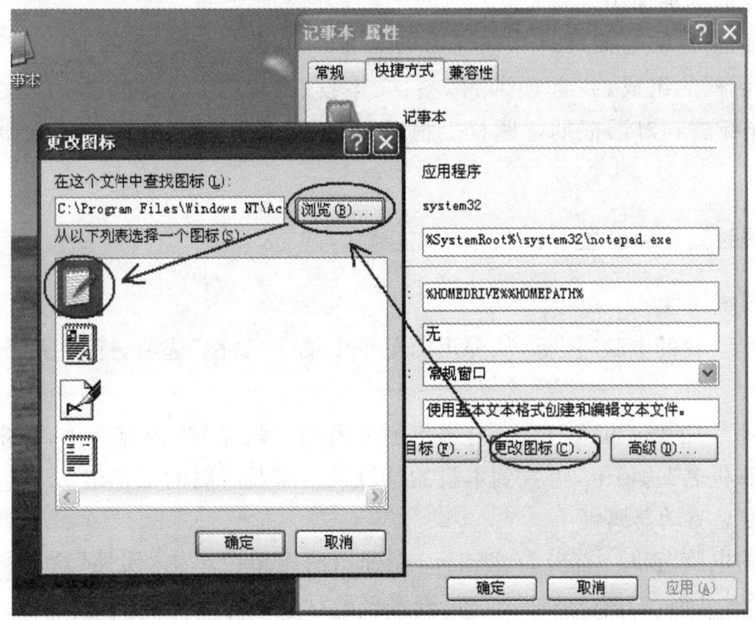


图 5-6 更改图标界面

### 4. 窗口、菜单、对话框操作

1）窗口的基本操作

打开桌面上“我的电脑”，观察窗口的组成情况，分别找到窗口的控制菜单、标题栏、最大化按钮、最小化按钮、关闭按钮、菜单栏、工具栏、滚动条和状态栏。

改变窗口大小：单击窗口的“最小化”、“最大化”、“还原”按钮，可将窗口最小化、最大化、还原；在窗口非最大化时，将光标放在窗口的边框上，变为双向箭头时拖动也可改变窗口尺寸。

移动窗口：将光标放在标题栏上，拖动可移动窗口到相应的位置。

窗口滚动：单击滚动条两端的滚动箭头，可实现小步滚动；单击滚动块两边的空闲区域，可以滚动较多的内容；沿滚动条方向拖动滚动块，则可以快速翻阅文档。

2）菜单的基本操作

打开桌面上“我的电脑”，单击菜单栏以及在窗口空白处右击，看有何变化。

分别单击菜单“查看”下的“缩略图”、“平铺”、“图标”、“列表”、“详细信息”选项，观察各选项前小圆点“·”和窗口内容的变化。

单击“查看”菜单，把光标移到“工具栏”右边的小三角符号“▶”处，观察菜单有何变化。

分别单击“查看”→“工具栏”下的“标准按钮”、“地址栏”等选项，观察各菜单项前小勾“√”和窗口工具栏的变化。

单击“查看”→“选择详细信息”选项。

3）对话框的基本操作

右击桌面上“我的电脑”图标，在弹出的菜单中单击“属性”选项，打开“系统属性”对话框，查看对话框的组成，找选项卡、标签、文本框、命令按钮、复选框、单选按钮、列表框等控件。把光标放到对话框的标题栏上拖动，把鼠标指针放到对话框的边框上拖动改变大小。

### 5. 对象属性查看和设置

1）查看系统属性

右击桌面上“我的电脑”图标，从弹出的菜单中单击“属性”选项，打开“系统属性”对话框如图 5-7 所示。

打开“附件”中的“记事本”程序，有本机的 CPU 型号、主频、内存大小，单击“系统属性”对话框的“计算机名”选项卡，可找到本机的计算机名以及所属的工作组。

2）查看磁盘驱动器属性

打开“我的电脑”窗口，右击 D 盘图标，在弹出的菜单中单击“属性”选项，打开“本地磁盘(D：)属性”对话框，如图 5-8 所示。可查看该磁盘分区的文件系统、类型、总存储容量、已用空间和可用空间。

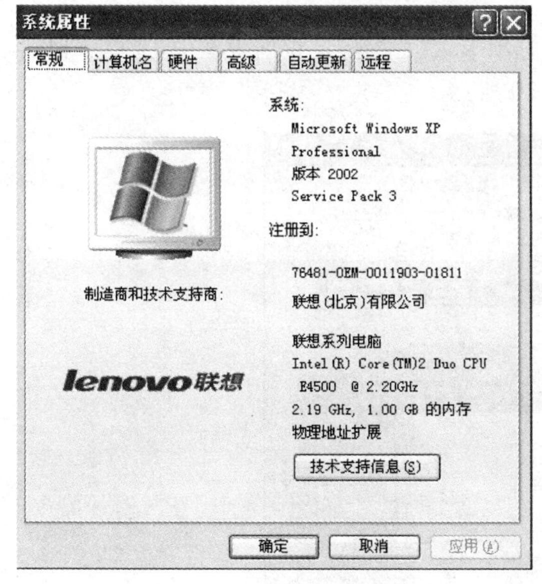


图 5-7 “系统属性”对话框

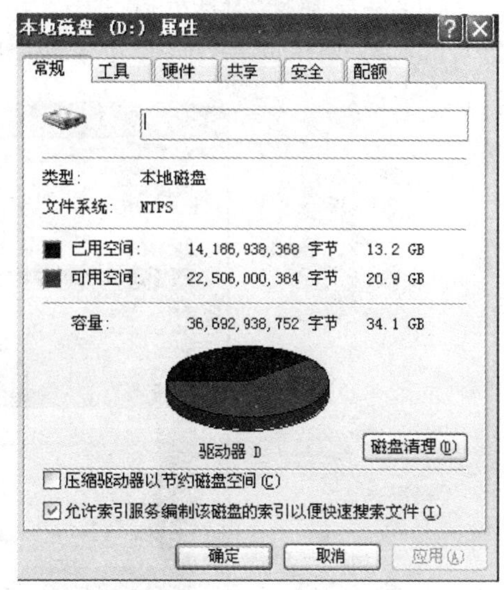


图 5-8 “本地磁盘(D:)属性”对话框

### 6. 控制面板的使用

1）设置桌面背景

单击“开始”→“设置”→“控制面板”→“显示”选项，打开“显示 属性”对话框，在“桌面”选项卡的“背景”列表中选择一幅图片作为背景，也可以单击“浏览”按钮，选择“素材\第一章素材”文件夹(或其他指定路径)中的“鲜花 03.jpg”图片作为背景，单击“确定”按钮，如图 5-9 所示。

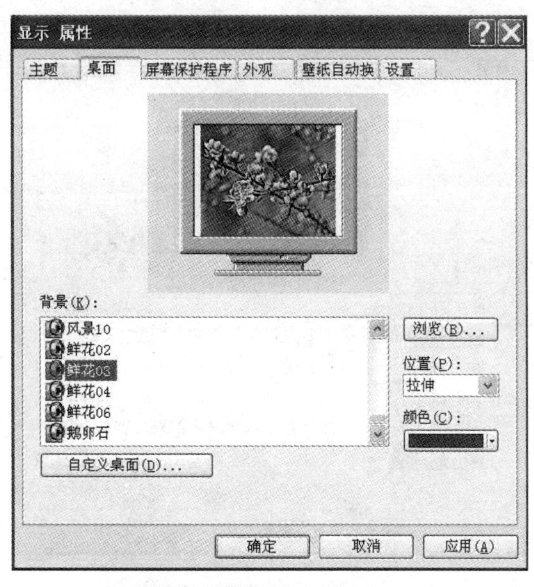


图 5-9 设置桌面主题界面

2）设置桌面主题

打开“显示 属性”对话框后，选择“主题”选项卡，在“主题”下拉列表框中，选择一种主题（如 Windows XP），单击“确定”按钮，如图 5-10 所示。

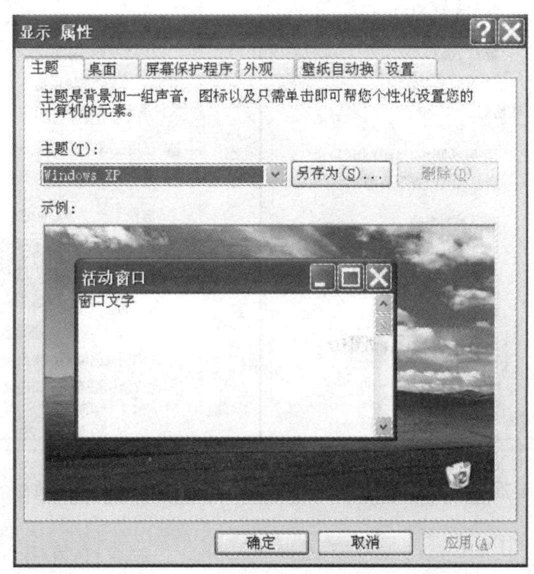


图 5-10 设置桌面背景界面

3）设置屏幕保护程序

打开“显示 属性”对话框后，单击“屏幕保护程序”选项卡，在“屏幕保护程序”下拉列表框中，选择一种屏幕保护程序（如“变幻线”），在“等待”编辑框中输入系统等待多长时间（如 1 分钟）启动屏保，单击“预览”按钮预览效果，单击“确定”按钮设置生效如图 5-11 所示。

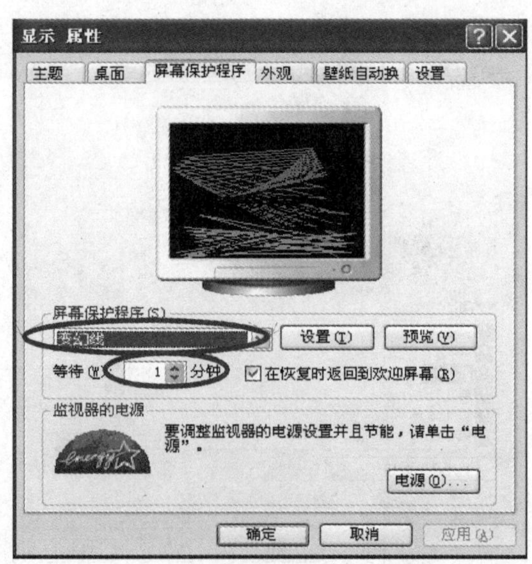


图 5-11 设置屏幕保护程序界面

4）设置屏幕的分辨率、颜色质量和刷新率

一般说分辨率越高，图像越清晰；颜色位数越高，颜色越丰富；刷新率越高，画面越稳定。选择“设置”选项卡，在“屏幕分辨率”和“颜色质量”中设置分辨率和颜色位数（如 1280×1024 像素，32 位颜色）；单击“高级”按钮，在弹出对话框的“监视器”选项卡中设置刷新率，如图 5-12 和图 5-13 所示。

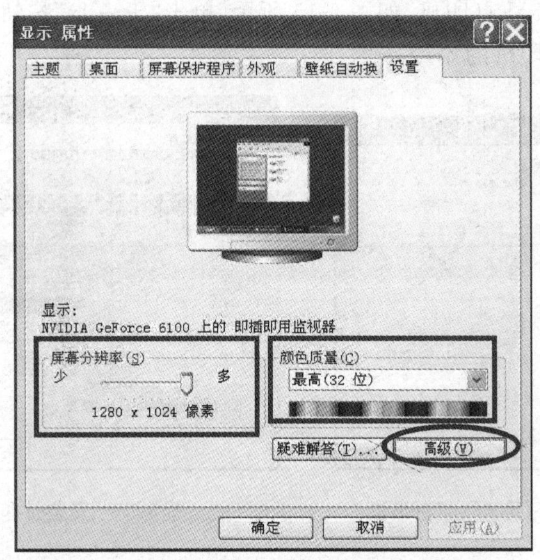


图 5-12 设置分辨率和颜色质量界面

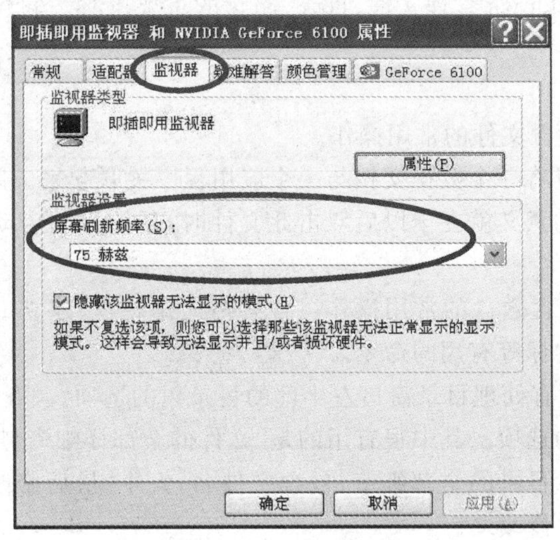


图 5-13 设置刷新率界面

5）设置系统日期和时间

双击“控制面板”中的“日期和时间”图标，打开“日期和时间 属性”对话框（图 5-14）。在“时间和日期”选项卡中，通过“日期”中年份的微调按钮修改年份；单击月份下拉列表框修改月份；修改日期只需单击日期框中具体的某一天；修改时间时，先单击时钟框中的某一项(时、分、秒)，再单击时钟框的微调按钮修改或直接输入。

6) 添加打印机

双击"控制面板"中的"打印机和传真"图标，打开"打印机和传真"窗口，单击窗口左边的"添加打印机"按钮，打开"添加打印机向导"对话框。

按照向导的提示采用默认设置进行操作，在"安装打印机软件"对话框中，选择 HP 公司的 HP Color LaserJet 5M 打印机，如图 5-15 所示，单击"下一步"按钮，其他步骤采用默认选项即可，一步步完成打印机的添加。

图 5-14 "日期和时间 属性"对话框

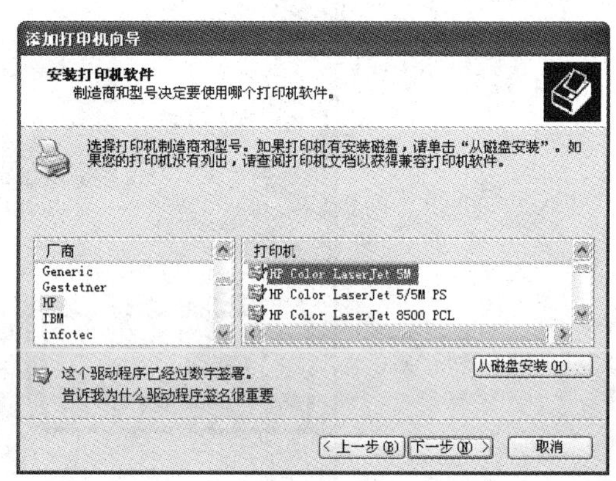


图 5-15 安装打印机软件界面

### 7. 文件和文件夹应用管理器

文件管理器是 Windows 管理文件、目录、磁盘的重要工具。它包含文件管理器窗口和目录窗口两部分组成。

1) 文件管理器窗口

(1) "文件"菜单包含文件的常用操作。

子菜单"关联"可以将一个数据文档与一个应用程序关联起来。因为数据文档单独是不可以执行的。"关联"的意义就在于以后双击此文件时，系统自动启动该应用程序来打开这个数据文件。

(2) "磁盘"菜单包含磁盘的常用操作。含有格式化磁盘、建立 DOS 系统盘、复制磁盘和修改或建立磁盘的卷标等有用的命令。

(3) "树"菜单包含有处理目录窗口左半部的目录树的选项。"查看"菜单包含控制目录和目录树的显示方式的选项。其中很有用的是"文件的全部详细资料"和"按文件类型"这两个选项。前者可以显示目录的全部细节，包含文件名、大小、最后修改日期和属性等；后者可以查看文件的属性并修改之。

(4) "选项"菜单包含 Windows 运行时有选择地显示某些信息，以及显示字体的属性。

(5) "窗口"菜单可以打开新的窗口，控制同屏的多个窗口按层叠、平铺等不同方式显示。以便通过拖动进行文件的移动和复制。

2) 目录窗口

(1) 磁盘控制区

磁盘控制区包含系统所有磁盘和光盘驱动器的按钮。被一个小方框包围的就是当前驱动器。要改变当前驱动器，只要单击相应的驱动器按钮就可以了。

(2) 目录显示区

选择目录：单击相应目录，则立即在目录显示区打开此目录下的所有子目录和文件。

展开目录树：要显示某一个目录的子目录，可以在目录显示区中双击这个目录。

折叠目录树：双击要折叠的目录。

新建目录：单击要建目录的父目录→文件→创建目录→输入创建目录名→确定。

目录的其他操作：移动、复制、删除等，目录的操作基本和以下关于文件的操作类似。

(3) 文件显示区

选中一个文件：单击文件图标。

选中一组连续文件：要选中一组连续的文件，可以先选中这组文件两端的任意一个，然后按 Shift 键，再选中另一端的文件。

选中一组不连续的文件：按 Ctrl 键的同时，分别单击要选的文件即可。

3) 文件夹管理操作

(1) 新建文件夹

打开“我的电脑”或“资源管理器”窗口，进入 D 盘，在空白处右击，在弹出的菜单中单击“新建”→“文件夹”选项，创建一个默认名为“新建文件夹”的文件夹。

在新建文件夹名称编辑框中，输入文件夹名。

(2) 复制文件

打开“素材\第一章素材\STA”文件夹(或其他指定的路径)，选中该文件夹中的全部文件。

把光标移到被选中的任一文件上，右击，在弹出的菜单中单击“复制”选项，如图 5-16 所示。

打开文件夹，在空白处右击，在弹出的菜单中单击“粘贴”选项，如图 5-17 所示，刚才被选中的文件便复制到该文件夹中。

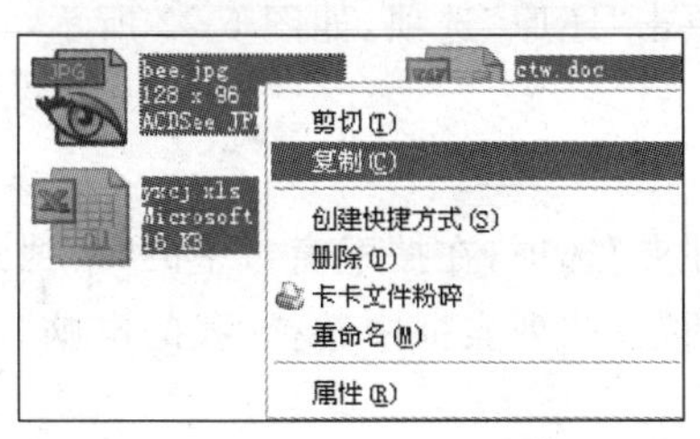


图 5-16 文件复制界面

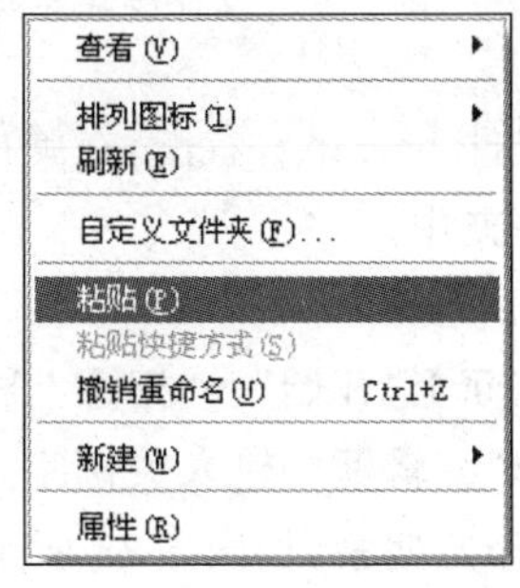


图 5-17 文件粘贴界面

(3) 移动文件到指定文件夹中

在文件夹中，选中文件 qq.gif，右击，在弹出的菜单中单击“剪切”选项，如图 5-18 所示，文件图标将变为半透明。

打开文件夹 TP，在空白处右击，在弹出的菜单中单击“粘贴”选项，文件 qq.gif 便移到文件夹 TP 中。

(4) 重命名指定文件

在文件夹中，选中文件 tly.jpg，右击，在弹出的菜单中单击“重命名”选项，如图 5-19 所示，然后在该文件图标的文件名称编辑框中输入新文件名 oldtly.jpg。

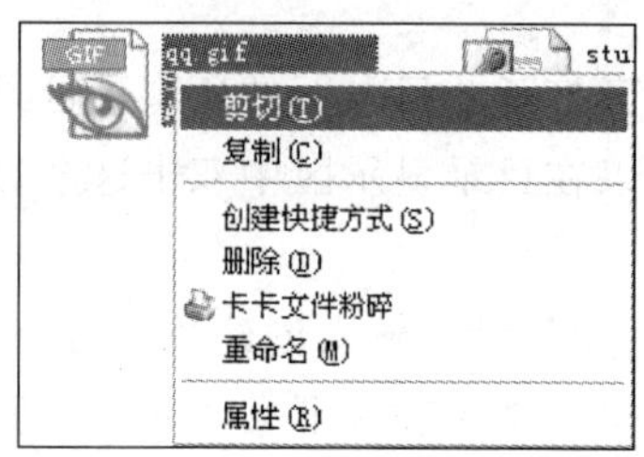


图 5-18 文件剪切界面

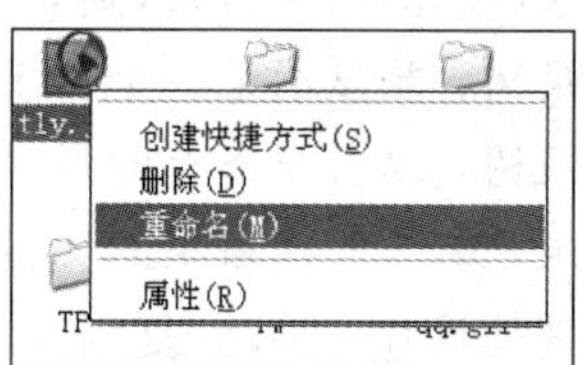


图 5-19 文件重命名界面

(5) 删除指定文件

在文件夹中，选中文件 lx.txt 和 bee.jpg，在选中的任一文件上右击，然后在弹出的菜单中单击“删除”选项，如图 5-20 所示，在打开的确认删除文件对话框中单击“是”按钮。

**注意**：以上操作所删除的文件不是真正的物理删除，只是换了一个存储位置，是可以恢复的。要想从硬盘上永久删除这些文件，还要到回收站中对这些文件再做一次删除。

(6) 删除和还原文件

返回桌面，双击“回收站”图标，打开回收站窗口，选中文件 lx.txt，右击，在弹出的菜单中单击“删除”选项，如图 5-21 所示，将从磁盘上永久删除该文件。

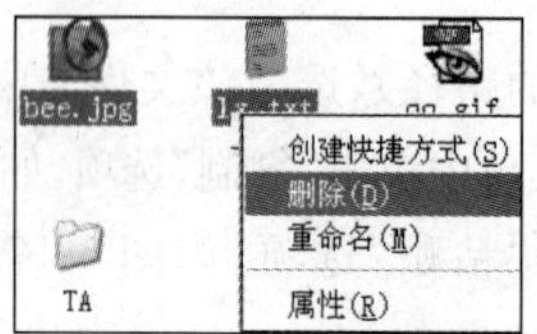


图 5-20 文件删除界面

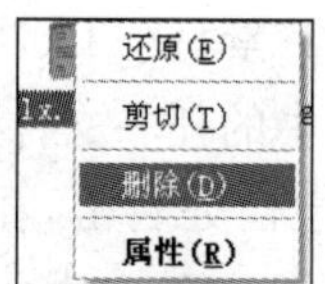


图 5-21 回收站文件删除界面

选中文件 bee.jpg，右击，在弹出的菜单中单击“还原”选项，如图 5-22 所示，该文件将恢复到原文件夹中。

(7) 文件搜索

单击桌面上“开始”→“搜索”→“文件或文件夹”选项，在搜索窗口中的“要搜索的文件或文件夹名为”编辑框中输入关键字，在“搜索范围”下拉列表框中选择“我的电脑”，单击“立即搜索”按钮开始搜索，如图 5-23 所示。

图 5-22 文件还原界面

图 5-23 文件搜索界面

### 8. 软件的安装与删除

1）软件的安装

在光驱中放入应用程序安装光盘，打开资源管理器，双击光盘中的 setup. exe，按操作向导完成软件安装。

**注意**：*在存放应用程序的光盘上都有安装程序 setup. exe 或者 install. exe。*

2）软件的删除

（1）利用卸载工具进行删除

卸载工具（程序）往往与软件在同一级菜单下，文件名称通常是 uninstall. exe、unins000. exe、uninst. exe 等，可以从该文件所在文件夹中直接运行。

（2）利用“添加/删除程序”对话框进行删除

### 9. 注销与重启

注销将关闭所有程序，计算机将与网络断开连接，并准备由其他用户使用该计算机。也就是说，它的本来作用是换用户来使用当前操作系统。在 Windows 中，它是用保护模式来管理内存的。所谓保护模式，就是由 Windows 给每个程序分配系统资源和访问权限。这样将会减少一些不必要的内存占用。但是，当某个应用程序试图侵占其他应用程序的系统资源，或是越权使用的时候，就会出现“非法操作”。“非法操作”造成的原因很复杂，不仅可以由软件问题引起，也可由硬件引起，结果都是造成内存中出现冲突。注销与重启的最大区别就在于：注销并没有释放内存，而重启则将内存全部释放。也就是说，内存出现了问题的话，注销将不起任何作用。

## 5.2.3 Windows XP 操作系统的安装及常见问题

操作系统在使用的过程中，随着软件的安装和拆卸，会形成越来越多的文件垃圾，减慢操作系统的运行速度，也会出现中毒或者误操作等错误，需要通过重新安装操作系统或者对这些问题进行分析解决。本节简要介绍操作系统的安装步骤和常见问题分析。

### 1. Windows XP 的安装

在安装 Windows XP 之前，需要进行一些相关的设置，例如，BIOS 启动项的调整，硬盘分区的调整以及格式化等。正所谓“磨刀不误砍柴功”，正确、恰当地调整这些设置将为顺利安装系统，乃至日后方便地使用系统打下良好的基础。

第一步：BIOS 启动项调整。

在安装系统之前首先需要在 BIOS 中将光驱设置为第一启动项。进入 BIOS 的方法随不同 BIOS 而不同，一般在开机自检通过后按 Del 键或者 F2 键。进入 BIOS 以后，找到 Boot 项目，然后在列表中将第一启动项设置为 CD-ROM（CD-ROM 表示光驱）即可。不同品牌的 BIOS 设置有所不同，详细内容请参考主板说明书。

在 BIOS 将 CD-ROM 设置为第一启动项之后，重启计算机之后就会发现 boot from CD 提示符。这个时候按任意键即可从光驱启动系统。

第二步：选择系统安装分区。

从光驱启动系统后，就会看到 Windows XP 安装欢迎页面。根据屏幕提示，按 Enter 键继续进入下一步安装进程。

接着会看到 Windows 的用户许可协议页面。当然，这是由微软所拟定的，普通用户是没有办法同微软来讨价还价的。如果要继续安装 Windows XP，就必须按 F8 键同意此协议来继续安装。

现在进入实质性的 Windows XP 安装过程了。新买的硬盘还没有进行分区，所以首先要进行分区。按 C 键进入硬盘分区划分的页面。如果硬盘已经分好区的话，那就不用再进行分区了。在这里把整个硬盘都分成一个区，在实际使用过程中，应当按照需要把一个硬盘划分为若干个分区。关于安装 Windows XP 系统的分区大小，如果没有特殊用途的话以 10GB 为宜。

分区结束后，就可以选择要安装系统的分区了。选择好某个分区以后，按 Enter 键即可进入下一步。

第三步：选择文件系统。

在选择好系统的安装分区之后，就需要为系统选择文件系统了，在 Windows XP 中有两种文件系统供选择：FAT32、NTFS。从兼容性上来说，FAT32 稍好于 NTFS；而从安全性和性能上来说，NTFS 要比 FAT32 好很多。作为普通 Windows 用户，推荐选择 NTFS 格式。在本例中也选择 NTFS 文件系统。进行完这些设置之后，Windows XP 系统安装前的设置就已经完成了，接下来就是复制文件。

在进行完系统安装前的设置之后，接下来系统就要真正地安装到硬盘上面去了，虽然 Windows XP 的安装过程基本不需要人工干预，但是有些地方，例如，输入序列号、设置时间、网络、管理员密码等项目还是需要人工干预的。Windows XP 采用的是图形化的安装方式，在安装页面中，左侧标识了正在进行的内容，右侧则是用文字列举相对于以前版本，Windows XP 所具有的新特性。

第一步：区域和语言选项。

Windows XP 支持多区域以及多语言，所以在安装过程中，第一个需要设置的就是区域以及语言选项。如果没有特殊需要的话，这一步直接单击“下一步”按钮即可。

单击“自定义”按钮即可进入“自定义”选项卡。Windows XP 内置了各个国家的常用配置，所以只需要选择某个国家，即可完成区域的设置。而语言的设置，主要涉及默认语言以及输入法的内容，单击“语言”选项卡即可进行相应设置。

第二步：输入个人信息。

个人信息包括姓名和单位这两项。对于企业用户，这两项内容可能会有特殊的要求；对于个人用户，在这里填入希望的任意内容即可。

第三步：输入序列号。

需要输入 Windows XP 的序列号才能进行下一步的安装，一般可以在系统光盘的包装盒上找到该序列号。

第四步：设置系统管理员密码。

在安装过程中 Windows XP 会自动设置一个系统管理员账户。在这里，就需要为这个系统管理员账户设置密码。由于系统管理员账户的权限非常大，所以这个密码尽量设置得复杂一些。

第五步：设置日期和时间。

接下来要进行设置的是系统的日期和时间。当然，如果是在中国使用的话，那就直接单击“下一步”按钮就可以了。

### 2. 操作系统常见问题

1）Windows XP 系统启动时出现 NTLDR is missing 的错误提示，出现这种错误提示一般有以下两种情况

(1) ntldr 文件丢失/破坏：这个文件位于 C 盘根目录，我们只需要从 Windows XP 安装光盘里面提取这个文件，然后放到 C 盘根目录上即可。

(2) 如果替换文件后仍出现上述提示，则可以用系统盘进行系统修复。

2）Windows XP 系统启动时提示找不到 HAL. DLL 文件，启动中止

这个是由于 C 盘根目录下的 boot. ini 文件非法，导致默认从 C:\Windows 启动，但是又由于 Windows XP 没有安装在 C 盘，所以系统提示找不到 HAL. DLL 文件。启动因而失败。解决方法是重新编辑 boot. ini 文件。最简单的方法是在其他计算机上创建好以后，拷贝到受损计算机的 C 盘根目录上覆盖源文件。

3）不能访问 Windows Installer 服务如何解决

单击“开始”→“运行”按钮，输入 services. msc，找到 Windows Installer 服务，双击“启动”后，单击“确定”按钮就可以了。

4）经常出现 CPU 占用 100%的情况，主要问题可能发生在以下几个方面

(1) 防杀毒软件造成故障。

安装多个杀毒软件导致软件冲突或由于新版的杀毒软件的随机监控增大了系统负担。处理方式：尽量使用最少的监控服务。

(2) 驱动没有经过认证，造成 CPU 资源占用 100%。

大量测试版的驱动在网上泛滥，造成了难以发现的故障原因。处理方式：尤其是显卡驱动特别要注意，建议使用微软认证的或由官方发布的驱动，并且严格核对型号、版本。

(3) 病毒、木马造成。

大量的蠕虫病毒在系统内部迅速复制，造成 CPU 占用资源率居高不下。解决办法：用可靠的杀毒软件彻底清理系统内存和本地硬盘，并且打开系统设置软件，查看有无异常启动的程序。经常性更新升级杀毒软件和防火墙，加强防毒意识，掌握正确的防杀毒知识。

(4) 关闭不必要的启动项。打开“开始”→“运行”→msconfig→“启动”，关闭不必要的启动项，重启计算机。

(5) 查看网络连接。

安装了 Windows XP 的计算机做服务器的时候，收到端口 445 上的连接请求时，它将分配内存和少量地调配 CPU 资源来为这些连接提供服务。当负荷过重的时候，CPU 占用率可能过高，这是因为在工作项的数目和响应能力之间存在固有的权衡关系。你要确定合适的 Max Work Items 设置以提高系统响应能力。如果设置的值不正确，服务器的响应能力可能会受到影响，或者某个用户独占太多系统资源。

(6) 主机、CPU 散热不好及硬件故障原因。

5) Windows XP 自动重启的问题

(1) 病毒破坏。

比较典型的就是前一段时间对全球计算机造成严重破坏的“冲击波”病毒，发作时还会提示系统将在 60s 后自动启动。其实，早在 DOS 时代就有不少病毒能够自动重启计算机。对于是否属于病毒破坏，我们可以使用最新版的杀毒软件进行杀毒。

(2) 系统文件损坏。

当系统文件被破坏时，系统在启动时会因此无法完成初始化而强迫重新启动。对于这种故障，因为无法进入正常的桌面，只能覆盖安装或重新安装。

(3) 定时软件或计划任务软件起作用。

如果在“计划任务栏”里设置了重新启动或加载某些工作程序时，当定时时刻到来时，计算机也会再次启动。对于这种情况，我们可以打开“启动”项，检查里面有没有自己不熟悉的执行文件或其他定时工作程序，将其屏蔽后再开机检查。当然，我们也可以在“运行”里面直接输入 msconfig 命令选择启动项。

(4) 市电电压不稳。

(5) 插排或电源插座的质量差，接触不良。

(6) 计算机电源的功率不足或性能差，更换高质量大功率计算机电源。

(7) 主机开关电源的市电插头松动，接触不良，没有插紧，Reset 键有问题。

### 5.2.4 设备驱动程序

由于硬件操作要求拥有执行特殊指令和处理终端等处理的特权，所以用户应用程序一般不能直接和硬件通信，设备驱动程序承担了硬件交互的工作，它能够使特定的硬件和软件与操作系统建立联系，让操作系统能够正常运行并启用该设备。如果用户正准备添加某些新的设备，操作系统不会知道如何处理它。但是当用户安装了驱动程序后，操作系统就可以正确地判断出它是什么设备，更重要的是它知道如何使用这个新设备。硬件如果缺少了驱动程序的“驱动”，那么本来性能非常强大的硬件就无法根据软件发出的指令进行工作，硬件就是空有一身本领都无从发挥，毫无用武之地。

从理论上讲，所有的硬件设备都需要安装相应的驱动程序才能正常工作。但像 CPU、内存、主板、软驱、键盘、显示器等设备却并不需要安装驱动程序也可以正常工作，而显卡、声卡、网卡等却一定要安装驱动程序，否则便无法正常工作。这主要是由于这些硬件对于计算机是必需的，所以早期的设计人员将这些硬件列为 BIOS 能直接支持的硬件。换句话说，上述硬件安装后就可以被 BIOS 和操作系统直接支持，不再需要安装驱动程序。从这个角度来说，BIOS 也是一种驱动程序。但是对于其他的硬件，例如，网卡、声卡、显卡等却必须安装驱动程序，不然这些硬件就无法正常工作。

驱动程序可以界定为官方正式版、微软 WHQL(Windows Hardware Quality Lab)认证版、第三方驱动、发烧友修改版、Beta(测试)版。

驱动程序安装的一般顺序：主板芯片组(Chipset)→显卡(VGA)→声卡(Audio)→网卡(LAN)→无线网卡(Wireless LAN)→红外线(IR)→触控板(Touchpad)→PCMCIA 控制器→读卡器(Flash Media Reader)→调制解调器(Modem)→其他(如电视卡、CDMA 上网适配器等)。不按顺序安装很有可能导致某些软件安装失败。

第一步,安装操作系统后,首先应该安装操作系统的 Service Pack(SP)补丁。因为知道驱动程序直接面对的是操作系统与硬件,所以首先应该用 SP 补丁解决操作系统的兼容性问题,这样才能尽量确保操作系统和驱动程序的无缝结合。

第二步,安装主板驱动。主板驱动主要用来开启主板芯片组内置功能及特性,主板驱动里一般是主板识别和管理硬盘的 IDE 驱动程序或补丁,例如,Intel 芯片组的 INF 驱动和 VIA 的 4in1 补丁等。如果还包含有 AGP 补丁的话,一定要先安装完 IDE 驱动再安装 AGP 补丁,这一步很重要,也是很多造成系统不稳定的直接原因。

第三步,安装 DirectX 驱动。这里一般推荐安装最新版本,目前 DirectX 的最新版本是 DirectX 9.0C。

第四步,安装显卡、声卡、网卡、调制解调器等插在主板上的板卡类驱动。

第五步,安装打印机、扫描仪、读写机这些外设驱动。

这样的安装顺序就能使系统文件合理搭配,协同工作,充分发挥系统的整体性能。

## 5.3 常用应用软件

随着社会的发展和科学的进步,计算机已经逐步进入了人们的生活。要熟练使用计算机和快速获取网络上的资源,各种相应的软件是必不可少的。软件是计算机的灵魂。

本节将对应用软件分类总结。应用软件按照获得方式分类可以分为免费软件、共享软件和商业软件;按照性质分类可以分为必备软件和装机软件;按照用途分类可以分为网络软件、系统工具软件、网络聊天软件、图形图像软件、教育教学软件等。本节将按照用途分类介绍各类软件的功能及其使用。

### 5.3.1 网络服务软件

近来随着计算机技术和通信技术的发展,网络逐渐渗透到人们的日常生活、工作和学习中,对于网络软件的应用影响人们对于因特网的使用。

网络服务软件主要包括下载工具软件、浏览器、电子邮件软件等。

#### 1. 下载工具

大多数网络用户普遍认为网络上最实用的功能就是下载软件。Internet 上提供的软件数量之多,可以说是无所不有。但是网络用户却面临着上网费用昂贵、传输线路速度普遍不理想等问题,如何做到经济快速地下载所需软件呢?需要使用相应的下载工具,不同的下载工具使用不同的下载技术支持各种网络协议。下载工具软件除了具有下载功能外,还可以有共享任务、资源搜索、同资源聊天、边下边播放等功能。

常用的下载工具软件有迅雷(Thunder)、比特彗星(BitComet)、脱兔(TuoTu)、网际快车(FlashGet)等。

下载工具软件使用不同的下载技术,如 DHT(Distributed Hash Table)网络搜索、多 Tracker 搜索、内网互联、自动 UPnP 映射等,同时支持不同的网络协议,如 HTTP://、

FTP://、mms://、RTSP://、thunder://等。每种软件有各自的界面和功能特色，用户可以根据自己的需求选用。例如"迅雷"界面如图 5-24 所示。

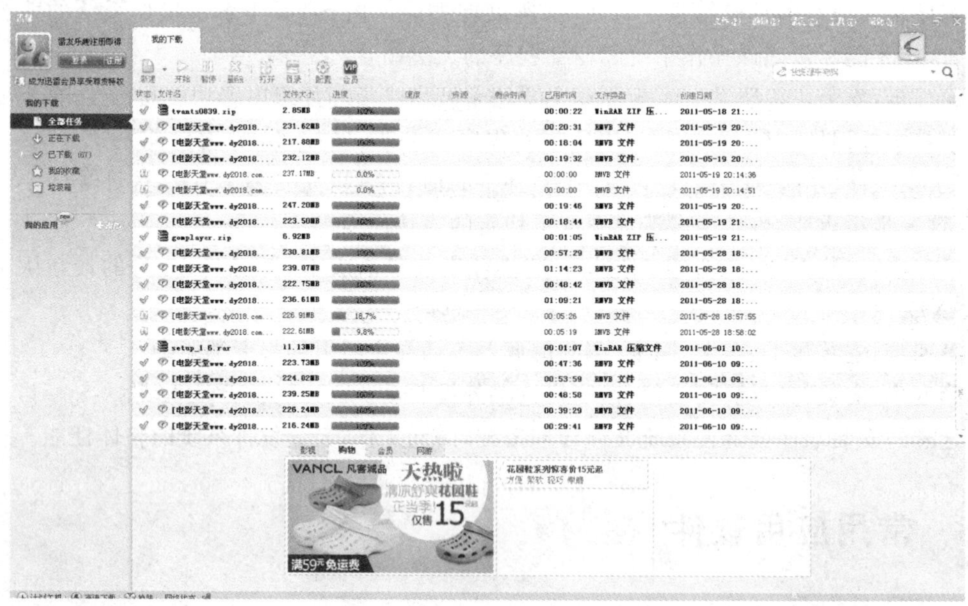


图 5-24 "迅雷"界面

## 2. 浏览器

用户要浏览网络上的信息，必须使用浏览软件。浏览器软件主要使用 HTTP 在 Internet 上传输网页内容，进行信息交流。

常用的浏览器软件有 Microsoft Internet Explorer、Mozilla Firefox、Opera、360 等。

1）Internet Explorer 9 浏览器

Internet Explorer 是微软公司最新一款 IE 浏览器，支持 Windows Vista、Windows 7 和 Windows Server 2008，但不支持 Windows XP。Internet Explorer 9 中的新图形功能和改进的性能为引人入胜和丰富的体验提供了条件。硬件加速的文本、视频和图形意味着网站可像安装在计算机上的程序一样执行。高清视频十分流畅，图形清晰且响应及时，颜色逼真，网站具有前所未有的交互性。通过子系统增强功能（如 Chakra 这款新的 JavaScript 引擎），网站和应用程序的加载速度更快且响应更及时。Internet Explorer 9 与 Windows 7 提供的强大图形功能相结合，可在 Windows 上获得最佳 Web 体验。界面如图 5-25 所示。

2）Mozilla Firefox（缩写为 Fx）

Mozilla Firefox（Fx，火狐）是由 Mozilla 基金会（谋智网络）与开源团体共同开发的网页浏览器。Firefox 4 最突出的表现之一就是性能的大幅提升，采用了全新的 JagerMonkey JavaScript 脚本引擎。通过更快的启动速度和改进的硬件加速图像渲染，全面提高页面加载速度。在台式机、笔记本、手机等多种终端设备中，方便地同步用户的设置、密码、书签、历史记录、打开的标签页以及其他自定制信息。跟其他服务不同，在将数据通过网络发送之前，加密了所有的数据，让火狐网络同步变得十分安全。Mozilla Firefox 界面如图 5-26 所示。

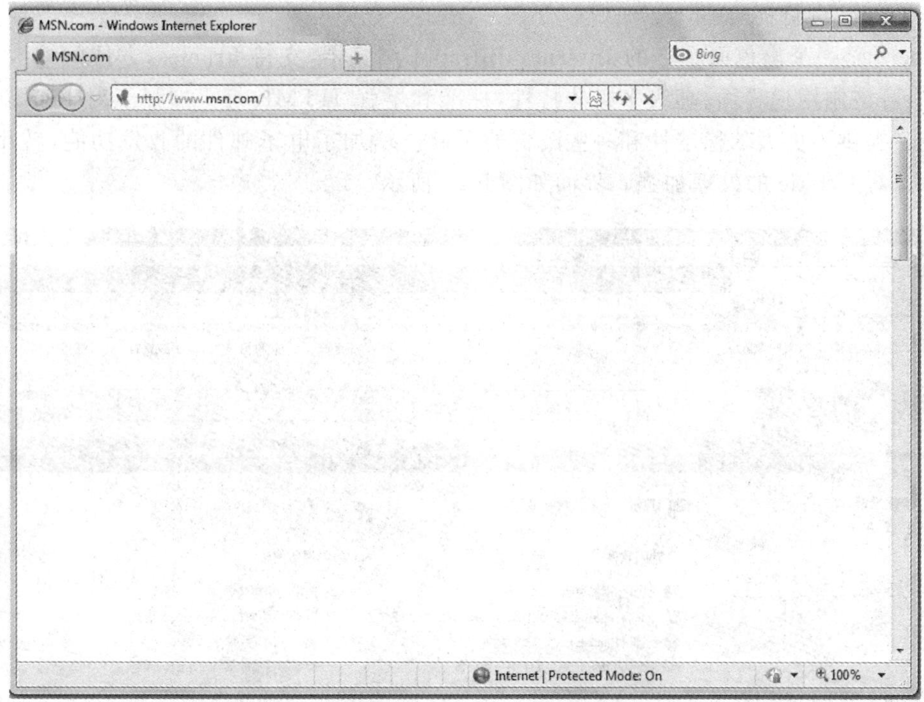


图 5-25 IE 界面

图 5-26 Mozilla Firefox 界面

3）Opera 浏览器

Opera 是一个出色而小巧的 Internet/Intranet 浏览器，支持 Frames，方便的缩放功能，多窗口、可定制用户界面、高级多媒体特性，标准和增强 HTML 等。加强了对 Java 新版本的支持。提供了更大的稳定性和一些改善的更新。增加了电子邮件的收发功能，转用书签的概念。对 Cookie 的处理加强。界面如图 5-27 所示。

图 5-27 Opera 界面

4）360 安全浏览器

360 安全浏览器和 360 安全卫士、360 杀毒软件等产品一同成为 360 安全中心的系列产品。木马已经取代病毒成为当前互联网上最大的威胁，90%的木马用挂马网站通过普通浏览器入侵，每天有 200 万用户访问挂马网站中毒。360 安全浏览器拥有全国最大的恶意网址库，采用恶意网址拦截技术，可自动拦截挂马、欺诈、网银仿冒等恶意网址。独创沙箱技术，在隔离模式即使访问木马也不会感染。除了在安全方面的特性，360 安全浏览器在速度、资源占用、防假死不崩溃等基础特性上表现同样优异，在功能方面拥有翻译、截图、鼠标手势、广告过滤等几十种实用功能。界面如图 5-28 所示。

### 3. 电子邮件软件

电子邮件服务是 Internet 提供的服务中最基本的一项，与传统的邮件相比，通过电子邮件用户可以快速高效地互通信息。电子邮件不仅可以传送文字信息，而且可以传送图片、声音、视频等多媒体信息，具有信息量大、传递迅速和费用低的特点。

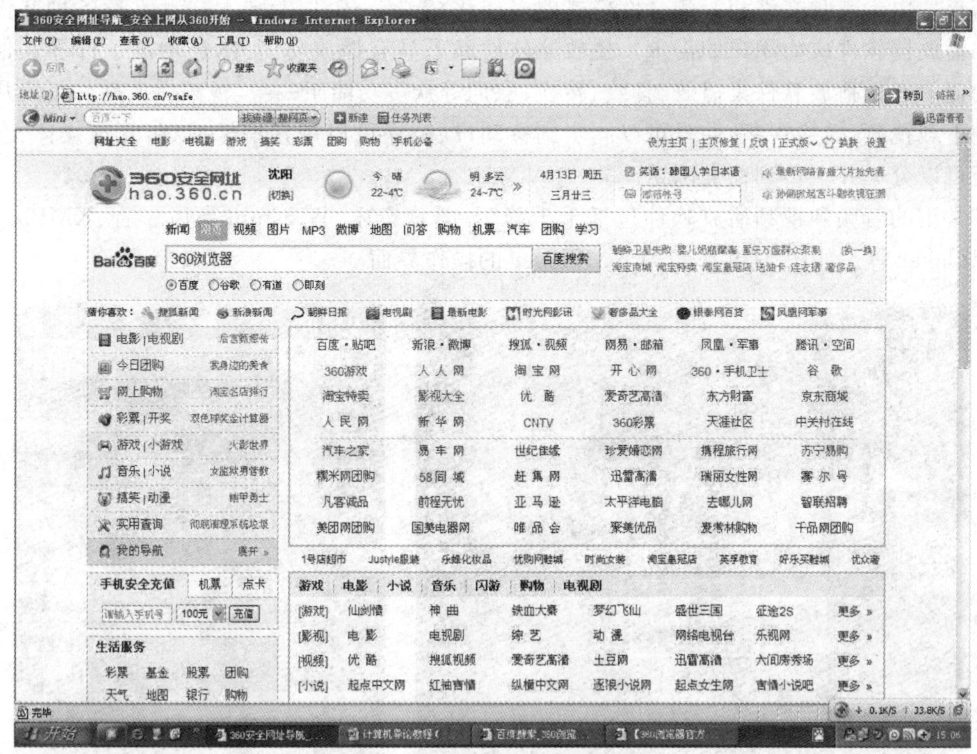


图 5-28 360 安全浏览器界面

常用的电子邮件管理软件有 Microsoft Outlook Express、FoxMail 等。

### 4. 网络聊天软件

网络聊天工具软件与电子邮件相比，具有更好的实时性，用户可以通过这类软件实时进行信息交流。除了传统的文字信息外，聊天软件还提供了视频聊天、语音聊天，使得信息的沟通更加多样化。并且可以与手机等通信工具通信，提供的好友手机短信免费发、语音群聊超低资费、手机计算机文件互传等更多强大功能。

常用的聊天工具软件包括 QQ、MSN、飞信等。

### 5. 杀毒软件

随着计算机和 Internet 的日益普及，计算机病毒已经成为当今信息社会的一大顽症，针对互联网上大量出现的恶意病毒、挂马网站和钓鱼网站等，杀毒软件成为个人计算机的必备软件之一。无论使用网银、网上支付、网络购物、网络游戏，还是上网工作、学习、娱乐，都可尽享安全可靠的网上交易和网络生活，阻止病毒、蠕虫、间谍软件、僵尸网络及其他威胁，系统免遭恶意软件的侵袭成为各杀毒软件的目标。

常用的杀毒软件包括诺顿、瑞星、金山毒霸、卡巴斯基、360 杀毒等。

## 5.3.2 视频音频播放软件

随着个人计算机的普及，计算机除了应用于工作，也更加注重满足人们娱乐休闲方面的需求。由于视频文件和音频文件格式的多样化，选择一个功能强大并且支持各种文件格式的播放器软件成为用户的需求。播放器软件除了具有播放功能外，还增添了许多其他相关功能。音乐播放软件集播放、音效、转换、歌词等众多功能于一身，视频播放软件可以从网页中下载视频、转换视频，并且可以同步到移动设备，还可以用它编辑视频，管理媒体文件，甚至可以分享并上传到社交网站。

常用的音频和视频播放软件包括千千静听、酷狗音乐、Winamp、暴风影音、KMPlayer、RealPlayer 等。如图 5-29 所示为 KMPlayer 的操作界面。

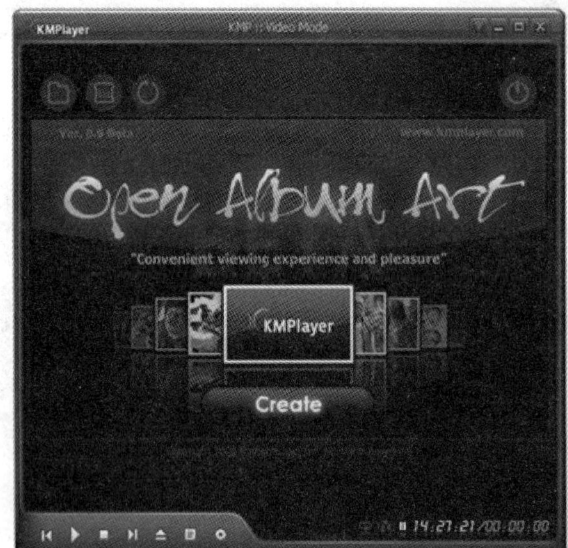

图 5-29 KMPlayer 界面

### 5.3.3 图像处理软件

随着多媒体时代的到来，图像作为一种信息存储方式已经有了越来越多的应用。相应的图像处理软件种类也很繁多，常用的图像处理软件包括 Photoshop、ACDSee、Snagit 等。

#### 1. Photoshop

Photoshop 是 Adobe 公司旗下最为出名的图像处理软件之一，可提供最专业的图像编辑与处理。无论是个人照片处理、室内装潢设计，还是广告设计，Photoshop 都可以胜任。界面如图 5-30 所示。

#### 2. ACDSee

ACDSee 是一款非常出色的图片管理软件，不论拍摄的相片是什么类型，家人与朋友的，或是作为业余爱好而拍摄的艺术照，都需要相片管理软件来轻松快捷地整理以及查看、修正和共享这些相片。界面如图 5-31 所示。

图 5-30 Photoshop 界面

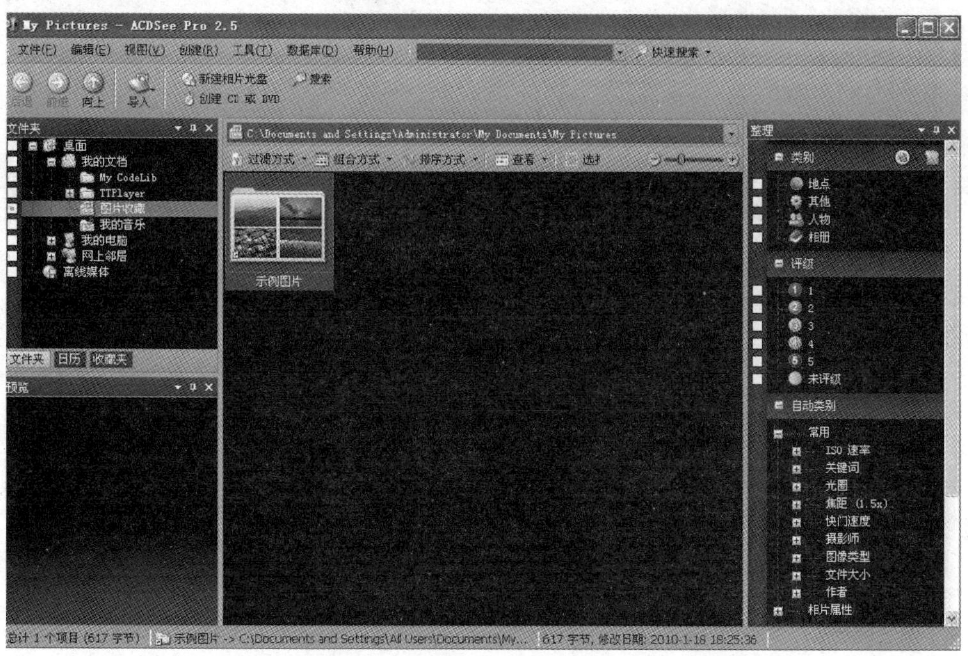


图 5-31 ACDSee 界面

### 3. Snagit

Snagit 是一个非常优秀的屏幕、文本和视频捕获与转换程序。可以捕获 Windows 屏幕、DOS 屏幕，RM 电影、游戏画面，菜单、窗口、客户区窗口、最后一个激活的窗口或用鼠标定义的区域。图像可存为 BMP、PCX、TIF、GIF 或 JPEG 格式，也可以存为系列动画。使用 JPEG 可以指定所需的压缩级(1%～99%)。可以选择是否包括光标，添加水印。另外，还具有自动缩放、颜色减少、单色转换、抖动以及转换为灰度级。此外，保存屏幕捕获的图像前，可以用其自带的编辑器编辑；也可以选择自动将其送至 Snagit 打印机或 Windows 剪贴板中，也可以直接用 E-mail 发送。Snagit 具有将显示在 Windows 桌面上的文本块转换为计算机可读文本的独特能力，这里甚至无需 CUT 和 Paste。程序支持 DDE，所以其他程序可以控制和自动捕获屏幕。新版还能嵌入 Word、PowerPoint 和 IE 浏览器中。界面如图 5-32 所示。

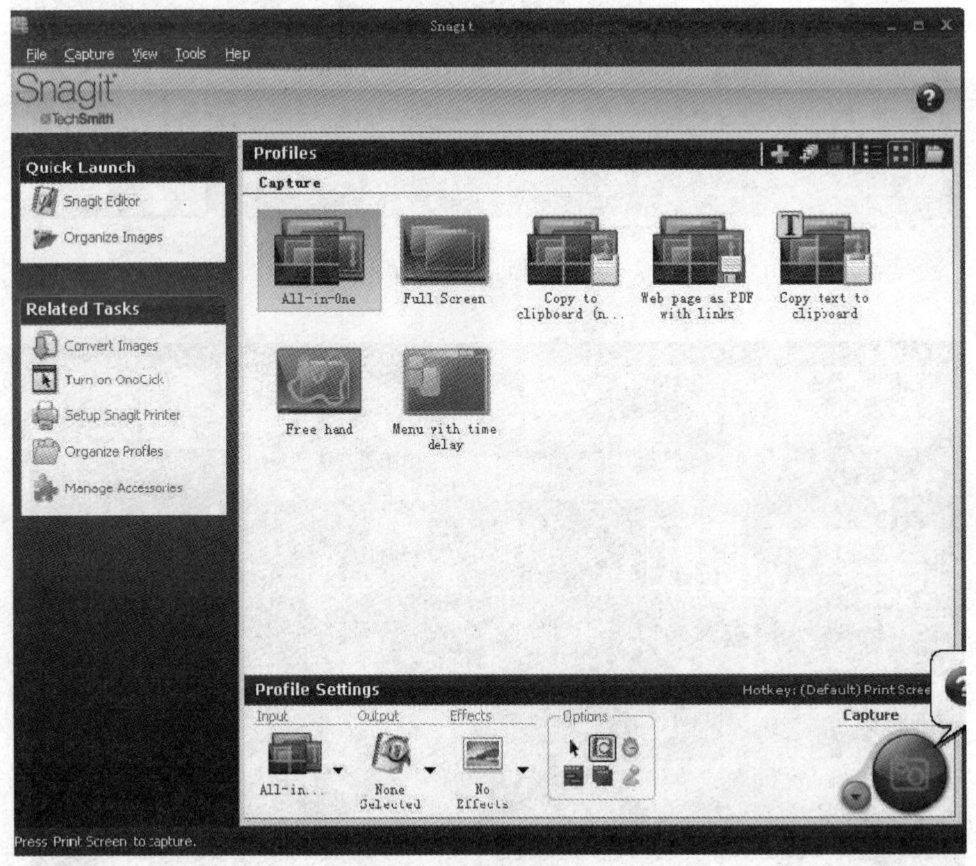


图 5-32 Snagit 界面

### 4. 美图秀秀

美图秀秀是一款很好用的免费图片处理软件，简单易用。美图秀秀独有的图片特效、美容、拼图、场景、边框、饰品等功能，加上每天更新的精选素材，可以在 1min 做出影楼级照片，继计算机版之后，美图秀秀又推出了 iPhone 版、Android 版、iPad 版及网页版。界面如图 5-33 所示。

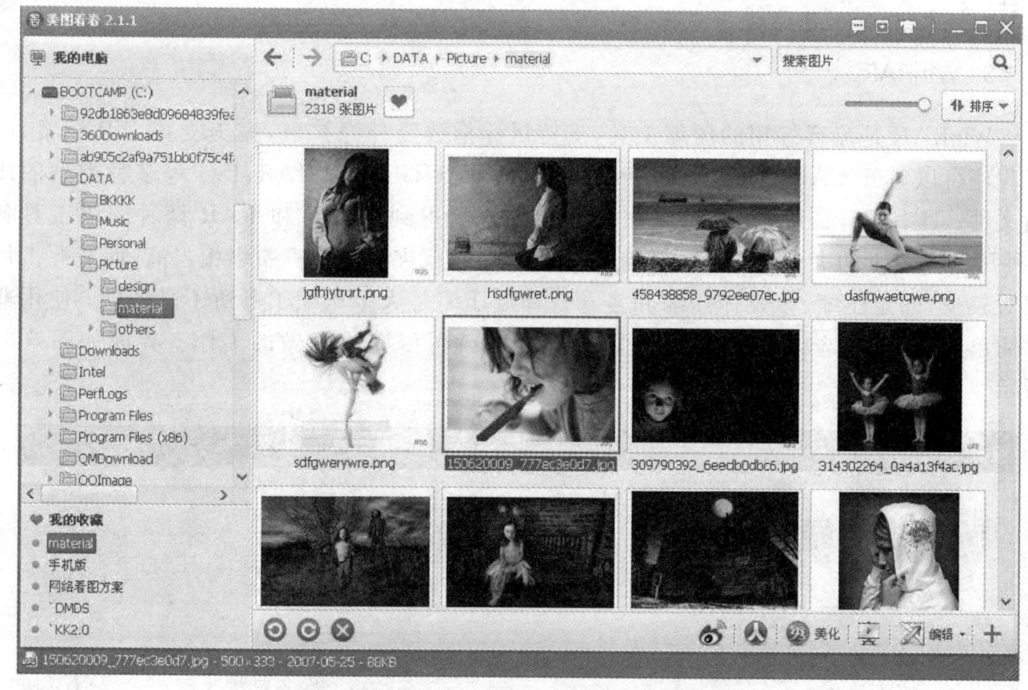


图 5-33 美图秀秀界面

### 5.3.4 系统工具软件

系统工具软件作为系统功能的扩展工具，在操作系统的使用中必不可少。常用的系统工具包括 EasyRecovery、Windows 优化大师、WinRAR 等。

#### 1. EasyRecovery

EasyRecovery 是世界著名数据恢复公司 Ontrack 的技术杰作。其 Professional（专业）版更是囊括了磁盘诊断、数据恢复、文件修复、E-mail 修复等全部 4 大类 19 个项目的各种数据文件修复和磁盘诊断方案。其支持的数据恢复方案包括以下几项。

（1）高级恢复：使用高级选项自定义数据恢复。

（2）删除恢复：查找并恢复已删除的文件。

（3）格式化恢复：从格式化过的卷中恢复文件。

（4）Raw 恢复：忽略任何文件系统信息进行恢复。

（5）继续恢复：继续一个保存的数据恢复进度。

#### 2. Windows 优化大师

一款功能强大的系统辅助软件，它提供了全面有效且简便安全的系统检测、系统优化、系统清理、系统维护 4 大功能模块及数个附加的工具软件。使用 Windows 优化大师，能够有效地帮助用户了解自己的计算机软硬件信息，简化操作系统设置步骤，提升计算机运行效率，清理系统运行时产生的垃圾，修复系统故障及安全漏洞，维护系统的正常运转。

### 3. WinRAR

WinRAR 是流行好用的压缩工具，支持鼠标拖放及外壳扩展，完美支持 ZIP 档案，内置程序可以解开 CAB、ARJ、LZH、TAR、GZ、ACE、UUE、BZ2、JAR、ISO 等多种类型的压缩文件；具有估计压缩功能，可以在压缩文件之前得到用 ZIP 和 RAR 两种压缩工具各 3 种压缩方式下的大概压缩率；具有历史记录和收藏夹功能；压缩率相当高，而资源占用相对较少，固定压缩、多媒体压缩和多卷自释放压缩是大多压缩工具所不具备的；使用非常简单方便，配置选项不多，仅在资源管理器中就可以完成想做的工作。界面如图 5-34 所示。

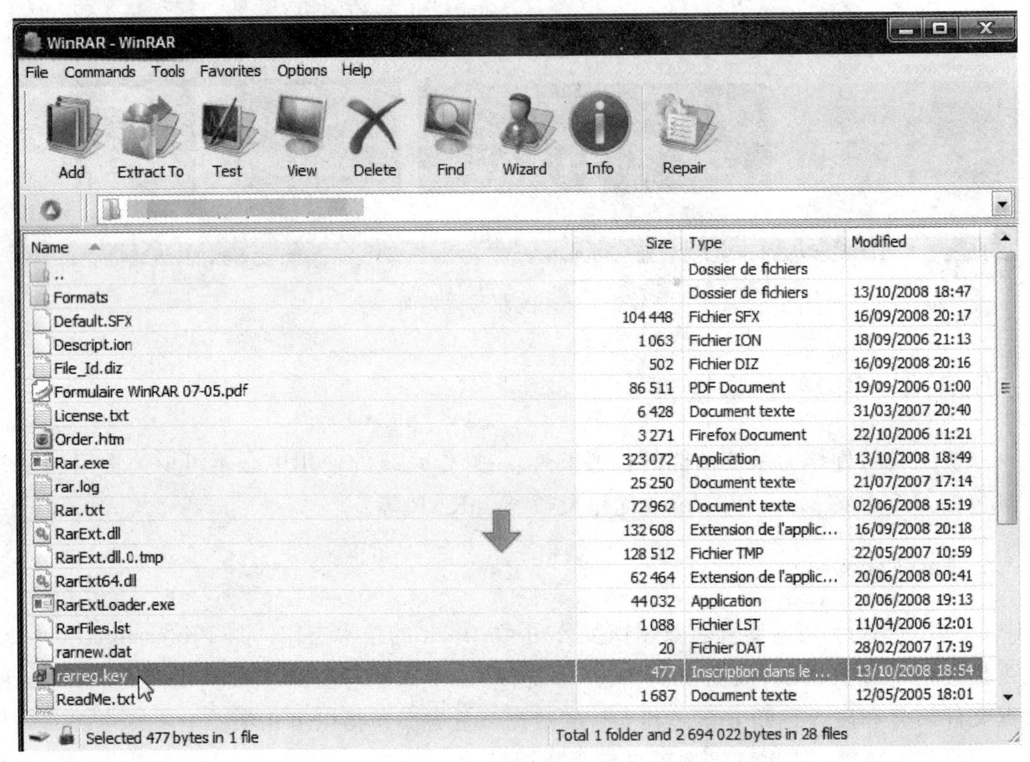


图 5-34 WinRAR 界面

### 4. 鲁大师

鲁大师(原名 Z 武器)是新一代的系统工具。它是能轻松辨别计算机硬件真伪，保护计算机稳定运行，优化清理系统，提升计算机运行速度的免费软件。界面如图 5-35 所示。

图 5-35 鲁大师界面

## 5.3.5 电子阅读软件

常用的电子阅读软件有 Adobe Reader，用于打开和使用在 Adobe Acrobat 中创建的 Adobe PDF 的工具。虽然无法在 Reader 中创建 PDF，但是可以使用 Reader 查看、打印和管理 PDF。在 Reader 中打开 PDF 后，可以使用多种工具快速查找信息。如果收到一个 PDF 表单，则可以在线填写并以电子方式提交。如果收到审阅 PDF 的邀请，则可使用注释和标记工具为其添加批注。使用 Reader 的多媒体工具可以播放 PDF 中的视频和音乐。如果 PDF 包含敏感信息，则可利用数字身份证对文档进行签名或验证。

除此之外，CAJ 也是常用的阅读软件，CAJ 全文浏览器是中国期刊网的专用全文格式阅读器，它支持中国期刊网的 CAJ、NH、KDH 和 PDF 格式文件。它可以在线阅读中国期刊网的原文，也可以阅读下载到本地硬盘的中国期刊网全文。它的打印效果可以达到与原版显示一致的程度。CAJViewer 又称为 CAJ 浏览器 或是叫 CAJ 阅读器，由同方知网(北京)技术有限公司开发，用于阅读和编辑 CNKI 系列数据库文献的专用浏览器。CNKI 一直以市场需求为导向，每一版本的 CAJViewer 都是经过长期需求调查，充分吸取市场上各种同类主流产品的优点研究设计而成。CAJViewer 自 2003 年发展至今主要推出 5.5、6.0、7.0 共 3 个版本。经过几年的发展，它的功能不断完善、性能不断提高，它兼容 CNKI 格式和 PDF 格式文档，可不需下载直接在线阅读原文，也可以阅读下载后的 CNKI 系列文献全文，并且它的打印效果与原版的效果一致，逐渐成为人们查阅学术文献不可或缺的阅读工具。

## 5.4 办公软件

办公处理涉及文字信息、数字、表格、图表等，需要用到多种类型的办公软件支持。微软公司所开发的 Office 系列软件具有所见即所得、易学易用等特点。本节介绍 Office 2007 的常用组件。

### 5.4.1 Word 2007 文字处理

本节将以一篇实际的文章为例，通过讲解使用 Word 2007 对文章进行排版的一般步骤的方式介绍 Word 2007 的功能。Word 2007 的界面如图 5-36 所示。

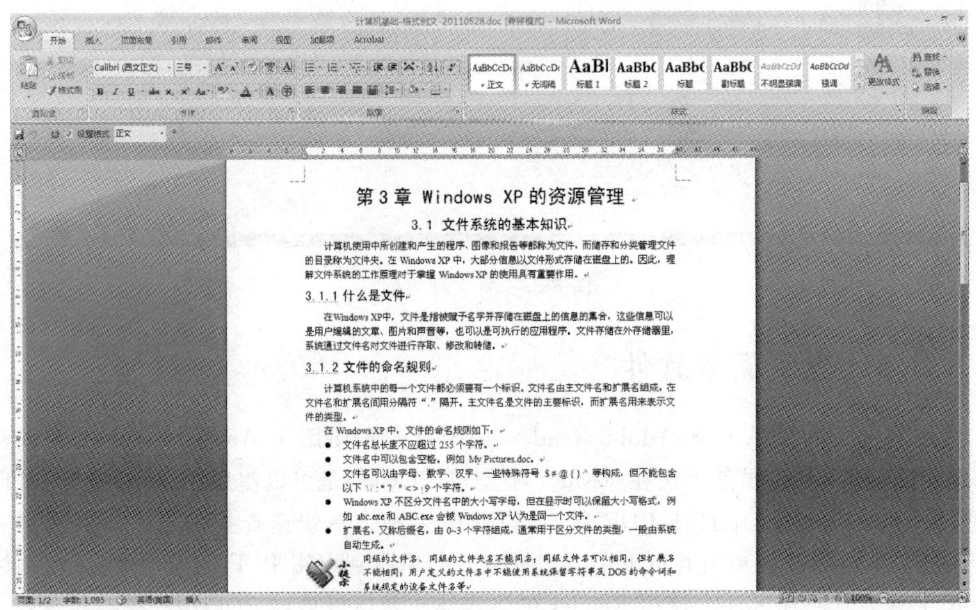


图 5-36 Word 2007 界面图

#### 1. 设置字体及段落

(1) 选中要设置的文字，在"开始"菜单的"字体"组中设置字体、字号、字色等属性，更多的字体设置可以通过单击字体组右下角的箭头打开对话框进行设置。"字体"组界面如图 5-37 所示。

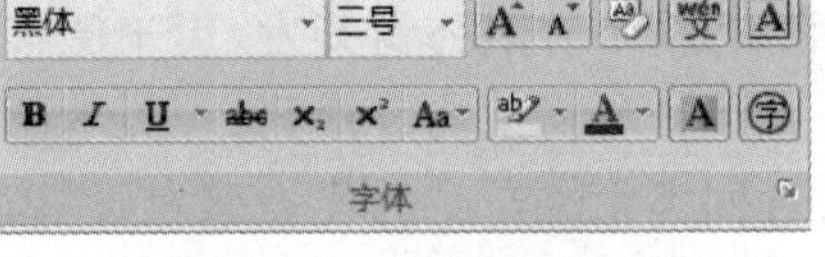


图 5-37 "字体"组界面

(2) 设置段落格式。

通过"开始"菜单的"段落"组进行设置，如图 5-38 所示。通过"段落"组可以设置段前段后的间距、行距、文字的对齐方式，在特殊格式中可以设置首行缩进。同时，通过设置项目编号和项目符号，为文字设置编号。

(3) 设置章节标题。

通过"开始"菜单中的"样式"组可以设置章节标题格式，"样式"组界面如图 5-39 所示。

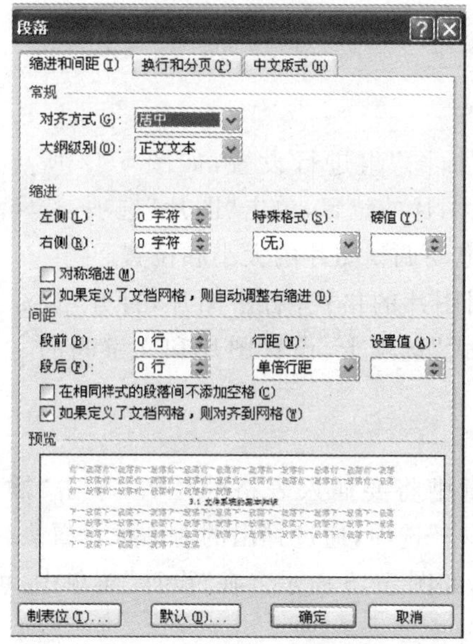


图 5-38 “段落”组界面

图 5-39 “样式”组界面

单击右下角的箭头，出现“样式”设置对话框，如图 5-40 所示。单击左下角的“新建样式”按钮，出现“样式”设置对话框，可以对标题的字体、字号、段前段后间距进行设置。“根据格式设置创建新样式”对话框，如图 5-41 所示。

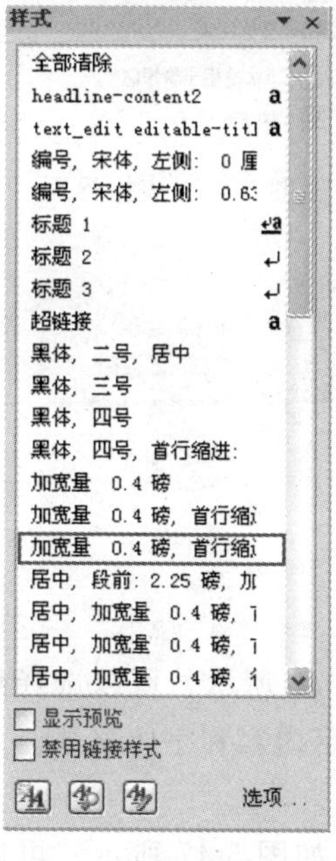

图 5-40 “样式”设置对话框

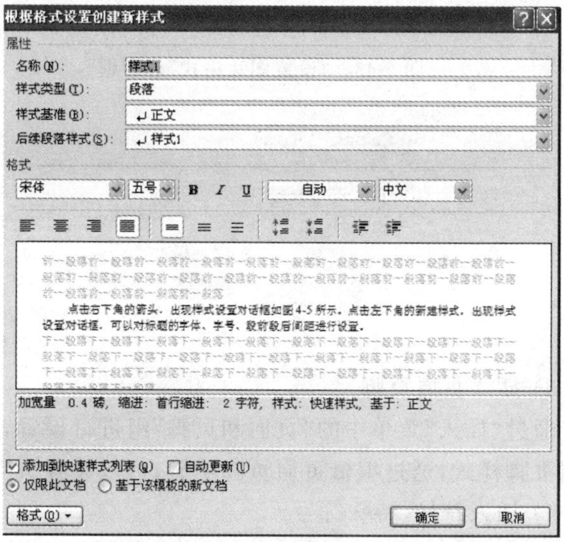

图 5-41 “根据格式设置创建新样式”对话框

**2. 插入图片表格等的操作**

1）插入图片

通过“插入”菜单中的“插图”组进行设置，如图 5-42 所示。首先将光标放在要插入图片的位置，单击“图片”选项，选择要插入的图片，可以通过拖动调整图片的大小和位置。

图 5-42 “插图”组界面

如果需要设置文字包围图片的格式，右击图片，打开“设置图片格式”选项，选择“版式”选项卡，设置图片和文字间的位置关系，如图 5-43 所示。

2）插入表格

首先将光标放置在文章中将要插入表格的位置，单击“插入”菜单中的“表格”组，如图 5-44 所示。单击“插入表格”选项，通过弹出的对话框设置表格的行数和列数。插入表格后，会自动出现“设计”菜单，如图 5-45 所示。在“设计”菜单中，可以设置表格的边框线的样式及底纹等。

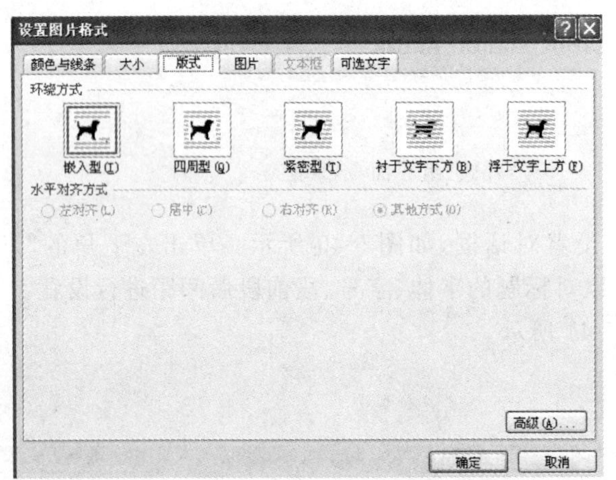


图 5-43 “设置图片格式”对话框

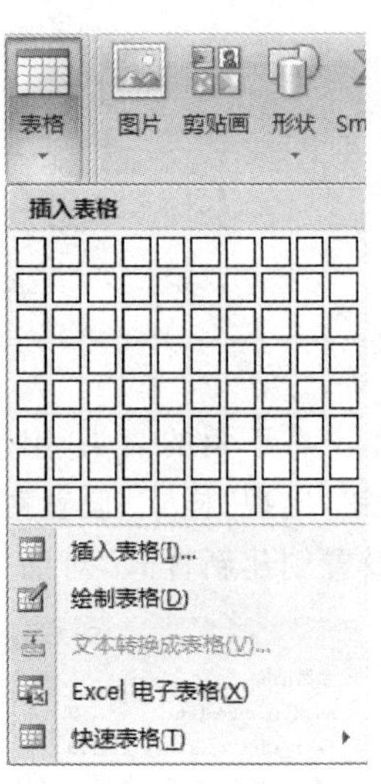


图 5-44 表格界面

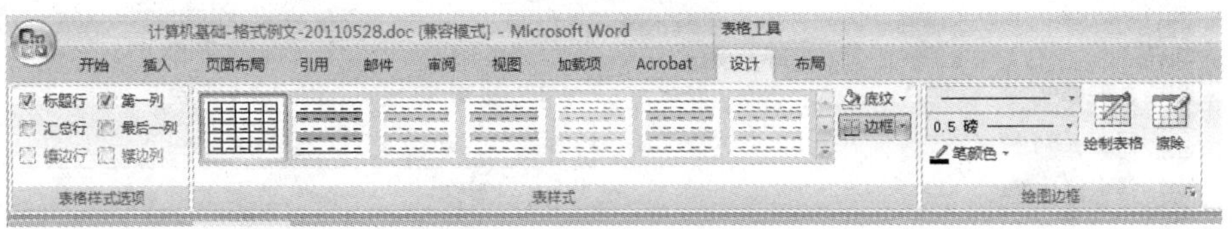


图 5-45 “设计”菜单

3）插入页眉页脚

通过“插入”菜单中的“页眉和页脚”组进行设置，界面如图 5-46 所示。可以选择想要的页眉页脚样式，通过编辑页眉页脚功能，可以设置页眉页脚的文字内容和字体格式。

4）插入符号、特殊符号

通过“插入”菜单中的“符号”、“特殊符号”组进行设置，界面如图 5-47 所示。可以选择想要插入的常用符号，通过选择“其他符号”选项可以打开“符号”对话框。

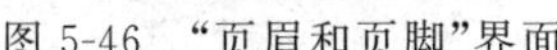
图 5-46 “页眉和页脚”界面

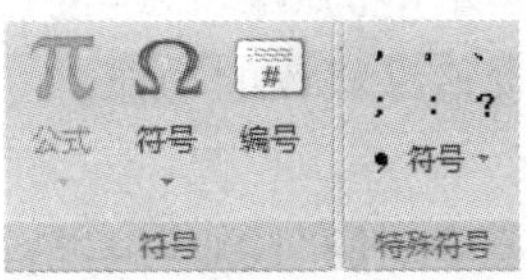


图 5-47 插入符号界面

5）插入日期和时间

通过“插入”菜单中“文本”组的“日期和时间”选项进行设置，界面如图 5-48 所示。

6）插入和删除分隔符

通过“页面布局”菜单中“页面设置”组的“分隔符”选项进行设置，界面如图 5-49 所示。打开“分隔符”选项可以进行分页符、分节符的插入和删除等操作。

图 5-48 插入日期和时间界面

图 5-49 插入和删除分隔符界面

### 3. 其他操作

1）创建、修改和应用样式

要更改现有样式，右击“开始”菜单下的“样式”组对应快速样式库中的样式，选择“修改”。此时将显示如图 5-50 所示的“修改样式”对话框。根据需要更改样式。如果要更改的格式没有显示出来，则单击左下角的“格式”按钮，从 7 种不同的格式类型中进行选择。

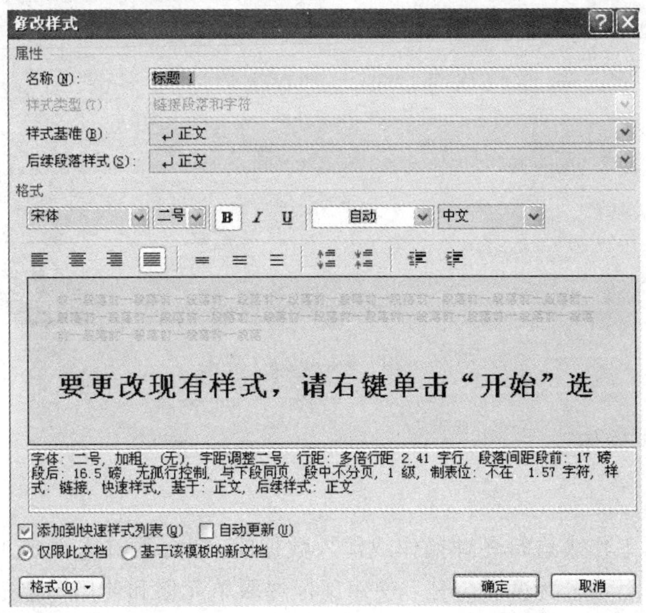


图 5-50 “修改样式”对话框

2）在文档中使用追踪修改功能

通过“开始”菜单中的“编辑”组进行设置，界面如图 5-51 所示。打开“查找”和“替换”选项可以对文档实现追踪修改的功能。

3）字数统计

通过“审阅”菜单中的“校对”组进行设置，界面如图 5-52 所示。可以实现对文档的字数统计等功能。

图 5-51 “编辑”组界面

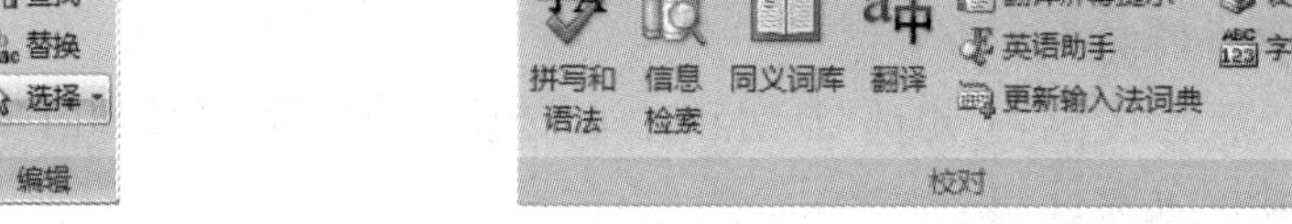


图 5-52 “校对”组界面

## 5.4.2 Excel 2007 电子表格

本节通过对 Excel 表格的基本制作案例介绍 Excel 的一般功能，Excel 2007 的界面如图 5-53 所示。Excel 2007 表格的界面与 Word 2007 的界面类似地分为“开始”、“插入”、“页面布局”、“公式”、“数据”、“审阅”、“视图”7 个菜单。

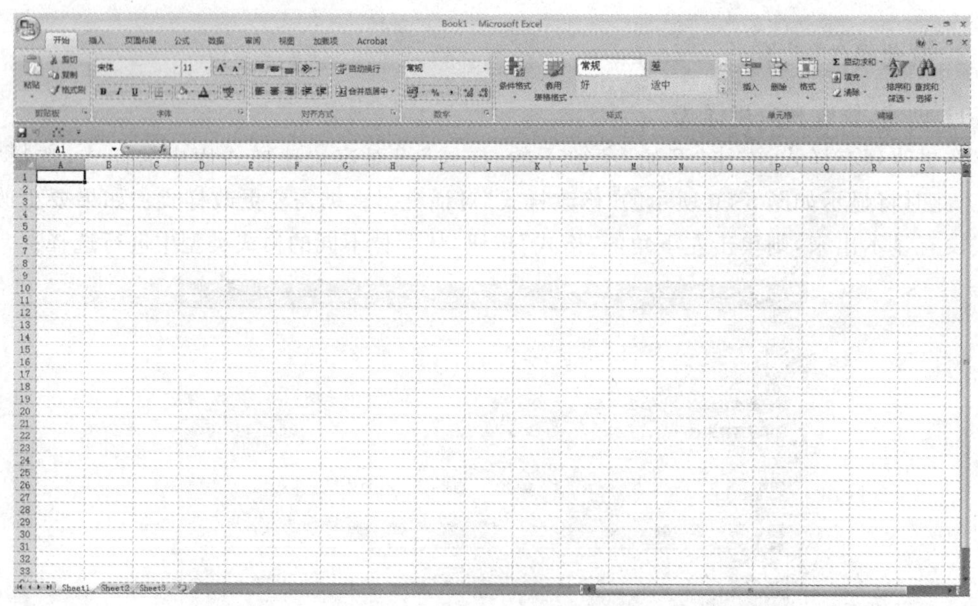


图 5-53 Excel 2007 界面

### 1. 工作表基本操作

1）选择单元格

在使用命令对工作表进行各种操作或输入数据时，都必须首先选定工作表单元格或者对象。选取单元格经常分为两种方法：使用鼠标选取单元格和使用名字框选取单元格。

（1）在工作表编辑区中，鼠标指针会呈十字状，把鼠标指针移动到要选取的单元格上，例如 C3，单击后即选中，如图 5-54 所示。如果需要选取多个连续单元格，将鼠标指向所选取的第一个单元格，拖动至最后一个单元格即可选定连续单元格，如图 5-55 所示。如果要选取不连续多个单元格只需在选择第一个单元格后按住 Ctrl 键，拖动鼠标继续选择其余单元格。

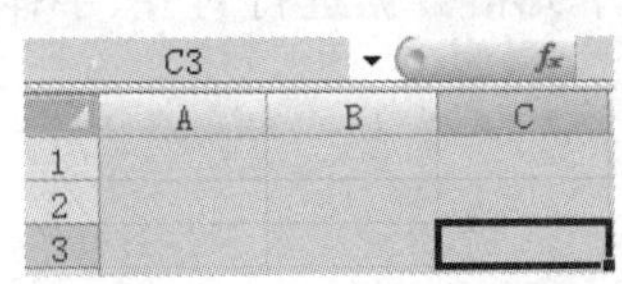


图 5-54 单元格选定界面

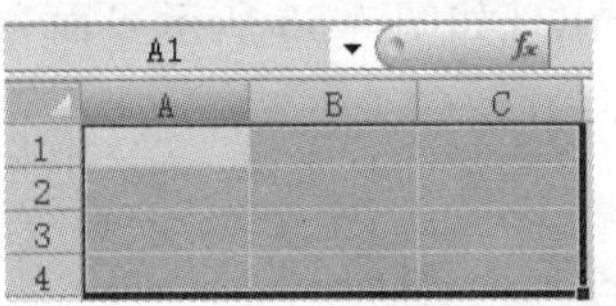


图 5-55 连续单元格选定界面

(2) 使用名字框选取单元格只需在名字框中输入要选取的单元格位置标识，再按 Enter 键即可选定单元格，名字框就是图 5-54 显示的 C3 位置。如果要选择连续单元格，例如图 5-55 所示的连续单元格，在命令框输入"A1：C5"即可选中。

2) 选择行列

选择单行和单列操作类似，下面就以选取单行操作为例，将鼠标移动到要选取的单行行号上，例如第二行，当光标变成向右的黑箭头时单击，整个第二行被选中，如图 5-56 所示。

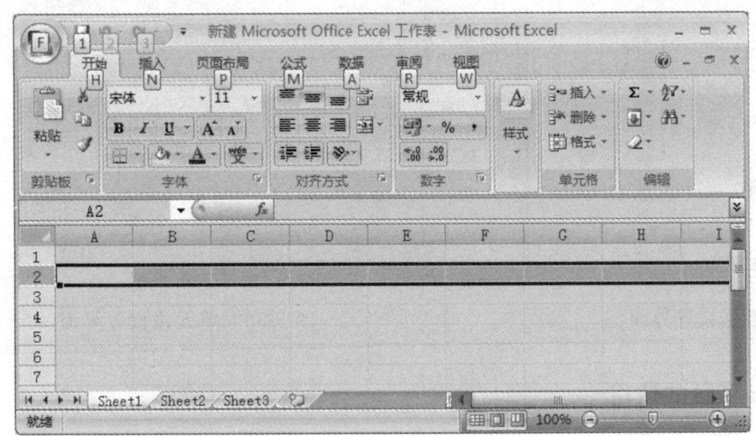


图 5-56 单行选定界面

选取多个连续或不连续行时分别在选取的时候按住 Shift 键或 Ctrl 键即可。

3) 输入数据

在向单元格输入数据之前必须单击选中这个单元格，然后直接输入数据或者在编辑栏中输入数据。如果输入的数据不是所希望的，那么可以进行一些设置，如图 5-57 所示。该界面是通过"开始"菜单的"数字"组中单击下三角按钮出现的，在这里可以修改输入数据的格式，例如，小数点的位数，日期显示格式等。如果在几个连续的单元格输入的数据是相同或递增的，可以通过拖动鼠标的方法来填充。具体操作是：激活某一单元格，将鼠标放在单元格的右下角，当鼠标变成黑色小十字时，按住左键开始拖动，经过的单元格就被填充与第一个单元格相同的数据；如果拖动的同时按住 Ctrl 键，则经过的单元格就会填充递增的数据。

4）单元格设置

在单元格中输入数据后，Excel 会默认数据对齐，但这往往不美观或者不满足需要，这时可以通过设置单元格格式来进行相应的设置。一般通过"开始"菜单下的"对齐方式"组就可以进行大部分设置，如果要进一步设置，可以选中要改变的单元格，右击打开"设置单元格格式"选项会出现如图 5-58 所示界面，在这里可以对单元格数据进行对齐、字体、边框、自动换行等设置。

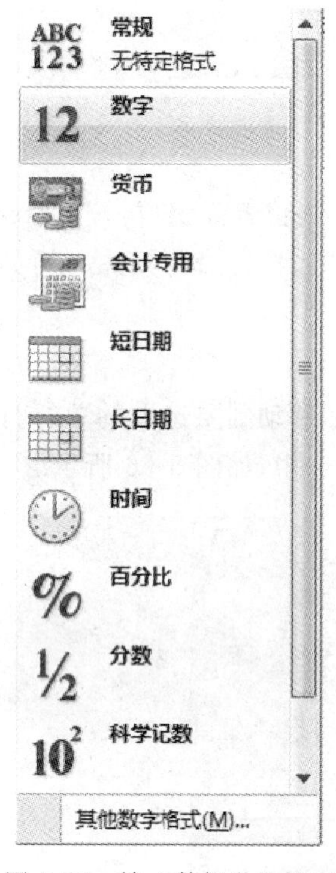


图 5-57 输入数据设置界面

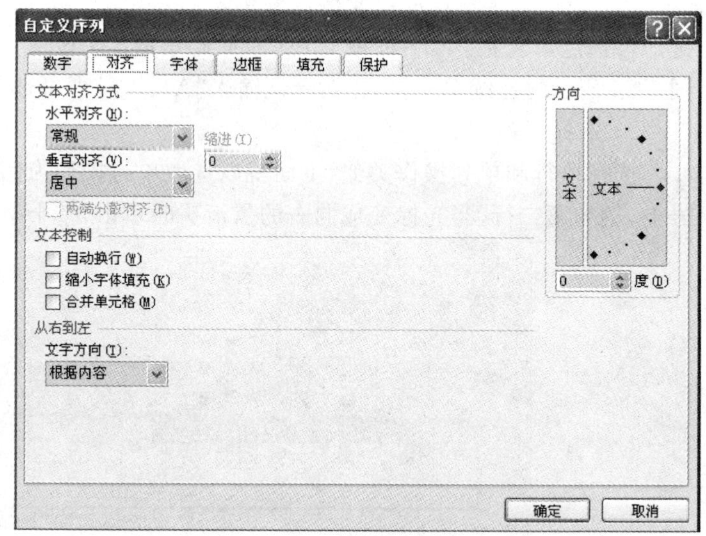


图 5-58 单元格设置界面

## 2. 公式和函数的使用

Excel 具有强大的计算功能，它除了可以进行加、减、乘、除四则运算外还可以进行复杂数据的计算。计算时可以根据系统提供的函数进行计算，也可以根据需要手动输入公式。系统内部函数在"公式"菜单下的"函数库"组中，如图 5-59 所示。

图 5-59 系统函数库界面

通过这个系统函数库提供的函数可以进行自动求和、平均值、最大值、最小值等一些常用的计算，也可以手动在单元格输入指定的公式。

选中单元格，在单元格中输入公式，即可计算。例如，求 A1 和 A2 的和并且显示在 A3 中，可以在 A3 中直接输入公式，如图 5-60 所示。按 Enter 键后显示结果。

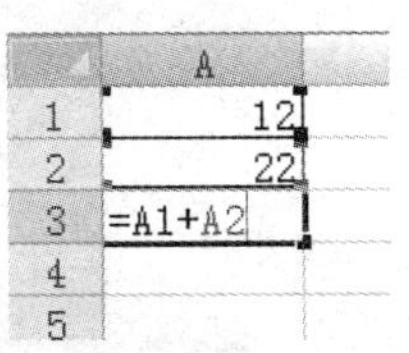

图 5-60 公式使用方法图

选择"公式"菜单中的"插入函数"选项，可以进行函数运算，具体操作与公式类似。选择要输出运算结果的单元格放置光标，然后选择需要的公式，输入参数后按 Enter 键，显示结果。例如求 A1～A3 的平均值，结果放置在单元格 A4 中，如图 5-61 所示。

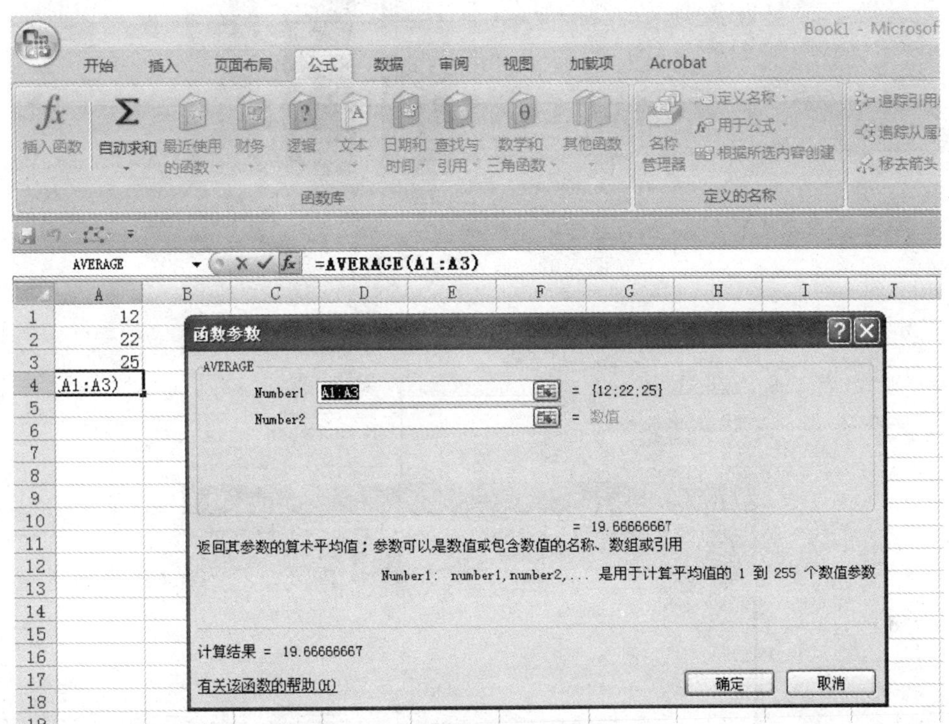

图 5-61 函数使用界面

### 3. 创建图表

选定要在图表中使用数据的区域，例如 C2:E5，在"插入"菜单中"图表"组中，选择要生成的图表类型，并选择图表的插入位置，生成一个图表。效果图如图 5-62 所示。图表与生成它们的工作表数据是链接的，当更改工作表数据时，图表会自动更新。

### 4. 数据排序和筛选

数据排序通过选择"开始"菜单中的"编辑"组，单击"排序和筛选"中的"自定义排序"选项，可以通过设置排序的关键字以及排序次序进行排序，如图 5-63 所示。

选择筛选的分类行，单击筛选功能，选择筛选的条件，则表格里留下符合筛选条件的信息。例如，按照性别进行筛选，选择留下性别为男的信息，如图 5-64 和图 5-65 所示。

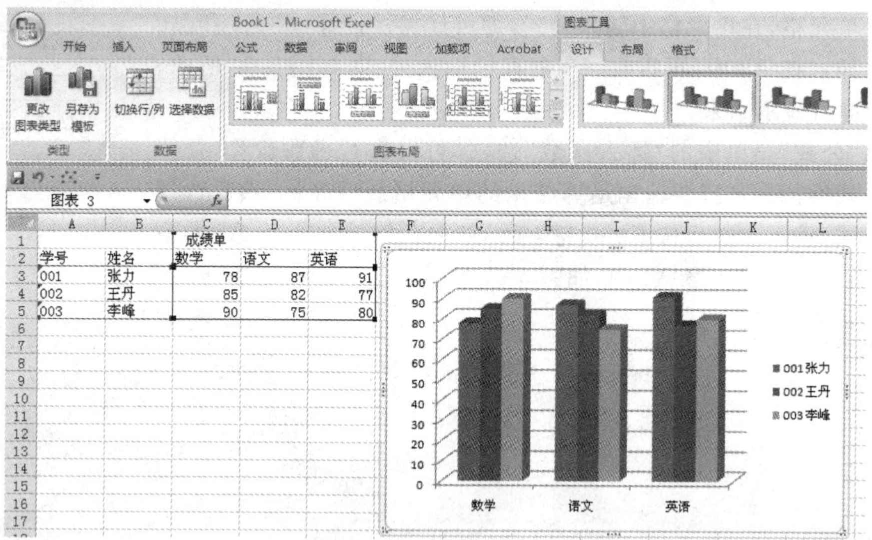


图 5-62　插入图表效果图

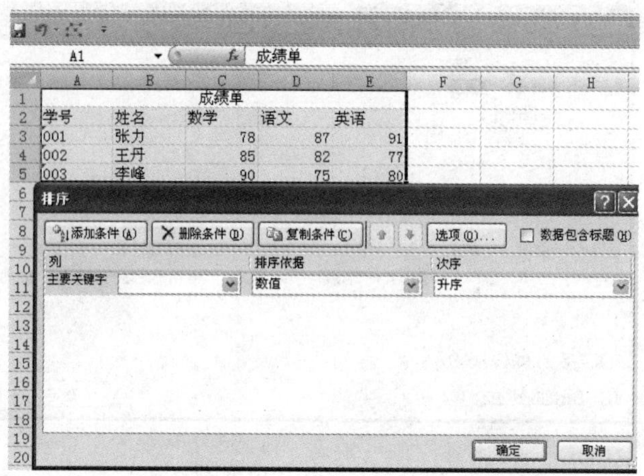


图 5-63　数据排序效果图

图 5-64　筛选过程图

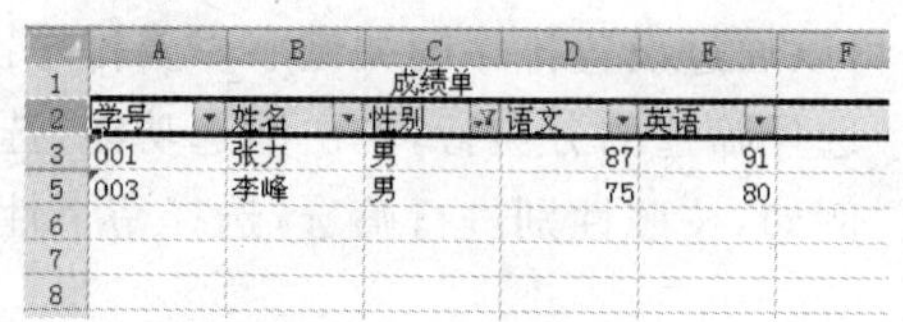


图 5-65　筛选结果图

## 5.4.3 PowerPoint 2007 演示文稿

本文对于 PowerPoint 2007 演示文稿的创建过程进行介绍，通过具体的制作过程了解掌握 PowerPoint 2007 的一般性功能的使用。

PowerPoint 2007 的界面如图 5-66 所示。

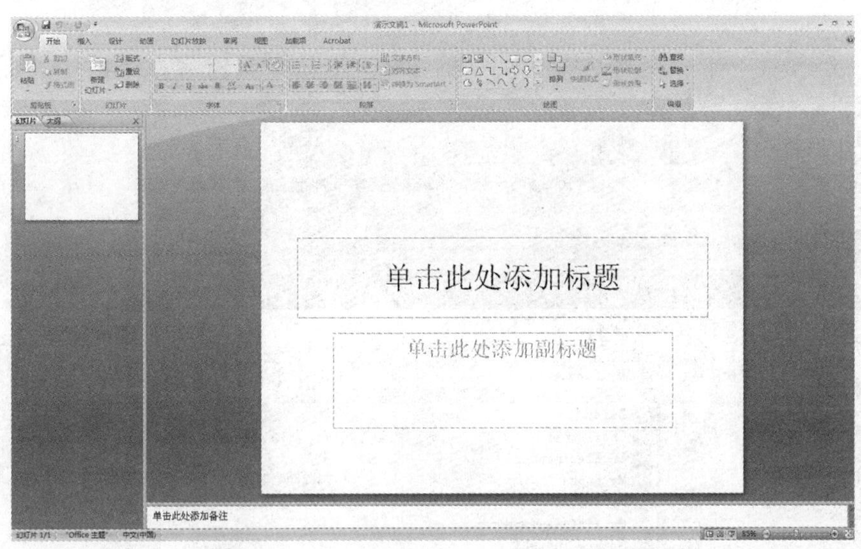


图 5-66 PowerPoint 2007 的界面

### 1. 创建幻灯片并选择版式

在“开始”菜单的“幻灯片”组可以创建幻灯片，或者按 Ctrl+M 键创建新的幻灯片页。创建好后根据内容选择幻灯片所需的版式结构，如“标题幻灯片”、“标题和内容”、“节标题”等，具体界面如图 5-67 所示。

### 2. 幻灯片主题设置

根据需要，可以选择合适的已经存在的样式作为自己幻灯片的模板，具体操作可以在“设计”菜单中选择一种主题，如图 5-68 所示，并且可以更改模板的文字颜色、字体、效果以及幻灯片的背景样式。

### 3. 插入图片、表格、超链接

图片、表格的插入功能都可以在“插入”菜单中找到，操作方式与 Word 相似。插入超链接通过“插入”菜单中的“链接”组进行设置，可以对某一段文字或者图片插入超链接，如图 5-69 所示。链接的目标可以是本幻灯片中的其他页面，也可以是其他文档或者电子邮件地址。

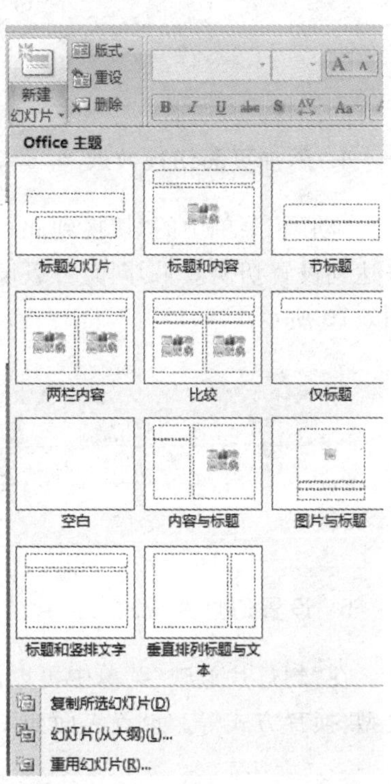


图 5-67 创建幻灯片界面

图 5-68 主题设置界面

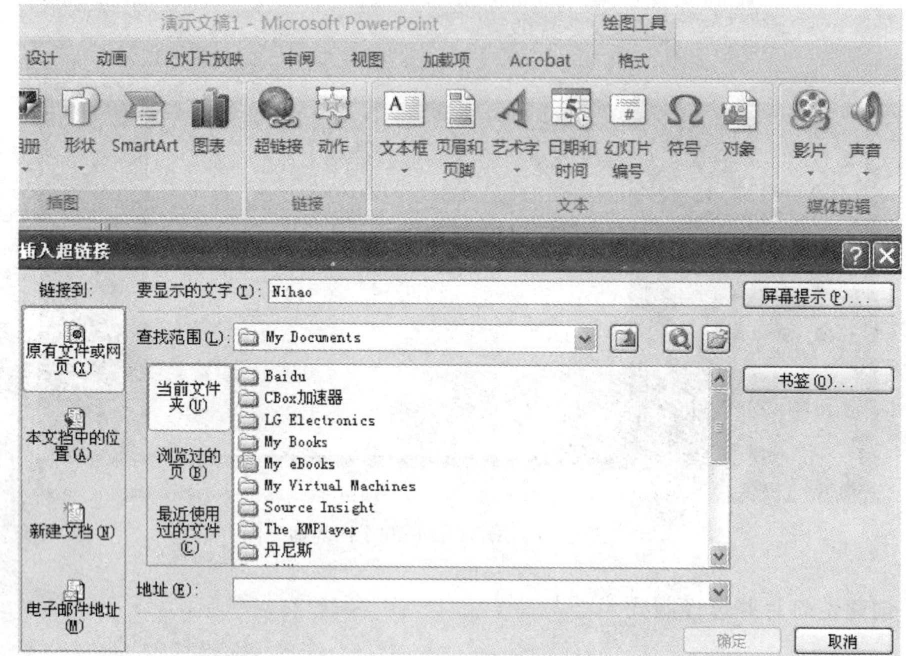


图 5-69 超链接界面图

### 4. 添加页面切换效果

“动画”菜单中的“切换到此页面”组可以设置页面切换的效果，也可以通过自定义动画来达到设置切换效果，同时可以设置切换的声音以及时间间隔快慢等，页面切换效果界面如图 5-70 所示。

图 5-70 页面切换效果界面

### 5. 设置幻灯片放映

在“幻灯片放映”菜单中可以设置放映相关事宜，包括放映开始的位置、排练计时、放映类型、换片方式等。设置界面如图 5-71 所示。

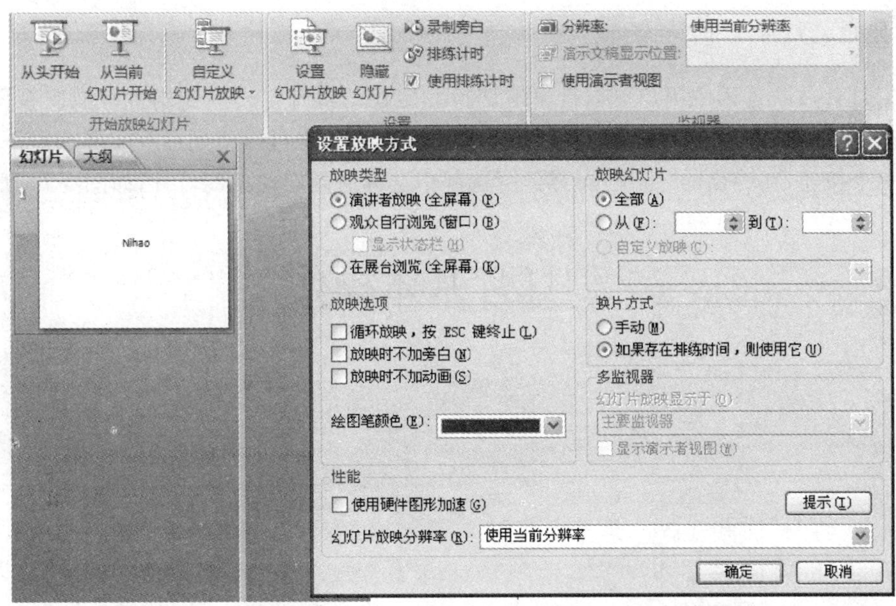

图 5-71　幻灯片放映设置界面

### 6. 插入和删除幻灯片

在制作演示文稿的过程中经常需要添加或者删除某一张幻灯片。右击选择"新建幻灯片"选项就可以在文稿中插入一张新的幻灯片，如图 5-72 所示。如果更改幻灯片的顺序只需选中需要移动的幻灯片拖动至合适位置即可。

同样，对于不需要的幻灯片可以将其删除。删除幻灯片的方法很简单，右击要删除的幻灯片，在弹出的快捷菜单中选择"删除幻灯片"选项即可删除该幻灯片，如图 5-73 所示。

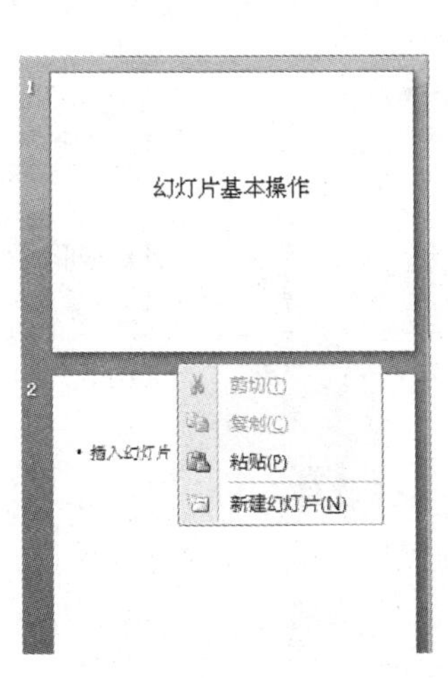


图 5-72　插入幻灯片界面

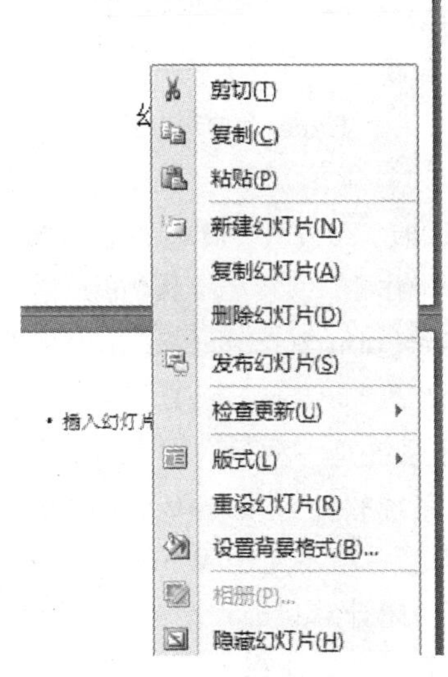


图 5-73　删除幻灯片界面

### 7. 定位幻灯片

在幻灯片放映过程中用户可以自由地切换和定位幻灯片。切换到幻灯片放映视图，任意位置右击，在弹出的快捷菜单中对幻灯片进行定位和切换，也可以将光标放在屏幕左下角位置单击第三个按钮，在弹出的"定位至幻灯片"选项中选择所需定位的幻灯片，如图 5-74 所示。

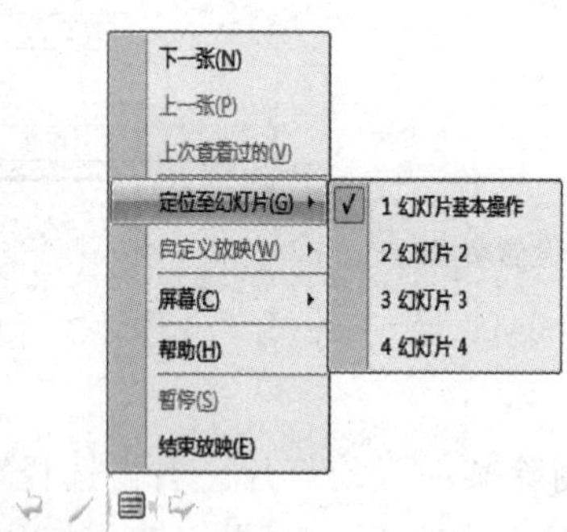


图 5-74 定位幻灯片界面

## 习题

### 一、选择题

1. 打开一个 Excel 2007 工作簿时，默认有几张工作表？(　　)

   A. 2　　B. 3　　C. 4　　D. 5

2. 在 Excel 2007 中，最小的工作单元是(　　)。

   A. 工作表　　B. 单元格　　C. 行　　D. 列

3. PowerPoint 2007 提供了几种视图方式？(　　)

   A. 2　　B. 3　　C. 4　　D. 5

4. 操作系统是一种(　　)软件。

   A. 系统软件　　B. 应用软件　　C. 工具软件　　D. 杀毒软件

5. 下面哪一项不属于 Windows XP 系统对话框中的内容？(　　)

   A. 关闭计算机　　B. 关闭硬盘

   C. 重新启动计算机　　D. 注销

### 二、填空题

1. 操作系统主要有 5 项功能，分别是处理器管理、存储管理、________、文件管理、用户接口。

2. 为了解决不同的文件采用相同的名字，通常在文件系统中采用________。

3. 操作系统的作用是________和________资源的使用。

4. Word 字体对话框中，可以设置的字形特点包括常规、粗体、斜体和________。

5. Word 提供________，使用可以快速移动文档。

**三、简答题**

1. 简述软件的分类。

2. 操作系统的管理功能有哪些？

3. 常用的浏览器有哪些？

4. Windows 窗口都有哪些基本操作？

5. 如何正常退出 Windows XP？

**四、操作题**

1. Word 操作

**RT-Linux 开发——实现原理**

RT-Linux 的实现方式是子内核方法，即把 Linux 内核作为一个新实现的子内核的闲暇任务，子内核位于 Linux 内核和硬件抽象层之间，实时任务运行于子内核之上，只有当没有实时任务运行时，Linux 内核才有机会运行。

特别是对中断的管理，它采用了一种软件的方式来处理 Linux 内的中断关闭。当 Linux 内核关闭中断后，并不是真正地屏蔽了硬件中断，相反，它使用了一个变量来保存 Linux 内核的中断标志位。Linux 内核的开关中断只是影响了该变量的值，硬件的中断由子内核来接管，当 Linux 内核关闭了中断，子内核仍然可以响应任何中断，只是子内核不需要处理的中断才交给 Linux 内核来处理。如果 Linux 内核关闭了中断，子内核将记录该中断并在 Linux 内核打开中断后提交中断进行处理。

在 RT-Linux 中，每一个实时任务都是内核线程，它运行在内核空间，RT-Linux 提供了一套专门的机制在实时任务和普通 Linux 任务之间进行进程间通信。这种子内核的实现提供了非常好的实时性，完全是一个硬实时的 Linux。

(1) 将标题段的所有文字设置为三号、红色加粗、居中添加黄色底纹，英文字设置 Arial Black 字体，中文字设置为黑体。

(2) 正文各段文字设置为宋体五号，首行缩进 0.8cm，段前间距 16 磅。

(3) 正文第三段分为等宽两栏，栏宽为 5cm。

2. Excel 操作

创建一份如图 5-75 所示的成绩单。按以下要求进行操作。

(1) 在姓名与成分间插入“性别”列，同时输入内容。

(2) 删除“性别”列。

(3) 在 G3 单元格中输入“总分”，并用 SUM 函数求和。

(4) 将数据表格按总分从高到低排序。

(5) 将表格加注边框线，不及格的单元格用红色底纹。

(6) 用柱形图表表示每人的总分。

| | A | B | C | D | E | F | G |
|---|---|---|---|---|---|---|---|
| 1 | | | 2011年期末成绩单 | | | | |
| 2 | | | | | | | |
| 3 | 学号 | 姓名 | 成分 | 平时成绩 | 计算机导论 | 数学 | 英语 |
| 4 | 1 | 王旭 | 党员 | 优 | 87 | 75 | 89 |
| 5 | 2 | 刘静 | 团员 | 良 | 91 | 78 | 74 |
| 6 | 3 | 赵岩 | 团员 | 及 | 76 | 65 | 78 |
| 7 | 4 | 王欣欣 | 团员 | 中 | 64 | 84 | 81 |
| 8 | 5 | 刘雅琪 | 团员 | 良 | 46 | 93 | 69 |
| 9 | 6 | 张艺杰 | 团员 | 中 | 70 | 87 | 82 |
| 10 | 7 | 李鸣鹤 | 党员 | 优 | 94 | 96 | 75 |
| 11 | | | | | | | |
| 12 | | | | | | | |

图 5-75 成绩单

3. PowerPoint 操作

制作音乐电子相册演示文稿,要求演示文稿中有多幅图片,并且添加背景音乐。

# 第6章 数据结构

数据结构是计算机科学与技术专业的一门核心专业基础课程，研究各种数据表示的抽象逻辑结构以及其上的运算操作。数据结构既要对求解的问题进行抽象描述，又要能给出对具体问题的解决算法。本章将更加具体地介绍一些常用的数据结构，主要包括线性结构、树、图及排序和查找。

## 6.1 数据结构的概念

数据结构是指反映数据元素之间关系的数据集合的表示。更通俗地说，数据结构是指带有结构的数据元素之间的前后关系。因此，所谓结构，实际上就是指数据元素之间的前后关系。数据的逻辑结构是指数据元素之间的逻辑关系，它可以用一个数据元素的集合和定义在此集合上的若干关系来表示。数据的逻辑结构是从逻辑关系上描述数据，它与数据在计算机中的存储位置无关，是独立于计算机的。

### 1. 什么是数据结构

在计算机发展的初期，人们使用计算机的主要目的是处理数值计算问题。实际上，这个处理过程也是与数据结构有关的，只是由于数值计算所涉及的运算对象是简单的数据，所以程序设计者的主要精力是集中于程序设计的技巧和运算公式上，而无需重视数据结构。同时，利用计算机来解决一个具体问题时，一般需要经过下列几个步骤：首先从该具体问题抽象出一个适当的数学模型，并将此数学模型所用到的数据在计算机中表示出来，然后设计一个解此数学模型的算法，最后编写程序进行调试、测试，直至得到最终的解答。

随着计算机应用领域的不断扩大，非数值计算问题越来越显得重要，这类数据的处理涉及的数据结构更为复杂，数据之间的关系一般无法用数学方程式或公式加以表达，相互间的运算也不再局限于加、减、乘、除等基本运算。解决这类问题的关键不再是数学分析和计算方法，而是要设计出合适的数据结构，才能有效地解决问题，例如以下3个例子。

(1) 学生信息检索、电话查号系统、仓库账目管理等问题，这类文件管理的数学模型中，计算机处理对象之间通常存在的是最简单的线性关系，这类数学模型称为线性数据结构。

(2) 计算机和人对弈问题，都要用到“树”这种处理非数值计算的数学模型，树形结构也是一种基本的数据结构。

(3) 城市间的通信布线问题，此问题的研究需要建立新的数学模型，即建立一种称为

"图"的数据结构。

综合以上3个例子可以看出,研究这类非数值计算问题的数学模型不再是公式和数学方程,而是诸如表、树、图之类的数据结构。因此,可以说数据结构是一门研究非数值计算的程序设计问题中,出现的计算机操作对象以及它们之间的关系和操作的课程。

### 2. 基本概念和术语

在系统地学习数据结构的知识之前,先对一些概念和术语赋予确定的含义,这些概念和术语将在以后的内容中多次出现。

数据是对客观事物的符号表示,在计算机科学中是指所有能输入计算机并能被计算机处理的符号的总称。它是计算机程序加工处理的"原料",它可以是数值数据,也可以是非数值数据。数值数据是一些整数、实数或布尔型数据,主要用于工程计算、科学计算等;非数值数据包括字符、文字、图像、声音等。因此,对计算机科学而言,数据的含义极为广泛。

数据元素是数据的基本单位,在计算机程序中通常作为一个整体进行考虑和处理。例如学生信息检索系统中学生信息表中的一个记录,计算机和人对弈过程中的一个棋盘格局,城市通信布线图中的一个城市顶点等都称为一个数据元素。有时一个数据元素可以由若干数据项(又称为字段)组成,如学生信息表中的一个记录为一个数据元素,而一个学生记录又由姓名、专业、年级等若干数据项组成,数据项是数据处理中不可分割的最小单位。

数据对象是具有相同性质的数据元素的集合。在某个具体问题中,数据元素都具有相同的性质(数据元素的值不一定相等),属于同一数据对象。例如在学生信息表中,所有学生的记录是一个数据对象;在城市通信布线图中,所有的城市顶点组成一个数据对象。

数据结构是相互之间存在一种或多种特定关系的数据元素的集合。在任何问题中,数据元素都不是孤立存在的,而是在它们之间存在着某种关系,这种数据元素相互之间的关系称为结构。根据数据元素之间的不同特性,通常有下列4类基本结构。

(1) 集合:集合结构中的所有元素都属于同一集合,即只要满足同属于一个集合就是集合结构,这是一种极为松散的结构。

(2) 线性结构:该结构的数据元素之间存在着一对一的关系。

(3) 树形结构:该结构的数据元素之间存在着一对多的关系。

(4) 图形结构:该结构的数据元素之间存在着多对多的关系,图形结构也称为网状结构。

由于集合是数据元素之间极为松散的结构,因此可用其他结构来表示。

从数据结构的概念中可以知道,一个数据结构由两个要素组成:一个是数据元素的集合;另一个是关系的集合。在形式上,数据结构可以用一个二元组来表示。数据结构的形式定义为:数据结构是一个二元组。

```
Data_structure = (D,R)
```

其中,$D$是数据元素的有限集合;$R$是$D$上关系的有限集合。

数据结构包括数据的逻辑结构和数据的物理结构。上述4种数据结构是从实际问题中抽象出来的数学模型,结构中的"关系"描述的是数据元素之间的逻辑关系,因此又称为数据的抽象结构。研究数据结构的目的是为了在计算机中实现对它的操作，为此还需要研究如何在计算机中表示一个数据结构。数据结构在计算机中的表示（又称映像）称为数据的物理结构，或称存储结构。它所研究的是数据结构在计算机中的实现方法，包括数据元素的表示和相互之间关系的表示。

数据元素之间的关系在计算机中有两种不同的表示方法：顺序存储结构和链式存储结构。顺序存储结构是把逻辑上相邻的元素存储在物理位置相邻的存储单元中，由此得到的存储表示称为顺序存储结构。顺序存储结构是一种最基本的存储表示方法，通常借助于程序设计语言中的数组来实现。链式存储结构对逻辑上相邻的元素不要求其物理位置相邻，元素之间的关系通过附设的指针段来表示，即一个元素位置除了存储其自身的值以外，还存储下一个元素的地址，由此得到的存储表示称为链式存储结构。链式存储结构通常借助于程序设计语言中的指针来实现。

数据的逻辑结构和物理结构是密切相关的两个方面，任何一个算法的设计取决于选定的数据的逻辑结构，而算法的实现依赖于所采用的物理结构。

**3. 数据结构课程的内容和任务**

数据结构是与数学、计算机硬件和软件有十分密切关系的学科，是介于数学、计算机硬件和软件之间的一门计算机科学与技术专业的核心课程，是高级程序设计语言、编译原理、操作系统、数据库、软件工程等课程的基础。同时，数据结构技术也广泛应用于信息科学、系统工程以及各种工程技术领域。

数据结构课程集中讨论软件开发过程中的设计阶段，同时涉及编码和分析阶段的若干问题。可以说，数据结构贯穿于大型程序设计的始终。数据结构课程的内容体系可以从以下 3 个方面加以认识。

(1) 抽象。从实际问题中抽象出逻辑结构，即分析解决该问题需要用到什么样的数据，数据元素之间的关系如何，以及基于这种逻辑结构上的基本运算。

(2) 实现。将逻辑结构用适当的物理结构在计算机内表示出来，同时编写算法实现各种基本运算。

(3) 评价。对不同的数据结构进行比较和算法分析。

数据结构的核心技术是分解与抽象。通过对问题的抽象，舍弃数据元素的具体内容，得到数据的逻辑结构。通过分解将问题处理的要求划分成各种功能，再通过抽象舍弃实现细节，只分析基本运算的定义。这是一个从具体问题抽象为解决问题的数据结构的过程，这类似于数学中将一个实际问题抽象成一个数学公式或方程式。然后，通过增加对实现细节的考虑进一步得到存储结构和实现运算。

总之，用计算机来处理问题，所面临的信息量往往是非常巨大的。面对成千上万的数据，首先面临的是这些数据如何在计算机中进行存储的问题，不同的存储方式其基本运算必然是不同的。数据结构课程的任务就是将实际问题抽象成数据的逻辑结构，再将逻辑结构用适当的存储结构在计算机中表示出来，并实现基本运算，为编写程序及实现用计算机处理实际问题打下坚实的基础。这也体现了数据结构这门课程的重要性。因此，熟练地掌握数据结构这门课程是学习计算机及相关专业的前提。

# 6.2 线性结构

数据结构分线性结构和非线性结构。线性的数据结构有线性表、栈、队列、数组和串。线性结构的特点是数据元素存放在非空有限集合中，并且满足如下几个条件。

(1) 存在唯一的“第一个”数据元素。

(2) 存在唯一的“最后一个”数据元素。

(3) 除第一个数据元素之外，集合中的每一个数据元素都只有一个前驱。

(4) 除最后一个数据元素之外，集合中的每一个数据元素都只有一个后继。

## 6.2.1 顺序结构

顺序表是指采用顺序存储结构的线性表，它利用内存中的一片起始位置确定的连续存储区域来存放线性表中的所有元素，如图 6-1 所示。它的特点是逻辑上相邻的数据元素，其物理存储位置也是相邻的，也就是说表中的逻辑关系和物理关系是一致的。

在图 6-1 中，假设每个数据元素占用 $c$ 个存储单元，表中第一个元素的存储地址作为线性表的存储起始地址 $\mathrm{LOC}(a_0)$，用 $b$ 来表示。由于同一线性表中数据元素的类型相同，则线性表中任意相邻的两个数据元素 $a_i$ 与 $a_{i+1}$ 的存储首址 $\mathrm{LOC}(a_i)$ 与 $\mathrm{LOC}(a_{i+1})$ 将满足下面的关系：

$$\mathrm{LOC}(a_{i+1}) = \mathrm{LOC}(a_i) + c$$

一般，线性表的第 $i$ 个数据元素 $a_i$ 的存储首址为：

$$\mathrm{LOC}(a_i) = b + i \times c \quad (0 \leqslant i \leqslant n-1)$$

也就是说，只要知道线性表的起始地址 $\mathrm{LOC}(a_0)=b$ 和一个元素所占用的存储单元 $c$，表中的任意一个元素的存储地址均可由上面的公式求得，且计算所花费的时间是一样的，所以，访问表中任意元素的时间相等，并且可以随机存取。

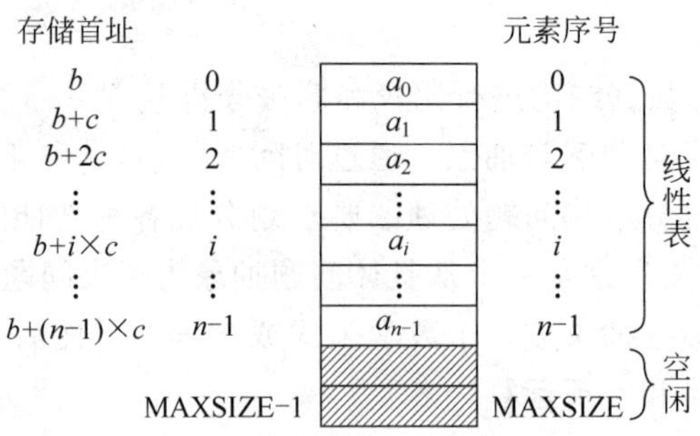


图 6-1 线性表的顺序存储结构

由于高级程序设计语言中一维数组（即向量）也是采用顺序存储表示，因此可用一维数组 elements[MAXSIZE]来描述顺序表，其中 MAXSIZE 是一个预先设定的常数，表示线性表存储空间的大小，预设为 100，实际使用时其值应有所选择，使得它既能满足线性表中的元素个数动态增加的需求，又不至于因预先定义得过大而浪费存储空间。由于顺序表的长度（即线性表中元素的数目）可用一个整型变量 last 来表示，所以我们可用结构类型来定义顺序表的类型。

### 6.2.2 链式结构

线性表的顺序存储结构的特点是借助于元素物理位置上的邻接关系来表示元素间的逻辑关系，这样可以随机地存取表中任何一个元素。但它的缺点也很明显，如元素的插入、删除需要移动大量的数据元素，操作效率极低，而且由于顺序表要求连续的存储空间，存储空间必须预先分配，表的最大长度却很难确定。最大长度估计过小会出现表满溢出，估计过大又会造成存储空间的浪费。

线性表的另一种存储方法，称为链式存储结构。该方法可以克服顺序表的上述缺点，但随之而来的却是随机存取性能的消失。通常把链式存储的线性表简称为链表。

链表是用一组任意的存储单元来依次存储线性表中的各个数据元素，这些存储单元可以是连续的，也可以是不连续的。为了能正确反映数据元素之间的逻辑关系，可以用指向直接后继的指针来表示。用链式存储结构表示线性表的元素时至少要有两部分信息：一是这个数据元素的值，二是这个数据元素的直接后继的存储地址。这两部分信息一起组成了链表的一个结点。链表中结点的结构如下：

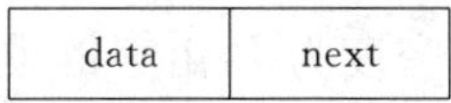


其中，data 域是数据域，用来存放数据元素的值；next 域称指针域(又称链域)用来存放该数据元素的直接后继结点的地址。链表正是通过每个结点的指针域将线性表的 $n$ 个结点按其逻辑次序连接成为一个整体。由于这种链表的每个结点只有一个指针域，故称这种链表为单链表。

由于只注重链表中结点的逻辑顺序，并不关心每个结点的实际存储位置，通常用箭头表示链域中的指针，于是单链表就可以直观地画成用箭头连接起来的结点序列，如图 6-2 所示。从图中可见，单链表中每个结点的存储地址存放在其直接前驱的指针域中，因此访问单链表的每一个结点必须从表头指针开始进行，这表明单链表在逻辑上依然是线性结构的。

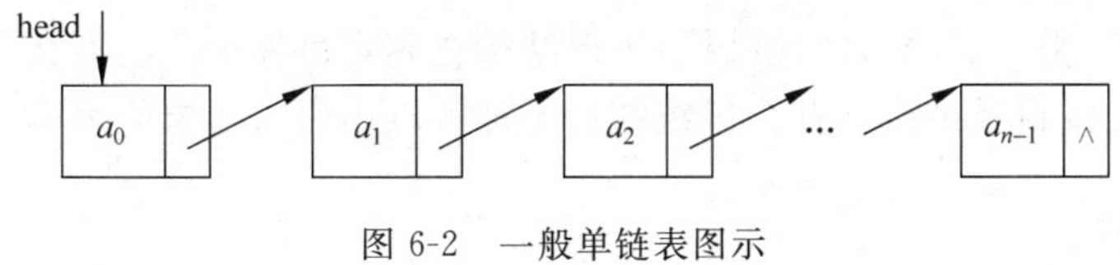


图 6-2 一般单链表图示

### 6.2.3 线性表的顺序和链式存储结构的比较

以上介绍了线性表的两种存储结构：顺序存储结构和链式存储结构。下面我们从时间性能和空间性能两方面对两种存储结构分别进行比较。

#### 1. 时间性能的比较

顺序表是利用内存中的一片起始位置确定的连续存储区域来存放线性表中的所有元素，它的特点是逻辑上相邻的数据元素，其物理存储位置也是相邻的。它是一种随机存取结构，存取速度快，存取表中任一元素都可以通过计算直接得到地址进行存取，与元素的位置和表长 $n$ 无关，时间复杂度为 $O(1)$。而链表是用一组任意的存储单元来依次存储线性表中的各个数据元素，这些存储单元可以是连续的，也可以是不连续的。为了能正确反映数据元素之间的逻辑关系，必须附加指针来表示。存取链表中的数据元素需要从头指针起顺着链扫描才能取得，与数据元素在表中所处的位置有关，时间复杂度为 $O(n)$。因此，若线性表上的操作主要是查找、求表长、读取而很少做插入和删除操作时，采用顺序表结构为宜。在顺序表中进行元素的插入和删除时，平均要移动近一半的元素，而在链表中插入和删除元素只需要修改指针。因此，线性表上若频繁进行插入和删除操作时，采用链表结构为宜。

#### 2. 空间性能的比较

顺序表的存储空间是静态分配的，即在编译时分配其存储空间。顺序表的最大长度很难确定，最大长度估计过小会出现表满溢出，估计过大又会造成存储空间的浪费。而链表的存储空间是动态分配的，即在运行时分配，只要内存空间有空闲，操作系统就会给它分配。因此，在线性表的长度变化较大，频繁进行插入和删除操作，在表长难以确定的情况下，最好采用链式存储结构。链表的存储空间利用率不高。线性表的存储空间利用率可以用存储密度来衡量。存储密度定义为线性表中的数据元素本身所占的存储量和整个线性表结构所占的存储量之比。显然，顺序表的存储密度为 1，由于链表中的结点除了数据域外还要有存放后继结点地址的链域，所以链表的存储密度小于 1。因此，当线性表的长度变化不大，顺序表的最大长度很容易确定时，采用顺序存储结构比较节省存储空间。

总之，实际应用中选用哪种存储结构要根据具体问题的要求综合平衡来选择。

## 6.3 树形结构

现实社会中的许多事物之间的关系往往错综复杂，描述这些事物之间的关系应采用非线性结构。所谓非线性结构是指在该结构中至少存在一个数据元素有两个或两个以上的直接前驱(或直接后继)元素。

树形结构是一类重要的非线性结构，树形结构在客观世界中广泛存在，如人类社会的族谱、操作系统的文件目录结构和社会组织结构等都可以用树来形象的表示。

### 6.3.1 树

#### 1. 树的定义

树是 $n(n>0)$ 个结点的有限集，如图 6-3 所示，其中，有且仅有一个称为根结点的数据元素，根结点没有前驱结点。

当 $n>1$ 时，其余结点可分为 $m(m>0)$ 个互不相交的有限集 $T_1, T_2, \cdots, T_m$，其中每一个集合本身又是一棵树，并且称为根的子树。由此可见，树的定义是递归的，即用树来定义树。

从树的定义可知，树具有下面两个特点。

(1) 树的根结点没有前驱结点，除根结点之外的所有结点有且只有一个前驱结点。

(2) 树中所有结点可以有零个或多个后继结点。

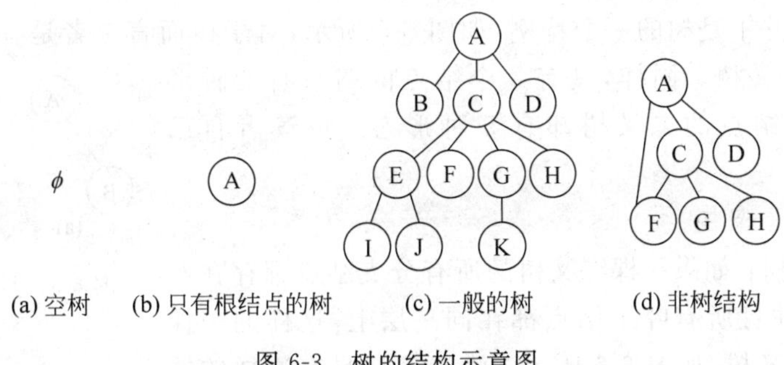


图 6-3 树的结构示意图

### 2. 树的相关术语

树的结点包含一个数据元素及若干个指向其子树的分支。结点拥有的子树的个数称为结点的度。度为零的结点称为叶子或终端结点,度不为零的结点称为非终端结点或分支结点。树的度是树内各结点的度的最大值。结点的子树的根称为该结点的孩子,而该结点称为其孩子的双亲。同一个双亲的孩子互称兄弟,结点的祖先是从根结点到该结点所经过的分支上的所有结点;反之,以某结点为根的子树中的任一结点都称为该结点的子孙。

结点的层次从根开始定义起,根为第一层,根的孩子为第二层。若某结点在第 $i$ 层,则其子树的根就在第 $i+1$ 层。双亲在同一层上的结点互称为堂兄弟。树中结点的最大层次称为树的深度或高度。

如果一棵树中的结点的各子树从左到右是有次序的,即若交换了某结点各子树的相对位置,则构成不同的树,称这棵树为有序树;反之,则称为无序树。在有序树中最左边的子树的根称为第一个孩子,最右边的称为最后一个孩子。

森林是 $m$ 棵互不相交的树的集合。对树中的每一个结点而言,其子树的集合即为森林。因此,一棵树可以看成是由根结点和根结点下的森林构成的,而森林中的每一棵子树的构成也是一样的。所以,也可以用树和森林相互递归的方法来描述树。

## 6.3.2 二叉树

### 1. 二叉树的定义

二叉树是有限个元素的集合,该集合或者为空,或者由一个称为根的元素及两个不相交的,分别称为左子树和右子树的二叉树组成。当集合为空时,称该二叉树为空二叉树。

对于二叉树,需要说明以下几点。

(1) 二叉树的每个结点至多只有两棵子树,即二叉树中不存在度大于 2 的结点。

(2) 二叉树是有序的,如果将左右子树颠倒,就成为另一棵二叉树。

(3) 二叉树具有如图 6-4 所示的 5 种基本形态。

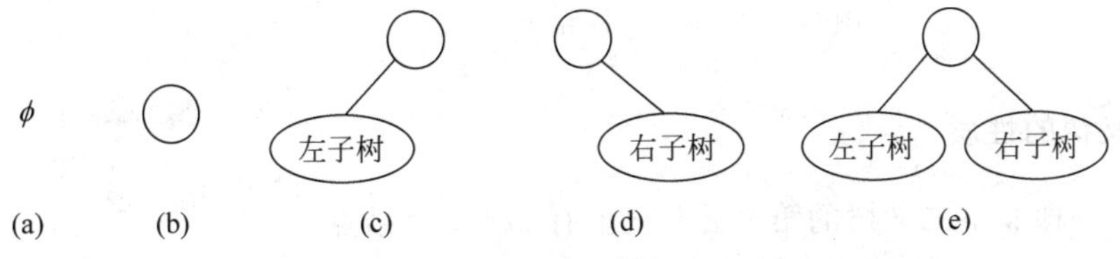


图 6-4 二叉树的 5 种基本形态

(4) 二叉树并不是树的一个特例，如图 6-5 所示，对于树而言二者是一样的，而它们却是两棵不同的二叉树。同样，具有 3 个结点的树只有两种形态，而具有 3 个结点的二叉树却有 5 种形态。请读者自己分析。

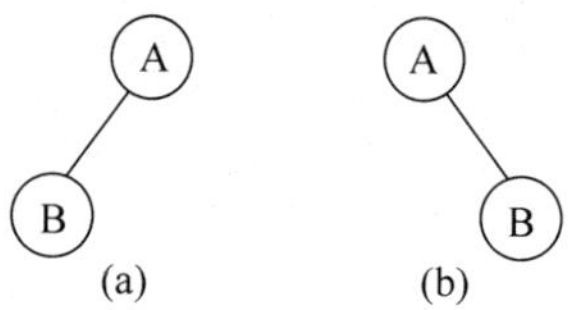


图 6-5 具有两个结点的二叉树

两种特殊的二叉树。

(1) 满二叉树：如果一棵二叉树的所有分支结点都存在左子树和右子树，并且所有叶子结点都在同一层上，这样的一棵二叉树称为满二叉树，如图 6-6 所示。满二叉树具有这样的性质，即深度为 $k$ 的满二叉树有且必有 $2k-1$ 个结点。这种二叉树的特点是每一层上的结点数都是最大的结点数。

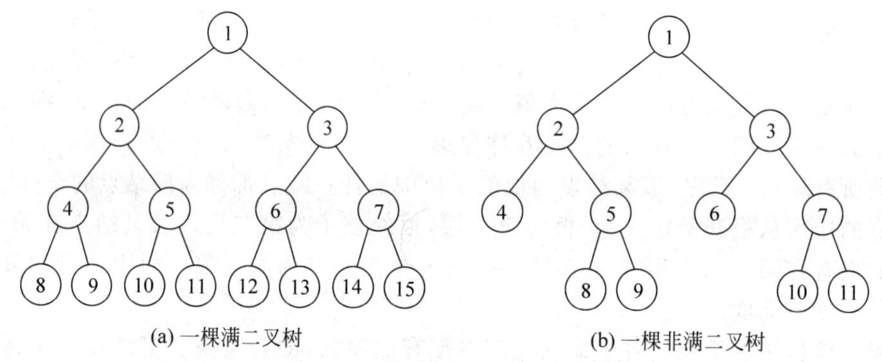


(a) 一棵满二叉树　　(b) 一棵非满二叉树

图 6-6 满二叉树和非满二叉树示意图

(2) 完全二叉树：一棵具有 $n$ 个结点，深度为 $k$ 的二叉树，对树中的结点按自上而下，从左到右的顺序进行编号，当且仅当其每一个结点都与深度为 $k$ 的满二叉树中的编号从 1 到 $n$ 的结点一一对应时，称为完全二叉树，如图 6-7 所示。完全二叉树的特点是，叶子结点只能出现在最下层和次最下层，且最下层的叶子结点集中在树的左部。

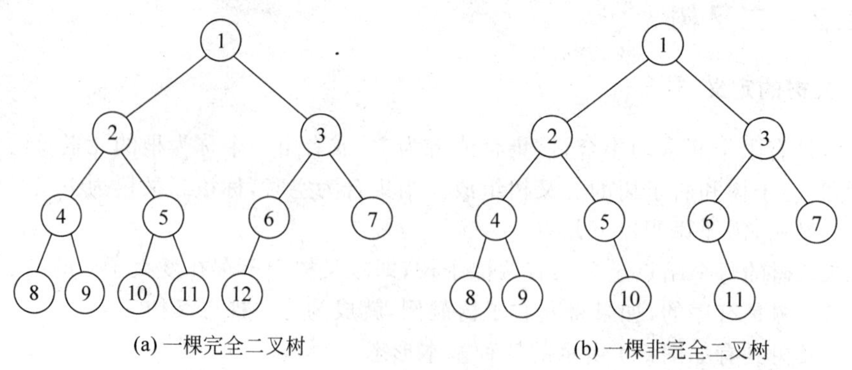


(a) 一棵完全二叉树　　(b) 一棵非完全二叉树

图 6-7 完全二叉树和非完全二叉树示意图

### 2. 二叉树的性质

性质 1 一棵非空二叉树的第 $i$ 层上至多有 $2i-1$ 个结点($i\geqslant 1$)。

性质 2 深度为 $k$ 的二叉树至多有 $2k-1$ 个结点。

性质 3 对于一棵非空的二叉树，如果叶子结点数为 $n_0$，度为 2 的结点数为 $n_2$，则有 $n_0=n_2+1$。

性质 4 具有 $n$ 个结点的完全二叉树的深度为 $\lfloor \log_2 n \rfloor+1$。其中 $\lfloor x \rfloor$ 表示不大于 $x$ 的最大整数。

性质 5 对于具有 $n$ 个结点的完全二叉树，如果按照自上而下和从左到右的顺序对二叉树中的所有结点从 1 开始顺序编号，则对于任意序号为 $i$ 的结点，有以下性质。

(1) 如果 $i=1$，则结点 $i$ 是二叉树的根，无双亲；如果 $i>1$，则其双亲结点的编号必为 $\lfloor i/2 \rfloor$。

(2) 如果 $2i \leqslant n$，则序号为 $i$ 的结点的左孩子结点的序号为 $2i$；反之，则序号为 $i$ 的结点无左孩子。

(3) 如果 $(2i+1) \leqslant n$，则序号为 $i$ 的结点的右孩子结点的序号为 $2i$；反之，则序号为 $i$ 的结点无右孩子。

以上性质在研究二叉树的存储结构和运算时经常用到。

## 6.3.3 二叉树的存储结构

### 1. 顺序存储结构

所谓二叉树的顺序存储结构，就是用一组连续的存储单元，即用一维数组存放二叉树中的结点。一般按照自上而下、从左到右的顺序存储二叉树的结点。这样结点在存储位置上的前驱后继关系并不一定就是按照它们逻辑上的相邻关系，只有通过一些方法来确定某结点在逻辑上的前驱结点和后继结点，这样存储才有意义。通常使用完全二叉树的逻辑结构来满足这一要求。

根据完全二叉树的性质，树中结点的序号可以唯一地反映出结点之间的逻辑关系，这样既可以利用数组元素的下标值确定结点在二叉树中的位置，又可以最大限度地节省存储空间。完全二叉树的顺序存储示意图如图 6-8 所示。

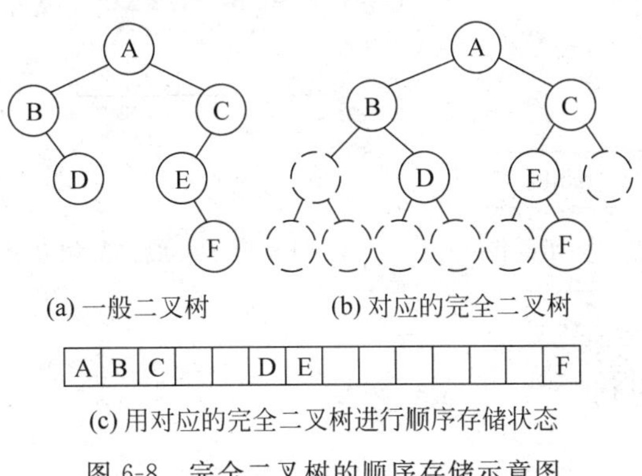


图 6-8 完全二叉树的顺序存储示意图

但是，对于一般的二叉树，如果仍按照这种方式将树中的结点顺序存储在一维数组中，则数组元素下标之间的关系不能反映二叉树中结点之间的逻辑关系。解决方法是增添一些不存在的空结点，使之成为一棵完全二叉树的形式，然后再用一维数组顺序存储。图 6-9 给出了一棵一般二叉树用对应完全二叉树的形式顺序存储状态示意图。显然，这种存储方式由于增添了很多空结点，会造成存储空间的大量浪费，因此一般二叉树不宜用顺序存储结构。

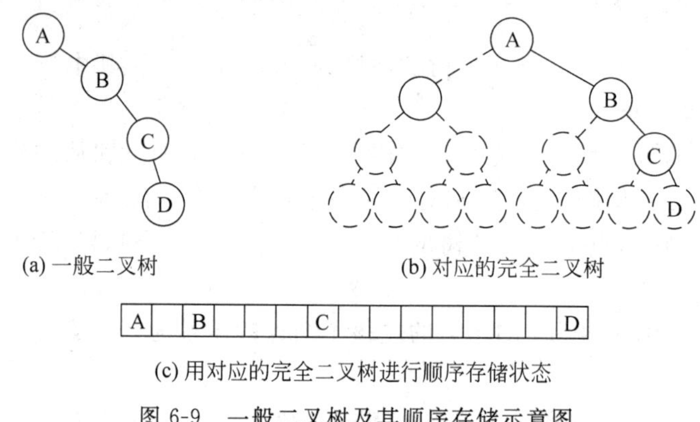


(c) 用对应的完全二叉树进行顺序存储状态

图 6-9　一般二叉树及其顺序存储示意图

**2. 链式存储结构**

二叉树的链式存储结构指的是用链表来存储二叉树，即用结点结构中的指针域来表达数据元素之间的关系。二叉树的链式存储结构为二叉链表存储。

由二叉树的定义可知，二叉树的结点由一个数据元素和分别指向其左、右子树的两个分支构成，则表示二叉树的链表中的结点至少包含 3 个域：数据域和左、右两个指针域。结点的存储结构如图 6-10 所示。

其中，data 域存放某结点的数据信息，lchild 和 rchild 分别存放指向左孩子和右孩子的指针，当左孩子和右孩子不存在时，相应指针域为空（用符号 ∧ 或 NULL 表示）。一棵一般二叉树的二叉链表存储结构示意图如图 6-11 所示。

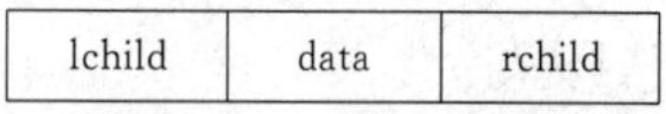

| lchild | data | rchild |
|---|---|---|

图 6-10　二叉链表结点结构示意图

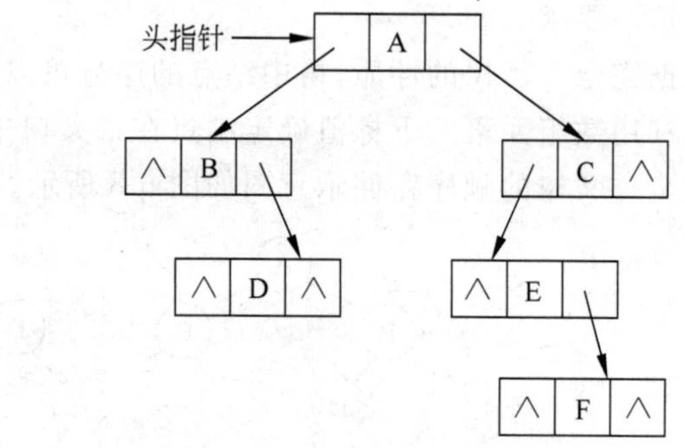


图 6-11　一般二叉树及其二叉链表结构示意图

## 6.4 查找与排序

查找是数据处理领域中的一个重要内容，查找的效率将直接影响到数据处理的效率。排序是数据处理领域最常用的一种运算。排序的目的之一是为了提高查找效率。

### 6.4.1 查找

查找也称检索，所谓查找是指在一个给定的数据结构中查找某个指定的元素。若数据结构中存在这样一个记录，则称查找成功，否则称查找不成功。有基于线性结构的查找和基于树形结构的查找。通常，根据不同的数据结构，应采用不同的查找方法。

#### 1. 顺序查找

顺序查找又称顺序搜索。顺序查找一般是指在线性表中查找指定的元素，其基本方法如下。

从线性表的第一个元素开始，依次将线性表中的元素和被查元素进行比较，若相等则表示找到，即查找成功；若线性表中所有的元素都与被查元素进行比较但都不相等，则表示线性表中没有要找的元素，即查找失败。

在进行顺序查找过程中，如果线性表中第一个元素是被查找元素，则只需要做一次比较就查找成功，查找效率最高；但如果被查找的元素是线性表中的最后一个元素，或者被查元素根本不在线性表中，则为了查找这个元素需要与线性表中所有的元素进行比较，这是顺序查找的最坏情况。在平均情况下，利用顺序查找法在线性表中查找一个元素，大约要与线性表中一半的元素进行比较。

由此可以看出，对于大的线性表来说，顺序查找的效率是很低的。虽然顺序查找的效率不高，但在下列两种情况下也只能采用顺序查找。

(1) 如果线性表是无序的(即表中元素的排列是无序的)，则不管是顺序存储结构还是链式存储结构，都只能用顺序查找。

(2) 即使是有序线性表，如果采用链式存储结构，也只能用顺序查找。

#### 2. 二分法查找

二分查找只适用于顺序存储的有序表。在此所说的有序表是指线性表中的元素按值非递减排列，即从小到大，但允许相邻元素值相等。

设有序线性表的长度为 $n$，被查元素为 $x$，则二分查找的方法如下。

将 $x$ 与线性表的中间项进行比较。

若中间项的值等于 $x$，则说明查到，查找结束。

若 $x$ 小于中间项的值，则在线性表的前半部分(即中间项以前的部分)以相同的方法进行查找。

若 $x$ 大于中间项的值，则在线性表的后半部分(即中间项以后的部分)以相同的方法进行查找。

这个过程一直进行到查找成功或子表长度为0(说明线性表中没有这个元素)为止。

显然，当有序线性表为顺序存储时才采用二分法查找，并且二分查找的效率要比顺序查找高得多。可以证明，对于长度为 $n$ 的有序线性表，在最坏情况下，二分查找只需要比较 $\log_2 n$ 次，而顺序查找需要比较 $n$ 次。

例如，有序表中关键字序列为3,10,13,17,40,43,50,70，现在要查找关键字值为43的数据元素。

查找关键字值为43的元素。

如图6-12所示，先将顺序表二分，然后将关键字值43的元素与表的中间元素(mid=4的元素)17比较，43大于17，则在表的后半部以相同的方法查找，只需两轮比较就查找成功。

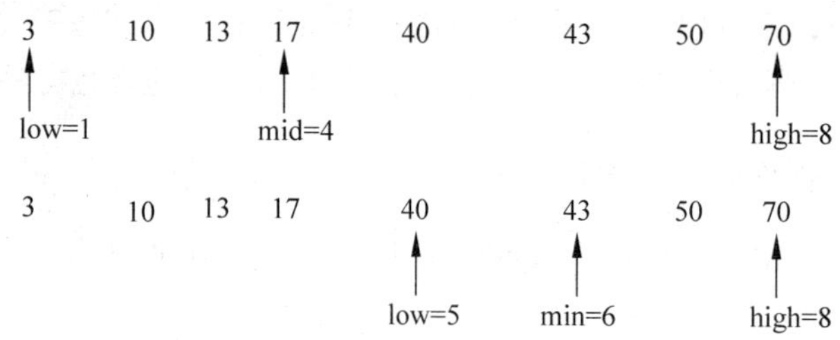


图 6-12 线性表的二分法查找成功示例

## 6.4.2 排序

所谓排序，就是整理文件中的记录，将它们按照关键字值的递增或递减顺序排列起来。

假定文件含有 $n$ 个记录$\{R_1,R_2,\cdots,R_n\}$，其相应的关键字为$\{K_1,K_2,\cdots,K_n\}$，需确定一种排列 $P(1),P(2),\cdots,P(n)$，使其相应的关键字满足如下递增(或递减)关系：

$Kp(1)\leqslant Kp(2)\leqslant\cdots\leqslant Kp(n)$

即，使上述文件成为一个按关键字线性有序的文件$\{Rp(1),Rp(2),\cdots,Rp(n)\}$，这样一种运算称为排序。

根据排序文件所处位置不同，可将排序分为内部排序和外部排序。内部排序是指整个排序过程都在内存中进行。外部排序是指排序过程中除使用内存外，还要借助于对外存的访问。

内部排序又有选择排序、冒泡排序、插入排序、对半插入排序、快速排序、归并排序等策略。

### 1. 冒泡排序法

冒泡排序法是一种最简单的交换类排序方法，它是通过相邻数据的交换逐步将线性表变成有序。每次进行相邻两个元素关键字的比较，如不符合次序，立即交换。这样，关键字值大的(或小的)就会像气泡冒出一样逐步升起，称为冒泡排序。

对未排序表(8,7,4,6,3)按由小到大对所有元素排序。

第一趟排序结果：(7,4,6,3,**8**)

第二趟排序结果：(4,6,3,**7**,**8**)

第三趟排序结果：(4,3,**6**,**7**,**8**)

第四趟排序结果：(3,**4**,**6**,**7**,**8**)

### 2. 快速排序

快速排序的基本思想是每一步都把要排序的表(或称做子表的一部分)的第一个元素放到它在表中的最终位置。同时在这个元素的前面和后面各形成一个子表。在前子表中的所有元素的关键字值都比该元素的关键字值小，而在后子表中的所有元素的关键字值都比该元素的关键字值大。此后再对每个子表作同样的排列操作，直到最后每个子表都只有一个元素，排序完成。

$r$ 表示长度为 $n$ 的要排序的表。以 $r[i]$和 $r[j]$表示表的第一个和最后一个元素($i$ 和 $j$

指示元素在表中的位置，初始情况 $i=1,j=n$)。

对未排序表(46,55,13,42,94,5,17,70)用快速排序法排序，如图 6-13 所示。

排序过程如下：

$i$ 指向表的第一个元素 46，$j$ 指向表的最后一个元素 70，从表头方向开始，用表第一个位置上的元素和最后一个位置上的元素比较，46 小于 70，不交换。从表尾方向开始，$j$ 指向倒数第二个元素 17，46 和 17 比较，46 大于 17，交换位置；从表头方向开始，$i$ 指向第二个位置上的元素 55，46 和 55 比较，46 小于 55，交换位置；从表尾方向开始，$j$ 指向倒数第三个元素 5，46 和 5 比较，46 大于 5，交换位置；从表头方向开始，$i$ 指向第三个位置上的元素 13，46 和 13 比较，不交换位置；$i$ 指向第四个位置上的元素 42，46 和 42 比较，不交换位置；$i$ 指向第 5 个位置上的元素 94，46 和 94 比较，交换位置；至此将表的第一个元素放在了其所在的位置，并在其前后分别形成了两个子表，再分别对两个子表采用同样的办法完成排序即可，如图 6-13 所示。

### 3. 直接插入排序

直接插入排序是一种最基本的插入排序方法。其基本思想是将第 $i$ 个记录插入到前面 $i-1$ 个已排好序的记录中，具体过程如下：

将第 $i$ 个记录的关键字 $K_i$ 顺次与其前面记录的关键字 $K_{i-1}, K_{i-2}, \cdots, K_1$ 进行比较，将所有关键字大于 $K_i$ 的记录依次向后移动一个位置，直到遇见一个关键字小于或者等于 $K_i$ 的记录 $K_j$，此时 $K_j$ 后面必为空位置，将第 $i$ 个记录插入空位置即可。完整的直接插入排序是从 $i=2$ 开始，即将第一个记录视为已排好序的单元素子集合，然后将第二个记录插入到单元素子集合中。$i$ 从 2 循环到 $n$，即可实现完整的直接插入排序。对未排序表(20,6,15,7,3)用直接插入法排序，如图 6-14 所示。

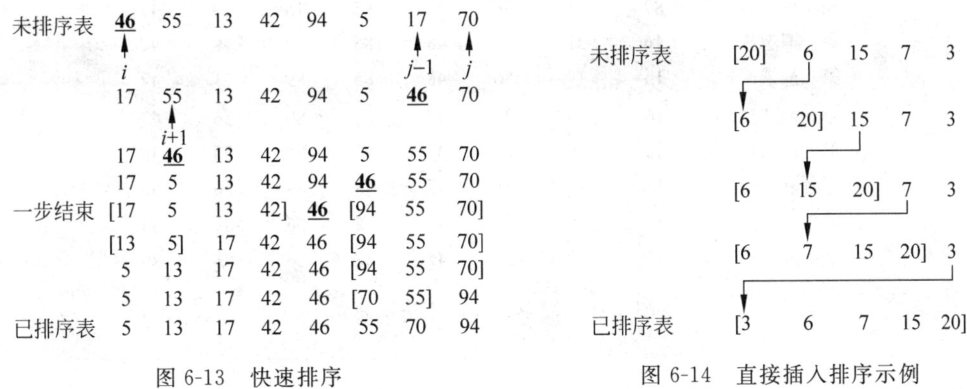


图 6-13 快速排序　　图 6-14 直接插入排序示例

### 4. 希尔排序法

希尔排序法(Shell Sort)属于插入类排序，但它对简单插入排序做了较大的改进。

希尔排序法的基本思想是将整个无序序列分割成若干个小的子序列分别进行插入排序。子序列的分割方法是将相隔某个增量 $h$ 的元素构成一个子序列。在排序过程中，逐次减小这个增量，最后当 $h$ 减到 1 时，进行一次插入排序，排序就完成。

增量序列一般取 $h_t = n/2^k (k=1,2,\cdots,[\log_2 n])$，其中 $n$ 为待排序序列的长度。

对未排序表(20,6,15,7,3)用希尔排序法排序,如图 6-15 所示。

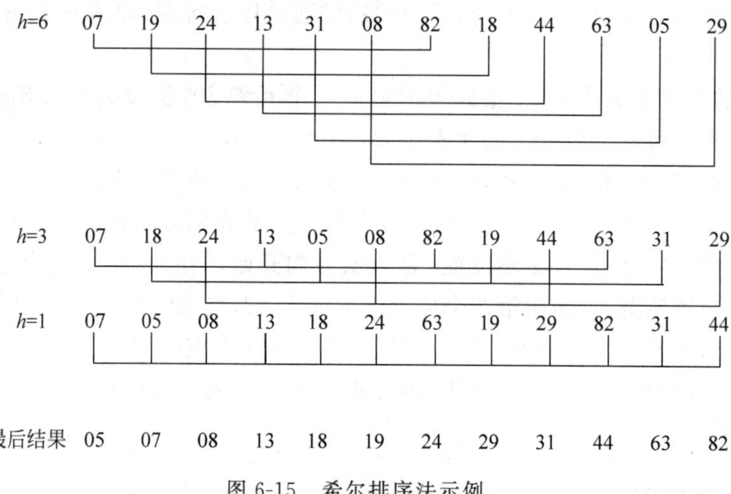


图 6-15 希尔排序法示例

### 5. 选择排序法

选择排序法的基本思想是扫描整个线性表,从中选出最小的元素,将它交换到表的最前面,然后对剩下的子表采用同样的方法,直到表空为止。对于长度为 $n$ 的序列,选择排序需要扫描 $n-1$ 遍,每一遍扫描均从剩下的子表中选出最小的元素,然后将该最小的元素与子表中的第一个元素进行交换。

对未排序表(89,21,56,48,85,16,19,47)用选择排序法排序,如图 6-16 所示,图中有方框的元素是被选出来的最小元素。

| 原序列 | 89 | 21 | 56 | 48 | 85 | 16 | 19 | 47 |
|---|---|---|---|---|---|---|---|---|
| 第一遍选择 | **16** | 21 | 56 | 48 | 85 | 89 | 19 | 47 |
| 第二遍选择 | 16 | **19** | 56 | 48 | 85 | 89 | 21 | 47 |
| 第三遍选择 | 16 | 19 | **21** | 48 | 85 | 89 | 56 | 47 |
| 第四遍选择 | 16 | 19 | 21 | **47** | 85 | 89 | 56 | 48 |
| 第五遍选择 | 16 | 19 | 21 | 47 | **48** | 89 | 56 | 85 |
| 第六遍选择 | 16 | 19 | 21 | 47 | 48 | **56** | 89 | 85 |
| 第七遍选择 | 16 | 19 | 21 | 47 | 48 | 56 | **85** | 89 |

图 6-16 简单选择排序法示意图

## 习题

### 一、选择题

1. 数据结构是(　　)。

   A. 一种数据类型

   B. 数据的存储结构

   C. 一组性质相同的数据元素的集合

D. 相互之间存在一种或多种特定关系的数据元素的集合

2. 算法分析的目的是(　　)。

A. 辨别数据结构的合理性　　B. 评价算法的效率

C. 研究算法中输入与输出的关系　　D. 鉴别算法的可读性

3. 在线性表的下列运算中,不改变数据元素之间结构关系的运算是(　　)。

A. 插入　　B. 删除　　C. 排序　　D. 定位

4. 若进栈序列为1,2,3,4,5,6,且进栈和出栈可以穿插进行,则可能出现的出栈序列为(　　)。

A. 3,2,6,1,4,5　　B. 3,4,2,1,6,5

C. 1,2,5,3,4,6　　D. 5,6,4,2,3,1

5. 与数据元素本身的形式、内容、相对位置、个数无关的是数据的(　　)。

A. 存储结构　　B. 逻辑结构　　C. 算法　　D. 操作

6. 链式栈与顺序栈相比,一个比较明显的优点是(　　)。

A. 插入操作更加方便　　B. 通常不会出现栈满的情况

C. 不会出现栈空的情况　　D. 删除操作更加方便

7. 用链表表示线性表的优点是(　　)。

A. 便于随机存取　　B. 花费的存储空间比顺序表少

C. 便于插入与删除　　D. 数据元素的物理顺序与逻辑顺序相同

**二、简答题**

1. 简述下列概念:数据、数据元素、数据结构、线性结构、树形结构、图形结构。

2. 简述从时间性能和空间性能两方面对两种存储结构分别进行比较,两者各自的特点。

3. 对于未排序的序列(8,7,4,6,3),请写出直接插入排序第二趟排序结果。

# 第7章 程序设计语言

计算机技术的应用已经渗透到人们生活的各个领域，每时每刻都在帮助人们完成各式各样的工作。那么人们怎样让计算机来完成各种任务呢？主要是通过事先编制好的计算机程序，即把要求计算机做的工作，按照一定的步骤编排好程序，计算机按照程序要求去完成相关的工作。程序设计语言(Programming Language)就是用于书写计算机程序的一组记号和一组规则。程序设计人员把计划让计算机完成的工作用这些记号编排好程序，再交给计算机去执行。

## 7.1 程序设计语言的发展

根据前面讲到的计算机工作的基本原理，计算机程序的执行过程是：计算机程序被首先加载入内存，计算机的控制器根据指令计数器(Program Counter，PC)的值，从内存中读取一条指令，执行这条指令，指令计数器的值自动增加，指向下一条指令，指令序列被顺序执行。计算机指令是计算机能够识别的代码，是要计算机执行某种操作的命令。这些指令是在制作 CPU 时定义好的，并通过 CPU 集成电路的设计，使计算机能够识别，能够按照指令要求完成相应工作。

计算机程序是计算机指令序列，是为解决某种问题用计算机指令编排的一系列的加工步骤，通过这些指令来指挥计算机做什么、怎么做。

计算机的 CPU 能够直接识别的指令也叫机器指令，机器指令的集合叫计算机的机器语言。

### 7.1.1 机器语言

在计算机发展的早期，唯一的程序设计语言是机器语言。每台计算机都有自己的机器语言，这种语言由 0 和 1 的字符串组成。它们有一定的位数，并分成若干段，各段的编码表示不同的含义。例如，某台计算机字长为 16 位，即有 16 个二进制数组成一条指令或其他信息。16 个 0 和 1 可组成各种排列组合，通过线路变成电信号，让计算机执行各种不同的操作。

一条指令就是机器语言的一个语句，它是一组有意义的二进制代码，指令的基本格式为：操作码字段、地址码字段，其中操作码指明了指令的操作性质及功能，地址码则给出了操作数或操作数的地址。

不同计算机公司设计生产的计算机，其指令的数量与功能、指令格式、寻址方式、数据格式都有差别，即使是一些常用的基本指令，如算术逻辑运算指令、转移指令等也是各不相同的。因此将用机器语言表示的程序移植到其他机器上去几乎是不可能的。从计算机的发展过程已经看到，由于构成计算机的基本硬件发展迅速，计算机的更新换代是很快的，这就存在软件如何跟上的问题。大家知道，一台新机器推出交付使用时，仅有少量系统软件（如操作系统等）可提交用户，大量软件是不断充实的，尤其是应用程序，有相当一部分是用户在使用机器时不断产生的，这就是所谓第三方提供的软件。

为了缓解新机器的推出与原有应用程序的继续使用之间的矛盾，1964 年在设计 IBM 360 计算机时，所采用的系列机思想较好地解决了这一问题。从此以后，各个计算机公司生产的同一系列的计算机尽管其硬件实现方法可以不同，但指令系统、数据格式、I/O 系统等保持相同，因而软件完全兼容（在此基础上，产生了兼容机）。当研制该系列计算机的新型号或高档产品时，尽管指令系统可以有较大的扩充，但仍保留了原来的全部指令，保持软件向上兼容的特点，即低档机或旧机型上的软件不加修改即可在比它高档的新机器上运行，以保护用户在软件上的投资。

### 7.1.2 汇编语言

如果程序员只是使用机器语言编程，程序更为复杂，编出的程序难读、难懂、难纠错，对程序员要求太高，显而易见程序设计难度是很大的。在 20 世纪 50 年代早期，Grace Hopper，数学家（也是美国海军的成员），发明了一些语言概念，即用符号或助记符来反映机器语言从而表示不同的机器语言指令。由于这些语言使用符号，因此被认为是符号语言，下段代码给出了用符号语言编写的乘法程序。

```
entry   main, ^m<r2>
subl2   #12, sp
jsb     C$MAIN_ARGS
movab   $CHAR_STRING_CON

pushal  -8(fp)
pushal  (r2)
calls   #2, read
pushal  -12(fp)
pushal  3(r2)
calls   #2, read
mull3   -8(fp), -12(fp), -
pusha   6(r2)
calls   #2,print
clrl    r0
ret
```

将符号代码翻译为机器语言的特定程序称之为汇编程序。由于符号语言必须被汇编成机器语言，汇编语言是机器语言的助记符，它同机器语言之间一一对应。但是它是由字符和英文单词组成，易懂、易记，使用起来方便多了，所以它很快就传播开来。现在这一名词仍然使用。当然，计算机的 CPU 只认识机器语言，汇编语言程序，在运行之前要通过汇编程序把它翻译成机器语言的程序才能运行。

汇编语言相对于机器语言学习起来容易得多,适合于操作硬件,执行效率较高级语言高。目前仍被广泛地应用于嵌入式系统等领域中。

### 7.1.3 高级语言

尽管符号语言(汇编语言)大大提高了编程效率,但仍需程序员在所用的硬件上花费大部分精力。用汇编语言编程也很枯燥,因为每条机器指令都得单独编码。为了提高程序员效率,使其从关注计算机转到关注解决问题,导致了高级语言的产生与发展。

高级语言适用不同的计算机,使程序员能够将精力集中在应用程序上,而不是计算机的复杂性上。高级语言的设计目标就是使程序员摆脱汇编语言烦琐的细节。高级语言是更加接近自然语言的程序设计语言,采用英文单词和自然语言中的条件判断及循环结构,更加易学、易懂。

高级语言和汇编语言都有一个共性,它们必须被转化为机器语言,将高级语言程序转化成机器语言程序,这一过程称为编译。

数年来,开发了各种各样的高级语言,最著名的有 BASIC、COBOL、Pascal、Ada、C、C++、Java 和 C#。

下面的程序是利用 C 语言编写的计算两个数最大值的程序。

```
#include<stdio.h>
int Max (int  x, int  y)              /*定义一个计算最大值的函数*/
{
  if(x>y)
    return  x;
  else
    return  y;
}
void  main(  )                         /*定义主函数*/
{
  int m,  n,  iMax;
  scanf ("%d, %d", &m, &n);    /*输入两个数*/
  iMax  =  Max (m, n);          /*调用上面定义函数,计算最大值*/
  printf ("\nMax = %d", iMax); /*输出结果*/
}
```

## 7.2 构建程序

程序设计语言有三个方面的因素,即语法、语义和语用。语法表示程序的结构或形式,亦即表示构成语言的各个记号之间的组合规律,但不涉及这些记号的特定含义,也不涉及使用者。语义表示程序的含义,亦即表示按照各种方法所表示的各个记号的特定含义,但不涉及使用者。语用表示程序与使用者的关系。

程序员的工作是编写程序,即源程序,计算机所能够识别的程序是机器语言程序,不论是汇编语言还是高级语言,都必须翻译成机器语言程序,计算机才能够理解程序。汇编语言翻译成机器语言用汇编程序，高级语言翻译成机器语言需要编译程序。高级语言的程序运行需经过如下三步。

（1）编写和编辑程序。

（2）编译程序。

（3）用所需的库模块连接程序。

以C语言为例，程序员在编辑器中编写和编辑程序，形成源程序，源程序文件的扩展名为.c，源文件可认为是一种纯文本文件，因此文本编辑器可以为常见的Windows操作系统中的记事本。利用编译程序编译源程序，若源程序符合C语言规范，则编译成功，形成目标程序，形成的文件扩展名为.obj，若源程序有语法错误，则编译失败，编译器提示错误原因。利用连接程序链接C语言的库函数，形成能被计算机执行的机器语言程序，文件扩展名为.exe。运行可执行文件，能够得到输出结果。C语言构建过程如图7-1所示。

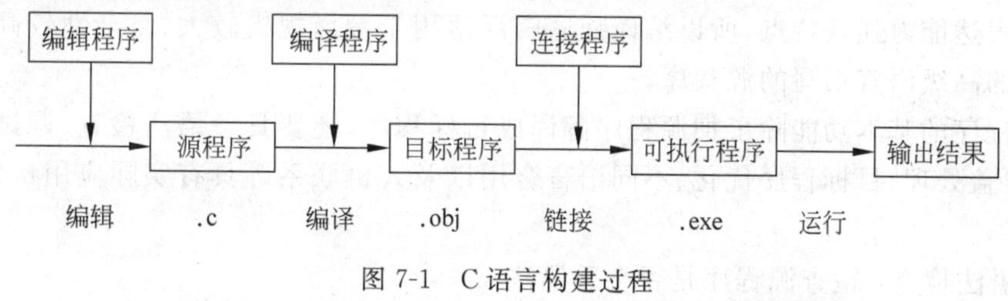


图7-1　C语言构建过程

## 7.2.1　编辑源程序

用来编写程序的软件称为文本编辑器。文本编辑器可以帮助输入、替换及存储字数数据。使用系统中不同的编辑器，可以写信、写报告和写程序。其他形式的文本编辑器和编写程序编辑器的显著区别在于：程序是面向一行行的代码，而大多数文本处理则是面向字符和行。编好程序后，将文件存盘。将文件输入到编辑器，就称它为源文件。

每种高级语言都有很多综合开发工具支持上述过程，这些编译器具有编辑、编译、链接和执行等功能，能够支持C语言的开发工具有很多，常见的有Turbo C、BC31、Visual C++和Borland C++ Builder等，Turbo C 2.0编辑界面如图7-2所示。

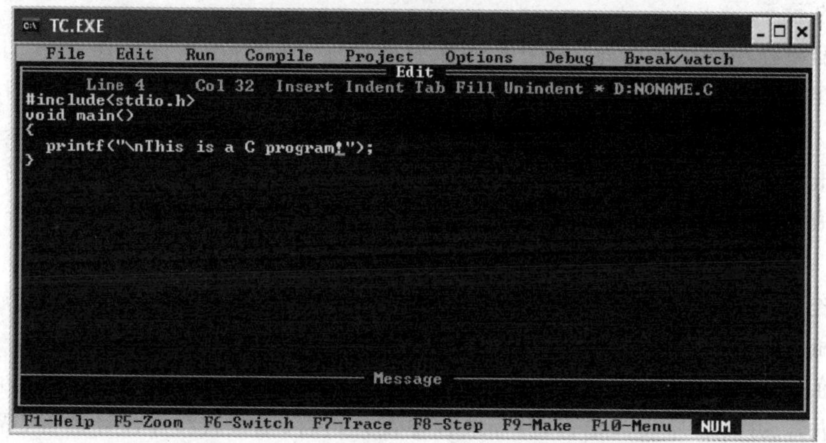


图7-2　C语言开发工具Turbo C 2.0

### 7.2.2 编译程序

编译程序是将用高级程序设计语言书写的源程序，翻译成等价的用计算机汇编语言、机器语言或某种中间语言表示的目标程序的翻译程序。用户利用编译程序实现数据处理任务时，先要经历编译阶段，再经历运行阶段。编译阶段以源程序作为输入，以目标程序作为输出，其主要任务是将源程序翻译成目标程序。运行阶段的任务是运行所编译出的目标程序，实现源程序中指定的数据处理任务，其工作通常包括：输入初始数据，对数据或文件进行数据加工，输出必要信息和加工结果等。编译程序的实现算法较为复杂。这是因为它所翻译的语句与目标语言的指令不是一一对应关系，而是一多对应关系；同时因为它要在编译阶段处理递归调用、动态存储分配、多种数据类型实现、代码生成与代码优化等繁杂技术问题；还要在运行阶段提供良好、有效的运行环境。由于高级程序设计语言书写的程序具有易读、易移植和表达能力强等特点，所以编译程序广泛地用于翻译规模较大、复杂性较高，且需要高效运行的高级语言书写的源程序。

编译程序的基本功能除了把源程序翻译成目标程序，还要具备语法检查、调试措施、修改手段、覆盖处理、目标程序优化、不同语言合用以及人机联系等具有实际应用价值的重要功能。

(1) 语法检查：检查源程序是否合乎语法。

(2) 调试措施：检查源程序是否合乎用户的设计意图。

(3) 修改手段：为用户提供简便的修改源程序的手段。

(4) 覆盖处理：主要为处理程序较长、数据量较大的大型问题程序而设置。基本思想是让一些程序段和数据公用某些存储区，其中只存储当前要用的程序段或数据，其余暂时不用的程序段和数据均存储在磁盘等辅助存储器中，待需要时动态地调入存储区中运行。

(5) 目标程序优化：提高目标程序的质量，即使编译出的目标程序运行时间短、占用存储少。

(6) 不同语言合用：便于用户利用多种程序设计语言编写应用程序或套用已有的不同语言书写的程序模块。最为常见的是高级语言和汇编语言的合用。

(7) 人机联系：便于用户在编译和运行阶段及时了解系统内部工作情况，有效地监督、控制系统的运行。

早期编译程序的实现方案，是把上述各项功能完全收纳在编译程序之中。后来的习惯方法是在操作系统的支持下，配置编辑程序、调试程序、连接装配程序等实用程序或工具软件，目的是创造一个良好的开发环境和运行环境，便于应用软件的编程、修改、调试、集成以及报表生成、界面设计等工作。但编译程序设计者设计编译方案时，仍需精心考虑上述各项功能，较好地解决目标程序与这些实用程序或软件工具之间的配合与衔接等问题。

20 世纪 80 年代以后，程序设计语言在形式化、结构化、直观化和智能化等方面有了长足的进步和发展，主要表现在两个方面。

(1) 随着程序设计理论和方法的发展，相继推出了一系列新型程序设计语言，如结构化程序设计语言、并发程序设计语言、分布式程序设计语言、函数式程序设计语言、智能化程序设计语言、面向对象程序设计语言等。

(2) 基于语法、语义和语用方面的研究成果，从不同的角度和层次上深刻地揭示了程序设计语言的内在规律和外在表现形式。与此相应地，作为实现程序设计语言重要手段之一的编译程序，在体系结构、设计思想、实现技术和处理内容等方面均有不同程度的发展、变化和扩充。另外，编译程序已作为实现编程的重要软件工具，被纳入到软件支援环境的基本层软件工具之中。因此，规划编译程序实现方案时，应从所处的具体软件支援环境出发，既要遵循整个环境的全局性要求和规定，又要精心考虑与其他诸层软件工具之间的相互支援、配合和衔接关系。

早期的编译工作是通过命令行的命令实现的，调试程序不够方便。现在大多数的编译工作都在程序开发的集成环境中实现。在集成开发工具中，程序员通过编辑器编写程序，随时可以调用编译功能编译、运行程序，进行程序调试。

### 7.2.3 链接程序

高级语言有许多的子程序、子过程或子函数(不同语言叫法不同，以下统称为子程序)，其中一些是程序员自己编写，并作为源程序的一部分。然而，还有一些诸如输入/输出处理和数学库的子程序由编译系统提供，存在于别处且必须附加到你的程序中去。链接程序将所有这些子程序和源程序汇编到最终的可执行程序中去。

### 7.2.4 程序的执行

一旦程序被链接好后，它就可以执行了。为了执行程序，可以使用操作系统命令，如run，将程序载入内存并执行。将程序载入内存是由操作系统程序载入程序来完成的，它定位可执行程序，并将其读入内存。一切准备好后，控制被交给程序，然后开始执行。

在典型的程序执行过程中，程序读入来自用户或文件数据的处理。处理结束后，输出处理结果。数据可以输出至用户的显示器或文件中。待程序执行完后，它告诉操作系统，操作系统将程序移出内存。

## 7.3 语言分类

计算机语言根据其解决问题的方法及所解决问题的种类来分类，可划分为5类：过程化语言、面向对象语言、函数型语言、说明性语言及专用语言。其中过程化语言和面向对象语言为最常见语言。函数型语言中，程序被当成数学函数来考虑，常见的有LISP(List Processer)和Scheme语言。说明性语言依据逻辑推理的原则来回答查询，它是在希腊数学家定义的规范逻辑的基础上发展而来的，并且后来发展成为一阶谓词演算，最著名的说明性语言之一是逻辑中的程序设计(Programming in Logic，Prolog)。近年来一些新语言相继出现，它们不能简单并入前4种语言。它们中的一些是一种或多种模型的混合，另一些则是应用于特殊任务，将它们归属于专用语言。常见的有超文本链接标记语言(HyperText Markup Language，HTML)，它是一种由格式标记和超级链接组成的伪语言，是设计网页的主要语言，HTML文件(网页)存储在服务器端而且可以由浏览器下载。

### 7.3.1 过程化语言

过程化语言(面向过程语言)使用传统的方法编程。它采用与计算机硬件程序相同的方法(取指令、译指令、执行指令)来执行程序。过程化语言是一套指令,这些指令从头到尾一条一条执行,除非有指令在别处强行控制。即使在这种情况下,程序仍是一条一条执行指令,尽管有一些指令不止一次执行或被忽略。

当程序员需要使用某一种过程化语言来解决问题时,他们必须知道所要遵循的过程。换句话说,对于每一个问题,程序员应当仔细地设计算法,并谨慎地将算法翻译成指令。

过程化语言中的每条指令要么操作数据项(改变存储在内存中的值或将其移至别处),要么控制下一条要执行的指令。过程化语言之所以有时被称之为强制性语言是因为每条指令都为完成一个特定任务而对计算机系统发出命令。

常见的过程化语言有: Fortran、COBOL、Pascal、C 等,其中 C 语言是最广泛使用的高级语言之一。

#### 1. Fortran 语言

1) Fortran 语言简介

Fortran 语言是世界上第一个被正式推广使用的高级语言。它是 1954 年被提出来的,1956 年开始正式使用,至今已有五十多年的历史,但仍历久不衰,它始终是数值计算领域所使用的主要语言。

Fortran 语言是 Formula Translation 的缩写,意为“公式翻译”。它是为科学、工程问题或企事业管理中的那些能够用数学公式表达的问题而设计的,其数值计算的功能较强。

2) Fortran 语言发展历史

Fortran 语言问世以来,根据需要几经发展,先后推出了不同的版本,其中最流行的是 1958 年出现的 Fortran Ⅱ 和 1962 年出现的 Fortran Ⅳ。1966 年美国标准化协会(ANSI)公布了两个美国标准文本。

(1) 标准 Fortran(X3.9—1966)。大致相当于 Fortran Ⅳ。

(2) 标准基本 Fortran(X3.10—1966)。大致相当 Fortran Ⅱ。

1972 年国际标准化组织(ISO)接受了美国标准,在稍加修改后公布了 ISO Fortran 标准,即《程序设计语言 Fortran ISO 1539—1972》,它分为三级。

(3) 完全的(一级)Fortran,相当于 Fortran Ⅳ。

(4) 中间的(二级)Fortran,介于 Fortran Ⅱ 和 Fortran Ⅳ之间。

(5) 基本的(三级)Fortran,相当于 Fortran Ⅱ。

Fortran Ⅳ(即 Fortran 66)流行了十几年,几乎统治了所有的数值计算领域,许多应用程序和程序库都是用 Fortran Ⅳ语言编写的。美国标准化协会(ANSI)在 1976 年对 ANSI Fortran(X3.9—1966)进行了修订,预定在 1977 年通过,为了区别于 Fortran 66,新标准定名为 Fortran 77。实际上到 1978 年 4 月才由 ANSI 正式公布作为新的美国国家标准。即 Fortran(X3.9—1978)。1980 年,Fortran 77 被接受为国际标准,即《程序设计语言 Fortran ISO 1539－1980》,该标准分为全集和子集。

我国制订的 Fortran 标准,基本上采用了国际标准,于 1983 年 5 月公布执行,标准号为 GB 3057—82。

Fortran 77 标准完成后，新版本的修订工作也在同一时间开始进行。这个版本进行了15年，最后在1992年正式由国际标准组织公布，它就是 Fortran 90。Fortran 90 对以往的 Fortran 语言标准作了大量的改动，使之成为一种功能强大、具有现代语言特征的计算机语言。其主要特色是加入了面向对象的概念及工具，提供了指针，加强了数组的功能，改良了旧式 Fortran 语法中的编写“版面”格式。

Fortran 95 标准在 1997 年同样由 ISO 公布，它可以视为是 Fortran 90 的修正版，主要加强了 Fortran 在并行运算方面的支持。同时一些公司纷纷推出 Visual Fortran，这为工程技术界进行科学计算和编写面向对象的工程实用软件的用户提供了极大的方便。熟悉 Visual Basic 或 Visual C 的读者可以很容易地掌握 Visual Fortran 的使用，进一步开发出自己专业领域的 Windows 下的界面友好的工程应用软件。

目前正在酝酿国际新的 Fortran 标准，功能将有更大的扩充。在学习和掌握了 Fortran 77 的基础上进一步学习 Fortran 新标准不会是很困难的。

### 2. Pascal 语言

1) Pascal 语言简介

Pascal 是一种计算机通用的高级程序设计语言。它由瑞士 Niklaus Wirth 教授于 20 世纪 60 年代末设计并创立。Pascal 源于人名，为了纪念 17 世纪法国著名哲学家和数学家 Blaise Pascal。以法国数学家命名的 Pascal 语言曾经成为使用最广泛的基于 DOS 的语言之一，主要特点有：严格的结构化形式，丰富完备的数据类型，运行效率高，查错能力强。Pascal 语言还是一种自编译语言，这就使它的可靠性大大提高了。因为 Pascal 具有简洁的语法，结构化的程序结构，因此在许多学校计算机语言课上都是 Pascal 语言。

Pascal 是最早出现的结构化编程语言，具有丰富的数据类型和简洁灵活的操作语句，适于描述数值和非数值的问题。

正因为上述特点，Pascal 语言可以被方便地用于描述各种算法与数据结构。尤其是对于程序设计初学者，Pascal 语言有益于培养良好的程序设计风格和习惯。国际奥林匹克信息学竞赛(International Olympiad in Informatics，IOI)把 Pascal 语言作为三种程序设计语言之一，全国奥林匹克信息学竞赛(National Olympiad in Informatics，NOI)把 Pascal 语言定为唯一提倡的程序设计语言，在大学中，Pascal 语言也常常被用作学习数据结构与算法的教学语言。

2) Pascal 语言发展历史

在 Pascal 问世以来的三十余年间，先后产生了适合不同机型的各种各样版本。其中影响最大的莫过于 Turbo Pascal 系列软件。它是由美国 Borland 公司设计、研制的一种适用于计算机的 Pascal 编译系统。该编译系统由 1983 年推出 1.0 版本发展到 1992 年推出的 7.0 版本，其版本不断更新，功能更趋完善。

Turbo Pascal 语言是编译型程序语言，它提供了一个集成环境的工作系统，集编辑、编译、运行、调试等多功能于一体。

Pascal 有 5 个主要的版本，分别是 Unextended Pascal、Extended Pascal、Object-Oriented Extensions to Pascal、Borland Pascal 和 Delphi Object Pascal。其中，Unextended Pascal、

Extended Pascal 和 Object-Oriented Extensions to Pascal 是由 Pascal 标准委员会所创立和维护的，Unextended Pascal 类似于瑞士 Niklaus Wirth 教授和 K. Jensen 于 1974 年联名发表的 Pascal 用户手册和报告，而 Extended Pascal 则是在其基础上进行了扩展，加入了许多新的特性，它们都属于正式的 Pascal 标准；Object-Oriented Extensions to Pascal 是由 Pascal 标准委员会发表的一份技术报告，在 Extended Pascal 的基础上增加了一些用以支持面向对象程序设计的特性，但它属于非正式的标准。Borland Pascal 和 Delphi Object Pascal 是由 Borland 公司专门为其开发的编译工具设计的 Pascal 语言，前者是用于 DOS 的 Turbo Pascal 系列和 Windows 3. x 的 Turbo Pascal for Windows 的传统高级语言，后者是用于 Windows 的 Delphi 和 Linux 的 Kylix 的面向对象程序设计语言，它们都不是正式的 Pascal 标准，具有专利性。但由于 Turbo Pascal 系列和 Delphi 功能强大并且广为流行，Borland Pascal 和 Delphi Object Pascal 已自成为一种标准，为许多人所熟悉。

下面列出 Turbo Pascal 的编年史。

1983 Turbo Pascal 1.0。

Turbo Pascal 2.0。

Turbo87 Pascal 提高实数运算速度并扩大值域。

1985 Turbo Pascal 3.0 增加图形功能。

Turbo BCD Pascal 特别适合应用于商业。

1987 Turbo Pascal 4.0 提供集成开发环境（Integrated Development Environment，IDE），引入单元概念。

1988 Turbo Pascal 5.0 增加调试功能。

1989 Turbo Pascal 5.5 支持面向对象的程序设计（Object Oriented Programming，OOP）。

1990 Turbo Pascal 6.0 提供面向对象的应用框架和库（Turbo Vision）。

1992 Turbo Pascal 7.0 面向对象的应用系统、更完善的 IDE Turbo Vision 2.0。

1993 Borland Pascal 7.0 开发 Object Windows 库（For Windows）提供对 OLE（Object Linking and Embedding）多媒体应用开发的支持 1995 Delphi Visual Pascal。

### 3. C 语言

1）C 语言简介

C 语言是一种面向过程的计算机程序设计语言，它是目前众多计算机语言中举世公认的优秀的结构程序设计语言之一。它由美国贝尔研究所的 D. M. Ritchie 于 1972 年推出。1978 后，C 语言已先后被移植到大、中、小及微型机上。

C 语言发展如此迅速，而且成为最受欢迎的语言之一，主要因为它具有强大的功能。许多著名的系统软件，如 dBASE Ⅳ都是由 C 语言编写的。用 C 语言加上一些汇编语言子程序，就更能显示 C 语言的优势了，如 PC-DOS 、Wordstar 等就是用这种方法编写的。

2）C 语言特点

C 语言是一种成功的系统描述语言，用 C 语言开发的 UNIX 操作系统就是一个成功的范例。同时 C 语言又是一种通用的程序设计语言，在国际上广泛流行。世界上很多著名的计算公司都成功地开发了不同版本的 C 语言，很多优秀的应用程序也都是使用 C 语言开发的，它是一种很有发展前途的高级程序设计语言。C 语言具有如下特点。

(1) C是中级语言。它把高级语言的基本结构和语句与低级语言的实用性结合起来。C语言可以像汇编语言一样对位、字节和地址进行操作,而这三者是计算机最基本的工作单元。

(2) C是结构式语言。结构式语言的显著特点是代码及数据的分隔化,即程序的各个部分除了必要的信息交流外彼此独立。这种结构化方式可使程序层次清晰,便于使用、维护以及调试。C语言是以函数形式提供给用户的,这些函数可方便调用,并具有多种循环、条件语句控制程序流向,从而使程序完全结构化。

(3) C语言功能齐全。具有各种各样的数据类型,并引入了指针概念,可使程序效率更高。而且计算功能、逻辑判断功能也比较强大,可以实现决策目的的游戏。

(4) C语言适用范围大。适合于多种操作系统,如Windows、DOS、UNIX等,也适用于多种机型。

(5) C语言对编写需要硬件进行操作的场合,明显优于其他解释型高级语言,有一些大型应用软件也是用C语言编写的。

(6) C语言具有较好的可移植性,并具备很强的数据处理能力,因此适于编写系统软件,三维、二维图形和动画。它是数值计算的高级语言。

3) C语言发展历史

1967年,剑桥大学的Martin Richards对CPL(Combined Programming Language)进行了简化,于是产生了BCPL(Basic Combined Programming Language)。

1970年,美国贝尔实验室的Ken Thompson,以BCPL为基础,设计出很简单且很接近硬件的B语言(取BCPL的首字母),并且他用B语言写了第一个UNIX操作系统。

在1972年,美国贝尔实验室的D. M. Ritchie在B语言的基础上最终设计出了一种新的语言,他取了BCPL的第二个字母作为这种语言的名字,这就是C语言。

为了使UNIX操作系统推广,1977年D. M. Ritchie发表了不依赖于具体机器系统的C语言编译文本《可移植的C语言编译程序》。

1978年由美国电话电报公司(AT&T)贝尔实验室正式发表了C语言。同时由B. W. Kernighan和D. M. Ritchie合著了著名的*The C Programming Language*一书。通常简称为*K&R*,也有人称之为*K&R*标准。但是,在*K&R*中并没有定义一个完整的标准C语言,后来由ANSI在此基础上制定了一个C语言标准,于1983年发表,通常称之为ANSI C。

*K&R*第一版在很多语言细节上也不够精确,对于PCC这个"参照编译器"来说,它日益显得不切实际;*K&R*甚至没有很好地表达它所要描述的语言,把后续扩展扔到了一边。为此,C语言在早期项目中的使用受商业和政府合同支配,它意味着一个认可的正式标准是重要的。因此(在M. D. McIlroy的催促下),ANSI于1983年夏天,在CBEMA(Computer and the Business Equipment Manufacturers Association)的领导下建立了X3J11委员会,目的是产生一个C语言标准。X3J11在1989年末提出了一个他们的报告ANSI 89,后来这个标准被ISO接受为ISO/IEC 9899—1990。

1990年,国际标准化组织接受了89 ANSI C为ISO C的标准(ISO 9899—1990)。1994年,ISO修订了C语言的标准。

1995年,ISO对C 90做了一些修订,即"1995基准增补1(ISO/IEC/9899/AMD1:1995)"。

1999 年,ISO 有对 C 语言标准进行修订,在基本保留原来 C 语言特征的基础上,针对应该的需要,增加了一些功能,尤其是对 C++中的一些功能,命名为 ISO/IEC 9899:1999。

2001 年和 2004 年先后进行了两次技术修正。

目前流行的 C 语言编译系统大多是以 ANSI C 为基础进行开发的,但不同版本的 C 编译系统所实现的语言功能和语法规则略有差别。

4) C 语言指针

指针是 C 语言的一大特色,可以说是 C 语言优于其他高级语言的一个重要原因。就是因为它有指针,可以直接进行靠近硬件的操作,但是 C 语言的指针操作也给它带来了很多不安全的因素。C++在这方面做了很好的改进,在保留了指针操作的同时又增强了安全性。Java 取消了指针操作,提高了安全性,适合初学者使用。

5) C 语言与 Pascal 语言的对比

开发 C 语言最初是为了撰写 UNIX 操作系统,而开发 Pascal 语言最初是为了讲授结构化编程,是教学的目的。所以 C 语言就比较灵活,Pascal 语言就比较严谨。

## 7.3.2 面向对象程序设计语言

面向对象编程(OOP)是一种计算机编程架构。OOP 的一条基本原则是计算机程序是由单个能够起到子程序作用的单元或对象组合而成。OOP 达到了软件工程的三个主要目标:重用性、灵活性和扩展性。为了实现整体运算,每个对象都能够接收信息、处理数据和向其他对象发送信息。

### 1. 面向对象的基本理论

1) 面向对象理论的发展历史

1967 年挪威计算中心的 Kisten Nygaard 和 Ole Johan Dahl 开发了 Simula 67 语言,它提供了比子程序更高一级的抽象和封装,引入了数据抽象和类的概念,它被认为是第一个面向对象语言。20 世纪 70 年代初,Palo Alto 研究中心的 Alan Kay 所在的研究小组开发出 Smalltalk 语言,之后又开发出 Smalltalk-80,Smalltalk-80 被认为是最纯正的面向对象语言,它对后来出现的面向对象语言,如 Object-C、C++、Self、Eiffl 都产生了深远的影响。随着面向对象语言的出现,面向对象程序设计也就应运而生且得到迅速发展。之后,面向对象不断向其他阶段渗透,1980 年 Grady Booch 提出了面向对象设计的概念,之后面向对象分析开始。1985 年,第一个商用面向对象数据库问世。1990 年以来,面向对象分析、测试、度量和管理等研究都得到长足发展。

实际上,"对象"和"对象的属性"这样的概念可以追溯到 20 世纪 50 年代初,它们首先出现于关于人工智能的早期著作中。但是出现了面向对象语言之后,面向对象思想才得到了迅速的发展。过去的几十年中,程序设计语言对抽象机制的支持程度不断提高,从机器语言到汇编语言,到高级语言,直到面向对象语言。汇编语言出现后,程序员就避免了直接使用"0"和"1",而是利用符号来表示机器指令,从而更方便地编写程序。当程序规模继续增长的时候,出现了 Fortran、C、Pascal 等高级语言,这些高级语言使得编写复杂的程序变得容易,程序员可以更好地对付日益增加的复杂性。但是,如果软件系统达到一定规模,即使应用结构化程序设计方法,局势仍将变得不可控制。作为一种降低复杂性的工具,面向对象语言产生了，面向对象程序设计也随之产生。

2）面向对象程序设计的基本概念

面向对象程序设计中的概念主要包括：对象、类、数据抽象、继承、动态绑定、数据封装、多态性、消息传递。通过这些概念面向对象的思想得到了具体的体现。

（1）对象

对象是运行期的基本实体，它是一个封装了数据和操作这些数据的代码的逻辑实体。

（2）类

类是具有相同类型的对象的抽象。一个对象所包含的所有数据和代码可以通过类来构造。

（3）封装

封装是将数据和代码捆绑到一起，避免了外界的干扰和不确定性。对象的某些数据和代码可以是私有的，不能被外界访问，以此实现对数据和代码不同级别的访问权限。

（4）继承

继承是让某个类型的对象获得另一个类型的对象的特征。通过继承可以实现代码的重用：从已存在的类派生出的一个新类将自动具有原来那个类的特性，同时，它还可以拥有自己的新特性。

（5）多态

多态是指不同事物具有不同表现形式的能力。多态机制使具有不同内部结构的对象可以共享相同的外部接口，通过这种方式减少代码的复杂度。

（6）动态绑定

绑定指的是将一个过程调用与相应代码连接起来的行为。动态绑定是指与给定的过程调用相关联的代码只有在运行期才可知的一种绑定，它是多态实现的具体形式。

（7）消息传递

对象之间需要相互沟通，沟通的途径就是对象之间收发信息。消息内容包括接收消息的对象的标识，需要调用的函数的标识，以及必要的信息。消息传递的概念使得对现实世界的描述更容易。

（8）方法

方法(Method)是定义一个类可以做的，但不一定会去做的事。

3）面向对象程序设计语言

一个语言要称为面向对象语言必须支持几个主要面向对象的概念。根据支持程度的不同，通常所说的面向对象语言可以分成两类：基于对象的语言和面向对象的语言。

基于对象的语言仅支持类和对象，而面向对象的语言支持的概念包括：类与对象、继承、多态。例如，Ada 就是一个典型的基于对象的语言，因为它不支持继承、多态，此外其他基于对象的语言还有 Alphard、CLU、Euclid、Modula。面向对象的语言中一部分是新发明的语言，如 Smalltalk、Java，这些语言本身往往吸取了其他语言的精华，而又尽量剔除他们的不足，因此面向对象的特征特别明显，充满了生机；另外一些则是对现有的语言进行改造，增加面向对象的特征演化而来的。如由 Pascal 发展而来的 Object Pascal，由 C 发展而来的 Objective-C、C++，由 Ada 发展而来的 Ada 95 等，这些语言保留着对原有语言的兼容，并不是纯粹的面向对象语言，但由于其前身往往是有一定影响的语言，因此这些语言依然宝刀不老，在程序设计语言中占有十分重要的地位。

4）面向对象程序设计的优点

面向对象出现以前，结构化程序设计是程序设计的主流，结构化程序设计又称为面向过程的程序设计。在面向过程程序设计中，问题被看做一系列需要完成的任务，函数（在此泛指例程、函数、过程）用于完成这些任务，解决问题的焦点集中于函数。其中函数是面向过程的，即它关注如何根据规定的条件完成指定的任务。

在多函数程序中，许多重要的数据被放置在全局数据区，这样它们可以被所有的函数访问。每个函数都可以具有它们自己的局部数据。比较面向对象程序设计和面向过程程序设计，还可以得到面向对象程序设计的其他优点。

(1) 数据抽象的概念可以在保持外部接口不变的情况下改变内部实现，从而减少甚至避免对外界的干扰。

(2) 通过继承大幅减少冗余的代码，并可以方便地扩展现有代码，提高编码效率，也降低了出错概率和软件维护的难度。

(3) 结合面向对象分析、面向对象设计，允许将问题域中的对象直接映射到程序中，减少软件开发中间环节的转换过程。

(4) 通过对对象的辨别、划分，可以将软件系统分割为若干相对独立的部分，在一定程度上更便于控制软件复杂度。

(5) 以对象为中心的设计可以帮助开发人员从静态（属性）和动态（方法）两个方面把握问题，从而更好地实现系统。

(6) 通过对象的聚合、联合，可以在保证封装与抽象的原则下实现对象在内在结构以及外在功能上的扩充，从而实现对象由低到高的升级。

### 2. 面向对象的C++语言

1）C++语言概述

C++语言是一种优秀的面向对象程序设计语言，它在C语言的基础上发展而来，但它比C语言更容易为人们学习和掌握。C++语言以其独特的语言机制在计算机科学的各个领域中得到了广泛的应用。面向对象的设计思想是在原来结构化程序设计方法基础上的一个质的飞跃，C++语言完美地体现了面向对象的各种特性。

2）C++语言的发展历史

C++程序设计语言是由来自AT&T Bell Laboratories的Bjarne Stroustrup设计和实现的，它兼具Simula语言在组织与设计方面的特性以及适用系统程序设计的C语言设施。C++语言最初的版本被称做带类的C(C with Classes)、(Stroustrup,1980)，在1980年被第一次投入使用，当时它只支持系统程序设计和数据抽象技术。支持面向对象程序设计的语言设施在1983年被加入C++。之后，面向对象设计方法和面向对象程序设计技术就逐渐进入了C++领域。在1985年，C++第一次投入商业市场(Stroustrup,1986)、(Stroustrup,1986b)。在1987年至1989年间，支持范型程序设计的语言设施也被加进了C++(Ellis,1990)、(Stroustrup,1991)。

随着若干独立开发的C++实现产品的出现和广泛应用，正式的C++标准化工作在1990年启动。标准化工作由ANSI以及后来加入的ISO负责。1998年正式发布了C++语言的国际标准(C++,1998)。在标准化工作进展期间,标准委员会充当了一个重要的角色,其发布的C++标准草案在正式标准发布之前,一直被作为过渡标准而存在。而作为标准委员会中的积极分子,Bjarne Stroustrup是C++进一步发展工作中的主要参与者。与以前的C++语言版本相比,标准C++更接近理想中的那个C++语言了。关于C++的设计和演化,在(Stroustrup,1994)、(Stroustrup,1996)和(Stroustrup,1997b)中有详细的叙述。至于标准化工作末期产生的C++语言定义,在(Stroustrup,1997)有详细叙述。

### 3. Java语言

Java语言是一种简单的、跨平台的、面向对象的、分布式的、解释的、健壮的、安全的、结构的、中立的、可移植的、性能优异的、多线程的、动态的语言。当1995年Sun公司推出Java语言之后,全世界的目光都被这个神奇的语言所吸引。

1) Java语言的发展历史

Java语言实际上最早诞生于1991年,起初被称为Oak语言,是Sun公司为一些消费性电子产品而设计的一个通用环境。他们最初的目的只是为了开发一种独立于平台的软件技术,而且在网络出现之前,Oak可以说是默默无闻,甚至差点夭折。但是,网络的出现改变了Oak的命运。

在Java语言出现以前,Internet上的信息内容都是一些乏味死板的HTML文档。这对于那些迷恋于Web浏览的人们来说简直不可容忍。他们迫切希望能在Web中看到一些交互式的内容,开发人员也极希望能够在Web上创建一类无须考虑软硬件平台就可以执行的应用程序,当然这些程序还要有极大的安全保障。对于用户的这种要求,传统的编程语言显得无能为力,而Sun公司的工程师敏锐地察觉到了这一点,从1994年起,他们开始将Oak技术应用于Web上,并且开发出了HotJava的第一个版本。当Sun公司1995年正式以Java这个名字推出的时候,几乎所有的Web开发人员都想到:“噢,这正是我想要的”。于是Java成了一颗耀眼的明星,丑小鸭一下子变成了白天鹅。

Java语言的开发环境有不同的版本,如Sun公司的Java Development Kit(JDK)。后来微软公司推出了支持Java规范的Microsoft Visual J++(VJ++)开发环境。

2) Java语言的特征

(1) 平台无关性

平台无关性是指Java能运行于不同的平台。Java引进虚拟机原理,并运行于虚拟机,实现不同平台的Java接口之间使用Java编写的程序能在世界范围内共享。Java的数据类型与计算机无关,Java虚拟机(Java Virtual Machine)是建立在硬件和操作系统之上,实现Java二进制代码的解释执行功能,提供于不同平台接口的。

(2) 安全性

Java的编程类似C++,学习过C++的读者将很快掌握Java的精髓。Java舍弃了C++的指针对存储器地址的直接操作,程序运行时,内存由操作系统分配,这样可以避免病毒通过指针侵入系统。Java对程序提供了安全管理器,防止程序的非法访问。

(3) 面向对象

Java吸取了C++面向对象的概念,将数据封装于类中,利用类的优点,实现了程序的简洁性和便于维护性。类的封装性、继承性等有关对象的特性,使程序代码只需一次编译,然后通过上述特性反复利用。程序员只需把主要精力用在类和接口的设计和应用上。Java 提供了众多的一般对象的类，通过继承即可使用父类的方法。在 Java 中，类的继承关系是单一的非多重的，一个子类只有一个父类，子类的父类又可以有一个父类。Java 提供的 Object 类及其子类的继承关系如同一棵倒立的树形，根类为 Object 类，Object 类功能强大，经常会使用到它及其他派生的子类。

（4）分布式

Java 建立在扩展 TCP/IP 网络平台上。库函数提供了用 HTTP 和 FTP 协议传送和接收信息的方法，这使得程序员使用网络上的文件和使用本机文件一样容易。

（5）健壮性

Java 致力于检查程序在编译和运行时的错误。类型检查帮助检查许多开发早期出现的错误。Java 自己操纵内存，减少了内存出错的可能性。Java 还实现了真数组，避免了覆盖数据的可能，这些功能特征大大提高了开发 Java 应用程序的速度。Java 还提供了 Null 指针检测、数组边界检测、异常出口、Byte Code 校验等功能。

## 7.4 程序设计基础

面向过程程序设计方法被大多数程序员认为是程序设计方法的基础，而 C 语言被认为是最好的一种面向过程程序设计语言，本节重点讲述程序设计的基本要素，以 C 语言程序为示例。

### 7.4.1 数据类型

任何高级语言都提供了丰富的数据类型，以使程序员可以较容易地描述和构造各种复杂的数据结构。在高级语言程序中，任何一个数据都必须有一个固定的数据类型：如果此数据是常量，系统将根据书写形式自动辨认其类型，而对于变量，则需要在程序中事先规定它的数据类型，然后再使用。

在 C 语言中，数据类型如图 7-3 所示。

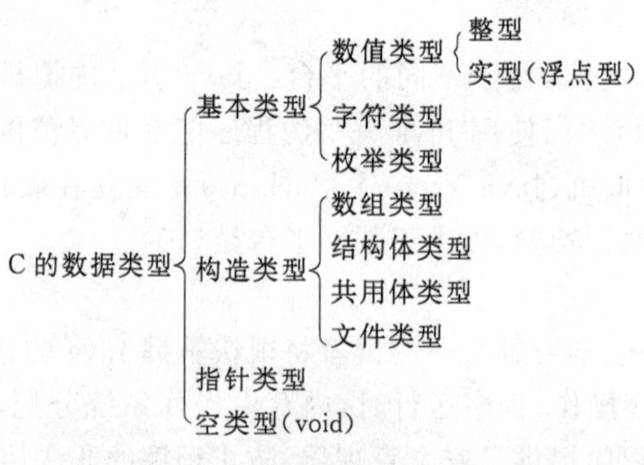


图 7-3 C 语言的数据类型

图 7-3 中的基本类型也可称为简单类型，构造类型也可称为组合类型。基本类型是语言本身直接允许使用的几种固有类型，而构造类型是程序员根据需要由基本类型组合而成

的类型。

## 7.4.2 数据

### 1. 常量

常量或称为常数，是指在程序运行过程中值不可改变的数据。常量的数据类型由系统根据数据的书写方式自动确定，并分配相应的存储空间以存放其值。常量可分为两大类，分别为直接常量和符号常量。

1）直接常量

直接常量是书写在程序中的直接常数，如10、−5表示整型常量，3.5、−1.25E5表示浮点型常量，而'A'、'#'表示字符型常量等。直接常量是使用最多的一类常量。

2）符号常量

有时，使用直接常量不能明确地表示出数据的含义。例如，当程序中出现3.14时，如果不认真阅读程序代码，很难确定其是否为圆周率的值。为此，C语言允许使用符号来表示一个常量，以使数据的意义更明确，同时使程序更容易维护。对于此类常量，在使用之前必须先行说明，例如：

```
#define  PI  3.14
```

在上述定义之后，程序中出现的PI就是代表常数3.14的符号常量。

```
#include <stdio.h>
#define  PI  3.14
void  main( )
{  float  r = 5.0;
   float  area;
   area = PI * r * r;             /* 求面积并存入变量 area */
   printf("Area is: %f", area);  /* 显示面积的值 */
}
```

运行此程序将显示：Area is：78.500000。程序中使用的常量包括PI、3.14和5.0。

3）各种类型常量

(1) 整型常量，占2字节(Turboc C)，定点方式存储。例如23、−243。

(2) 长整型常量，占4字节，定点方式存储。例如0L、−654L。

(3) 字符型常量，占1字节，定点方式存储，在内存中存储的是字符的ASCII码值。例如'A'、'0'、'\n'，其中'A'的ASCII码值为65，'0'的ASCII码值为48，'\n'的ASCII码值为10，字符'A'的存储如图7-4所示。

(4) 字符串常量，存储字符和字符串结束标志'\0'。例如"ONE\tTWO"，其存储如7-5所示。

图7-4 字符'A'的存储　　图7-5 字符串的存储

(5) 实型常量，浮点方式存储，占 8 字节的存储空间。例如－3324、3.0。

### 2. 变量

程序运行中值可以改变的数据称为变量。任何一个变量必须先定义后使用。一个变量定义隐含两方面内容。首先，系统在内存中分配一块存储区，以便存储此变量的值。其次，程序中可以用变量名表示存储在此内存中的值。简言之，变量定义就是申请一块内存并用一个名字来标识它。

1) 变量定义

为了使用变量，首先需要定义它。

变量定义的一般格式如下：

```
<数据类型><变量名>;
```

其中的数据类型可以是 int、float 及 char 等，此类型决定了该变量所占用的字节数以及存储方式。变量名是一个由编程者自己规定的标识符。例如，以下是一个整型变量 example 的定义。

```
int  example;
```

上述定义后面的分号是必需的，从而使其形成了一个语句，称为变量定义语句。

数据类型相同的变量可以定义在一个语句中，如：

```
char  x, y, z;
```

此语句共定义了三个 char 类型变量 x、y 和 z，定义中的变量名之间以逗号分隔。

2) 常见类型变量定义

(1) 普通整型变量定义：关键字为 int，有符号，占 2 字节存储空间，采用定点方式存储，例如定义整型变量 x，y，z。

```
int x,y,z;
```

(2) 字符型变量定义：关键字为 char，有符号，占 1 字节存储空间，采用定点方式存储，例如定义字符变量 ch。

```
char ch;
```

(3) 单精度浮点数变量定义：定义关键字为 float，有符号，占 4 字节，采用浮点方式存储，例如定义变量 f。

```
float f;
```

## 7.4.3 运算及表达式

运算是对数据的加工处理以得到必要的结果，每种运算都应有相应的运算符或转换为其他运算。表达式是由运算符和运算数组合在一起有意义的式子，在 C 语言中，任意一个表达式都有值和数据类型。

在理解一个运算符时，除了基本含义和功能外，需要注意以下几方面的问题。

(1) 运算数的数目。每种运算符能够操作的数据个数是一定的，被操作的数据称为运算符的“元”或“目”。例如，因为乘法运算符 * 需要两个操作数，故称运算符 * 是二元的或双目的。

(2) 运算符的优先级。当不同的运算进行混合运算时，要按优先次序进行运算。例如，对于熟知的算术运算：

```
x+5*y-6-z
```

它等价于 x+(5*y)−6−z 而不是(x+5)*y−6−z，这说明 * 运算优先于 + 运算。总体上说，所有的一元运算符的优先级别高于任何一种二元运算符。如果在一个复杂的表达式中需要修改原来的计算次序，可以使用圆括号。

(3) 运算符的结合次序。对于前述的表达式 x+5*y−6−z，它等价于(x+5*y−6)−z 而不是 x+5*y−(6−z)，这说明算术运算是从左至右结合而不是由右至左的。除了运算.、( )、[ ]和→之外的一元运算都是从右至左结合的。在二元运算中，除了赋值运算外，所有的运算都是从左至右结合的。

### 1. 算术运算

1) 一元算术运算

+和−可作为一元算术运算符，即只有一个运算数，其含义分别为取正和取负。例如，表达式−(−10)的值为 10，表达式+(−5)的值为−5，其作用与−5 是相同的，可见，+运算通常没有什么实际用处。

2) 二元算术运算

共有 5 种基本的二元算术运算，其运算符为+、−、*、/和%，分别对应加法、减法、乘法、除法和取余运算。

算术运算是从左至右结合的，优先次序为“先乘除，后加减”，其中的/和%都是除法，即 *、/、%三者的优先级别是相同的。

由于算术运算较简单，以下仅对/和%运算进行说明。

(1) /运算符。此为除法运算符，但当两个运算数都为实型数据时，/代表通常意义上的除法，而运算数都为定点数据时表示取两数相除的整数部分，即商。例如，表达式 3.0/2.0 的值为 1.5，但表达式 3/2 的值为 1，这是取两数相除后的商。因为字符型数据以定点方式存储 ASCII 码值，所以，表达式'A'/'0'的值是 1，即相当于 65/48。

(2) %运算符。此运算的功能是取两数相除的余数。例如，表达式 7%2、−5%3、1%3、3%1 的值分别为 1、1、1 和 0。应注意此运算的运算数必须是定点数，包括整型、字符型和枚举类型，不能是浮点型数据。因此，3.2%2.0 是错误的表达式。

### 2. 赋值运算

1) 赋值运算符及其含义

赋值运算符采用赋值符号“=”，是一个二元运算，作用是将一个数据赋给某个变量，如“x=5”。这是修改一个变量值的主要手段。语法形式为：

```
<变量名> = <表达式>;
```

这就是赋值表达式，功能是将赋值号右面的表达式值赋给左边的变量。在对变量赋值时，通常总是将赋值表达式后面加上分号而构成赋值语句，例如：

```
int  x;
x = 5;
printf("%d", x);
x = x+15;
printf("%d", x);
```

上述代码片断定义了整型变量 x，定义时无初值（随机值），随后的赋值语句将值 5 赋给它，输出语句显示的值为 5。新的赋值语句将 x 原来的值 5 加上 15 再赋给 x，使 x 的值变成 20，故最后的输出为 20。

2）赋值表达式的值

在 C 语言中，由于赋值被视为一种运算，因此，赋值表达式不仅可以构成赋值语句，也可以像使用其他数值一样使用赋值表达式的值。

规定此类表达式的值等于经过赋值后变量所得到的新值。例如，表达式 x = 100 的值为 100。

### 3. 关系运算

高级语言中的关系运算就是指比较运算，目的是比较出两个数值之间的大小关系，包括相等、不相等、大于和小于等。

1）逻辑值

在程序设计中经常要进行各种判断，例如，x>3 是否为真、y 中存储的字符是否为大写字符以及 a>1 和 b<2 是否同时为真等。此时，判定表达式的结果或运算数是只能是“真”或“假”两种情况的逻辑值，也称为逻辑值。

C 语言中并没有逻辑类型，自然也无法定义逻辑类型的变量或常量。当一个表达式所描述的判定为真时，表达式的结果为 1，若判定为假，则表达式的结果为 0。即 C 语言中用 1 和 0 表示判断表达式的逻辑结果，是一个整型的量。

例如，若 x 的值为 1，因为 x>1 不成立，故表达式的结果为 0，而表达式 x>=1 的结果为 1。

尽管一个表达式的逻辑结果只能是 1 或 0，但在进行逻辑判定，或者说一个数作为逻辑运算数时，并不是只有 1 才能代表真，而是所有非 0 的值都表示逻辑真，只有 0 表示逻辑假。例如，常数 0.5 或'A'若用于逻辑操作都可代表逻辑真。

2）关系运算符

C 语言共提供了以下的 6 种关系运算符。

<　小于　　>　大于　　<=　小于等于　　>=　大于等于　（高）

==　等于　　!=　不等于　　（低）

关系运算符都是二元运算，结合次序由左至右。在上述 6 种运算符中，<、>、<=、>=有相同的优先级别，==和!=的优先级别一致，且前 4 种运算符的优先级别高于后 2 种。此外，所有关系运算符的优先级别低于算术运算符。

例如，表达式 a>b<c 等价于(a>b)<c；表达式 a==b>c 等价于 a==(b>c)；表达式

a<b!=b>=c 等价于(a<b)!=(b>=c)；表达式 a==b+c>d 等价于 a==((b+c)>d)。

3）关系表达式的值

使用关系运算所形成的表达式常称为关系表达式。事实上，关系运算描述了数据之间的大小关系，对于任意的数据 a 和 b 及一种关系运算，如==，我们能够肯定 a==b 是对或错，即这个等于关系是真或假，因此，一个关系表达式的值只能是 0 或 1。从值的意义上说，所有的关系表达式都是整型的表达式。

**例 7-1** 阅读程序，说明其输出结果。

```
#include < stdio.h>
void  main( )
{  int  x = 1, y = 0, z;
   printf(" %d", x == y);/* 显示表达式 x == y 的值 */
   z = x - 1 >= y == 0 < (y == 0) + 1;
   printf(" %d", z);       /* 显示变量 z 的值 */
}
```

因为 x 和 y 分别为 1 和 0，表达式 x==y 的值为 0。根据运算的优先次序，表达式 z = x−1 >= y == 0 < (y == 0)+1 等价于表达式 z = 1−1 >= 0 == 0 < (0==0)+1，即 z =((1−1) >= 0) == (0 < ((0 == 0) + 1))，知 z=1 == (0<2)=1，故输出的 z 值为 1。

4）表示方法与关系判定

数学上的表达式或写法与关系表达式的含义可能是不吻合的，初学者应注意这些差异。

(1)在数学上，=表示等于，如 x=2 等，但在语言中=表示赋值，==才能表示判定，书写时一定要注意区分。

(2) 在数学上，常用 3≤x≤6 的形式表示 x 处于区间[3,6]之中，这是一种表示方法而不是判定方法，也不能直接用关系表达式来描述。换句话说，关系表达式 3<=x<=6 不能用于判断 x 是否在[3,6]区间里。这是因为原表达式等价于(3<=x)<=6，不论 x 的值是什么，表达式 3<=x 的值只能是 0 或 1，皆小于 6，故原表达式的值总是 1，是恒真的。此类问题的描述须借助于逻辑运算。

### 4. 逻辑运算

正如上节所述，如何判定数值 x 是否属于[3,6]区间内呢？由常识知道，如果 x 确实属于此区间，则 3≤x 和 x≤6 一定都为真，反之亦然。因此，可以定义一种运算，它以两个逻辑量(即两个判定如 3≤x 和 x≤6)为运算数，结果也是一个逻辑量，这就是一种逻辑运算。

1）逻辑运算符

C 语言共有三种逻辑运算符。

! 逻辑非　&& 逻辑与　|| 逻辑或

(高) ——→ (低)

其中，!是一元运算，&& 和||是二元运算。三种运算符的优先次序按!、&&、||的顺序递降。因为!是一元运算，其优先级高于任何一种二元运算，而 && 和||的优先级低于关

系运算符的优先级。

二元的逻辑运算符的结合顺序是从左至右的。

2）逻辑表达式的值

由于逻辑运算符操作的是逻辑量，运算结果也是一个逻辑值，利用“真”和“假”可将逻辑运算规则表示为表 7-1，其中的 x 和 y 表示操作数。

**表 7-1　逻辑运算**

| x | y | !x | !y | x && y | x \|\| y |
|---|---|---|---|---|---|
| 真 | 真 | 假 | 假 | 真 | 真 |
| 真 | 假 | 假 | 真 | 假 | 真 |
| 假 | 真 | 真 | 假 | 假 | 真 |
| 假 | 假 | 真 | 真 | 假 | 假 |

逻辑运算的规则容易记忆。

!x：若 x 为真，则!x 为假，否则为真。

x && y：只有 x 和 y 都为真时，x && y 为真，否则为假。

x || y：只有 x 和 y 都为假时，x && y 为假，否则为真。

C 语言并没有逻辑类型，一个关系表达式或逻辑表达式的值只能是 1 或 0，分别对应真和假。但为了增强运算的功能，在进行判定时，一切非 0 的值都表示真，而 0 则表示假。因此，表 7-1 可用数值形式表示为表 7-2。

**表 7-2　逻辑运算（运算数和结果的差异）**

| x | y | !x | !y | x && y | x \|\| y |
|---|---|---|---|---|---|
| ≠0 | ≠0 | 0 | 0 | 1 | 1 |
| ≠0 | 0 | 0 | 1 | 0 | 1 |
| 0 | ≠0 | 1 | 0 | 0 | 0 |
| 0 | 0 | 1 | 1 | 0 | 0 |

由表 7-2 可知，表达式 1&&0 的值为 0，表达式!0 的值为 1，表达式 1&&!1||1 的值为 1，它相当于(1&&0)||1。表达式−1 && 0.5 的值为 1，表达式'A'|| '\0'的值为 0，表达式'X'−1 && 'Y'+1 的值为 1。当字符型量参加逻辑运算时是按其 ASCII 码处理的。

此外，由于逻辑表达式的值仅为 0 或 1，故也可视为整型表达式。

鉴于上述原因，通常，在判断一个量如 x 是否为 0 时，表达式 x==0 与表达式!x 是逻辑等价的，而表达式 x!=0 与表达式 x 也是逻辑等价的。

这里，读者必须注意表达式的逻辑结果的真假表示同用于逻辑判定时的真假之间的细微差异。

3）示例

**例 7-2**　若 a=3，b=4，c=5，x 是一个变量，试计算出下述表达式的值。

(1) !(a>b) && !c||1

(2) !(x=a) && b>c && 0

(3) !(a+b)+c−1 && b+c/2

对于表达式(1),由优先次序知,该表达式等价于((!(a>b))&&!c)||1,相当于m||1,不论 m 是何值,表达式皆为 1。

对于表达式(2),类似地,它相当于 m&&0,故结果为 0。注意 x=a 为赋值表达式而非关系表达式,但对计算整个表达式的值无影响。

对于表达式(3),因为表达式!(a+b)+c-1 的值为!7+4=0+4=4,表达式 b+c/2=4+2=6,说明运算符 && 的两个运算数都为真,故原表达式的值为 1。

**例 7-3** 给出下述区间形式判断的表达式描述。

(1) 判定变量 x 是否属于[3,6]区间。

(2) 判定变量 x 所存储的字符是否为小写字母。

如果变量 x 属于某区间,必须保证 x 不超过左端点且不超过右端点。

(1) x >= 3 && x <= 6

(2) x >= 'a' && x <= 'z'

对于(2)中的 x,必须保证它是字符型的变量。这样,当上述表达式为真时,则说明 x 确实属于题目所述的区间。

## 7.4.4 数据的输出与输入

前述的学习使我们了解了 C 语言的基本数据类型与操作,但这还不足以形成较完善的程序。实际上,几乎所有的程序都要进行数据的输出和输入。如果没有输出,即使程序产生了结果,编程者和用户也都看不到它,而如果没有输入,多数程序的功能将非常单一。

C 语言是一种很小的语言,自己并没有输入输出语句,所有的输入和输出工作都由库函数来完成。多数情况下,编程者使用库函数并后缀一个分号,就形成了输入和输出语句。当然,如果需要,也可以将函数按表达式方式使用而不形成语句。

在使用任何一个库函数时,都应该进行函数声明。对于本章将要介绍的所有库函数,除特殊说明外,函数的声明都写在文件 stdio.h 中。因此,在使用这些库函数时,应在程序的开头写上如下代码:

```
#include <stdio.h>
```

这样,系统会自动将文件 stdio.h 的全部内容嵌入到此程序中,就完成了对函数的声明。

### 1. printf 函数

这是曾多次使用过的一个函数,称为格式化的输出函数,用于按说明的格式输出数据。printf 可以输出任何一种基本类型数据,并且多个数据可以在一个语句中一起输出。

1) printf 函数的一般格式

此函数一次可以输出多个数据,因此,函数中必须包含所输出的数据及该数据的输出格式(包括类型),一般的使用格式如下:

```
printf(<格式控制字符串>,<输出项表>);
```

为了解释函数中的内容,先给出如下的输出语句以供参考。

```
int  x = 10;
float  y = 2.2;
printf("x= %04d, y= %6.2f\n", x, y);
```

此语句的输出结果如下：

```
x=0010, y=2.20
```

2）输出项表

此函数可以一次输出若干个表达式的值，这些表达式应按输出次序列出，中间以逗号分隔，每个表达式是一个输出项。例如，语句中的 x、y 就是函数将输出的两个表达式。输出项表与前面的格式控制字符串之间也以逗号分隔。

3）格式控制字符串

此字符串中可以出现的内容有两类：格式描述项和普通字符。对于输出项表中的每一个表达式，格式控制字符串中都要有一个对应的格式描述项。例如，语句中有两个格式描述项%04d 和%6.2f，它们顺次对应于输出项 x 和 y：

```
printf("x= %04d, y= %6.2f\n",x,  y );
```

格式描述项的作用是对被输出表达式进行说明，包括其数据类型、占用的字符位数（长度）以及对齐方式等。格式描述项与输出项是一一对应的。常见简单的格式描述项有%d、%f 、%c、%s，分别是十进制整型、单精度浮点型、字符型和字符串型的类型说明。

包含在格式控制串中的字符，除了格式描述项外的所有字符都属于普通字符，如语句中的 x=、y=、\n 以及第一个逗号皆属此类，这些字符将被原样输出，用于对输出的数据进行"修饰"。对于\n 之类的控制字符，其意义不变，仍起控制作用。因此，前述语句在输出两个表达式的值后将光标转移到下一行开头。如果以后的输出语句不转移光标，就会在此位置接续输出。

4）printf 的输出示例

使用 printf 函数时最简单且常用的格式描述是%后直接使用类型字符，如：

```
printf("%d", 1360);          /* 输出一个整数 */
float  x = 3.14;
printf("%f", x+1);           /* 输出浮点数 4.14 */
printf("%c", '\n');          /* 输出一个换行符 */
printf("%s", "Hello Tom");   /* 输出一个字符串 */
```

### 2. scanf 函数

此为与 printf 相对应的函数，称为格式化输入。scanf 函数的使用格式与 printf 函数极为相似，只是用于输入而非输出。一般格式为：

```
scanf(<格式控制字符串>,<输入项地址表>);
```

例如，下列语句用于接收一个整数和一个实数，分别赋给变量 x 和 y。

```
int  x;
```

```
float  y;
scanf(" %d, %f", &x, &y);
```

1）输入项地址表

从键盘输入的数据总是被存放在某个内存单元中，为此必须在 scanf 函数中列出用于存放输入数据的内存地址，此地址可以是一个变量的存储地址、一个字符串的首地址等。目前，我们只使用变量的地址。

C 语言规定，对于任意的变量 x，&x 就是该变量的存储地址，不必关心该值是多少。在使用 scanf 函数接收变量的值时，必须列出此地址 &x，不能直接使用变量名 x。

2）格式控制字符串

如同 printf 函数一样，为了使 scanf 函数能够正确地得到每一个输入数据，必须说明这些数据的格式。例如，接收一个 int 类型数据并存放到变量 x 中可使用如下的输入语句：

```
scanf(" %d", &x);
```

scanf 函数中的格式控制字符串通常也由两种内容组成：格式描述项和普通字符。

(1) 格式描述项

对应于每个输入数据都需要一个格式描述项，其完整的格式为：

```
%<宽度><h/l><类型字符>
```

此描述中的项目与 printf 函数中的相同项目有着一致的含义。

%：格式描述项的起始符。

宽度：输入的数据位数，即域宽。

h/l：长度修正。此与 printf 函数中的长度修正意义完全相同，如%ld 表示长整数，%lf 表示双精度浮点数等。

类型描述符。说明一个数据类型。scanf 函数所使用的类型字符与 printf 函数完全相同。但其中的%类型符没有什么实际用处。

(2) 普通字符

除了格式描述项之外，也可在格式控制字符串中使用普通字符，这一点是非常值得注意的，错误地理解了它们的用处极容易导致 scanf 函数运行出错。

回顾 printf 函数中的普通字符，它们将被原样输出，与之对应的，scanf 函数中的普通字符必须原样输入。例如，有变量 x 和 y 及如下的输入语句：

```
scanf("x= %d,y= %d", &x, &y);
```

很明显，格式控制字符串中 x=、,、y= 皆属于普通字符而不是格式描述项的一部分。如果需要将 10 和 20 输入给变量 x 和 y，则必须按如下形式输入数据：

```
x=10,y=20 ↵
```

这里的 x=、,以及 y= 都是必须输入的。如果输入的数据与上述输入不同会导致此函数执行失败。因此，编程者极少在此函数中使用无用的普通字符。

## 7.5 结构化程序设计

长期以来，人们从研究和实验中逐渐总结出了一些良好的程序设计方法，较有代表性并且已被广泛采用的方法则是结构化的程序设计。简单地说，结构化程序设计是指任何程序都可以通过三种基本结构来实现，这三种结构是：顺序结构、选择结构和循环结构。这三种结构的共同点是每一种基本结构只有一个入口和一个出口，顺序结构的程序设计是最简单的，只要按照解决问题的顺序写出相应的语句就行，它的执行顺序是自上而下，依次执行。顺序结构流程图如图 7-6 所示。

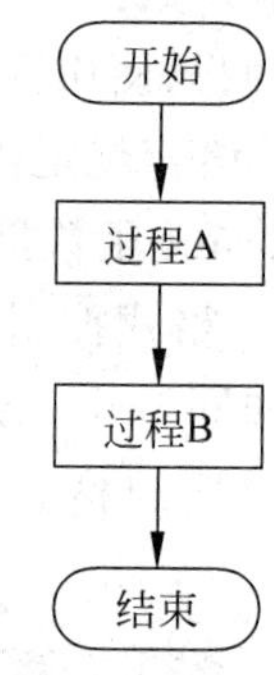

图 7-6 顺序结构流程图

顺序结构的程序虽然能解决计算、输出等问题，但不能做判断再选择。对于要先做判断再选择的问题就要使用分支结构。分支结构的执行是依据一定的条件选择执行路径，而不是严格按照语句出现的物理顺序。分支结构使程序具有了逻辑判断能力，是智能化的基础。分支结构的程序设计方法的关键在于构造合适的分支条件和分析程序流程，根据不同的程序流程选择适当的分支语句。分支结构适合于带有逻辑或关系比较等条件判断的计算，分支结构流程图如图 7-7 所示。

计算机程序的另一个主要的程序结构就是循环结构，循环结构可以减少源程序重复书写的工作量，用来描述重复执行某段算法的问题，这是程序设计中最能发挥计算机特长的程序结构。循环结构可以看成是一个条件判断语句和一个向回转向语句的组合。循环结构有三个要素：循环变量、循环体和循环终止条件，循环结构在程序框图中是利用判断框来表示，判断框内写上条件，两个出口分别对应着条件成立和条件不成立时所执行的不同指令，其中一个要指向循环体，然后再从循环体回到判断框的入口处。循环结构流程图如图 7-8 所示。

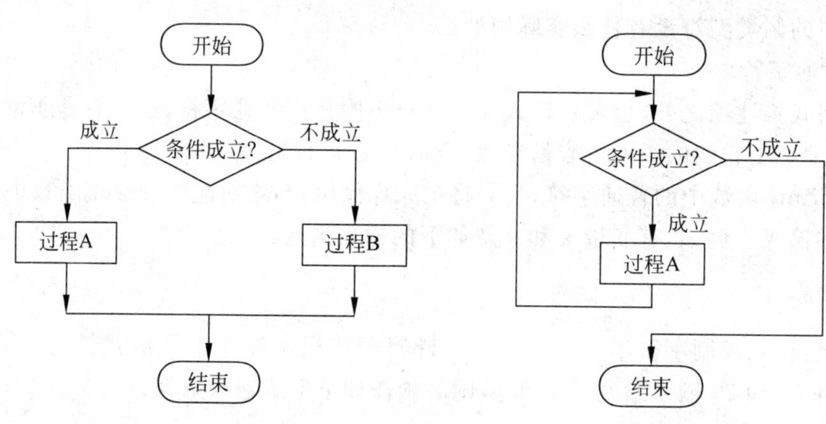

图 7-7 分支结构流程图

图 7-8 循环结构流程图

在上述结构中，顺序结构的程序流程与程序的书写顺序是一致的。分支结构则依据对某个条件的判断来决定程序下一步的流向。循环结构则测试一个条件，当条件满足时，反复执行某一段代码，直到条件不再满足为止。其中顺序结构是基本的，不管现在是什么结构，当此结构完成时，总要按顺序流向下一个结构（语句）。

顺序结构、分支结构和循环结构并不是彼此孤立的，在循环中可以有分支结构、顺序结构，分支中也可以有循环结构、顺序结构，其实不管哪种结构，我们均可广义地把它们看成一个语句。在实际编程过程中常将这三种结构相互结合以实现各种算法，设计出相应程序。

结构化的程序设计方法使得程序的逻辑结构清晰，层次分明，有效地改善了程序的可读性和可靠性。C语言是结构化的程序设计语言，提供了功能强、使用灵活的流程控制语句以支持结构化的程序设计方法。

## 7.6 C语言概述

### 7.6.1 程序结构

为了说明C语言源程序的基本结构，下面介绍几个简单的C语言程序实例。这些实例一方面体现了C语言的特点，另一方面可以帮助读者初步了解C语言源程序的基本结构和程序设计的格式。

**例 7-4** 在计算机屏幕上输出 A first simple C program. 字符串。

程序：

```
#include "stdio.h"               /*编译预处理命令，指定头文件*/
main()                           /*主函数*/
{                                /*函数体开始标志*/
      printf("A first simple C program.\n");
                                 /*调用格式输出函数 printf()，输出字符序列*/
}                                /*函数体结束标志*/
```

程序运行结果：

```
A first simple C program.
```

这是一个简单的C程序。程序首行#include "stdio.h"是编译预处理命令，用于通知编译器在本程序中包含标准输入/输出头文件(stdio.h)信息。main()表示主函数，主函数体用一对花括号"{}"括起来，其中左花括号"{"表示主函数体开始，右花括号"}"表示主函数体结束；主函数体中只有一个printf()函数调用语句，其功能是在计算机屏幕上按原样输出双撇号"" ""内的字符串 A first simple C program.；"\n"是换行符，表示在输出 A first simple C program.后自动换行；分号"；"是C语句的结束标志。注释符"/*"和"*/"之间的内容表示对程序的解释，以便于读者理解。

**例 7-5** 求两数之和。

程序：

```
#include "stdio.h"               /*编译预处理命令，指定头文件*/
main()                           /*主函数*/
{                                /*函数体开始标志*/
      int m,n,sum;               /*说明 m,n,sum 为整型变量*/
      m=10;                      /*给变量 m 赋初值 10*/
```

```
    n = 20;                    /* 给变量 n 赋初值 20 */
    sum = m + n;               /* 计算 m,n 的和并赋给变量 sum */
    printf("Sum is %d\n",sum);
                               /* 调用格式输出函数 printf(),输出变量 sum 的值 */
}                              /* 函数体结束标志 */
```

程序运行结果：

```
Sum is 30
```

分析：

在程序中第 2～9 行是主函数。其中，第 2 行是主函数头，第 3～9 行是主函数体，函数体中包含两个部分，第 4 行是说明部分，说明变量 m，n 和 sum 为整型变量，第 5～8 行是语句部分，第 8 行是格式输出函数 printf()调用语句。

printf()函数中双撇号“" "”内的 Sum is 原样输出，%d 是输出“格式字符串”，它表示输出时是以带符号的十进制形式输出 Sum 的值，Sum 是要输出的两数之和，其值为 30。

C 语言源程序由多个函数构成，其中有且只有一个 main 函数，它是应用程序的入口点。

函数由函数头和函数体组成。

函数体由声明和语句组成。

程序是由语句组成的，任何一种结构都必须通过语句才能体现出来。

## 7.6.2 顺序结构

### 1. 简单语句

简单语句也称为基本语句，包括以下三类。

(1) 空语句。空语句是仅由一个分号“;”构成的语句。空语句并不实际执行任何操作，只作为形式上的语句。承认空语句有两个好处：一是可以填充到控制结构中，占一个语句位置；二是即使在一个语句之后多写了分号也不致于出错。

(2) 表达式语句。这是使用最为广泛的一类语句。C 语言规定，任何一个合法的表达式后接分号即形成一个语句。例如，下面皆为合法的语句。

```
int x,
y = 4;                         /* 语句被写在两行 */
3 + 2; x = 3;                  /* 两个语句写在一行 */
printf("Hello");               /* 函数调用表达式语句 */
x ++ , y ++ ;                  /* 普通表达式语句 */
```

当然，类似 3+2;这样的语句并没有任何作用，C 语言将丢弃此表达式的值，但从语法的角度看它却是允许的。对于此类语句，在编译时会得到警告：Code has no effect in …。

在表达式语句中，比较有代表性的语句有赋值语句和函数调用语句，使用十分广泛。此外，还应该说明，分号是 C 语句的一部分而并不仅仅是语句分隔符。

由于 C 使用大量的表达式语句组成程序，因此也被称为表达式语言。

(3) 流程控制语句。此类语句用于构成所需要的程序流程，可将其归为两类：形成控制流程语句和流程转向语句。形成流程控制语句用于实现结构化设计的基本结构，即选择结构和循环结构，包括：if 语句、switch 语句和 while 语句、do-while 语句、for 语句。流程转向语句不形成控制结构，但却可以修改程序的流程，包括：break 语句、continue 语句、return 语句和 goto 语句。此外，有一些常用的库函数，如 exit( )，也与程序的流程控制有关。

### 2. 复合语句

复合语句也称为分程序结构。在 C 语言中，将一组语句括在花括号内则被视为一个语句，称其为复合语句。例如，

```
{ int x;
  x = 0;
  printf(" %d",x);
}
```

不管复合语句如何复杂，语法上它等效于一个简单语句，因此，凡可以使用简单语句的场合都可以使用复合语句(及空语句)。自然地，复合语句中仍可含有复合语句。

很明显，一个函数的函数体即可以看做一个复合语句。由 7.4.2 节的讨论可知，变量应该定义在函数体的开头。实际上，变量可以定义在任何一个复合语句的开头(这就是复合语句也称为分程序结构的原因)，而此变量也仅在定义它的复合语句之内才能够使用。考察下面的程序：

```
void main( )
 { int x = 10;
   {     int y;
         y = 20;
         float  z;             /* 错误 */
         z = 2.5;
         printf(" %d",z);
   }
   printf(" %d, %d",x,y);    /* 错误 */
}
```

程序中有两处错误：其一，y=20；是可执行语句，而变量定义语句 float z；写在此语句之后；其二，变量 y 仅属于函数体内层的复合语句，而在此复合语句外不能使用它。因此，在第二个输出语句 printf("%d,%d",x,y)；中不应使用 y。

复合语句之后不用分号结束。

## 7.6.3 选择结构

### 1. if 语句

这是著名的条件语句，有两种基本形式。

1) if(<表达式>)
   <语句>

例如，
```
if(x > 0)
    printf(" %d",x);
```

对此类语句的处理是：若表达值非 0，则执行后缀语句，否则不执行任何操作。

2）if(<表达式>)
```
    <语句 1 >
          else
    <语句 2 >
```
例如，if(x > 0)
```
        x = x;
    else
        x = - x;
```
此语句将 x 变成其绝对值。对此类语句的处理是：若表达值非 0，则执行语句 1，否则执行语句 2。

### 2. 主要变体

这里，变体是指一些特殊的使用形式。在 if 语句的基本形式中，对表达式成功与否所执行的语句没有任何限制，因此，可能产生下面的几种使用格式。

1）if(<表达式>)

不管表达式是否为真，此语句都无工作可做，因此，没有什么用处。由基本形式而来。

2）if(<表达式 1 >)
```
        if(<表达式 2 >)
            <语句>
```
此语句等价于：

```
if(<表达式 1 > && <表达式 2 >)
<语句>
```

由基本形式而来。

3）if(<表达式>)
```
        if(<表达式>)
          <语句 1 >
        else
          <语句 2 >
```
此类语句是合法的，但由于在 else 子句之前有两个 if 子句，因此，可能有两种解释方法：

```
if(<表达式>)
{ if(<表达式>)
 <语句 1 >
else
 <语句 2 >
}
```

或

```
if(<表达式>)
{ if(<表达式>)
   <语句 1 >
}
else
   <语句 2 >
```

实际上，C 将按前一种方式来处理它。可以说，此形式也由基本形式而来。

4）if(<表达式 1 >)
```
      if(<表达式 2 >)
          <语句 1 >
        else
          <语句 2 >
    else
        <语句 3 >
```

此形式由基本形式而来，意义较为明显。

```
5) if(<表达式 1>)
   <语句 1>
   else
   if(<表达式 2>)
          <语句 2>
          else
   …
          if(<表达式 n-1>)
             <语句 n-1>
          else
   <语句 n>
```

这种由基本形式演化而来的，复杂形式被称为阶梯式的条件语句。

注意，上述结构中，不论条件为真或假，只能执行一个语句，例如，

```
if(x>0)
x=10;  y=20;
else
x=20;  y=30;
```

上面的代码将明显产生错误。要么删去 y=20;，要么将 y=20;与 x=10;组成复合语句。对语句 y=30;也需要按实际情况做类似的处理。

### 3. 举例

**例 7-6** 输入三个整数，然后按由小到大的次序输出。

```
#include<stdio.h>
void main( )
{ int a,b,c,temp;                          /* temp:临时变量 */
  printf("Input:");
  scanf("%d,%d,%d",&a,&b,&c);              /* 输入数据以逗号分隔,如 3,2,1 */
  if(a>b)                                  /* 交换,形成次序如 2,3,1 */
  { temp=a;
    a=b;
    b=temp;
  }
  if(b>c)                                  /* 交换,形成次序如 2,1,3 */
  { temp=b;
    b=c;
    c=temp;
  }
  if(a>b)                                  /* 交换,形成次序如 1,2,3 */
  { temp=a;
    a=b;
    b=temp;
  }
  printf("Sorted result: %d, %d, %d.",a,b,c);
}
```

交换两个变量的值也可使用下面的代码：

```
a=a+b;  b=a-b;  a=a-b;
```

从而避免使用中间变量。

**例 7-7** 求一元二次方程 $ax^2+bx+c=0$ 的根。

对此问题的算法描述如下。

(1) 若 a=0,b=0,方程无解。

(2) 若 a=0,但 b≠0,方程有一个解 -c/b。

(3) 若 a≠0,记 $t=b^2-4ac$,则

当 t≥0 时,有两个实根 $(-b\pm\sqrt{t})/(2a)$;

当 t<0 时,有两个虚根 $(-b\pm i\sqrt{t})/(2a)$。

此外,由于存取误差,通常不使用 a==b(或 a! =b)的形式进行实数相等的判别,可以表达式 |a-b|≤e 代替,其中 e 是程序员所指定的精度。

```
#include<math.h>                          /*函数 sqrt( )的声明*/
#include<stdio.h>
void main( )
{  float a,b,c,Dt;
   printf("Input a,b,c:");
   scanf("%f,%f,%f",&a,&b,&c);             /*输入以逗号间隔*/
   if((a>0?a:-a)<1.0E-5)                   /* |a|<0.00001?,即 a==0?*/
     if((b>0?b:-b)<1.0E-5)                 /*b==0?*/
       printf("\nNo answer!");
     else
       printf("\nThe single root is:%f",-c/b);
     else
     {  Dt=b*b-4.0*a*c;                    /*b*b-4*a*c*/
        if(Dt>=0.0)                        /*实根*/
        { Dt=sqrt(Dt);
          printf("Real roots:%f,%f",(-b+Dt)/(2*a),(-b-Dt)/(2*a));
        }
        else                               /*虚根*/
        { Dt=sqrt(-Dt);
          printf("Complex roots:%f±i%f",-b/(2*a),Dt/(2*a));
        }
     }
}
```

此程序在计算出两个实根和虚根时的显示形式分别为：

Real roots:x1,x2 和 Complex roots:x1±ix2。

### 7.6.4 循环结构

#### 1. while 语句

使用格式

while 语句的一般格式为：

```
while(表达式)
语句
```

此语句的流程是：

(1) 求表达式的值；

(2) 若为真(≠0)，执行其后的循环体(一个语句)，然后转(1)；若为0，终止；很明显，此循环先测试表达式，因此，循环体有可能一次也不执行。

**例7-8** 求1+2+…+100的和。

```
#include<stdio.h>
void main( )
{ int k,Sum = 0;
  k = 1;
  while(k<= 100)
  { Sum + = k;
    k++;
  }
  printf("%d",Sum);
}
```

在循环中，k<=100即是循环终止条件，其后的复合语句构成了循环体。变量k的值直接决定了循环的次数，通常称其为循环控制变量。

**例7-9** 编写程序计算两个正整数的最大公约数。

若给定的两个正整数为u和v，可以按下述算法得到它们的最大公约数。

(1) 若v=0，终止，最大公约数等于u；否则，执行(2)。

(2) t=u%v，u=v，v=t。

(3) 执行(1)。

此算法即欧几里德算法或称辗转相除法。

```
#include<stdio.h>
  void main( )
{  int u,v,temp;
   printf("Input:");
   scanf("%d,%d",&u,&v);
   while(v)
  { temp = u%v;
    u = v;
    v = temp;
  }
  printf("\nGCD is :%d.",u);
}
```

### 2. for语句

使用格式

这是格式最为复杂的一种循环语句，其一般格式为：

```
for(<表达式1>;<表达式2>;<表达式3>)
    <语句>
```

上述格式等价于：

```
    <表达式 1>
while(<表达式 2>)
{ <语句>
<表达式 3>
}
```

从等价的形式中可以较清楚地看出此循环的流程。

(1) 计算表达式 1 的值，但仅一次，以后循环将不再涉及此表达式。

(2) 计算表达式 2 的值并判断：若表达式值为 0，终止循环，否则执行(3)。

(3) 执行循环体。

(4) 计算表达式 3，然后，执行(2)。

例如，下面是用 for 语句计算 1＋2＋…＋100 的主要代码。

```
int k,Sum = 0;
for(k = 1;k <= 100;k ++ )
    Sum + = k;
printf(" % d",Sum);
```

通常，表达式 1 可用于对循环控制变量 $k$ 赋以初值，表达式 3 则可用于对控制变量 $k$ 的增值。但无论如何，表达式 2 一定是循环的终止条件。

**例 7-10** 输入整数 a 和 n，求 S＝a＋aa＋…＋aa…a 的值。例如，a＝2，n＝3，则 S＝2＋22＋222。此程序的流程是简单的，只有一个循环，如：

```
for(k = 1;k <= n;k ++ )
sum + = t;
```

因此，主要的问题是如何计算 t 的值。先做简单的分析：

k＝1 时，t＝a。

k＝2 时，t＝aa＝t＊10＋a。

k＝3 时，t＝aaa＝t＊10＋a。

…

由此，可以得到下面的程序：

```
#include < stdio.h >
void main( )
{ int a,n,k,sum = 0,temp = 0;
  scanf(" % d, % d",&a,&n);
  for(k = 1;k <= n;k ++ )
  { temp = temp * 10 + a;
    sum + = temp;
  }
  printf("Sum is : % d.",sum);
}
```

程序中没有对 n 和 a 的大小判定，在值较大时有可能溢出。

# 习题

**一、填空题**

1. 计算机能直接执行的程序是________。在机器内部是以________编码形式表示的。

2. 编译型语言源程序需经________翻译成目标程序。可重定位的目标程序需再经________链接才能生成可执行的程序。

3. 在结构化程序设计中常见的简单数据类型有________、________、________和字符串类型。

4. 在面向对象程序设计中面向对象结构的三个基本特征是________、________和________。

**二、选择题**

1. 在面向对象程序设计方法中，一个对象请求另一个对象为其服务的方式是通过发送(　　)。

A. 调用语句　　B. 对象　　C. 方法　　D. 消息

2. 将高级语言编写的程序翻译成机器语言程序，采用的两种翻译方式是(　　)。

A. 解释和汇编　　B. 编译和解释　　C. 编译和汇编　　D. 编译和说明

3. 请判断变量 $x$ 是否属于[1,2]区间的正确的表达式是(　　)。

A. x>=1&&x<=2　　B. x≥1&&≤2

C. 1<=x<=2　　D. 1≤x≤2

4. C 语言程序的入口函数的函数名是(　　)。

A. first　　B. open　　C. main　　D. enter

**三、应用题**

1. 以下程序是计算两个正整数的最大公约数。若给定的两个正整数为 u 和 v。请在横线上补充完整程序，并依据程序画出流程图。

```
#include <stdio.h>
void main()
{
 int u,v,w;
 scanf("%d,%d",&u,&v);
 while(                )
 {
  w =                  ;
  u = v;
  v = w;
 }
 printf("%d",               );
}
```

2. 下面程序是计算 10!，请补充完整。

```
#include <stdio.h>
void main()
```

```
{   int i = 1;
float fac = 1.0;
    while(   i <= 10              )
    {
fac = fac * i    ;
}
    pritnf ( "%f   ,   fac"   );
}
```

3. 下面程序的功能是计算一元二次方程 $ax^2+bx+c=0$ 的实数根。请根据程序画出流程图。

```
#include <stdio.h>
#include <math.h>
void main()
{   float a,b,c,dt;
    scanf("%f,%f,%f",&a,&b,&c);
    if(fabs(a)<= 0.00001)
      if(fabs(b)<= 0.00001)
        printf("\nIt is not a equation!");
      else
        printf("\nOnly one root,it is %f", -c/b);
    else
    {   dt = b * b - 4 * a * c;
      if(dt>= 0)
         printf("\nTwo root:%f,%f",(-b+sqrt(dt))/(2*a),(-b-sqrt(dt))/(2*a));
      else
         printf("\nThere is not real root!");}
}
```

# 第8章 数据库技术及应用

数据库技术是信息社会的重要基础技术之一，是计算机科学领域中发展最为迅速的分支，数据库系统已在当代的社会生活中获得了广泛的应用，渗透到了工农业生产、商业、行政管理、科学研究、教育、工程技术和国防军事等各行各业，而且围绕数据库技术形成了一个巨大的软件行业，即数据库管理系统和各类工具软件的开发与经营，数据库技术是一门综合性技术，它涉及操作系统、数据结构、程序设计等方面的知识。

## 8.1 数据库技术概论

早期的计算机主要用于科学计算，当计算机应用于生产管理、商业财贸、情报检索等领域时，它面对的是数据量惊人的各类数据，为有效地组织、管理和利用这些数据，就产生了数据库技术。

数据库技术产生于20世纪60年代末，在计算机的三大主要应用领域科学计算、数据处理与过程控制中，数据处理占80%左右，数据库技术主要研究如何存储、使用和管理数据，它是从文件系统的基础上发展起来的，是计算机数据管理技术发展的最新阶段。20世纪80年代微型机的出现，在多数微机上配置了数据库管理系统，使得数据库技术得到了广泛的应用和普及，四十多年来，数据库在理论上、实现技术上均得到很大的发展，不断地有许多数据库管理系统问世，性能越来越好，功能越来越强，这使得计算机应用渗透到各行各业的各类管理工作中，管理信息系统、办公自动化系统、决策支持系统等都是使用了数据库管理系统或数据库技术的计算机应用系统。

### 8.1.1 数据、信息与数据处理

在计算机应用中，数据处理和以数据处理为基础的信息系统占据着很大的比例，人类的一切活动都离不开数据，离不开信息，在不同的领域里，信息的含义有所不同，一般认为信息是数据、消息中所包含的意义。

#### 1. 数据

数据是描述事物的符号记录，它的内容是事物特性的反映，数据是对现实世界的事物采用计算机能够识别、存储和处理的方式进行的描述，或者说计算机化的信息。

数据的概念在数据处理领域中得到不断的发展，不要只狭义地理解成是数值，数据是一个广义的概念，数据不仅包括数字、字母、文字和其他特殊字符，还可是图形、图像、声音等多媒体数据。

### 2. 信息

信息是经过加工处理的数据，是人们消化理解了的数据，是数据的具体含义。数据与信息既有联系又有区别。数据是信息的载体，而信息则是数据的具体内涵，而且对同一数据也可能有不同的解释。数据一般都可以表示某些信息，但并非任何数据都能包含对人们来说有用的信息。信息是抽象的，不随数据设备所决定的数据形式而变，而数据的表示方式却具有可选择性。

信息是反映客观现实世界的知识，用不同的数据形式可以表示同样的信息。例如，同样一条新闻在不同的报纸上的报导可能就不同，但表示的信息却是相同的。

### 3. 数据处理

数据处理是指将数据转换成信息的过程。广义地讲，它包括对数据的收集、存储、加工、分类、检索、传播等一系列活动，狭义地讲，它是指对所输入的数据进行加工整理。基本目的是从大量的、已知的数据出发，根据事物之间的固有联系和规律，通过分析归纳、演绎推导等手段，提取对人们有价值、有意义的信息，作为决策的依据。数据的加工可以比较简单也可以相当复杂。简单加工包括组织、编码、分类、排序等，复杂加工可以复杂到使用统计方法、数学模型等对数据进行深层次的加工。

## 8.1.2 数据管理技术的发展

数据管理技术的发展是与计算机技术及其应用的发展联系在一起的，它大致经历了人工管理、文件管理和数据库管理三个阶段。

### 1. 人工管理阶段(20 世纪 40 年代中期—20 世纪 50 年代中期)

在计算机发展的初期，计算机系统的结构还比较简单，其功能比较弱，还没有大容量的外存，也没有操作系统，用户程序的运行是由简单的管理程序来控制的。在这一阶段中，计算机的应用也主要是科学计算，用户程序中需要管理的数据不多，因此，计算机中的数据与应用程序一一对应，即一组数据对应一个程序，如图 8-1 所示。

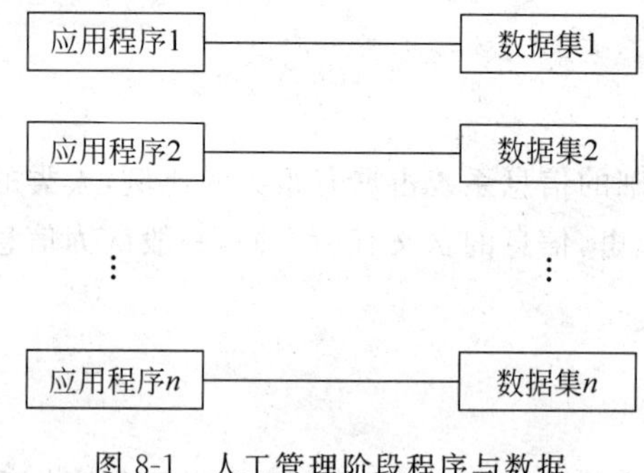


图 8-1 人工管理阶段程序与数据之间的关系

程序中要用到的数据结构改变时，其程序也必须随之修改，即计算机中的数据与程序不具有独立性，这就是人工管理阶段，在这种管理方式下，由于各应用程序所处理的数据经常是相互有关联的，因此，各程序中的数据会有大量重复。

### 2. 文件管理阶段(20 世纪 50 年代末期—20 世纪 60 年代中期)

随着计算机技术的发展,特别是大容量外存的出现,在软件方面有了操作系统,计算机的应用范围也不断扩大,它不仅用于科学计算,而且开始大量用于数据处理。这时候的数据需要长期保存在计算机中,以便经常对数据进行处理。在这个阶段中,数据以文件的形式存储在计算机中,并且由操作系统中的文件系统来管理文件中的数据。这就是文件管理阶段。在这个阶段中,借助操作系统中的文件系统,数据可以用统一的格式,以文件的形式长期存储在计算机系统中;并且数据的各种转换以及存储位置的安排,完全由文件系统来统一管理,从而使程序与数据之间具有一定的独立性。在这种情况下,由于程序是通过操作系统文件中的文件系统与数据文件进行联系的,因此,一个应用程序可以使用多个文件中的数据,不同的应用程序也可以使用同一个文件中的数据。程序与数据之间的关系如图 8-2 所示。

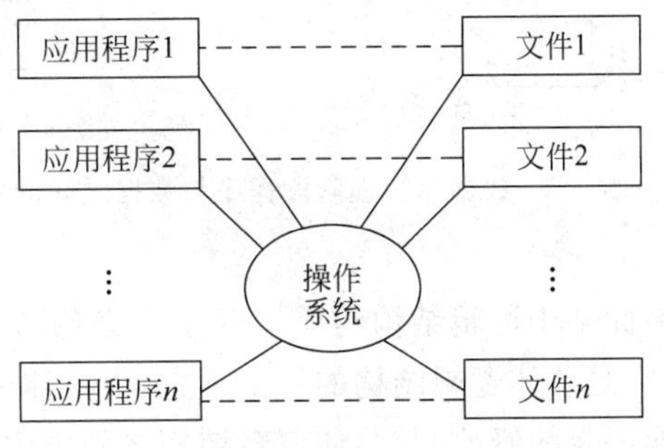


图 8-2 文件管理阶段程序与数据之间的关系

文件系统对数据的管理虽然比人工管理大大地前进了一步,但随着计算机应用的不断发展,管理的数据规模越来越大,文件系统对数据的管理也就越来越不适应了,主要体现在以下几个方面。

(1) 数据的冗余度比较大。在文件管理阶段,由于数据还是面向应用的,数据文件是针对某个具体应用而建立起来的,因此,文件之间互相孤立,不能反映各文件中数据之间的联系。即使所有数据有许多相同的部分,不同的应用还需要建立不同的文件。也就是说,数据不能共享,因此导致数据大量重复。这不仅造成存储空间的浪费,而且使数据的修改变得十分困难,很可能造成数据的不一致,从而影响数据的正确性。

(2) 由于数据是面向应用的,因此使程序与数据互相依赖,一个文件中的数据只为一个或几个应用程序所专用,为了适应一些新的应用,要对文件中的数据进行扩展是很困难的,这是因为,一旦文件中数据的结构被修改,应用程序也必须作相应的修改。同样,如果在应用程序中对数据的使用方式有了变化,则文件中数据的结构也必须随之作相应的修改。由此可以看出,在文件管理阶段,对数据的使用还是很不方便的。

(3) 文件系统对数据的控制没有统一的方法,而是完全靠应用程序自己对文件中的数据进行控制,因此,使应用程序的编制很麻烦,而且缺乏对数据的正确性、安全性、保密性等有效且统一的控制手段。

总之,在文件管理阶段,还不能满足将大量数据集中存储、统一控制以及数据为多个用户所共享的需要,数据库技术正是为克服文件系统中对数据的管理的不足而产生的。

### 3. 数据库管理阶段(20 世纪 60 年代末)

这一时期数据管理的规模日趋增大,数据量急剧增加,文件管理系统已不能适应要求,数据库管理技术为用户提供了更广泛的数据共享和更高的数据独立性,进一步减少了数据的冗余度,并为用户提供了方便的操作使用接口。

数据库技术的根本目标是要解决数据的共享问题。也正是这个问题的解决,使数据的

数据库管理具有三个主要特点。

(1) 数据是结构化的、面向系统的,数据的冗余度小,从而节省了数据的存储空间,也减少了对数据的存取时间,提高了访问效率,避免了数据的不一致性,同时也提高了数据的可扩充性和数据应用的灵活性。在数据库系统中应用程序与数据之间的关系如图 8-3 所示。

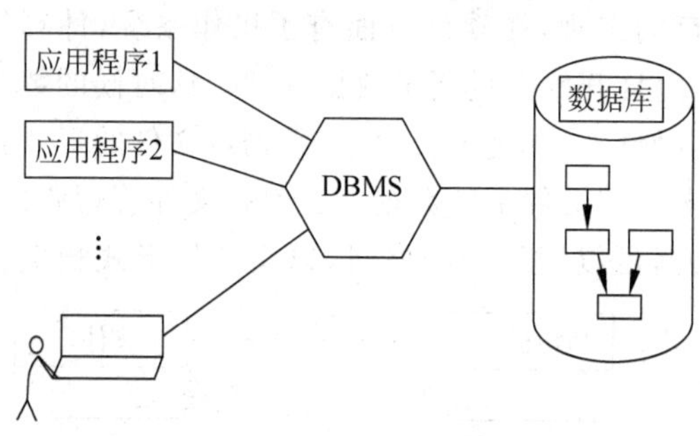

图 8-3 数据库管理阶段程序与数据之间的关系

(2) 数据具有独立性。通过系统提供的映像功能,使数据具有两方面的独立性:一是物理独立性。即由于数据的存储结构与逻辑结构之间由系统提供映像,使得当数据的存储结构改变时,其逻辑结构可以不变,因此基于逻辑结构的应用程序不必修改。二是逻辑独立性。即由于数据的局部逻辑结构(它是总体逻辑结构的一个子集,由具体的应用程序所确定,并且可以根据具体的需要可以作一定的修改)与总体逻辑结构之间也由系统提供映像,使得当总体逻辑结构改变时,其局部逻辑结构通过修改映像而保持不变,从而使根据局部逻辑结构编写的应用程序也不必修改。由于数据具有这两方面的独立性,因此使应用程序的维护大大简化。

(3) 保证了数据的完整性、安全性和并发性。因为数据库中的数据是结构化的,数据量大,影响面也很大,因此,保证数据的正确性、有效性、相容性的问题至关重要,必须充分予以保证。同时,因为往往有多个用户一起使用数据库,因此,数据库还具有并发控制的功能,以避免并发程序之间相互干扰。

综上所述,数据库是一个通用化的、综合性的数据集合,它可以为各种用户所共享,具有最小的冗余度和较高的数据与程序的独立性,而且能并发地为多个应用服务,同时具有安全性和完整性。因此,数据库系统是一个功能很强的复杂系统,数据库技术是计算机领域中最重要的技术之一。

20 世纪 70 年代后期之前,数据库系统多数是集中式的。分布式数据库系统是数据库技术和计算机网络技术相结合的产物,在 20 世纪 80 年代中期已有商品化产品问世。分布式数据库是一个逻辑上集中、地域上分散的数据集合,是计算机网络环境中各个局部数据库的逻辑集合,同时受分布式数据库管理系统的控制和管理,其结构如图 8-4 所示。

### 4. 分布式数据库的特点

1) 数据独立性与位置透明性

数据独立性是数据库方法追求的主要目标之一,分布透明性指用户不必关心数据的逻辑分区,不必关心数据物理位置分布的细节,也不必关心重复副本(冗余数据)的一致性问题,同时也不必关心局部场地上数据库支持哪种数据模型。分布透明性的优点是很明显的。有了分布透明性,用户的应用程序书写起来就如同数据没有分布一样。当数据从一个场地移到另一个场地时不必改写应用程序。当增加某些数据的重复副本时也不必改写应用程序,数据分布的信息由系统存储在数据字典中,用户对非本地数据的访问请求由系统根据数据字典予以解释、转换、传送。

2）集中和结点自治相结合

数据库是用户共享的资源，在集中式数据库中，为了保证数据库的安全性和完整性，对共享数据库的控制是集中的，并设有 DBA（DataBase Administrator）负责监督和维护系统的正常运行。在分布式数据库中，数据的共享有两个层次：一是局部共享，即在局部数据库中存储局部场地上各用户的共享数据。这些数据是本场地用户常用的。二是全局共享，即在分布式数据库的各个场地也存储可供网中其他场地的用户共享的数据，支持系统中的全局应用。因此，相应的控制结构也具有两个层次：集中和自治。分布式数据库系统常常采用集中和自治相结合的控制结构，各局部的 DBMS（DataBase Management System）可以独立地管理局部数据库，具有自治的功能。同时，系统又设有集中控制机制，协调各局部 DBMS 的工作，执行全局应用。当然，不同的系统集中和自治的程度不尽相同。有些系统高度自治，连全局应用事务的协调也由局部 DBMS、局部 DBA 共同承担而不需要集中控制，不设全局 DBA，有些系统则集中控制程度较高，场地自治功能较弱。

3）支持全局数据库的一致性和可恢复性

分布式数据库中各局部数据库应满足集中式数据库的一致性、可串行性和可恢复性。除此以外还应保证数据库的全局一致性、并行操作的可串行性和系统的全局可恢复性。这是因为全局应用要涉及两个以上结点的数据。因此在分布式数据库系统中一个业务可能由不同场地上的多个操作组成。例如，银行转账业务包括两个结点上的更新操作。这样，当其中某一个结点出现故障操作失败后如何使全局业务滚回呢？如何使另一个结点撤销已执行的操作（若操作已完成或完成一部分）或者不必再执行业务的其他操作（若操作尚没执行）？这些技术要比集中式数据库复杂和困难得多，分布式数据库系统必须解决这些问题。

4）复制透明性

用户不用关心数据库在网络中各个结点的复制情况，被复制的数据的更新都由系统自动完成。在分布式数据库系统中，可以把一个场地的数据复制到其他场地存储，应用程序可以使用复制到本地的数据在本地完成分布式操作，避免通过网络传输数据，提高了系统的运行和查询效率。但是对于复制数据的更新操作，就要涉及对所有复制数据的更新。

5）易于扩展性

在大多数网络环境中，单个数据库服务器最终不会满足使用。如果服务器软件支持透明的水平扩展，那么就可以增加多个服务器来进一步分布数据和分担处理任务。

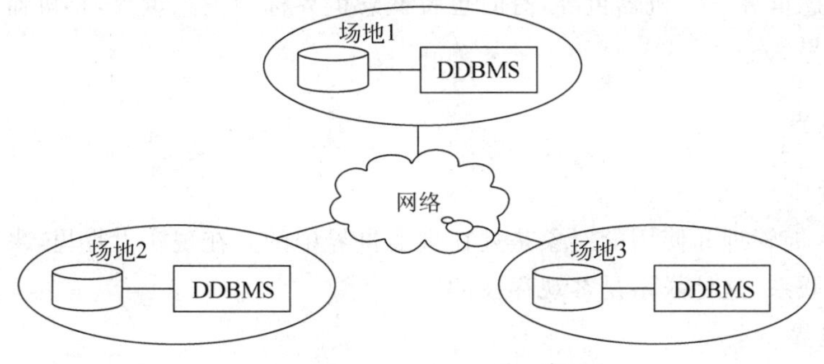


图 8-4　分布式数据库系统示意图

## 8.1.3 数据库系统的构成

数据库系统一般由数据库、数据库管理系统(及其开发工具)、应用系统、数据库管理员和用户构成。下面分别介绍这几个部分的内容。

### 1. 硬件平台及数据库

由于数据库系统数据量都很大,加之DBMS丰富的功能使得自身的规模也很大,因此整个数据库系统对硬件资源提出了较高的要求,这些要求如下。

(1) 足够大的内存,存储操作系统、DBMS的核心模块、数据缓冲区和应用程序。

(2) 有足够大的磁盘等直接存取设备存储数据库,有足够的磁带(或微机软盘)作备份。

(3) 要求系统有较高的通道能力,以提高数据传送率。

### 2. 软件

数据库系统的软件主要包括如下几项。

(1) DBMS。DBMS是为数据库的建立、使用和维护配置的软件。支持DBMS运行的操作系统。

(2) 具有与数据库接口的高级语言及其编译系统,便于开发应用程序。

(3) 以DBMS为核心的应用开发工具。

(4) 应用开发工具是系统为应用开发人员和最终用户提供的高效率、多功能的应用生成器、第四代语言等各种软件工具。它们为数据库系统的开发和应用提供了良好的环境。

(5) 为特定应用环境开发的数据库应用系统。

### 3. 人员

开发、管理和使用数据库系统的人员主要是:数据库管理员、系统分析员和数据库设计人员、应用程序员和最终用户。

## 8.1.4 数据和数据联系的描述

从现实生活中事物特性到计算机数据库里数据的具体表示一般要经历三个世界,即现实世界——概念世界——机器世界,有时也将概念世界称为信息世界,将机器世界称为存储世界或数据世界。

### 1. 三个世界

1) 现实世界

事实上,人们管理和使用的对象是处在现实世界中的。在现实世界里,事物与事物之间存在着一定的联系,这种联系是客观存在的。

2) 信息世界

信息世界是现实世界在人们头脑中的反映,是对客观事物及其联系的一种抽象描述。它不是现实世界的简单映像,而是经过对现实世界的选择、命名、分类等抽象过程而产生的,在信息世界里，对客观事物及其联系的描述一般都涉及实体、实体集、属性、关键字和联系等术语。

(1) 实体

客观存在并可相互区别的事物称为实体(Entry)。实体可以是具体的实际事物，也可以是抽象事件。例如一个学生，教师的一次授课，储户的一次存款等。

(2) 实体集

同一类实体的集合称为实体集(Entry Set)。例如全体学生。

(3) 属性

实体的具体特性称为属性(Attribute)。例如学生实体可以用学号、姓名、性别、出生日期等属性来描述。

(4) 关键字

能够唯一标识一个实体的最小的属性集，可以作为关键字(Key)，也叫码，学生实体中学号属性可作为关键字。

(5) 联系

实体集之间的对应关系称为联系(Relation)，它反映现实世界事物之间的相互关联。联系分为一对一(1∶1)、一对多(1∶$N$)、多对多($M$∶$N$)三种。

### 2. ER 模型

ER(Entity Relationship)模型即实体联系模型，也叫 ER 图，ER 模型的三要素：实体、属性及实体间的相互联系。

## 8.2　数据模型

数据库中的数据是有结构的，这些结构反映了事物及事物之间的联系。而数据模型是一种表示实体类型及实体间联系的模型。每一个数据库管理系统都是基于某种数据模型的，它不仅管理数据的值，而且要按照数据模型对数据间的联系进行管理。

数据模型是严格定义的概念的集合。一个数据库系统的数据模型至少包括数据结构、数据操作和完整性规则三部分。其中数据结构是数据模型最基本的部分，它将确定数据库的逻辑结构，是对实体类型和实体间联系的表达和实现。数据操作是提供对数据库的操纵手段，主要有检索和更新两大类操作。完整性规则是对数据库有效状态的约束。

数据库管理系统所支持的数据模型分为 4 种：层次模型、网状模型、关系模型、面向对象模型。20 世纪 70 年代是数据库蓬勃发展的年代，层次模型和网状模型占据了整个商用市场，而关系模型仅处于实验阶段。20 世纪 80 年代关系模型逐步代替网状模型和层次模型而占领了主流市场。关系模型对数据库的理论和实践产生了很大的影响，成为当今最流行的数据库模型。

### 8.2.1　关系模型

用表格形式表示实体以及实体之间的联系，称为关系模型。它是以数学理论为基础的。

20 世纪 70 年代起 E. F. Codd 先后用关系代数定义了关系数据库的基本概念，引进函数依赖及规范化理论，为关系数据库的设计奠定了理论基础。

### 1. 二维表

在关系模型中，把数据看成一个二维表，每一个二维表称为一个关系。例如表 8-1 所示的二维表就是一个关系。

表 8-1 学生关系

| 学号 | 姓名 | 性别 | 出生日期 | 身高/cm | 班号 |
|---|---|---|---|---|---|
| 111201001 | 赵宇 | 男 | 1991-01-01 | 181 | 软件 1101 |
| 111201002 | 钱勇 | 男 | 1991-01-30 | 181 | 软件 1101 |
| 111201003 | 孙晨 | 男 | 1991-08-10 | 178 | 软件 1101 |
| 111201004 | 李渤淳 | 男 | 1991-01-03 | 178 | 软件 1101 |
| 111201005 | 马楚然 | 女 | 1991-11-15 | 181 | 软件 1101 |
| 111201006 | 吴彦妮 | 女 | 1991-10-20 | 169 | 软件 1101 |
| 111201007 | 姜卓茹 | 女 | 1991-10-12 | 169 | 软件 1101 |
| 111201008 | 王一琳 | 女 | 1991-12-08 | 168 | 软件 1101 |
| 111201009 | 冯禹霏 | 女 | 1991-11-19 | 168 | 软件 1101 |

### 2. 基本术语

(1) 关系：一个关系就是一张二维表，每个关系有一个关系名。

(2) 元组：表中的行称为元组，一行为一个元组，表 8-1 包括 9 个元组。

(3) 属性：表中的列称为属性，每一列有一个属性名。

(4) 域：属性的取值范围。

(5) 关系模式：对关系的描述称为关系模式，格式为：关系名(属性 1，属性 2，……，属性 $N$)。例如，学生(学号，姓名，性别，出生日期，身高，班号)。

(6) 元数：关系模式中属性的个数就是关系的元数。

(7) 分量：元组中的一个属性值叫一个分量。

## 8.2.2 关系运算

关系运算是以集合代数为基础发展起来的，从集合论的观点来定义关系，关系是一个元数为 $K$ 的元组的集合，即这个关系有若干个元组，每个元组有 $K$ 个属性值。对关系数据库进行查询时，需要找到满足要求的数据，这就需要对关系进行特定的运算，关系的运算分为两类：一类是传统的集合运算，另一类是专门的关系运算。

### 1. 传统的集合运算

1) 并运算(Union)

设有两个关系 $R$ 和 $S$，它们具有相同的元数，$R \cup S$ 是由属于 $R$ 或属于 $S$ 的元组组成的集合。

2）差运算（Difference）

设有两个关系 $R$ 和 $S$，它们具有相同的元数，$R-S$ 是由属于 $R$ 但不属于 $S$ 的元组组成的集合。

3）交运算（Intersection）

设有两个关系 $R$ 和 $S$，它们具有相同的元数，$R\cap S$ 是由既属于 $R$ 又属于 $S$ 的元组组成的集合。

4）笛卡儿积（Cartesian Product）

设有 $m$ 元关系 $R$ 和 $n$ 元关系 $S$，则 $R$ 与 $S$ 的笛卡儿积记为 $R\times S$，它是一个 $m+n$ 元组的集合，其中每个元组的前 $m$ 个分量是 $R$ 的一个元组，后 $n$ 个分量是 $S$ 的一个元组。关系的笛卡儿积如表 8-2 所示。

**表 8-2 关系的笛卡儿积**

(a) 关系 $R$

| A | B | C |
|---|---|---|
| 11001 | 2 | 12 |
| 11002 | 5 | 16 |
| 11003 | 8 | 12 |

(b) 关系 $S$

| A | D |
|---|---|
| 11001 | 11 |
| 11001 | 12 |
| 11002 | 13 |

(c) 笛卡儿积 $R\times S$

| R.A | B | C | S.A | D |
|---|---|---|---|---|
| 11001 | 2 | 12 | 11001 | 11 |
| 11001 | 2 | 12 | 11001 | 12 |
| 11001 | 2 | 12 | 11002 | 13 |
| 11002 | 5 | 16 | 11001 | 11 |
| 11002 | 5 | 16 | 11001 | 12 |
| 11002 | 5 | 16 | 11002 | 13 |
| 11003 | 8 | 12 | 11001 | 11 |
| 11003 | 8 | 12 | 11001 | 12 |
| 11003 | 8 | 12 | 11002 | 13 |

### 2. 专门的关系运算

1）选择运算（σ）

从关系中找出满足给定条件的元组的操作称为选择。其中的条件是以逻辑表达式给出的。这是从行的角度进行的运算。经过选择运算得到的结果元组可以形成新的关系，其关系模式不变，但其中的元组的数目不会多于原来的有关系中元组的个数。它是原关系的子集。

**例 8-1** 查询身高为 178cm 的男生。

σ 身高＝178∩性别＝男（学生）

运算结果如表 8-3 所示。

表 8-3 身高 178cm 的男生关系

| 学号 | 姓名 | 性别 | 出生日期 | 身高/cm | 班号 |
|---|---|---|---|---|---|
| 111201003 | 孙晨 | 男 | 1991-08-10 | 178 | 软件 1101 |
| 111201004 | 李渤淳 | 男 | 1991-01-03 | 178 | 软件 1101 |

2）投影运算（$\pi$）

投影运算(Projection)是在给定关系的某些域上进行的运算。通过投影运算可以从一个关系中选择出所需要的属性列，并且按要求排列成一个新的关系，而新关系的各个属性值来自原关系中相应的属性值，因此，经过投影运算后，会取消某些列，而且有可能出现一些重复元组，在一个关系中不能有完全相同的两行存在，所以重复元组只能留下一行。

**例 8-2** 查询学生的性别及身高。

$\pi$ 性别，身高(学生)

运算结果如表 8-4 所示。

表 8-4 学生的性别及身高关系

| 性别 | 身高/cm | 性别 | 身高/cm |
|---|---|---|---|
| 男 | 181 | 女 | 169 |
| 男 | 178 | 女 | 168 |

3）连接运算

连接运算(Join)是对两个关系进行的运算，其意义是从两个关系的笛卡儿积中选出满足给定属性间一定条件的那些元组。$R$ 和 $S$ 两个关系的连接运算公式表示为：

$R \quad \infty \quad S$

$A\theta B$

其中，$A$ 是 $R$ 中的属性，$B$ 是 $S$ 中的属性。$\theta$ 为"＝"时，称为等值连接。

**例 8-3** $R \quad \infty \quad S$

$C<D$

结果如表 8-5 所示。

表 8-5 连接运算结果

| **R. A** | **B** | **C** | **S. A** | **D** |
|---|---|---|---|---|
| 11001 | 2 | 12 | 11002 | 13 |
| 11003 | 8 | 12 | 11002 | 13 |

4）自然连接运算（$\infty$）

自然连接运算(Natural Join)是对两个具有公共属性的关系所进行的运算。设关系 $R$ 和关系 $S$ 具有公共的属性，则关系 $R$ 和关系 $S$ 的自然连接的结果，是从它们的笛卡儿积 $R\times S$ 中选出公共属性值相等的那些元组，重复的属性只留一列。

**例 8-4** $R \quad \infty \quad S$

通过共有的属性 $A$ 相等，并且只留下一列 $A$，结果如表 8-6 所示。

表 8-6 自然连接运算结果

| *A* | *B* | *C* | *D* |
|---|---|---|---|
| 11001 | 2 | 12 | 11 |
| 11001 | 2 | 12 | 12 |
| 11002 | 5 | 16 | 13 |

## 8.3 关系数据库语言 SQL

### 8.3.1 SQL 概述

SQL(Structured Query Language)是一种标准数据库语言,从对数据库的随机查询到数据库的管理和程序的设计,几乎无所不能,而且书写非常简单,使用方便。SQL 成为国际标准以后,在数据库以外的其他领域中也开始受到重视和采用。SQL 既可以作为交互式语言独立使用,作为联机终端用户与数据库系统的接口;也可以作为子语言嵌入宿主语言中使用。因此,SQL 在未来一段相当长的时间内将是关系数据库领域中的一个主流语言,在软件工程、人工智能等领域,也有很大的潜力。

需要注意的是,SQL 既不是数据库管理系统,也不是一个应用软件开发语言。它仅仅是一个数据库语言,可以作为数据库管理系统或应用软件开发语言的一部分。在用它开发任何一个应用软件时,都需要用另一种语言来完成屏幕控制、菜单管理、报表生成等功能。

SQL 的英文名称是结构化的查询语言,它的主要功能包括 4 个方面:查询(Query)、操纵(Manipulation)、定义(Definition)和控制(Control),因此,它是一个综合的、通用的、功能极强的关系数据库语言。SQL 主要有以下几方面的特点。

1) 一体化

非关系模型的数据语言一般分为模式 DDL(Data Definition Language)、子模式 DDL,与数据存储有关的描述语言,如 DBTG(DataBase Task Group)的 DSDL(Document Schema Definition Language),以及数据操纵语言(Data Manipulation Language,DML),它们各自完成模式、子模式、内模式定义和数据存取、处理功能。而 SQL 能完成定义关系模式、录入数据以及建立数据库、查询、更新、维护、数据库重构、数据库安全性控制等一系列操作,它具有集 DDL、DML、DCL(Data Control Language)为一体的特点,用 SQL 可以实现数据库生命期内的全部活动。

另外,由于关系模型中实体以及实体间的联系均用关系来表示,这种数据结构的单一性带来了数据操纵符的统一性,由于信息仅仅以一种方式表示,因此,所有的操作(如插入、删除等)都只需要一种操作符。

2) 两种使用方式、统一的语法结构

SQL 有两种使用方式:一种是联机交互使用的方式,另一种是嵌入到某种高级程序设计语言(如 C,C++,Java)程序中,以实现数据库操作。前一种方式下,SQL 为自含式语言,可以独立使用。后一种方式下,SQL 为嵌入语言,它依附于主语言。前一种方式适用于非计算机专业的人员,后一种方式适用于程序员。这两种方式给了用户灵活选择的余地,提供了极大的方便。尽管方式不同，但是 SQL 的语法结构是基本一致的，这就大大改善了最终用户和程序设计人员之间的通信。

3）高度非过程化

在 SQL 中，只要求用户提出目的，而不需要指出如何去实现目的。在两种使用方式中均是如此，用户不必了解存储路径、存取路径的选择和 SQL 语句操作的过程，均由系统自动完成。

4）语言简洁，易学易用

尽管 SQL 功能极强，又有两种使用方式，但由于巧妙的设计，语言十分简洁，因此容易学习，便于使用。SQL 完成核心功能一共只用了 8 个动词（其中标准 SQL 是 6 个），表 8-7 列出了表示 SQL 功能的动词。另外，SQL 语言的语法非常简单，接近英语的口语。

**表 8-7 SQL 语言的功能动词**

| 功　能 | 动　词 |
|---|---|
| 定义 | CREATE　DROP |
| 查询 | SELECT |
| 操纵 | INSERT　UPDATE　DELETE |
| 控制 | GRANT　REVOKE |

## 8.3.2 SQL 的数据定义

SQL 的数据定义功能包括三部分：定义基本表、定义视图和定义索引。

### 1. 表的创建与删除

1）表的建立

在把数据存入一个表之前，必须首先建立这个表。所谓建立一个表，主要是指定义表的名称、表的结构。用 SQL 语言建立表是非常简单的，一般的 SQL 建表的语句格式如下：

```
CREATE TABLE <表名>
    (<列名 1> <数据类型>[NOT NULL]
    ,<列名 2> <数据类型>[NOT NULL] …)
    [<表级约束>];
```

其中，CREATE TABLE 告诉 SQL 要建立一个表，其表名就是后面紧跟的<表名>。后面的参数表包含了表中各列的名称和类型的定义，其中，如果约束条件涉及表中的多个列，通过任选项“表级约束”去定义。

**例 8-5** 定义学生表。

```
CREATE TABLE 学生
    (学号 CHAR(9) PRIMARY KEY,
    姓名 CHAR(8),
    性别 CHAR(2),
    出生日期 DATE,
    身高 INT,
    班号 CHAR(12),
    FOREIGN KEY 班号 REFERENCES 班级(班号));
```

2）表的删除

表的删除是指把一个基本表的定义连同表上所有的记录、索引以及由此基本表导出的所有视图全部都删除，并释放相应的存储空间。

语句格式：

```
DROP TABLE <表名>
```

**例 8-6** 删除学生表。

```
DROP  TABLE  学生
```

**2. 索引的创建与删除**

1）索引的建立

对于一个基本表，可以根据需要建立若干索引来提供多种存取路径。一个合适的索引可以使查询速度提高几倍，尤其是对数据存储量很大的表。这是因为 SQL 的优化器将是利用索引的列值查询记录行，而不是读整个表。一般来说，索引的建立和删除是由建表人负责的，而用户没有必要也不允许在存取数据时选择索引。存取路径是由系统自动选择的。

建立索引的语句格式为：

```
CREATE [UNIQUE] INDEX <索引名>
ON <基本表名> (<列名>[<次序>][,<列名>[<次序>]] …);
```

CREATE INDEX 命令对指定的表的指定的列建立一个索引。一个表可以使用多个索引列。在排序时若第一个索引列中具有相同的值，则在第二个索引列中再进行排序，如此类推。各索引的排序次序由建立索引语句中的[<次序>]指定，其中 ASC 为升序，DESC 为降序，省略时为升序。[UNIQUE]表示第一个索引值只有唯一的一个数据行与之对应。

**例 8-7** 按身高降序建立学生情况表的索引。

```
CREATE INDEX S_hight ON 学生(身高 DESC);
```

2）索引的删除

删除索引的语句格式为：

```
DROP INDEX <索引名>
```

**例 8-8** 删除学生表中按身高降序建立的索引。

```
DROP INDEX S_hight
```

## 8.3.3 SQL 的数据查询

数据库查询(SELECT)语句是 SQL 语言的核心。一个 SELECT 语句可以在一个或多个表上操作，并产生另一个表，这个表的内容就是 SELECT 语句的查询结果。

SELECT 语句的一般格式为：

```
SELECT <目标列>
FROM <基本表(或视图)>
[WHERE <条件表达式>]
[GROUP BY <列名 1 > [HAVING <组条件表达式>]]
```

```
[ORDER BY <列名 2 >]
```

整个语句的含义是：根据 WHERE 子句中设置的条件表达式，从基本表(或视图)中找出满足条件的记录行，按 SELECT 子句中的目标列，选出记录行中的列值形成结果表。如果有 GROUP BY 子句将按列名 1 分组，每个组产生结果表中的一个记录，如果只是输出部分组，则用 HAVING 短语给出组条件。如果有 ORDER BY 子句，则结果表要根据指定的列名 2 按升序或降序排列。

我们以一个简单的学生选修课程管理关系数据模型为基础，通过示例来介绍 SQL 的使用方法，设学生选修课程管理关系数据模型包括以下三个关系模式。

```
学生(学号,姓名,性别,出生日期,身高,班号,民族)
课程(课程号,课程名,先行课号,学分)
选修(学号,课程号,成绩)
```

### 1. 单表查询

1) 选出指定列

从表中选出指定列的语句格式为

```
SELECT <目标列> FROM <表名>
```

其功能为从指定的表中选出目标列中的各列。如果是选出表中的所有列，可以用 SELECT *，其中 * 表示所有列，效果与在 SELECT 后面列出所有列名是一样的。

**例 8-9** 找出所有学生学号和班号。

```
SELECT 学号,班号
  FROM 学生;
```

**例 8-10** 查看所有学生的全部情况。

```
SELECT *
  FROM 学生;
```

或

```
SELECT 学号,姓名,性别,出生日期,身高,班号,民族
  FROM 学生
```

**例 8-11** 查看所有已选课学生的学号。

```
SELECT DISTINCT 学号
```

2) 查询经过计算的列

**例 8-12** 查询学生的学号和年龄。

```
SELECT 学号,2011 - YEAR(出生日期)
  FROM 学生;
```

3) 带搜索条件(WHERE)子句的查询

使用 SELECT 语句中的 WHERE 子句可以起到过滤作用，找到满足条件的记录数据。WHERE 子句允许用户确定一个谓词，该谓词的值随着记录数据的不同可以为真(TRUE)

或假(FALSE)。执行带有 WHERE 子句的 SELECT 语句,其结果是只有那些使谓词为真的记录行才出现在结果表中,若想消除重复行,可以加 DISTINCT 短语。

下面列出几种常见的搜索条件。

(1) 比较条件

语法为:

```
WHERE <表达式> <比较算符> <表达式>
```

比较运算符有=、<、>、<=、>=、!=、!>、!<,其中!表示否定的意思,也可以用 NOT 表示。

字符数据之间、日期之间也可以进行比较,对于字符数据,是按 ASCII 码进行比较的,而对于日期,“<”和“>”则分别代表早于和晚于该日期。

**例 8-13** 查询王一琳同学的学号和出生日期。

```
SELECT 学号,出生日期
  FROM 学生
  WHERE 姓名 = '王一琳';
```

(2) 范围条件

语法为:

```
WHERE <表达式 1>  BETWEEN  <表达式 2>  AND  <表达式 3>
```

谓词 BETWEEN … AND 是“包含于……之中”的意思。它等价于表达式 1 ≥ 表达式 2 且 表达式 1≤表达式 3。

**例 8-14** 查询身高在 170～180cm 之间的学生学号和民族。

```
SELECT 学号,民族
  FROM 学生
  WHERE 身高 BETWEEN 170 AND 180;
```

(3) 枚举条件

语法为:

```
WHERE <表达式>  [NOT]  IN (<取值清单>|<子查询>)  或  WHERE <> = ANY (<取值清单>|<子查询>)
```

谓词 IN 实际上是一系列谓词 OR 的缩写,等价于一组 OR 运算。其选中值可以直接以枚举方式给出取值清单,也可以是一个子查询的返回结果。

谓词 ANY 的含义是,如果所规定的运算符(这里是=)对于取值清单中的或子查询返回的任何一个值为真时,WHERE 子句的值就为真。当比较运算符为=时,IN 和 ANY 的效果是完全相同的。

另外还有一个谓词 ALL,其用法与 ANY 类似,即当且仅当该比较运算对于全部取值清单中的值或子查询返回的全部值都为真时,包含该子查询的 WHERE 子句或 HAVING 子句为真。

**例 8-15** 查询蒙古族和朝鲜族的学生的学号。

```
SELECT 学号
  FROM 学生
  WHERE 民族 IN ('蒙古','朝鲜');
```

也可写成：

```
SELECT 学号
  FROM 学生
  WHERE 民族 = ANY  ('蒙古','朝鲜')
```

(4) 字符匹配条件

语法为：

```
WHERE  <列名> [NOT]  LIKE  <匹配模板>
```

谓词 LIKE 只能与字符串联用，也就是说，这里的列名必须是字符串或变成字符串，在匹配模板中字符的含义如下。

- _(下划线)：表示可以和任意的单个字符匹配。
- %(百分号)：表示可以和任意长的(长度可以是零)的字符串匹配。
- [ ](方括号)：表示与方括号中的任意一个字符匹配。
- [^](方括号)：表示不与方括号中的任意一个字符匹配。

例如，课程名 LIKE 'DB_' 表示长度为 3，且前两个字符为'DB'的课程名。

课程名 LIKE '%技术%'，表示课程名中含有技术两字的课程。

姓名 LIKE '王[小晓]明'，表示名字为“王小明”或“王晓明”。

(5) 空值条件

```
WHERE  <列名> IS  [NOT]  NULL
```

在 SQL 中，NULL 的唯一含义就是“未知值”。NULL 不能用来表示无形值、默认值、不可用值。在 SQL 中，由 NULL 引起的麻烦主要是查询条件如何取值。例如，如果民族为 NULL 时，则查询条件 WHERE 民族='汉族'的逻辑值就难以确定是“真”还是“假”，因为民族是 NULL，并不知道到底是不是“汉族”。SQL 规定，任何一个含有 NULL 的查询条件都取值为“假”。

**例 8-16** 查询缺少成绩的学生的学号和课程号。

```
SELECT 学号,课程号
  FROM 选修
  WHERE 成绩 IS NULL;
```

(6) 逻辑算符

有三种逻辑运算符，按其优先顺序分别为 NOT(否)、AND(与)、OR(或)。

**2. 多表查询**

用子查询和连接查询可以实现同时对多个表的查询操作，并把查询结果组成一个表。

1) 子查询

子查询是嵌套在另一种 SELECT、INSERT、UPDATE 或 DELETE 语句中的查询语句。在 SELECT 语句中使用子查询，就是在 SELECT 语句中先用子查询查出一个表的值，主句根据这些值再去查另一个表的内容。子查询总是在括号中，作为表达式的可选部分出现在比较运算符的右边，并且可以有选择地跟在 ANY、ALL 后面，也可以用于 IN、NOT IN 谓词。子查询语法格式与 SELECT 语法格式相同，但不能含 ORDER BY 子句。

**例 8-17** 查询成绩不及格的学生的学号和姓名。

```
SELECT 学号,姓名
  FROM 学生
  WHERE 学号 IN
    (SELECT 学号
      FROM 选修
      WHERE 成绩<60);
```

这个查询的操作过程是：由括号里的子查询，返回不及格学生的学号，比如 111201001 和 111201003，然后将这两个值插入主 SELECT 语句中，成为：

```
SELECT 学号,姓名
  FROM 学生
  WHERE 学号 IN (111201001,111201003)
```

**例 8-18** 查询没有不及格学生的学号和姓名。

```
SELECT 学号,姓名
  FROM 学生
  WHERE 学号 NOT IN
    (SELECT 学号
     FROM 选修
     WHERE 成绩<60);
```

2）连接查询

把两个以上的表连接起来，使查询的数据从多个表中检索取得。连接查询是关系数据库最主要的查询功能。在 SELECT 的 FROM 子句中写上所有有关的表名，就可以得到由几个表中的数据组合而成的查询结果。为了得到感兴趣的结果，一般用 WHERE 子句给出连接条件。

**例 8-19** 查询学生的学号、姓名和所学课程号。

```
SELECT 学生.学号,姓名,课程号
  FROM 学生,选修
  WHERE 学生.学号 = 选修.学号;
```

WHERE 后面的条件称为连接条件或连接谓词。连接谓词中的字段称为连接字段。连接字段的类型必须是可比的，但不一定相同，一般情况下是相同类型的。在书写连接条件表达式时，若字段名相同时，则必须在其列名前加上所属表的名称和一个圆点以示区别。表的连接除了“＝”外，还可以用比较运算符!＝、＞、＞＝、＜、＜＝以及 BETWEEN、LIKE、IN 等。

连接查询可以是两个表的连接，也可以是两个以上表的连接（常称多表连接），也可以是一个表的自身连接，自身连接时要给表起别名。

多表查询和子查询混合、嵌套使用，可以构造出十分复杂的查询命令。

### 3. 附加子句

1）集函数

SQL 的表达式中可以用一些集函数对检索得到的数据加以处理或进行一些特定的检索操作，增强系统的能力。

SQL 标准中只允许使用 COUNT、SUM、AVG、MAX、MIN 函数，这些函数称为聚集函数，这些函数中，除了 COUNT(*)功能是反映某个表上的记录的数目，其他函数的功能是在某个表上的一个列的字段值上操作，产生一个单个值作为结果。

表 8-8 列出了 SQL 集函数的具体功能。

**表 8-8 聚集函数**

| 函数 | 结　果 |
|---|---|
| SUM | 求某一列值的总和(此列必须是数值型) |
| AVG | 求某一列值的平均值(此列必须是数值型) |
| MIN | 求一列值中的最小值 |
| MAX | 求一列值中的最大值 |
| COUNT | 对一列中的值计算个数 |

除了 COUNT 把空值与非空值相同看待外，其他聚焦在运行前，列的空值总是先行去掉的，一般可以任意地在操作变量前加上保留字 DISTINCT，表示在函数运行前先把重复值去掉。但对于 MAX、MIN 来说，DISTINCT 不起作用。

**例 8-20** 查询学生的最高身高。

```
SELECT MAX(身高)
  FROM 学生;
```

**例 8-21** 查询学生的总人数。

```
SELECT COUNT(*)
  FROM 学生;
```

**例 8-22** 统计学生的平均身高。

```
SELECT AVG(身高)
  FROM 学生;
```

2) INTO 的使用

利用 INTO 语句可以基于现有表中的已存在的数据动态地址建表并获取数据，而不必先利用 CREATE TABLE 创建一个新表。由 INTO 子句建立新表，其结构和其中的数据是由基本 SELECT 语句来实现的。该表可以建立在另一个数据库中，可以是一个永久的也可以是临时的，一般在表名前加"#"代表临时表，它在当前对话结束时自动被删除。如果想用 INTO 子句来建立一个永久表，则应当设定数据库选项 SELECT INTO /BULKCOPY。

INTO 语句格式为：

```
INTO <表名>
```

例如：

```
SELECT *
  INTO 汉族学生表
  FROM 学生
  WHERE 民族 = '汉族';
```

3) GROUP BY 和 HAVING 的使用

GROUP BY 子句是把一个表按某一列(或一些列)分成许多行组，其中每组在该列(或几列)上具有相同值。HAVING 是去掉其中不符合条件的组。

**例 8-23** 求课程号及相应的选课人数。

```
SELECT 课程号,COUNT(学号)
  FROM 选修
  GROUP BY 课程号;
```

**例 8-24** 求选修人数超过 200 人的课程号及相应的选课人数。

```
SELECT 课程号,COUNT(学号)
  FROM 选修
  GROUP BY 课程号
  HAVING COUNT(学号)> 200;
```

同样是设置查询条件,但 WHERE 与 HAVING 的功能是不同的,注意不要混淆。WHERE 所设置的查询条件是检索的每一个记录都必须满足的,而 HAVING 设置的查询条件是针对成记录行的,而不是针对单个记录的。也就是说 WHERE 是在聚集之前对行进行查询,HAVING 用在计算聚集之后对行进行查询控制。HAVING 一般与 GROUP BY 一起用。

4) ORDER BY 的使用

ORDER BY 子句的语句格式为:

```
ORDER BY {<列名> | <列序号> | <表达式>}[ASC | DESC]
[,{<列名> | <列序号> | <表达式>}[ASC | DESC]…]
```

ORDER BY 子句的功能是把结果行按 ASC 或 DESC 排列。

**例 8-25** 求学了 003 课程学生的学号和成绩,并按成绩降序排列。

```
SELECT 学号,成绩
  FROM 选修
  WHERE 课程号 = '003'
  ORDER BY 成绩 DESC;
```

## 8.3.4 SQL 的数据更新

数据更新主要是指对已经存在的数据库进行记录的插入、修改、删除的操作。SQL 提供了三条语句来改变数据库中的记录行,这三条语句分别是 INSERT 语句、UPDATE 语句和 DELETE 语句,用于向数据库中插入新行、改变某行的内容、删除某行。这三条语句和数据检索语句 SELECT 共同构成数据操纵语言。

### 1. 数据插入

向数据库中插入新的一行用 INSERT 语句。INSERT 语句有两种格式:一种使用 VALUES 子句,另一种使用子查询,这两种格式分别为:

```
INSERT INTO <表名>[(<字段名 1>[,<字段名 2>]…)]
VALUES [(<常量 1>[,<常量 2>]…)];
```

或

```
INSERT INTO <表名>[ (<字段名 1>[,<字段名 2>]…)]
<子查询>;
```

INSERT…VALUES 的功能是向表中增加一行。在其格式中的字段名是将要输入值的字段名，它们与 VALUES 子句中的值要相对应。如果省略字段名，则必须由 VALUES 子句提供所有字段的值，在 INSERT 语句中没有指定的字段将赋空值（这些字段一定未定义成 NOT NULL，如果这些字段已经定义成 NOT NULL 则会出错）。

**例 8-26** 向学生情况表中插入一个新同学的信息。

```
INSERT INTO 学生(学号,姓名,民族)
  VALUES ('111201010','王一晴','汉族');
```

在其他的列上为空值。

### 2. 数据修改

修改数据库中的数据用 UPDATE 语句，其格式为：

```
UPDATE <表名>
SET <字段> = <表达式>  [,<字段> = <表达式>] …
[WHERE <条件表达式>];
```

SET 子句提供要修改的字段名和将要修改的新值。如果指定 WHERE 子句，则将满足条件的行中指定的列值修改，如果省略 WHERE 子句，那么所有行的指定列都要修改。

**例 8-27** 将 111201001 同学 001 号课程的成绩改为 92。

```
UPDATE 选修
  SET 成绩 = 92
  WHERE 学号 = '111201001'AND 课程号 = '001';
```

### 3. 数据删除

删除数据记录用 DELETE 语句，其语句格式为：

```
DELETE FROM <表名>
[WHERE <条件表达式>];
```

DELETE 命令用于删除表中的满足条件的某些记录，如果有 WHERE 子句，则所有满足条件的记录将被删除，如果没有 WHERE 子句，则表中所有的记录都被删除，但此表的定义仍在数据字典中。

**例 8-28** 将软件 0701 班的同学删除。

```
DELETE FROM 学生
  WHERE 班号 = '软件 0701';
```

## 8.4 数据库管理系统

数据库管理系统（DBMS）是一种操纵和管理数据库的大型软件，用于建立、使用和维护数据库。它对数据库进行统一的管理和控制，以保证数据库的安全性和完整性。用户通过 DBMS 访问数据库中的数据，数据库管理员也通过 DBMS 进行数据库的维护工作。它可使多个应用程序和用户用不同的方法在同时或不同时刻去建立、修改和询问数据库。DBMS提供数据定义语言(DDL)与数据操作语言(DML),供用户定义数据库的模式结构与权限约束,实现对数据的追加、删除等操作。

## 8.4.1 数据库管理系统的主要功能

### 1. 数据定义

DBMS提供数据定义语言,供用户定义数据库的三级模式结构、两级映像以及完整性约束和保密限制等约束。DDL主要用于建立、修改数据库的库结构。DDL所描述的库结构仅仅给出了数据库的框架,数据库的框架信息被存放在数据字典(Data Dictionary)中。

### 2. 数据操作

DBMS提供数据操作语言,供用户实现对数据的追加、删除、更新、查询等操作。

### 3. 数据库的运行管理

数据库的运行管理功能是DBMS的运行控制、管理功能,包括多用户环境下的并发控制、安全性检查和存取限制控制、完整性检查和执行、运行日志的组织管理、事务的管理和自动恢复,即保证事务的原子性。这些功能保证了数据库系统的正常运行。

### 4. 数据组织、存储与管理

DBMS要分类组织、存储和管理各种数据,包括数据字典、用户数据、存取路径等,需确定以何种文件结构和存取方式在存储级上组织这些数据,如何实现数据之间的联系。数据组织和存储的基本目标是提高存储空间利用率,选择合适的存取方法提高存取效率。

### 5. 数据库的保护

数据库中的数据是信息社会的战略资源,所以数据的保护至关重要。DBMS对数据库的保护通过4个方面来实现:数据库的恢复、数据库的并发控制、数据库的完整性控制、数据库安全性控制。DBMS的其他保护功能还有系统缓冲区的管理以及数据存储的某些自适应调节机制等。

### 6. 数据库的维护

这一部分包括数据库的数据载入、转换、转储、数据库的重组和重构以及性能监控等功能,这些功能分别由各个使用程序来完成。

### 7. 通信

DBMS具有与操作系统的联机处理、分时系统及远程作业输入的相关接口,负责处理数据的传输。对网络环境下的数据库系统,还应该包括DBMS与网络中其他软件系统的通信功能以及数据库之间的互操作功能。

## 8.4.2 Access 数据库

Access 是 Office 办公套件中一个极为重要的组成部分。刚开始时微软公司是将 Access 单独作为一个产品进行销售的，后来微软发现如果将 Access 捆绑在 Office 中一起发售，将带来更加可观的利润，于是第一次将 Access 捆绑到 Office 97 中，成为 Office 套件中的一个重要成员。现在它已经成为 Office 办公套件中不可缺少的部件了。自从 1992 年开始销售以来，Access 已经卖出了超过 6000 万份，现在它已经成为世界上最流行的桌面数据库管理系统。

后来微软公司通过大量改进，将 Access 的新版本功能变得更加强大。不管是处理公司的客户订单数据，管理自己的个人通讯录，还是大量科研数据的记录和处理，人们都可以利用它来解决大量数据的管理工作。

### 1. 建立数据库表

数据库表在数据库中管理数据，建立多张二维表，表的每一列叫做一个“字段”。每个字段包含某一专题的信息。就像“通讯录”数据库中，“姓名”、“联系电话”这些都是表中所有行共有的属性，所以把这些列称为“姓名”字段和“联系电话”字段；表中的每一行叫做一个“记录”，每一个记录包含这行中的所有信息，就像在通讯录数据库中某个人全部的信息，但记录在数据库中并没有专门的记录名，常用它所在的行数表示这是第几个记录。表的示意图如图 8-5 所示。

在数据库中存放在表行列交叉处的数据叫做“值”，它是数据库中最基本的存储单元，它的位置要由这个表中的记录和字段来定义。如图 8-5 所示，在通讯录的表中就可以看到第一个记录与“单位”字段交叉处的值就是“上海市人民银行”。“王岚”所在的记录和“电话”的这个字段交叉位置上的“值”就是“0551-7238321”。

通讯录表：表

| 序号 | 姓名 | 单位 | 邮编 | 电话/BP机 |
|---|---|---|---|---|
| 1 | 孙芙 | 上海市人民银行 | 120009 | 021-61762542 |
| 2 | 王岚 | 贵州省电信局 | 510000 | 0551-7238321 |
| 3 | 李锋 | 江苏省气象局 | 120001 | 025-3378292 |
| 4 | 白蕾 | 安徽省合肥工业大学 | 740039 | 0551-2889018 |
| 5 | 魏震东 | 西安通用工业有限公司 | 710065 | 0917-3749842 |
| 6 | 洪展春 | 郑州通邮快递公司 | 210091 | 0371-3384922 |
| 7 | 邓民勇 | 天津港务局 | 276309 | 022-3754933 |
| 8 | 金民 | 沈阳飞机制造工业公司 | 670001 | 024-32848434 |

记录：1 共有记录数：18

图 8-5 表的示意图

创建表，Access 数据库中提供表设计器，表设计器是 Access 中设计表的工具，在表的设计器中可以自己设计生成各种各样的表，并能对表中任何字段的属性进行设置，例如将表中的某个字段定义为数字类型而不是文本类型，那么这个字段就只能输入数字，而不能输入其他类型的数据。现在我们用表设计器来建立一个表。

使用表设计器来创建一个表，首先要打开表设计器。在数据库窗口中，将光标移动到“创建方法和已有对象列表”上，打开“使用设计器创建表”选项，弹出“表 1：表”窗口，如图 8-6 所示。

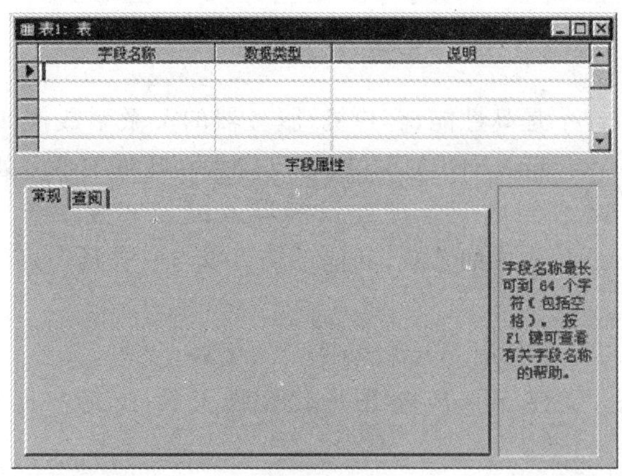


图 8-6　创建表窗口

窗口分为两个部分，上半部分是表设计器，下半部分用来定义表中字段的属性。表的设计器其实就是一个数据表，只是在这个数据表中只有"字段名称"、"数据类型"和"说明"三列，当我们要建立一个表的时候，只要在设计器"字段名称"列中输入表中需要字段的名称，并在"数据类型"列中定义那些字段的"数据类型"就可以了。设计器中的"说明"列中可以让表的制作人对字段进行说明，以便以后修改表时能知道当时为什么设计这些字段。

现在我们就用表设计器来建立一个记录订单信息的表。首先要知道在"订单"表中需要包括的信息，在这个表中一定要有"订单号"、"订货单位"、"货物名称"、"订货数量"、"经手人"、"订货日期"等信息，在表设计器的"字段名称"列中按顺序输入这些字段的名称，表就初步建好了。

## 2. 在表中添加数据

在一个空表中输入数据时，只有第一行中可以输入。如图 8-7 所示，首先将鼠标移动到表上的"公司名称"字段和第一行交叉处的方格内，单击，方格内出现一个闪动的光标，表示可以在这个方格内输入数据了。在方格内输入"北京兴科"，这样就输入了一个数据。其他的数据都可以按照这种方法来添加。用键盘上的左、右方向键可以把光标在方格间左右移动，光标移动到哪个方格，就可以在那个表格中输入数据。按"→"键将光标移到"联系人姓名"字段内，输入"张刚"两个字。

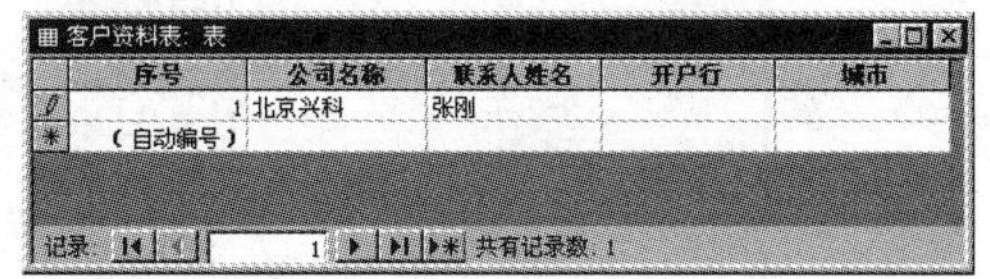


图 8-7　客户资料表窗口

如果输入时出现错误想改的话，只要按方向键，将光标移动到要修改的值所在的方格，也可以直接单击，选中方格内的数据，然后按 Del 键将原来的值删掉，并输入正确的值就可以了。向表中输入数据是一件很细致的工作，千万不能马虎大意。简单的表，数据比较少，出错了容易检查；如果一张表很大，而且字段类型又比较复杂的话，输入的值出现错误，查起来就会非常麻烦。而且要是没有检查出来，让错误的数据留在表中，可能会给工作造成非常严重的后果。

## 8.4.3 SQL Server 数据库

Microsoft SQL Server 是高性能、客户机/服务器的关系型数据库管理系统(Relational DataBase Management System,RDBMS),能够支持大吞吐量的事务处理,也能在 Microsoft Windows 2000 Server 网络环境下管理数据的存取以及开发决策支持应用程序。由于 Microsoft SQL Server 是开放式的系统,其他系统可以与它进行完好的交互操作。

其主要特点如下。

(1) 高性能设计,可充分利用 Windows NT 的优势。

(2) 系统管理先进,支持 Windows 图形化管理工具,支持本地和远程的系统管理和配置。

(3) 强壮的事务处理功能,采用各种方法保证数据的完整性。

(4) 支持对称多处理器结构、存储过程、ODBC(Open DataBase Connectivity),并具有自主的 SQL。SQL Server 以其内置的数据复制功能、强大的管理工具、与 Internet 的紧密集成和开放的系统结构为广大的用户、开发人员和系统集成商提供了一个出众的数据库平台。

### 1. 创建数据库表

利用企业管理器创建新表的步骤如下。

(1) 在 SQL Server Enterprise Manager 中展开 SQL Server 组,再展开数据库项,选择要建表的数据库 studb,右击“表”选项,再单击“新建表”选项,如图 8-8 所示。

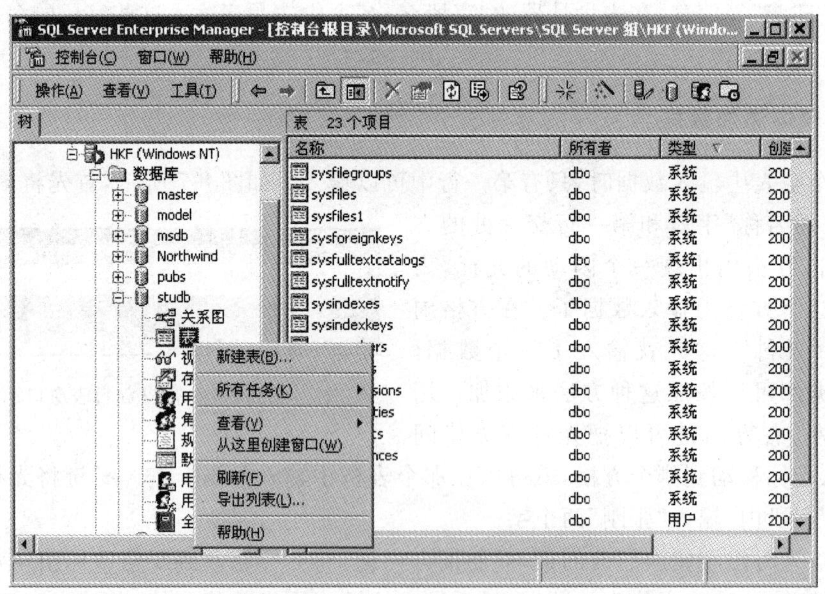


图 8-8 选择“新建表”创建新表界面

(2) 进入的设计表的字段的窗口,如图 8-9 所示。在各列中填写相应字段的“列名”、“数据类型”和“长度”后,单击工具条上的“保存”按钮,在“选择表名称”对话框中输入新的数据表名称。

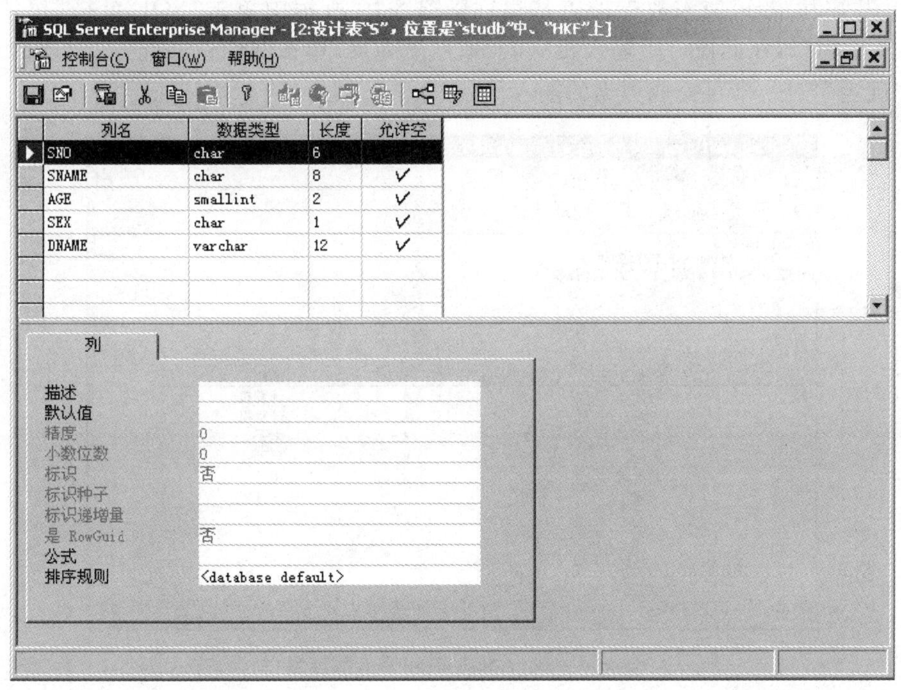


图 8-9 新建表结构窗口

## 2. 数据的插入、修改、删除和查询

在 SQL Server Enterprise Manager 中，对表进行数据的插入、删除、修改操作非常方便。

1）数据的插入

（1）在 SQL Server Enterprise Manager 中，展开 SQL Server 组，再展开数据库项，展开要插入数据的表（如 S）所在的数据库（如 studb），在选定的表上右击，在弹出的快捷菜单中单击"打开表|返回所有行"选项，然后出现数据输入界面，在此界面上可以输入相应的数据，如图 8-10 所示，单击"运行"按钮或关闭此窗口，数据都被自动保存。

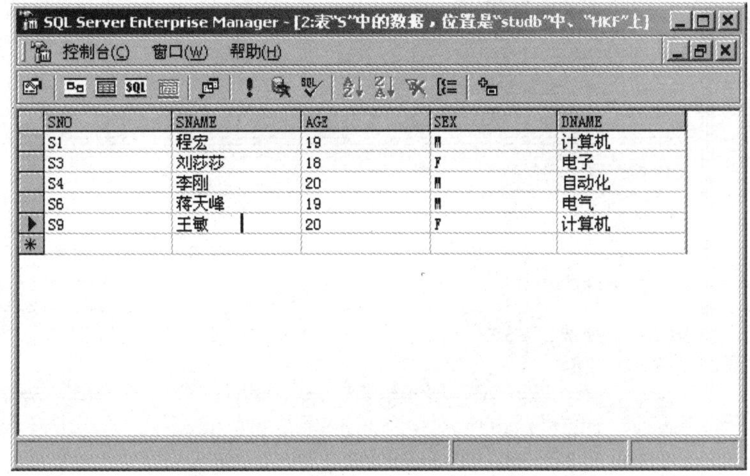


图 8-10 数据输入窗口

(2) 用SQL语句插入数据的方法是：在图8-10所示中单击“SQL窗格”按钮，出现图8-11所示窗口，在此窗口中输入相应的SQL语句后，单击“运行”按钮，在出现的对话框中单击“确定”按钮，即可完成数据的插入。

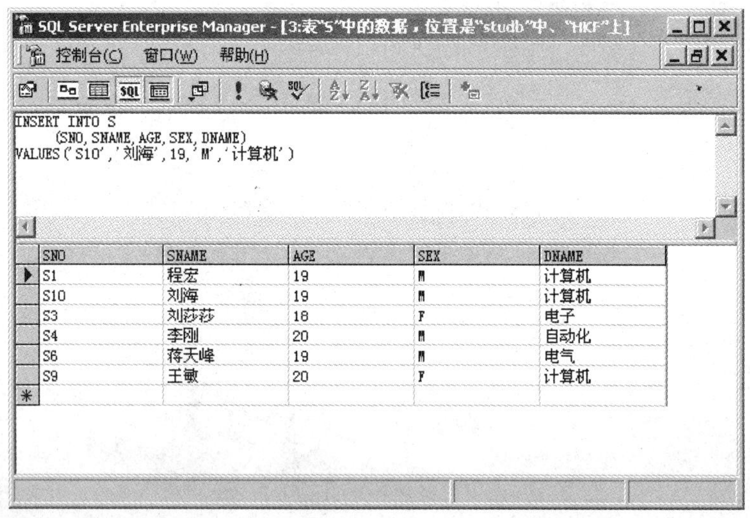


图8-11 执行SQL语句插入数据窗口

(3) 在SQL查询分析器中用SQL语句插入数据的方法：进入SQL查询分析器，连接数据库后(在数据库组合框中选择studb)，在SQL查询分析器中的命令窗口中输入SQL语句，再执行该语句，也可实现数据的插入。例如向C表和SC表插入数据如图8-12所示。

图8-12 利用SQL查询分析器向数据表中插入数据窗口

2）数据的修改

在 SQL Server Enterprise Manager 中修改数据，如同插入数据一样进入数据输入界面，在此界面中对数据进行修改后，单击“运行”按钮或关闭此窗口，数据都被自动保存。也可单击“SQL 窗格” 按钮，输入相应的修改数据的 SQL 语句后，单击“运行”按钮，修改后的数据被自动保存。

也可进入 SQL 查询分析器，启动 SQL 语句的输入环境，在 SQL 查询分析器中的命令窗口中输入 SQL 的修改语句，再执行该语句，也可实现数据的修改。

3）数据的删除

用上面同样的方法，打开要删除数据的表后，单击“SQL 窗格”按钮，输入相应的删除数据的 SQL 语句后，单击“运行”按钮，删除数据的表被自动保存。

同样进入 SQL 查询分析器，启动 SQL 语句的输入环境，在 SQL 查询分析器中的命令窗口中输入 SQL 的删除语句，再执行该语句，也可实现对数据的删除。

4）数据的查询

进入 SQL 查询分析器窗口，连接数据库后（在数据库组合框中选择 studb），在 SQL 查询分析器中的命令窗口中输入 SQL 语句后，单击“执行查询”按钮，就可以在输出窗口中直接看到语句的执行结果，如图 8-13 所示。

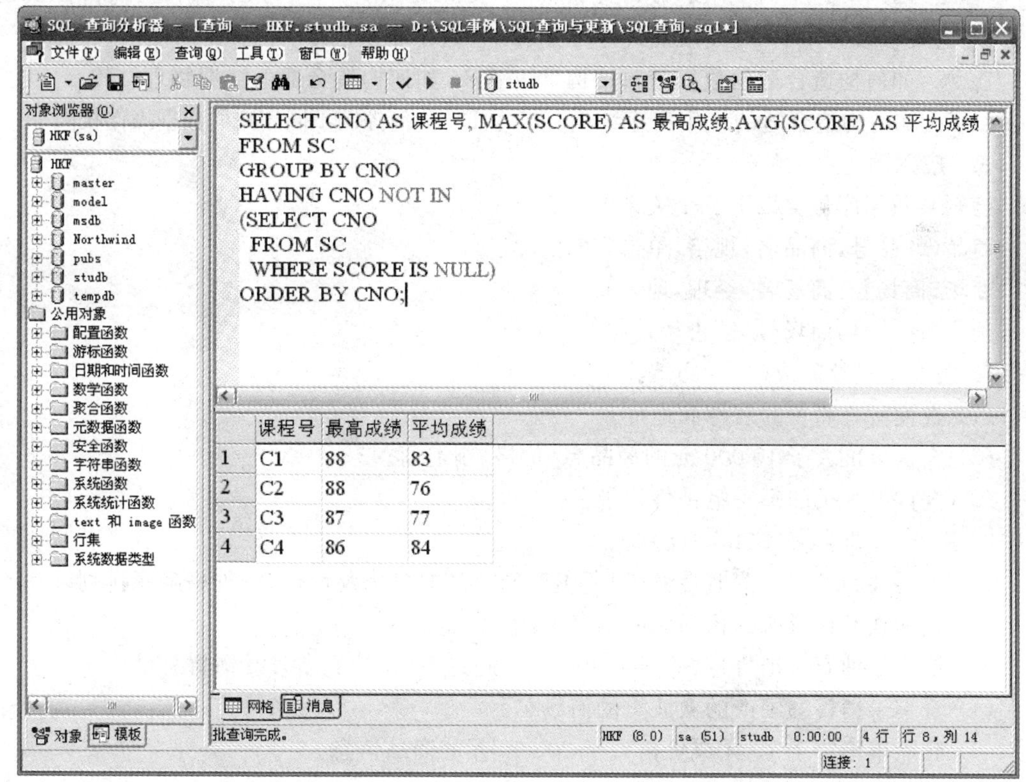

图 8-13 SQL 查询结果窗口

# 习题

## 一、填空题

1. 数据库系统采用的数据库模型有三种：________、________和________。
2. DBMS 是指________，它是位于________和________之间的一层管理软件。
3. 关系操作的特点是________操作。
4. 关系的完整性分为三类，它们是________、________和________。

## 二、选择题

1. DBMS 数据操纵所实现的操作包括(　　)。

   A. 查询、插入、删除、修改　　B. 排序、授权、删除、修改

   C. 建立、插入、修改、排序　　D. 建立、授权、修改、排序

2. 下列的 SQL 命令，相当于关系代数中选择操作的是(　　)。

   A. WHERE　　B. GROUP BY

   C. SELECT　　D. ORDER BY

3. 数据库的逻辑模型独立于(　　)。

   A. ER 模型　　B. 硬件设备　　C. DBMS　　D. 操作系统和 DBMS

4. 在关系数据库中，对关系模式进行分解，主要是为了解决(　　)。

   A. 如何构造合适的数据逻辑结构　　B. 如何构造合适的数据物理结构

   C. 如何构造合适的应用程序结构　　D. 如何控制不同用户的数据操作权限

## 三、应用题

已知某数据库包含以下三个关系。

商品(商品号，商品名，规格，单价，产地)

商场(商场号，商场名，经理，地址)

销售(商品号，商场号，销售量)

1. 用关系代数完成(1)～(3)题。

(1) 查询所有商场的名称和地址。

(2) 查询单价大于 10 000 元的商品名、价格、制造商。

(3) 查询电视机的每一笔销售记录。

2. 用 SQL 语言完成(1)～(5)题。

(1) 查询 TCL(TCL 为制造商名)所生产的商品的名称及价格，按价格降序排列。

(2) 查询铁西百货所销售的商品的名称。

(3) 统计每种商品销售量，并显示出销售量超过 5000 的商品号及销售总量。

(4) 查询未销售韩国产的微波炉的商场名。

(5) 删除单价小于 10 元或价格大于 20 000 元的商品信息。

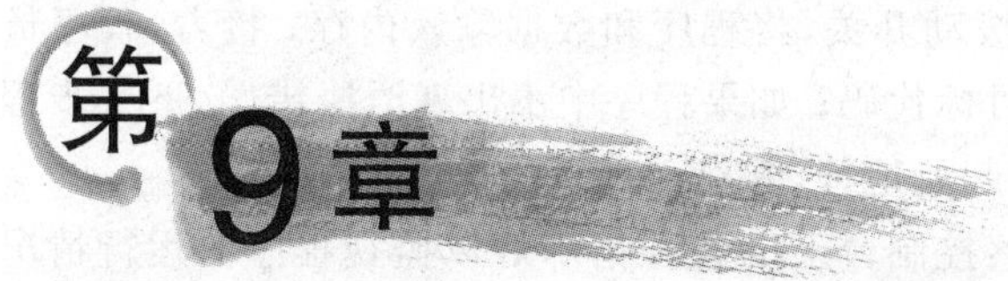

# 第9章 计算机操作系统

操作系统是控制和管理计算软硬件资源，合理地组织计算机工作流程，方便用户使用的系统软件。操作系统是配置在计算机硬件上的第一层软件，是硬件系统功能的首次扩充。在计算机系统中占据了非常重要的地位，人们常把计算机的操作系统称为人机接口。

## 9.1 计算机操作系统的概念

计算机的基本组成包括运算器、控制器、内存及输入输出设备。运算器与控制器合称为中央处理器。控制器可以读取和识别一定数量的指令，并能完成这些指令规定的动作。计算机的这些指令是CPU生产厂商在CPU设计生产时定义的。

计算机的基本工作原理是需要计算机完成的工作，用计算机能识别的指令编排好(即程序)，并存储在计算机的内存中，控制器会逐条读取指令，并完成指令所指定的工作。

由计算机指令组成的编码就是计算机程序，计算机程序及其相关的数据、算法、文档资料统称为计算机软件，按照所起的作用和需要的运行环境，软件通常可分为三大类，即应用软件、支撑软件和系统软件。组成计算机的基本组件(运算器、控制器、内存及输入输出设备)统称为计算机硬件。计算机软件和硬件的总和称为计算机系统。

计算机操作系统是计算机在硬件基础上的首次功能扩充，我们在计算机操作系统的帮助下使用计算机，完成各种工作，所以我们常说计算机操作系统是人机接口。

计算机操作系统的主要功能包括4个方面：计算机的处理机管理、存储器管理、文件管理和设备管理。

### 9.1.1 早期的计算机操作

程序员为了在计算机上算一道题，先要预约登记一段机时，到时他将预先准备好的表示指令和数据的插接板带到机房，由操作员将其插入计算机，并设置好计算机上的各种控制开关，启动计算机运行。程序和数据也可通过控制板上的开关直接输入计算机。如果程序员设计的程序是正确的，并且计算机也没有发生故障，若干小时后他就能获得计算结果，否则将前功尽弃，再约定下次上机时间。

汇编语言和高级语言的问世，以及程序和数据可以通过穿孔纸带或卡片装入计算机，改善了软件的开发环境，但计算机的操作方式并没有太大的改进。程序员首先将记有程序和数据的纸带或卡片装到输入设备上，拨动开关，将程序和数据输入内存；接着，程序员要启动汇编或编译程序，将源程序翻译成目标代码；如果程序中不出现语法错误，下一步程序员就可通过控制台按键设定程序执行的起始地址，并启动程序的执行。

在程序的执行期间，程序员要观察控制台上的各种指示灯以监视程序的运行情况。如果发现错误，并且还未用完所预约的上机时间，就可通过指示灯检查存储器中的内容，直接在控制台上进行调试和排错。如果程序运行正常，最终将结果在电传打字机等输出设备上打印出来。当程序运行完毕并取走计算结果后，才让下一位用户上机。

总之，在早期的计算机系统中，每一次独立的运行都需要很多的人工干预，操作过程烦琐，占用机时多，也很容易产生错误。在一个程序的运行过程中，要独占系统的全部硬件资源，设备利用率很低。

早期的计算机不具备操作系统，这种人工操作方式有以下两方面的缺点。

(1) 用户独占全机。

(2) CPU 等待人工操作。

### 9.1.2 批处理系统

计算机的人工操作方式费时、费力，远远不能发挥计算机处理机的高速运算能力。计算机设备作为一种高速的、昂贵的设备，其运用的效率是人们关注的热点，为了提高计算机的利用率，方便人们使用计算机，人们开始研究帮助人们使用计算机的操作系统。

早期的计算机操作系统大多是批处理系统。这种系统中，把用户的计算任务按"作业(Job)"进行管理。所谓作业，是用户定义的、由计算机完成的工作单位。它通常包括一组计算机程序、文件和对操作系统的控制语句。逻辑上，一个作业可由若干有序的步骤组成。由作业控制语句明确标识的计算机程序的执行过程称为作业步，一个作业可以指定若干要执行的作业步。如编译作业步、装配作业步、运行作业步、出错处理作业步等。

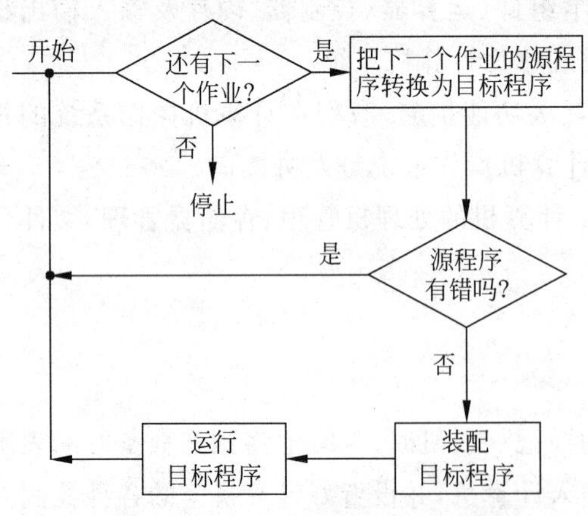


图 9-1 批处理系统的工作流程

批处理系统是最早出现的一种操作系统，严格地说，它只能算是操作系统的前身而并非是现在人们所理解的计算机操作系统。尽管如此，该系统比起人工操作方式的系统已有很大进步。在这种系统中，操作员有选择地把若干作业合为一批，监督程序先把这批作业从输入设备上逐个地传送到磁带上，当输入完成，监督程序就开始控制执行这批作业。批处理系统的工作流程如图 9-1 所示。

在单道批处理系统中，内存中仅有一道作业，它无法充分利用系统中的所有资源，致使系统性能较差。为了进一步提高系统资源的利用率和系统吞吐量，在 20 世纪 60 年代中期又引入了多道程序设计技术，由此而形成了多道批处理系统(Multiprogrammed Batch Processing System)，多道批处理系统的工作流程如图 9-2 所示。

在多道批处理系统中，多道程序设计的基本思想是在内存里同时存放若干道程序，它们可以并行地运行，也可以交替地运行。这样处理机得到了比较充分的利用。用户提交的作业都先存放在外存上并排成一个队列，称为后备队列；然后，由作业调度程序按一定的算法从后备队列中选择若干个作业调入内存，使它们共享CPU和系统中的各种资源。

如图9-2所示，作业A和作业B就是交替运行的，当作业A执行通道操作，不使用CPU时，作业B执行程序，使用CPU。通道是专门负责I/O操作的设备，可以独立完成程序的I/O操作。当一个作业利用通道做I/O操作的同时，另一个作业可以使用CPU执行程序，这样就提高了CPU的利用率。

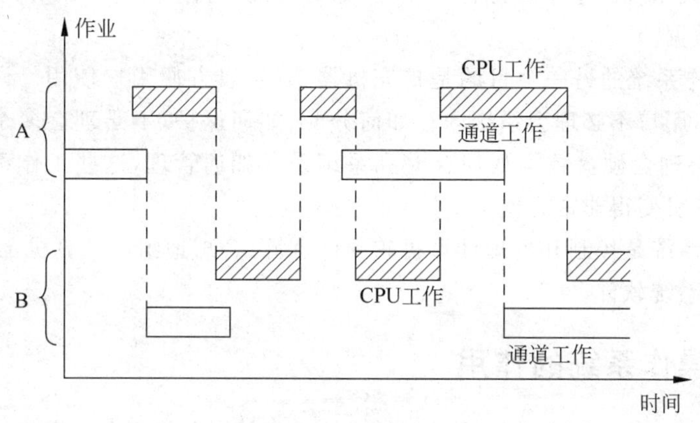


图9-2　多道批处理系统的工作流程

## 9.1.3　分时系统

如果说，推动多道批处理系统形成和发展的主要动力是提高资源利用率和系统吞吐量，那么，推动分时系统形成和发展的主要动力，则是用户的需求。或者说，分时系统是为了满足用户需求所形成的一种新型的计算机操作系统。它与多道批处理系统之间，有着截然不同的性能差别。

所谓分时，就是对时间共享。我们知道，为了提高资源利用率采用了并行操作的技术，如CPU和通道并行操作、通道与通道并行操作、通道与I/O设备并行操作，这些已成为现代计算机系统的基本特征。与这三种并行操作相应的有三种对内存访问的分时：CPU与通道对内存访问的分时、通道与通道对CPU和内存的分时、同一通道中的I/O设备对内存和通道的分时。

为实现分时系统，最关键的问题是如何使用户能与自己的作业进行交互，即当用户在自己的终端上输入命令时，系统应能及时接收并及时处理该命令，再将结果返回给用户。此后，用户可继续输入下一条命令，此即人机交互。应强调指出，即使有多个用户同时通过自己的键盘输入命令，系统也应能全部及时接收并处理。

分时系统具有的许多优点促使它迅速发展，其优点主要有以下几点。

(1) 为用户提供了友好的接口，即用户能在较短时间内得到响应，能以对话方式完成对其程序的编写、调试、修改、运行，并得到运算结果。

(2) 促进了计算机的普遍应用，一个分时系统可带多台终端，可同时为多个远近用户使用，这给教学和办公自动化提供很大方便。

(3) 便于资源共享和交换信息，为软件开发和工程设计提供了良好的环境。

### 9.1.4 操作系统的定义

为了深入理解操作系统的定义，我们应注意以下几点。

(1) 操作系统是系统软件，而且是裸机之上的第一层软件。

(2) 操作系统的基本职能是控制和管理系统内的各种资源，合理地、有效地组织多道程序的运行。计算机系统的基本资源包括硬件(如处理机、内存、各种设备等)、软件(系统软件和应用软件)和数据。

(3) 设置操作系统的另一个目的是扩充机器功能，以方便用户使用。计算机的资源由操作系统来管理，用户不必理会系统内存如何分配、如何保护，不必理会多个程序之间如何协调工作，也不必理会硬盘数据如何存储和系统设备如何管理，这些工作都由操作系统完成，用户使用计算机变得非常方便。

计算机操作系统是控制和管理计算机软硬件资源、合理地组织计算机工作流程，方便用户使用计算机的系统软件。

### 9.1.5 操作系统的作用

计算机操作系统作为用户与计算机硬件系统之间接口的含义是：操作系统处于用户与计算机硬件系统之间，用户通过操作系统来使用计算机系统。或者说，用户在操作系统帮助下，能够方便、快捷、安全、可靠地操纵计算机硬件和运行自己的程序。应注意，操作系统是一个系统软件，因而这种接口是软件接口。操作系统与计算机软硬件的关系如图 9-3 所示。

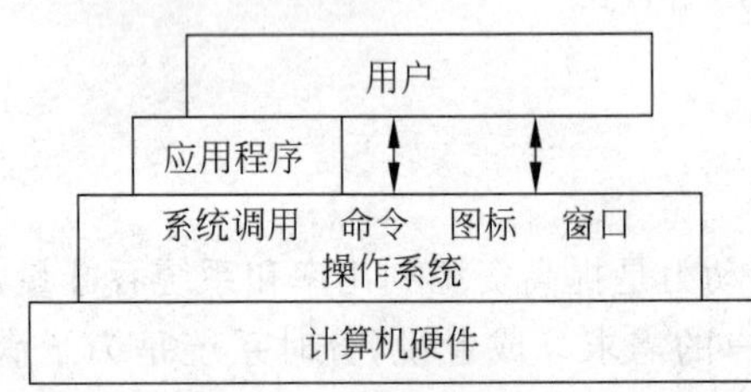


图 9-3 操作系统与计算机软硬件的关系

在一个计算机系统中，通常都含有各种各样的硬件和软件资源。归纳起来可将资源分为 4 类：处理器、存储器、I/O 设备以及信息(数据和程序)。相应地，计算机操作系统的主要功能也正是针对这 4 类资源进行有效的管理，即：处理机管理，用于分配和控制处理机；存储器管理，主要负责内存的分配与回收；I/O 设备管理，负责 I/O 设备的分配与操纵；文件管理，负责文件的存取、共享和保护。可见，计算机操作系统是计算机系统资源的管理者。事实上，当今世界上广为流行的一个关于操作系统作用的观点，正是把操作系统作为计算机系统的资源管理者。

对于一台完全无软件的计算机系统(即裸机)，即使其功能再强，也必定是难于使用的。如果我们在裸机上面覆盖上一层 I/O 设备管理软件，用户便可利用它所提供的 I/O 命令，来进行数据输入和打印输出。此时用户所看到的机器，将是一台比裸机功能更强、使用更方便的机器。通常把覆盖了软件的机器称为扩充机器或虚机器。如果我们又在第一层软件上再覆盖一层文件管理软件，则用户可利用该软件提供的文件存取命令，来进行文件的存取。此时，用户所看到的是台功能更强的虚机器。如果我们又在文件管理软件上面覆盖一层面向用户的窗口软件，则用户便可在窗口环境下方便地使用计算机，形成一台功能更加强大的虚机器。

## 9.2 用户接口

计算机操作系统作为用户与计算机硬件系统之间接口，那么人们怎样使用操作系统呢？也就是说人与操作系统之间的接口又是什么呢？人们可以通过命令接口、程序接口和图形接口三种方式使用操作系统。

### 9.2.1 命令接口

(1) 联机用户接口。这是为联机用户提供的，它由一组键盘操作命令及命令解释程序所组成。当用户在终端或控制台上每输入一条命令后，系统便立即转入命令解释程序，对该命令加以解释并执行该命令。在完成指定功能后，控制又返回到终端或控制台上，等待用户输入下一条命令。这样，用户可通过先后输入不同命令的方式，来实现对作业的控制，直至作业完成。

(2) 脱机用户接口。该接口是为批处理作业的用户提供的，故也称为批处理用户接口。该接口由一组作业控制语言(Job Control Language，JCL)组成。批处理作业的用户不能直接与自己的作业交互作用，只能委托系统代替用户对作业进行控制和干预。这里的JCL便是提供给批处理作业用户的、为实现所需功能而委托系统代为控制的一种语言。用户用JCL把需要对作业进行的控制和干预，事先写在作业说明书上，然后将作业连同作业说明书一起提供给系统。当系统调度到该作业运行时，又调用命令解释程序，对作业说明书上的命令，逐条地解释执行。如果作业在执行过程中出现异常现象，系统也将根据作业说明书上的指示进行干预。这样，作业一直在作业说明书的控制下运行，直至遇到作业结束语句时，系统才停止该作业的运行。

### 9.2.2 程序接口

该接口是为用户程序在执行中访问系统资源而设置的，是用户程序取得操作系统服务的唯一途径。它是由一组系统调用组成，每一个系统调用都是一个能完成特定功能的子程序，每当应用程序要求操作系统提供某种服务(功能)时，便调用具有相应功能的系统调用。早期的系统调用都是用汇编语言提供的，只有在用汇编语言书写的程序中，才能直接使用系统调用；但在高级语言以及C语言中，往往提供了与各系统调用一一对应的库函数，这样，应用程序便可通过调用对应的库函数来使用系统调用。但在近几年所推出的操作系统中，如UNIX、OS/2版本中，其系统调用本身已经采用C语言编写，并以函数形式提供，故在用C语言编制的程序中，可直接使用系统调用。

### 9.2.3 图形接口

用户虽然可以通过联机用户接口来取得操作系统的服务，但这时要求用户能熟记各种命令的名字和格式，并严格按照规定的格式输入命令，这既不方便又浪费时间，于是，图形用户接口便应运而生。图形用户接口采用了图形化的操作界面，用非常容易识别的各种图标(Icon)来将系统的各项功能、各种应用程序和文件，直观、逼真地表示出来。用户可用鼠标或通过菜单和对话框，来完成对应用程序和文件的操作。此时用户已完全不必像使用命令接口那样去记住命令名及格式，从而把用户从繁琐且单调的操作中解脱出来。

## 9.3 处理机管理

根据操作系统的功能划分，操作系统一般有4大组成部分，即处理机管理、内存管理、设备管理和文件管理。其中处理机管理是操作系统最主要的功能。

### 9.3.1 进程

程序本身是一组指令的集合，是一个静态的概念，无法描述程序在内存中的执行过程的含义，程序这个静态概念已不能准确地反映程序执行过程的特征。操作系统控制、管理、调度这些处于运行状态的应用程序，这时程序的意义已经发生变化，处于运行状态的程序，是操作系统管理调度的对象，是系统分配资源的基本单位。为了深刻描述程序动态执行过程的性质，人们引入"进程"(Process)的概念。

应用程序提交，被操作系统接纳，操作系统就为其创建一个进程，操作系统为这个运行过程中的程序分配它所需要的系统资源，控制它的运行过程直到程序运行结束，操作系统撤销进程。所以说进程有一个从被创建产生到运行结束而消亡的过程，进程是一个动态的概念。

如果一个程序被提交多次，对于操作系统而言，它对应多个进程，程序A被提交两次，它分别对应进程1、进程3。在这种情况下，程序的概念已经不能满足操作系统控制和管理系统中运行程序的需要了，因此引入进程的概念是必需的。

进程是操作系统的核心，所有基于多道程序设计的操作系统都是建立在进程的概念之上。目前的计算机操作系统均提供了多任务并行环境。无论是应用程序还是系统程序。都需要针对每一个任务创建相应的进程。

进程是一个具有独立功能的程序关于某个数据集合的一次运行活动，是操作系统进行资源分配和调度的一个基本单位。它可以申请和拥有系统资源，是一个动态的概念，是一个活动的实体。它不只是程序的代码，还包括当前的活动，通过程序计数器的值和处理寄存器的内容来表示。

### 9.3.2 进程控制

在传统的多道程序环境下，要使作业运行，必须先为它创建一个或几个进程，并为之分配必要的资源。当进程运行结束时，立即撤销该进程，以便能及时回收该进程所占用的各类资源。进程控制的主要功能是为作业创建进程、撤销已结束的进程，以及控制进程在运行过程中的状态转换。在现代操作系统中，进程控制还应具有为一个进程创建若干个线程的功能和撤销(终止)已完成任务的线程的功能。

### 1. 进程控制块

编写程序、应用计算机运行程序的过程就是对数据进行加工的过程,“加工”首先需要清楚地了解被加工的对象,就是通过一套数据结构来描述加工对象的各种信息,其次需要知道加工处理的过程,就是我们常说的“算法”。所以说程序就是数据结构加算法。

操作系统管理、调度系统中的进程,进程就是操作系统程序加工的对象。针对这个加工对象需要一套清楚的、全面的数据结构描述,这套数据结构就是进程控制块(Process Control Block,PCB)。即详细描述系统进程信息的数据结构叫做进程控制块。

### 2. 进程的创建过程

一旦操作系统发现了要求创建新进程的事件后,便调用进程创建原语 Creat()按下述步骤创建一个新进程。

(1) 申请空白 PCB。为新进程申请获得唯一的数字标识符,并从 PCB 集合中索取一个空白 PCB。

(2) 为新进程分配资源。为新进程的程序和数据以及用户栈分配必要的内存空间。显然,此时操作系统必须知道新进程所需要的内存大小。

(3) 初始化进程控制块。PCB 的初始化包括以下几项。①初始化标识信息。将系统分配的标识符和父进程标识符,填入新的 PCB 中。②初始化处理机状态信息。使程序计数器指向程序的入口地址,使栈指针指向栈顶。③初始化处理机控制信息。将进程的状态设置为就绪状态或静止就绪状态,对于优先级,通常是将它设置为最低优先级,除非用户以显式的方式提出高优先级要求。

(4) 将新进程插入就绪队列。如果进程就绪队列能够接纳新进程,便将新进程插入到就绪队列中。

### 3. 进程的终止过程

(1) 根据被终止进程的标识符,从 PCB 集合中检索出该进程的 PCB,从中读出该进程的状态。

(2) 若被终止进程正处于执行状态,应立即终止该进程的执行,并置调度标志为真,用于指示该进程被终止后应重新进行调度。

(3) 若该进程还有子孙进程,还应将其所有子孙进程予以终止,以防他们成为不可控的进程。

(4) 将被终止进程所拥有的全部资源,或者归还给其父进程,或者归还给系统。

(5) 将被终止进程(它的 PCB)从所在队列(或链表)中移出,等待其他程序搜集信息。

## 9.3.3 进程同步

为使多个进程能有条不紊地运行,系统中必须设置进程同步机制。进程同步的主要任务是为多个进程(含线程)的运行进行协调。有两种协调方式:①进程互斥方式,这是指诸进程(线程)在对临界资源进行访问时,应采用互斥方式;②进程同步方式,指在相互合作去完成共同任务的诸进程(线程)间,由同步机构对它们的执行次序加以协调。

为了实现进程同步，系统中必须设置进程同步机制。最简单的用于实现进程互斥的机制，是为每一个临界资源配置一把锁，当锁打开时，进程(线程)可以对该临界资源进行访问；而当锁关上时，则禁止进程(线程)访问该临界资源。

异步环境下的一组并发进程因直接制约而互相发送消息进行互相合作、互相等待，使得各进程顺利执行的过程称为进程间的同步。具有同步关系的一组并发进程称为合作进程，合作进程间互相发送的信号称为消息或事件。

#### 1. 临界资源与临界区

系统中同时存在有许多进程，它们共享各种资源，然而有许多资源在某一时刻只能允许一个进程使用，这种每次只允许一个进程访问的资源叫临界资源。属于临界资源的硬件有打印机、磁带机等，软件有消息缓冲队列、变量、数组、缓冲区等。

这类资源必须被保护，避免两个或多个进程同时访问。几个进程若共享同一临界资源，必须控制它们，使它们以互相排斥的方式使用这个临界资源，即当一个进程正在使用某个临界资源且尚未使用完毕时，其他进程必须等待，只有当使用该资源的进程释放该资源时，其他进程才可使用该资源。这种以互相排斥等待，使用临界资源的方式称为互斥。互斥其实是一种特殊的同步方式。

每个进程中访问临界资源的那段代码称为临界区(Critical Section)。显然，若能保证诸进程不能同时进入自己的临界区，便可实现诸进程对临界资源的互斥访问。为此，每个进程在进入临界区之前，应先对欲访问的临界资源进行检查，看它是否正被访问。如果此刻该临界资源未被访问，进程便可进入临界区对该资源进行访问，并设置它正被访问的标志；如果此刻该临界资源正被某进程访问，则本进程不能进入临界区。

#### 2. 死锁的产生

死锁是指两个或两个以上的进程在执行过程中，因争夺资源而造成的一种互相等待的现象，若无外力推动，它们都将无法推进下去，此时称系统处于死锁状态或者说系统产生了死锁。

例如，系统中有 P1、P2 两个进程，有 R1、R2 两个资源，P1、P2 进程都是需要同时得到 R1、R2 两个资源才能运行结束。在某一时刻，P1 进程申请并得到了 R1 资源，P2 进程申请并得到了 R2 资源，接下来，P1 进程等待 P2 进程释放 R2 资源，否则它不会释放 R1 资源，而 P2 进程在等待 P1 进程释放 R1 资源，否则它也不会释放 R2 资源。这时，P1、P2 进程都将无限期的等待下去，都将无法运行结束，这就出现了死锁。

不难看出，死锁进程是针对两个或两个以上的进程而言的，所以，一个系统中一旦发生死锁，死锁的进程至少有两个，一个进程不存在死锁的问题。另外死锁与资源竞争有关，死锁的进程至少有两个进程占有资源，所有的死锁进程必须在等待资源。

#### 3. 产生死锁的原因

总结起来，产生死锁的原因有两个主要方面。

(1) 资源不够，不能同时满足所有进程提出的资源申请，这就造成了资源的竞争，而且资源的使用不允许剥夺。

(2) 进程的推进不当,进程的推进次序影响系统对资源的使用。比如,上述的P1、P2进程,如果让P1进程申请R1资源,再申请R2资源,然后P2申请R2,可能这时P2暂时因得不到资源而阻塞,但P1进程需要的资源都已满足,P1进程会使用资源结束,释放资源并唤醒P2进程。这样的推进方式就不会死锁了。

若P1保持了资源R1,P2保持了资源R2,系统处于不安全状态,因为这两个进程再向前推进,便可能发生死锁。例如,当P1运行到P1：Request(R2)时,将因R2已被P2占用而阻塞;当P2运行到P2：Request(R1)时,也将因R1已被P1占用而阻塞,于是发生进程死锁。

当进程P1和P2并发执行时,如果按照下述顺序推进：P1：Request(R1),P1：Request(R2),P1：Relese(R1),P1：Relese(R2),P2：Request(R2),P2：Request(R1),P2：Relese(R2),P2：Relese(R1)。这两个进程便可顺利完成,这种不会引起进程死锁的推进顺序是合法的。

### 9.3.4 进程通信

在多道程序环境下,为了加速应用程序的运行,应在系统中建立多个进程,并且再为一个进程建立若干个线程,由这些进程(线程)相互合作去完成一个共同的任务。而在这些进程(线程)之间,又往往需要交换信息。例如,有三个相互合作的进程,它们是输入进程、计算进程和打印进程。输入进程负责将所输入的数据传送给计算进程。计算进程利用输入数据进行计算,并把计算结果传送给打印进程。最后,由打印进程把计算结果打印出来。进程通信的任务就是用来实现在相互合作的进程之间的信息交换。

当相互合作的进程(线程)处于同一计算机系统时,通常在它们之前是采用直接通信方式,即由源进程利用发送命令直接将消息(Message)挂到目标进程的消息队列上,以后由目标进程利用接收命令从其消息队列中取出消息。

并发进程之间的相互通信是实现多进程间协作和同步的常用工具。具有很强的实用性,进程通信是操作系统内核层极为重要的部分。

进程之间的互斥与同步也可以看做是进程之间的一种通信,但它们交换的信息量较少,也常被叫做低级通信。这里所说的进程之间的通信,指的是进程之间交换较多信息(数据)这样一种情况,也叫高级通信。

共享存储区通信可使若干进程共享主存中的某一个区域,且使该区域出现在多个进程的虚地址空间中。进程之间通过共享变量或数据结构进行通信,这种通信要处理好互斥进入的问题。

在这种通信方式中,要求各进程公用某个数据结构,进程通过它们交换信息。例如在生产者-消费者问题中,就是把缓冲池(有界缓冲区)这种数据结构用来作通信的。这时需要对公用数据设置进程间的同步问题。操作系统提供共享存储区,这种方式只适用传送少量的数据。

为了传送大量数据,在存储区中划出一块存储区,供多个进程共享,共享进程通过对这一共享存储区中的数据进行读或写来实现通信。

Socket通信。Socket实际在计算机中提供了一个通信端口,可以通过这个端口与任何一个具有Socket接口的计算机通信。应用程序在网络上传输,接收的信息都通过这个

Socket 接口来实现。在应用开发中就像使用文件句柄一样，可以对 Socket 句柄进行读、写操作。套接字是网络的基本构件。它是可以被命名和寻址的通信端点，使用中的每一个套接字都有其类型和一个与之相连进程。

在 TCP/IP 网络应用中，通信的两个进程间相互作用的主要模式是客户/服务器模式(Client/Server Model)，即客户向服务器发出服务请求，服务器接收请求后，提供相应的服务。通信机制为希望通信的进程间建立联系，为二者的数据交换提供同步，这就是基于客户/服务器模式的 TCP/IP。

客户/服务器模式在操作过程中采取的是主动请求方式。

服务器方

(1) 首先服务器方要先启动，并根据请求提供相应服务。

(2) 打开一通信通道并告知本地主机，它愿意在某一 IP 地址上接收客户请求。

(3) 处于监听状态，等待客户请求到达该端口。

(4) 接收到服务请求，处理该请求并发送应答信号。接收到并发服务请求，要激活一新进(线)程来处理这个客户请求。新进(线)程处理此客户请求，并不需要对其他请求做出应答。服务完成后，关闭此新进程与客户的通信链路，并终止。

(5) 返回第(2)步，等待另一客户请求。

(6) 关闭服务器。

客户方

(1) 打开一通信通道，并连接到服务器所在主机的特定端口。

(2) 向服务器发服务请求报文，等待并接收应答，继续提出请求。

(3) 请求结束后关闭通信通道并终止。

### 9.3.5 进程调度

在后备队列上等待的每个作业，通常都要经过调度才能执行。在传统的操作系统中，包括作业调度和进程调度两步。作业调度的基本任务，是从后备队列中按照一定的算法，选择出若干个作业，为它们分配其必需的资源(首先是分配内存)。在将它们调入内存后，便分别为它们建立进程，使它们都成为可能获得处理机的就绪进程，并按照一定的算法将它们插入就绪队列。而进程调度的任务，则是从进程的就绪队列中选出一新进程，把处理机分配给它，并为它设置运行现场，使进程投入执行。值得提出的是，在多线程操作系统中，通常是把线程作为独立运行和分配处理机的基本单位，为此，需把就绪线程排成一个队列，每次调度时，是从就绪线程队列中选出一个线程，把处理机分配给它。

#### 1. 进程调度

被作业调度所接纳的进程，宏观上看都是处于运行状态了，但是 CPU 只有一个，这些进程是以时间片为单位轮流来使用 CPU 的。每一个时刻只能有一个进程使用 CPU，处于实际的执行状态。处于执行状态的进程怎样停下来，就绪状态的进程是怎样获得 CPU，执行它的指令的呢？这就是一个进程切换的过程。

进程切换就是从正在运行的进程中收回 CPU，然后再使就绪状态的进程来占用 CPU。收回 CPU，实质上就是把进程当前在 CPU 的寄存器中的中间数据找个地方存起来(保护现场)，从而把CPU的寄存器腾出来让其他进程使用。那么被中止运行进程的中间数据存储在进程的私有堆栈中。

按照一定的调度算法，从就绪队列中选择一个进程来占用CPU，实质上是把进程存放在私有堆栈中寄存器的数据(前一次本进程被中止时的中间数据)再恢复到CPU的寄存器中去(恢复现场)，并把待运行进程的断点送入CPU的程序计数器中，于是这个进程就开始被CPU运行了，也就是这个进程已经占有CPU的使用权了。这就像多个同学要分时使用同一张课桌一样，所谓要收回正在使用课桌同学的课桌使用权，实质上就是让他把属于他的东西拿走；而赋予某个同学课桌使用权，只不过就是让他把他的东西放到课桌上罢了。

在切换时，一个进程存储在处理器各寄存器中的中间数据叫做进程的上下文，所以进程的切换实质上就是被中止运行进程与待运行进程上下文的切换。在进程未占用处理器时，进程的上下文是存储在进程的私有堆栈中的。

进程调度的功能主要包括下面三个方面。

(1) 保存处理机的现场信息，记住进程的状态，如进程名称、指令计数器、程序状态寄存器以及所有通用寄存器等现场信息，将这些信息记录在进程控制块的私有堆栈中。

(2) 按某种算法从就绪队列中选取进程，即根据一定的进程调度算法，决定哪个进程能获得CPU，以及占用多长时间。

(3) 进程切换，即正在执行的进程因为时间片用完或因为某种原因不能再执行的时候，保存该进程的现场，收回CPU，并把CPU分配给选中的进程。

进程调度中，很重要的一项就是根据一定调度算法，从就绪队列中选出一个进程占用CPU运行。算法是处理机调度的关键。

### 2. 进程调度方式

1) 非抢占方式(Non-Preemptive Mode)

分派程序一旦把处理机分配给某进程后便让它一直运行下去，直到进程完成或发生某事件而阻塞时，才把处理机分配给另一个进程。

在采用非抢占调度方式时，可能引起进程调度的因素可归结为以下几个。

(1) 正在执行的进程执行完毕，或因发生某事件而不能再继续执行。

(2) 执行中的进程因提出I/O请求而暂停执行。

(3) 在进程通信或同步过程中执行了某种原语操作，如P操作(Wait操作)、Block原语、Wakeup原语等。

这种调度方式的优点是实现简单、系统开销小，适用于大多数的批处理系统环境。但它难以满足紧急任务的要求——立即执行，因而可能造成难以预料的后果。显然，在要求比较严格的实时系统中，不宜采用这种调度方式。

2) 抢占方式(Preemptive Mode)

当一个进程正在运行时，系统可以基于某种原则，剥夺已分配给它的处理机，将之分配给其他进程。剥夺原则有：优先权原则、短进程优先原则、时间片原则。

例如，有三个进程P1、P2、P3先后到达，它们分别需要20、4、2个单位时间运行完毕。

如果它们就按P1、P2、P3的顺序执行，且不可剥夺，则三进程各自的周转时间分别为20、24、26个单位时间，平均周转时间是23.33个时间单位。

如果用时间片原则的剥夺调度方式，可得到：

P1、P2、P3 的周转时间分别为 26、10、6 个单位时间(假设时间片为 2 个单位时间)，平均周转时间为 14 个单位时间。

## 9.4 内存管理

### 1. 内存分配

计算机操作系统在实现内存分配时，可采取静态和动态两种方式。在静态分配方式中，每个作业的内存空间是在作业装入时确定的；在作业装入后的整个运行期间，不允许该作业再申请新的内存空间，也不允许作业在内存中“移动”；在动态分配方式中，每个作业所要求的基本内存空间，也是在装入时确定的，但允许作业在运行过程中，继续申请新的附加内存空间，以适应程序和数据的动态增长，也允许作业在内存中“移动”。

为了实现内存分配，在内存分配的机制中应具有以下结构和功能。

(1) 内存分配数据结构，该结构用于记录内存空间的使用情况，作为内存分配的依据。

(2) 内存分配功能，系统按照一定的内存分配算法，为用户程序分配内存空间。

(3) 内存回收功能，系统对于用户不再需要的内存，通过用户的释放请求，去完成系统的回收功能。

### 2. 分区式分配

固定式分区是在处理作业之前存储器就已经被划分成固定个数的分区，每个分区的大小可以相同，也可以不同。但是，一旦划分好分区后，主存储器中的分区的个数就固定了，且每个分区的大小不再改变。

分区大小相同，看起来内存分配均衡，好像比较公平。比如内存中的用户程序区有 800MB，平均分成 4 个分区，每个分区 200MB。但在这种情况下，大于 200MB 的大作业不能够运行。而小作业也要占用一个分区，如果作业很小，假设只有 10MB，分区剩余 190MB 空闲，浪费又比较严重。

分区大小不同，虽然分区个数固定，但是分区的大小可以均分，设置一些小的分区，一些中等的分区，再设置一些大的分区。如果新到的作业较大就分配到较大的分区，作业较小就分配到较小的分区，这样既可以运行相对较大一些的作业，又能使较小的作业不会占用较大的分区，不会造成剩余分区较大，浪费较大的现象。

分区表，固定式分区方案的实现通过分区分配表或者分区分配链表来实现。分区分配表是一个二维表，每行描述一个分区，分区的个数固定，分区表的行数就是固定的。分区表中包括每个分区的分区号、起始地址、分区大小、占用大小和备注等信息。

在分区表中可以通过“占用大小”这一列来判断分区是否已分配，当这一列的值为零时，说明这个分区是空闲的。这一列如果有大于零的值，这个值一定小于等于分区大小那一列的值，它们的差值是这个分区的空闲区域的大小，也叫内存的“零头”。零头越大说明内存浪费越多，内存的利用率越低。

### 3. 分页式管理

一个应用程序(源程序)经编译后,通常会形成若干个目标程序。这些目标程序再经过链接便形成了可装入程序。这些程序的地址都是从"0"开始的,程序中的其他地址都是相对于起始地址计算的,由这些地址所形成的地址范围称为"地址空间",其中的地址称为"逻辑地址"或"相对地址"。此外,由内存中的一系列单元所限定的地址范围称为"内存空间",其中的地址称为"物理地址"。

在多道程序环境下,每道程序不可能都从"0"地址开始装入(内存),这就致使地址空间内的逻辑地址和内存空间中的物理地址不一致。使程序能正确运行,存储器管理必须提供地址映射功能,以将地址空间中的逻辑地址转换为内存空间中与之对应的物理地址。该功能应在硬件的支持下完成。

分页式管理方式,打破程序连续存储的限制,实现内存管理方法上的一次重要"突破"。分页式管理目前主流操作系统采用较多的内存管理方法。分页式管理的基本工作原理是将作业的逻辑地址空间和存储器的物理地址空间按相同长度进行等量划分,逻辑地址空间被分成大小相等的片段,称为页(Page)或页面,各页编上号码,从0开始,如第0页、第1页等。相应的存储器的物理空间分成与页面大小相等的片段,称为物理块或页框(Frame),也同样加以编号第0块、第1块等。作业中的程序装入内存时,按照作业的页数分配物理块,分配的物理块可以连续也可以不连续。

### 4. 内存保护

内存保护的主要任务是确保每道用户程序都只在自己的内存空间内运行,彼此互不干扰。

为了确保每道程序都只在自己的内存区中运行,必须设置内存保护机制。一种比较简单的内存保护机制,是设置两个界限寄存器,分别用于存放正在执行程序的上界和下界。系统须对每条指令所要访问的地址进行检查,如果发生越界,便发出越界中断请求,以停止该程序的执行。如果这种检查完全用软件实现,则每执行一条指令,便须增加若干条指令去进行越界检查,这将显著降低程序的运行速度。因此,越界检查都由硬件实现。当然,对发生越界后的处理,还须与软件配合来完成。

### 5. 内存扩充

存储器管理中的内存扩充任务,并非是扩大物理内存的容量,而是借助虚拟存储技术,从逻辑上扩充内存容量,使用户所感觉到的内存容量比实际内存容量大得多,或者让更多的用户程序能并发运行。这样,既满足了用户的需要,改善了系统的性能,又基本上不增加硬件投资。为了能在逻辑上扩充内存,系统必须具有内存扩充机制,用于实现下述各功能。

(1) 请求调入功能。

(2) 置换功能。

## 9.5 文件管理

文件系统是操作系统用于管理磁盘或分区上的文件的方法和数据结构，即在磁盘上组织文件的方法。操作系统中负责管理和存储文件信息的软件机构称为文件管理系统，简称文件系统。文件系统由三部分组成：与文件管理有关软件、被管理文件以及实施文件管理所需数据结构。从系统角度来看，文件系统是对文件存储器空间进行组织和分配，负责文件存储并对存入的文件进行保护和检索的系统。具体地说，它负责为用户建立文件，存入、读出、修改、转储文件，控制文件的存取，当用户不再使用时撤销文件等。

### 1. 文件和文件名

操作系统将所要处理的信息组织成文件来进行管理，这些信息既包括通常的程序和数据，也包括设备资源。每个文件都有一个文件名，用户通过文件名来存取文件。换句话说，文件就是存储在磁盘上的一组相关信息的集合，具有唯一的标识。

文件名通常由若干 ASCII 码和汉字组成。文件名的格式和长度因系统而异，但大多采用文件名和扩展名组成，前者用于标识文件，后者用于标识文件类型，通常可以有 1～3 个字符，两者之间用一个圆点分隔。文件名是在文件建立时，由用户按规定自行定义的，但为了便于系统管理，每个操作系统都有一些约定的扩展名。例如，MS-DOS 约定的扩展名有：

(1) .exe 表示可执行的目标文件。

(2) .com 表示可执行的二进制代码文件。

(3) .lib 表示库程序文件。

(4) .obj 表示目标文件。

(5) .c 表示 C 语言源程序文件等。

### 2. 文件存储空间的管理

由文件系统对诸多文件及文件的存储空间实施统一的管理。其主要任务是为每个文件分配必要的外存空间，提高外存的利用率，并能有助于提高文件系统的运行速度。

为此，系统应设置相应的数据结构，用于记录文件存储空间的使用情况，以供分配存储空间时参考。系统还应具有对存储空间进行分配和回收的功能。为了提高存储空间的利用率，对存储空间的分配，通常是采用离散分配方式，以减少外存零头，并以盘块为基本分配单位。盘块的大小通常为 512B～8KB。

### 3. 目录管理

为了使用户能方便地在外存上找到自己所需的文件，通常由系统为每个文件建立一个目录项。目录项包括文件名、文件属性、文件在磁盘上的物理位置等。由若干个目录项又可构成一个目录文件。目录管理的主要任务是为每个文件建立目录项，并对众多的目录项加以有效的组织，以实现方便的按名存取。即用户只需提供文件名，即可对该文件进行存取。其次，目录管理还应能实现文件共享，这样，只需在外存上保留一份该共享文件的副本即可。此外，还应能提供快速的目录查询手段，以提高对文件的检索速度。

#### 4. 文件的读/写管理和保护

1) 文件的读/写管理

该功能是根据用户的请求,从外存中读取数据,或将数据写入外存。在进行文件读(写)时,系统先根据用户给出的文件名,去检索文件目录,从中获得文件在外存中的位置。然后,利用文件读(写)指针,对文件进行读(写)。一旦读(写)完成,便修改读(写)指针,为下一次读(写)做好准备。由于读和写操作不会同时进行,故可合用一个读/写指针。

2) 文件保护

(1) 防止未经核准的用户存取文件。

(2) 防止冒名顶替存取文件。

(3) 防止以不正确的方式使用文件。

## 9.6 设备管理

在计算机系统中,除了需要直接用于输入、输出和存储信息的 I/O 设备外,还需要有相应的设备控制器。随着计算机技术的发展,在大、中型计算机系统中,增加了 I/O 通道。由 I/O 设备、设备控制器、I/O 通道和相应的总线构成了 I/O 系统的硬件。I/O 系统的性能经常成为整个计算机系统性能的瓶颈,因此设备管理也是操作系统中十分重要的部分。

设备管理用于管理计算机系统中所有的外围设备,而设备管理的主要任务是,完成用户进程提出的 I/O 请求,为用户进程分配其所需的 I/O 设备,提高 CPU 和 I/O 设备的利用率,提高 I/O 速度,方便用户使用 I/O 设备。为实现上述任务,设备管理应具有缓冲管理、设备分配和设备处理,以及虚拟设备等功能。为了缓和 CPU 与 I/O 设备之间速度不匹配的矛盾,提高 I/O 速度和资源利用率,在所有的 I/O 设备与处理机(内存)之间,都使用了缓冲区来交换数据。因此设备管理的功能之一就是组织和管理缓冲区,并提供建立、分配和释放缓冲区的手段。

#### 1. 缓冲管理

CPU 运行的高速性和 I/O 低速性间的矛盾自计算机诞生时起便已存在。而随着 CPU 速度迅速、大幅度的提高,使得此矛盾更为突出,严重降低了 CPU 的利用率。如果在 I/O 设备和 CPU 之间引入缓冲,则可有效地缓和 CPU 和 I/O 设备速度不匹配的矛盾,提高 CPU 的利用率,进而提高系统吞吐量。因此,在现代计算机系统中,都毫无例外地在内存中设置了缓冲区,而且还可通过增加缓冲区容量的方法,来改善系统的性能。

最常见的缓冲区机制有单缓冲机制、能实现双向同时传送数据的双缓冲机制,以及能供多个设备同时使用的公用缓冲池机制。

#### 2. 设备分配

设备分配的基本任务是根据用户进程的 I/O 请求、系统的现有资源情况以及按照某种设备分配策略,为之分配其所需的设备。如果在 I/O 设备和 CPU 之间,还存在着设备控制器和 I/O 通道时,还须为分配出去的设备分配相应的控制器和通道。

为了实现设备分配，系统中应设置设备控制表、控制器控制表等数据结构，用于记录设备及控制器的标识符和状态。根据这些表格可以了解指定设备当前是否可用，是否忙碌，以供进行设备分配时参考。在进行设备分配时，应针对不同的设备类型而采用不同的设备分配方式。对于独占设备(临界资源)的分配，还应考虑到该设备被分配出去后，系统是否安全。设备使用完后，还应立即由系统回收。

在多道程序系统中，设备作为一种十分重要的系统资源是由操作系统统一管理和分配的。设备分配的原则是既要充分发挥设备的使用效率，尽可能地让设备忙，又要避免由于不合理的分配方法造成进程死锁，同时为了提高系统的可适应性和可扩展性，应用程序应独立于具体使用的物理设备，也就是说应用程序是用逻辑设备名称来请求使用某类设备的。

基于上述原则，进行设备分配时应综合考虑如下几个因素。

1) I/O 设备的固有属性

按照设备的共享属性，I/O 设备可分为三种类型：独占设备、共享设备和虚拟设备，对于这三种不同类型的设备，系统所采取的分配策略也有所不同。

(1) 独享分配策略

根据独占设备的特点，应采用独享分配策略，即将一个设备分配给某进程，便一直由这个进程独占，直至该进程完成并释放这个设备后，系统才能将设备分配给其他进程使用。这种分配策略的缺点是设备利用率低，而且还会引起系统死锁。

(2) 共享分配策略

对于共享设备如磁盘，采用共享分配策略，即将共享设备同时分配给多个进程使用。因为可能有多个进程同时访问共享设备，所以要特别注意对这些进程访问该设备的先后顺序，进行合理的调度，使平均服务时间越短越好。

虽然虚拟设备本身是独占设备，但采用虚拟技术后，可以被虚拟成多台逻辑设备，这些逻辑设备可同时分配给多个进程使用。因此虚拟设备也被看成共享设备，采用共享分配策略进行设备分配。

(3)设备的分配算法

设备的分配机制，除了与 I/O 设备的固有属性有关外，还与系统所采用的分配算法有关。I/O 设备的分配算法与进程调度算法很相似，主要采用的两种算法是：先请求先服务和优先权最高者优先。

① 先请求先服务

当有多个进程对同一设备提出 I/O 请求时，该算法要求把所有发出 I/O 请求的进程，按其发出请求的先后次序排成一个等待该设备的队列。设备分配程序优先把 I/O 设备分配给队首进程。

② 优先权最高者优先

也就是说，优先权高的进程所提出的 I/O 请求也被赋予高优先权。通常在形成设备队列时，优先级高的进程总是排在设备队列的前面，从而优先得到分配，而对于优先权相同的进程，则按照先请求先分配的原则排队分配。这种分配算法有助于进程尽快完成并释放所占有的资源。

2) 设备分配的安全性

设备分配时要特别注意是否会产生死锁，要避免各进程循环等待资源的现象发生。基于设备分配的安全性考虑，有以下两种方式。

(1) 安全分配方式

这种分配方式的基本特征是进程在发出I/O请求后，便进入阻塞状态，直到其I/O操作完成后才被唤醒。采用这种分配方式，一方面使得运行过程中的进程不保持任何资源，另一方面处于阻塞状态的进程也没有机会和可能再请求其他新的资源。这就摒弃了造成死锁的4个必要条件之一的"请求和保持"条件，因此分配是安全的。这种分配方式的缺点是CPU与I/O设备是串行工作，导致进程进展缓慢。

(2) 不安全分配方式

在这种分配方式下，进程在发出I/O请求后仍继续执行，需要时还可以发第二个I/O请求、第三个I/O请求或更多个I/O请求，只有当进程所请求的设备已被其他进程占用时，才进入阻塞状态。不安全分配方式的优点是一个进程可同时操作多个设备，进程推进十分迅速。它的缺点是分配不安全，因为可能具有"请求和保持"条件，极易造成死锁。在设备分配程序中应增加一个功能，对本次的设备分配是否会发生死锁进行安全性计算，只有当计算结果表明分配是安全的，才进行分配，从而增加了系统的额外开销。

### 3. 设备的独立性

为了提高OS的可适应性和可扩展性，目前几乎所有的OS都实现了设备的独立性，也称为设备无关性。设备的独立性的基本思想是用户程序不直接使用物理设备名，而只能使用逻辑设备名。因为实施I/O操作的逻辑设备并不限于某个具体设备，是实际物理设备的抽象，所以分配设备时适应性好，灵活性强。实际执行时，系统要将逻辑设备名转换为某个具体的物理设备名。

### 4. 设备处理

设备处理程序又称为设备驱动程序。其基本任务是用于实现CPU和设备控制器之间的通信，即由CPU向设备控制器发出I/O命令，要求它完成指定的I/O操作；反之由CPU接收从控制器发来的中断请求，并给予迅速的响应和相应的处理。

处理过程是设备处理程序首先检查I/O请求的合法性，了解设备状态是否是空闲的，了解有关的传递参数及设置设备的工作方式。然后便向设备控制器发出I/O命令，启动I/O设备去完成指定的I/O操作。设备驱动程序还应能及时响应由控制器发来的中断请求，并根据该中断请求的类型，调用相应的中断处理程序进行处理。对于设置了通道的计算机系统，设备处理程序还应能根据用户的I/O请求，自动地构成通道程序。

## 习题

### 一、填空题

1. 操作系统的组成大致可分为________、________、________和________4个方面。

2. 常用操作系统有________操作系统、________操作系统、________操作系统、________操作系统。

3. 操作系统是________系统软硬件资源，合理组织计算机________，方便________使用的________。

4. 进程的三个基本状态是________、________和________ 。

**二、选择题**

1. 在计算机系统中，操作系统是(　　)。

A. 一般应用软件　　B. 数据库管理软件

C. 核心系统软件　　D. 程序编译软件

2. 为了解决进程间的同步和互斥问题，通常采用一种称为(　　)机制的方法。

A. 调度　　B. 信号量　　C. 分派　　D. 通信

3. 现代操作系统的两个基本特征是(　　) 和资源共享。

A. 多道程序设计　　B. 中断处理

C. 程序的并发执行　　D. 实现分时与实时处理

4. 下面选项中不是分时操作系统特点的是(　　)。

A. 多路性　　B. 及时性　　C. 独占性　　D. 交互性

**三、简答题**

1. 什么叫计算机操作系统？计算机操作系统属于哪一类型软件，它与硬件和软件有什么关系？简述计算操作系统的主要管理功能。

2. 什么是操作系统的进程？请写出并解释操作系统中进程的三种状态并画出状态转换关系图。

3. 画图并解释分页管理的地址变换过程。

4. 什么是文件系统？文件系统包括哪几个方面内容？

# 第10章 软件工程

软件产业作为一个独立形态的产业，正在全球经济中占据越来越重要的地位。而软件工程正是软件产业健康发展的关键技术之一。从1968年软件工程概念的正式提出到现在，软件工程已进入到目前的第四代，在此期间出现了大量的研究成果，也进行了大量的技术实践。正是由于学术界和产业界的共同努力，软件工程正在逐步发展为一门成熟的专业学科，以解决软件生产的质量和效率问题为宗旨，在软件产业的发展中起到重要的技术保障和促进作用。

## 10.1 软件生命周期

计算机软件是指在硬件设备上运行的各种程序以及有关资料。程序实际上是用户用于指挥计算机执行各种动作以便完成指定任务的指令集合。用户要让计算机做的工作可能是很复杂的，因而指挥计算机工作的程序也可能是庞大而复杂的。为了便于阅读和修改，必须对程序作必要的说明或整理出有关的资料。这些说明或资料(称之为文档)在计算机执行过程中可能是不需要的，但对于用户阅读、修改、维护、交流这些程序却是必不可少的。因此，也有人简单地用一个公式来说明包括其基本内容：软件＝程序＋文档。

### 10.1.1 软件的概念

软件是一系列按照特定顺序组织的计算机数据和指令的集合。一般来讲软件被划分为系统软件、应用软件和介于这两者之间的中间件。软件并不只是包括可以在计算机上运行的计算机程序，与这些计算机程序相关的文档一般也被认为是软件的一部分。

关于软件，一般有如下定义。

(1) 能够完成预定功能和性能的可执行的指令(计算机程序)。

(2) 使得程序能够适当地操作信息的数据结构。

(3) 描述程序的操作和使用的文档。

即可以表示为：软件＝程序＋数据＋文档。

一般来讲软件被划分为系统软件、应用软件，其中系统软件包括操作系统和支撑软件。

系统软件是负责管理计算机系统中各种独立的硬件，使得它们可以协调工作。系统软件使得计算机使用者和其他软件将计算机当作一个整体而不需要顾及到底层每个硬件是如何工作的。

(1) 操作系统是管理计算机硬件与软件资源的程序,同时也是计算机系统的内核与基石。操作系统身负诸如管理与配置内存、决定系统资源供需的优先次序、控制输入与输出设备、操作网络与管理文件系统等基本事务。操作系统也提供一个让使用者与系统交互的操作接口。

(2) 支撑软件是支撑各种软件的开发与维护的软件,又称为软件开发环境(Software Development Environment,SDE)。它主要包括环境数据库、各种接口软件和工具组。著名的软件开发环境有IBM公司的Web Sphere,微软公司的Microsoft Visual Studio.NET等。包括一系列基本的工具(如编译器、数据库管理、存储器格式化、文件系统管理、用户身份验证、驱动管理、网络连接等方面的工具)。

应用软件是为了某种特定的用途而被开发的软件。它可以是一个特定的程序,如一个图像浏览器。也可以是一组功能联系紧密、可以互相协作的程序的集合,如微软的Office软件。也可以是一个由众多独立程序组成的庞大的软件系统,如数据库管理系统。

## 10.1.2 软件工程的含义

软件工程(Software Engineering,SE)是一门研究用工程化方法构建和维护有效的、实用的和高质量的软件的学科。它涉及程序设计语言、数据库、软件开发工具、系统平台、标准、设计模式等方面。

软件工程的目标是在给定成本、进度的前提下,开发出具有可修改性、有效性、可靠性、可理解性、可维护性、可重用性、可适应性、可移植性、可追踪性和可互操作性并且满足用户需求的软件产品。追求这些目标有助于提高软件产品的质量和开发效率,减少维护的困难。

软件系统能最有效地利用计算机的时间资源和空间资源。各种计算机软件无不将系统的时/空开销作为衡量软件质量的一项重要技术指标。很多场合,在追求时间有效性和空间有效性方面会发生矛盾,这时不得不牺牲时间效率换取空间有效性或牺牲空间效率换取时间有效性。时/空折中是经常出现的。

可靠性(Reliability)。能防止因概念、设计和结构等方面的不完善造成的软件系统失效,具有挽回因操作不当造成软件系统失效的能力。对于实时嵌入式计算机系统,可靠性是一个非常重要的目标。因为软件要实时地控制一个物理过程,如宇宙飞船的导航、核电站的运行等。如果可靠性得不到保证,一旦出现问题可能是灾难性的,后果将不堪设想。因此在软件开发、编码和测试过程中,必须将可靠性放在重要位置。

可维护性(Maintainability)。软件产品交付用户使用后,能够对它进行修改,以便改正潜伏的错误,改进性能和其他属性,使软件产品适应环境的变化等。由于软件是逻辑产品,只要用户需要,它可以无限期地使用下去,因此软件维护是不可避免的。软件维护费用在软件开发费用中占有很大的比例。可维护性是软件工程中一项十分重要的目标。软件的可理解性和可修改性有利于软件的可维护性。

可移植性(Portability)。软件从一个计算机系统或环境搬到另一个计算机系统或环境的难易程度。为了获得比较高的可移植性,在软件设计过程中通常采用通用的程序设计语言和运行环境支撑。对依赖于计算机系统的低级(物理)特征部分,如编译系统的目标代码生成,应相对独立、集中。这样,与处理机无关的部分就可以移植到其他系统上使用。可移植性支持软件的可重用性和可适应性。

软件工程过程是生产一个最终能满足需求且达到工程目标的软件产品所需要的步骤，主要包括开发过程、运作过程、维护过程。它们覆盖了需求、设计、实现、确认以及维护等活动。

(1) 需求活动包括问题分析和需求分析。问题分析获取需求定义，又称软件需求规约。需求分析生成功能规约。

(2) 设计活动一般包括概要设计和详细设计。概要设计建立整个软件系统结构，包括子系统、模块以及相关层次的说明、每一模块的接口定义。详细设计产生程序员可用的模块说明，包括每一模块中数据结构说明及加工描述。

(3) 实现活动把设计结果转换为可执行的程序代码。

(4) 确认活动贯穿于整个开发过程，实现完成后的确认，保证最终产品满足用户的要求。

(5) 维护活动包括使用过程中的扩充、修改与完善。

伴随以上过程，还有管理过程、支持过程、培训过程等。

IEEE(IEE 93)给出了一个综合的定义：软件工程是将系统化的、规范的、可度量的方法应用于软件的开发、运行和维护的过程，即将工程化应用于软件中。

### 10.1.3 软件工程三要素

软件工程包括三个要素：方法、工具和过程。

软件工程方法为软件开发提供了“如何做”的技术。它包括了多方面的任务，如项目计划与估算、软件系统需求分析、数据结构、系统总体结构的设计、算法过程的设计、编码、测试以及维护等。软件工程是一种层次化的技术。任何工程方法(包括软件工程)必须以有组织的质量保证为基础。全面的质量管理和类似的理念刺激了过程不断的改进，正是这种改进导致了更加成熟的软件工程方法的不断出现。支持软件工程的根基就在于对质量的关注。

软件工程的工具层对过程和方法提供了自动的或半自动的支持。当这些工具被集成起来使得一个工具产生的信息可被另外一个工具使用时，一个支持软件开发的系统就建立了，称为计算机辅助软件工程(Computer Aides Software Engineering,CASE)。CASE集成了软件、硬件和一个软件工程数据库(一个仓库，其中包含了关于分析、设计、编程和测试的重要信息)，从而形成了一个软件工程环境。

软件工程的过程是将软件工程的方法和工具综合起来以达到合理、及时地进行计算机软件开发的目的。过程定义了方法使用的顺序、要求交付的文档资料、为保证质量和协调变化所需要的管理及软件开发各个阶段完成的里程碑。

软件工程的基层是过程层。软件工程过程是将技术层结合在一起的凝聚力，使得计算机软件能够被合理地、及时地开发出来。过程定义了一组关键过程区域(Key Process Areas,KPAs)的框架(PAY 93)，这对于软件工程技术的有效应用是必需的。关键过程区域构成了软件项目管理控制的基础，并且确立了上下各区域之间的关系，其中规定了技术方法的采用、工程产品(模型、文档、数据、报告、表格等)的产生、里程碑的建立、质量的保证及变化的适当管理。

### 10.1.4 过程模型

所有软件开发都可看成是一个问题循环解决的过程，其中包含 4 个不同的阶段：状态描述、问题定义、技术开发和方案综述。状态描述表示了事物的当前状态，问题定义标识了要解决的特定问题，技术开发通过应用某些技术来解决问题，方案综述提交结果（如文档、程序、数据、新的商业功能、新产品）提供给那些从一开始就需要方案的人。软件工程的一般阶段和步骤可以很容易地映射到这些阶段上，并可通过瀑布模型表示。

瀑布模型也称“传统生命周期”或“线性顺序模型”，它提出了软件开发的系统化、顺序的方法，分别是需求分析、设计、编码、测试和维护，如图 10-1 所示。

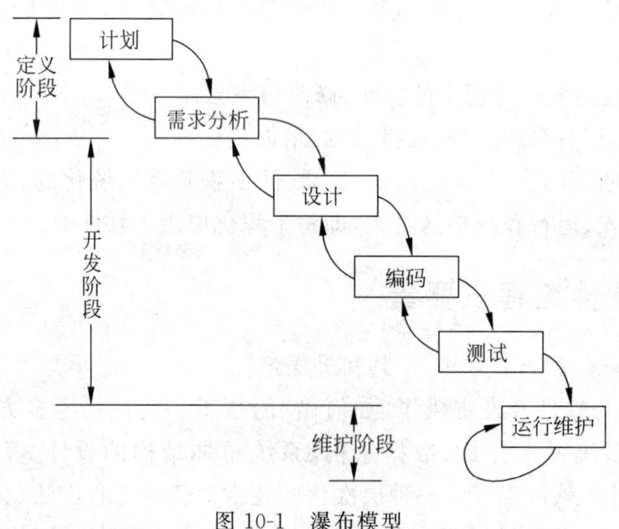


图 10-1 瀑布模型

瀑布模型借鉴了传统的工程周期，包含以下活动。

(1) 系统/信息工程和建模：因为软件总是一个大系统（或商业）的组成部分，所以一开始应该建立所有系统成分的需求，然后再将其中某个子集分配给软件。整个系统基础是以软件作为其他成分，如硬件、人及数据库的接口。系统工程和分析包括系统级收集的需求，以及一小部分顶层分析和设计。信息工程包括在战略商业级和商业领域级收集的需求。

(2) 软件需求分析：要理解待建造程序的本质，软件工程师（分析员）必须了解软件的信息领域，以及需求的功能、行为、性能和接口。系统需求和软件需求均要文档化，并与用户一起复审。

(3) 设计：软件设计实际上是一个多步骤的过程，集中于程序的 4 个完全不同的属性上：数据结构、软件体系结构、界面表示及过程（算法）细节。设计过程将需求转换成软件表示，在编码之前可以评估其质量。同需求一样，设计也要文档化，并且是软件配置的一部分。

(4) 代码生成：设计必须转换成计算机可读的形式。代码生成这一步就是完成这个任务的。如果设计已经表示得很详细，代码生成可以自动完成。

(5) 测试：一旦生成了代码，就可以开始程序测试。测试过程集中于软件的内部逻辑——保证所有语句都测试到，以及外部功能——引导测试去发现错误，并保证定义好的输入能够产生与预期结果相同的输出。

(6) 维护：软件在交付给用户之后不可避免地要发生修改(一个可能的例外是嵌入式软件)。在如下情况下会发生修改：当遇到错误时，当软件必须适应外部环境的变化时(例如，因为使用新的操作系统或外设)，或者当用户希望增强功能或性能时。软件维护就是重复以前各个阶段，不同之处在于它是针对已有的程序，而非新程序。

## 10.2 系统分析

软件需求分析就是把软件计划期间建立的软件可行性分析求精和细化，分析各种可能的解法，并且分配给各个软件元素。需求分析是软件定义阶段中的最后一步，确定系统必须完成哪些工作，也就是对目标系统提出完整、准确、清晰、具体的要求。

需求分析是一种软件工程活动，它在系统级软件分配和软件设计间起到桥梁的作用。需求分析使得系统工程师能够刻画出软件的功能和性能、指明软件和其他系统元素的接口、并建立软件必须满足的约束。需求分析允许软件工程师(在这种角色中经常称为分析员)精细化软件分解模块，并建造将被软件处理的数据、功能和行为模型。需求分析为软件设计者提供了可被翻译成数据、体系结构、界面和过程设计的模型，最后，需求规约为开发者和客户提供了软件建造后质量评估的依据。

### 1. 需求提出

主要集中于描述系统目的。需求提出和分析仅仅集中在使用者对系统的观点上。用户、开发人员和用户确定一个问题领域，并定义一个描述该问题的系统称做系统规格说明，它在用户和开发人员之间充当合同。

### 2. 需求描述

在问题分析阶段分析人员的主要任务是：对用户的需求进行鉴别、综合和建模，清除用户需求的模糊性、歧义性和不一致性，分析系统的数据要求，为原始问题及目标软件建立逻辑模型。分析人员要将对原始问题的理解与软件开发经验结合起来，以便发现哪些要求是由于用户的片面性或短期行为所导致的不合理要求，哪些是用户尚未提出但具有真正价值的潜在需求。

### 3. 需求评审

在需求评审阶段，分析人员要在用户和软件设计人员的配合下对自己生成的需求规格说明和初步的用户手册进行复核，以确保软件需求的完整、准确、清晰、具体，并使用户和软件设计人员对需求规格说明和初步的用户手册的理解达成一致。一旦发现遗漏或模糊点，必须尽快更正，再行检查。

### 4. 软件需求分析的过程

软件需求分析所要做的工作是深入描述软件的功能和性能，确定软件设计的限制和软件同其他系统元素的接口细节，定义软件的其他有效性需求。

进行需求分析时，应注意一切信息与需求都是站在用户的角度上。尽量避免分析员的主观想象，并尽量将分析进度提交给用户。在不进行直接指导的前提下，让用户进行检查与评价。从而达到需求分析的准确性。

分析员通过需求分析，逐步细化对软件的要求，描述软件要处理的数据域，并给软件开发提供一种可转化为数据设计、结构设计和过程设计的数据和功能表示。在软件完成后，制定的软件规格说明还要为评价软件质量提供依据。

软件需求分析过程可被划分成5个工作阶段：问题分析、问题评估和方案综合、建模、规约、复审。

需求分析阶段的主要焦点是“做什么”，而不是“怎么做”，系统会产生和使用什么数据、系统必须完成什么功能、将定义什么界面、会应用什么约束等。

在技术层次上，软件工程是从一系列建模任务开始的，这些任务导致对被建立的软件的完整的需求规约和全面的设计的表示。分析模型实际上是一组模型，是系统的第一个技术表示。在过去的数年中，人们提出了许多种分析建模的方法，然而，其中两种在分析建模领域占有主导地位，一种是“结构化分析”，这是传统的建模方法。另一种是“面向对象的分析”。

### 10.2.1 面向过程分析

分析模型必须达到三个主要目标：描述客户的需要、建立创建软件设计的基础、定义在软件完成后可以被确认的一组需求。在模型的核心是“数据字典”，它包含了软件使用或生产的所有数据对象描述的中心库。围绕着这个核心有三种图。

(1) “实体关系图”(Entity Relationship Diagram，ERD)描述数据对象间的关系，ERD是用来进行数据建模活动的记号，在ERD中出现的每个数据对象的属性可以使用数据对象来描述。

(2) “数据流图”(Data Flow Diagram，DFD)服务于两个目的：指明数据在系统中移动时如何被变换，描述对数据流进行变换的功能(和子功能)。DFD提供了附加的信息，它们可以被用于信息域的分析，并作为功能建模的基础。在DFD中出现的每个功能的描述包含在“加工规约”(Process Specification，PSpec)中。数据流图如图10-2所示。

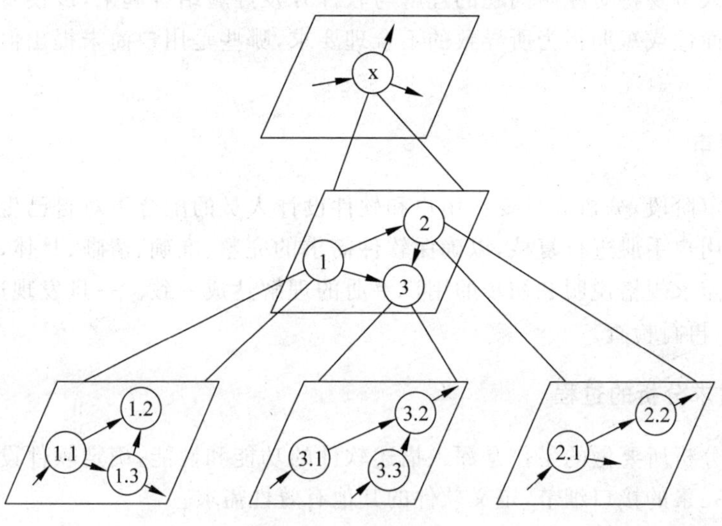


图10-2 数据流图

(3)“状态变迁图”(State Transition Diagram,STD)指明作为外部事件的结果,系统将如何动作。为此,STD表示了系统的各种行为模式(称为“状态”)以及在状态间进行变迁的方式,STD是行为建模的基础。关于软件控制方面的附加信息包含在“控制规约”(Control Specification,CSpec)中。

分析模型包含各种图、规约、描述和字典。以下各节将对分析模型中的这些元素进行更加详细的讨论。

DFD是描述信息流和当数据从输入移动到输出时被应用的变换的图形化技术。数据流图的基本形式如图10-3所示。

用于建立DFD的基本符号体系如图10-3所示。矩形用来表示外部实体,即为软件中的变换产生信息或接收软件产生的信息的系统元素(如硬件、人、另一个程序)或另一个系统。圆圈代表应用于数据(或控制)并以某种方式改变它的“加工”或“变换”。箭头代表一个或多个数据项或数据对象。DFD中所有的箭头应具有标记。双线代表“数据存储”——被软件所使用的要保存的信息。DFD记号的简单性是结构化分析技术被广泛地使用的原因之一。

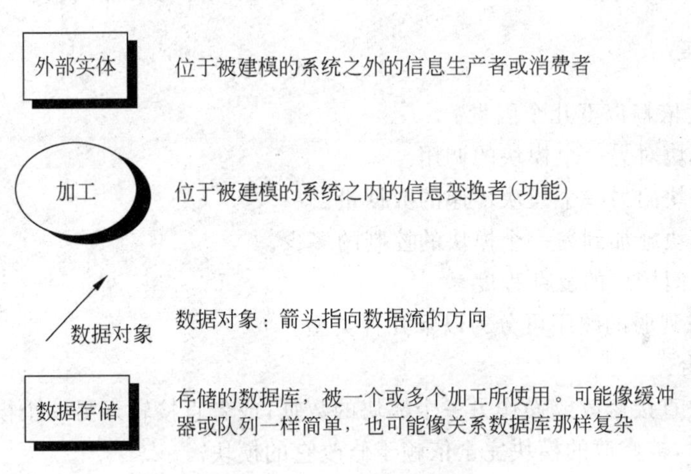


图10-3 数据流图的基本形式

内聚与耦合。内聚(Cohesion)是一个模块内部各成分之间关联程度的度量。耦合(Coupling)是模块之间依赖程度的度量。内聚和耦合是密切相关的,与其他模块存在强耦合的模块通常意味着弱内聚,而强内聚的模块通常意味着与其他模块之间存在弱耦合。模块设计追求强内聚,弱耦合。

**1. 内聚强度**

内聚按强度从低到高有以下几种类型。

1) 偶然内聚

如果一个模块的各成分之间毫无关系,则称为偶然内聚。

2) 逻辑内聚

几个逻辑上相关的功能被放在同一模块中,则称为逻辑内聚。如一个模块读取各种不同类型外设的输入,尽管逻辑内聚比偶然内聚合理一些,但逻辑内聚的模块各成分在功能上并无关系，即使局部功能的修改有时也会影响全局，因此这类模块的修改比较困难。

3）时间内聚

如果一个模块完成的功能必须在同一时间内执行（如系统初始化），但这些功能只是因为时间因素关联在一起，则称为时间内聚。

4）过程内聚

如果一个模块内部的处理成分是相关的，而且这些处理必须以特定的次序执行，则称为过程内聚。

5）通信内聚

如果一个模块的所有成分都操作同一数据集或生成同一数据集，则称为通信内聚。

6）顺序内聚

如果一个模块的各个成分和同一个功能密切相关，而且一个成分的输出作为另一个成分的输入，则称为顺序内聚。

7）功能内聚

模块的所有成分对于完成单一的功能都是必需的，则称为功能内聚。

**2. 耦合强度**

耦合的强度依赖以下几个因素。

(1) 一个模块对另一个模块的调用。

(2) 一个模块向另一个模块传递的数据量。

(3) 一个模块施加到另一个模块的控制的多少。

(4) 模块之间接口的复杂程度。

耦合按从强到弱的顺序可分为以下几种类型。

1）内容耦合

当一个模块直接修改或操作另一个模块的数据，或者直接转入另一个模块时，就发生了内容耦合。此时，被修改的模块完全依赖于修改它的模块。

2）公共耦合

两个以上的模块共同引用一个全局数据项就称为公共耦合。

3）控制耦合

一个模块在界面上传递一个信号（如开关值、标志量等）控制另一个模块，接收信号的模块的动作根据信号值进行调整，称为控制耦合。

4）标记耦合

模块间通过参数传递复杂的内部数据结构，称为标记耦合。此数据结构的变化将使相关的模块发生变化。

5）数据耦合

模块间通过参数传递基本类型的数据，称为数据耦合。

6）非直接耦合

模块间没有信息传递时，称为非直接耦合。

如果模块间必须存在耦合，就尽量使用数据耦合，少用控制耦合，限制公共耦合的范围，坚决避免使用内容耦合。

### 10.2.2 面向对象分析

面向对象分析的目标是开发一系列模型，这些模型被用来描述以满足一组客户需求的计算机软件。面向对象分析通过建造一个多部分的分析模型以满足这个目标，并分析模型描述信息、功能和行为。

面向对象分析方法代表了相对于面向过程的方法学（如结构化分析）的根本性变化。面向过程的方法学在建模过程中的关注点不是对象的内在性质，从而导致和面向对象的三个基本原则（封装、对象分类和继承）相正交的问题域模型。结构化分析方法着重于功能分解的使用，通过对需求采用独特的"输入→加工→输出"视角，数据被脱离数据的变换过程而单独考虑，系统行为虽然是重要的，但在结构化分析中往往扮演第二位的角色。

面向对象分析方法使得软件工程师能够通过对对象、属性和操作（作为主要的建模成分）的表示来对问题建模。在文献中已经提出了大量的不同的面向对象分析方法，但是所有方法均有一组共同的特征。

#### 1. 类和类层次的表示

问题域和系统责任是面向对象分析的基本出发点。分析员的主要工作就是通过不断地研究问题域，建立一个能满足用户需求的系统模型。

1）系统责任

系统开发初期，用户对系统提出的各种要求和期望就是用户需求。它包括系统的功能、性能、可靠性、保密要求、交互方式等技术性要求，资金强度、交付时间、资源使用限制等非技术要求。分析员提高分析这些系统的需求，逐渐搞清系统责任。

2）问题域研究方法

要发现对象、定义对象类的主要途径就是研究问题域。研究问题域采用的主要方法是：现场跟单、获取领域知识、吸取经验、听取用户见解。

3）确定系统边界

在系统的分析与设计中，由于是将实际的系统计算机化，而实际存在的客观系统与它的周围都要发生联系。那么我们如何确定系统边界是分析与设计中一个关键的问题。确定系统边界就是划出被开发的系统和与该系统打交道的人或物之间的明确界限，并确定它们之间的接口。

#### 2. 对象行为模型的创建

对象行为模型指明 OO（Object Oriented）系统如何相应外部事件或激励。为了创建该模型，分析员必须完成下面几个步骤的工作。

（1）评估所有的使用实例以完全地理解系统中交互的序列。

（2）标识驱动交互序列的事件，理解这些事件如何和特定的对象相关联。

（3）为每个使用实例创建事件轨迹。

（4）为系统建造状态变迁图。

（5）复审对象行为模型以验证精确性和一致性。

### 3. 对象关系模型的导出

对象关系模型(如实体关系模型一样)可通过以下三个步骤导出。

(1) 利用 CRC(Class Responsibility Collaborator)索引卡片,可以画出协作者对象的网络。

(2) 复审 CRC 模型索引卡片,评估责任和协作者,命名未标记的连接线。为了避免含混不清,用箭头指明关系的方向。

(3) 一旦已经建成命名的关系,对每个端评估以确定基数。存在 4 种选项：0-1、1-1、0-多或 1-多。

继续进行以上步骤,直至得到一个完全的对象关系模型。

通过建立对象关系模型,分析员为整体的分析模型增加了另一维。不仅标识了对象之间的关系,而且定义了所有重要的消息路径。

面向对象系统的分析发生在很多不同的抽象层次。在业务或企业层和 OOA(Object Oriented Analysis)关联的技术可以同信息工程方法相结合,该技术通常称为领域分析；在应用层,对象模型着重于特定的客户需求,因为这些需求影响将被建造的应用。

OOA 过程从定义使用实例(描述 OO 系统如何被使用的场景)开始。然后应用"类-责任-协作者"建模技术来为类和它们的属性与操作建立文档,这也提供了在对象间协作的初始视图。最后是对象的分类和类层次的创建。可使用子系统(主题)用于封装相关的对象,对象关系模型提供了对象间如何相互连接的标记,而对象行为模型指明了个体对象的行为和 OO 系统的整体行为。

## 10.3 系统设计

软件设计处于软件工程过程中的技术核心位置,并且它的应用不考虑所使用的软件过程模型。软件设计开始于对软件需求进行分析和规约之后,它是构造和验证软件所需的三项技术活动(设计、代码生成和测试)之一,每一项活动都最终导致经过验证的计算机软件的方式变换信息。

软件设计是一个迭代的过程,通过它需求被变换为用于构造软件的"蓝图"。初始时,"蓝图"描述了软件的整体视图,也就是说,设计在高的抽象层次上表示(在该层次可以直接追踪到特定数据、功能和行为需求)。随着数据迭代的开始,后续的精化将导致更低抽象级别的设计表示,同时这些表示仍然能够追踪到需求。

### 10.3.1 面向过程设计

模块化,即软件被划分成独立命名和可独立访问的被称做模块的构件,它们集成到一起满足问题需求。模块化是软件的单个属性,它使程序能被理性地管理。人们无法简单地掌握单块集成电路式的软件(如由单一模块构成的大程序),控制路径的数量、引用的跨度、变量的数量和整体的复杂性会对软件的理解接近于不可能。

我们可以根据定义有效的模块化系统的能力来评价一种设计方法。

(1) 模块可分解性。如果一种设计方法提供了将问题分解成子问题的系统化机制,它就能降低整个系统的复杂性，从而实现一种有效的模块化解决方案。

(2) 模块可组装性。如果一种设计方法使现存的(可复用的)设计构件能被组装成新系统，它就能提供一种不一切从头开始的模块化解决方案。

(3) 模块可理解性。如果一个模块可以作为一个独立的单位(不用参考其他模块)被理解，那么它就易于构造和修改。

(4) 模块连续性。如果对系统需求的微小修改只导致对单个模块的修改，而不是整个系统的修改，则修改引起的副作用就会被最小化。

(5) 模块保护。如果模块内出现异常情况，并且它的影响限制在模块内部，则错误引起的副作用就会被最小化。

### 10.3.2　面向对象设计

面向对象设计(Object Oriented Design，OOD)将用面向对象分析所创建的分析模型转变为将作为软件构造的"蓝图"的设计模型，同传统软件设计方法不同，OOD实现一个完成一系列不同的模块性等级的设计。主要的系统构件被组织为称为子系统的系统级模块，数据和操纵数据的操作被封装为对象——一种作为OO系统的构造块的模块形式。此外，OOD必须描述属性的特定数据组织和个体操作的过程细节，这些表示OO系统的数据和算法片，从而实现整体模块性。

面向对象设计的独特性在于其基于4个重要的软件设计概念——抽象、信息隐蔽、功能独立性和模块性建造系统的能力。所有的设计方法均力图建造有这些基本特征的软件，但是，只有OOD提供了使设计者能够以较少的复杂性和折中达到所有这4个特征的机制。

面向对象设计、面向对象编程和面向对象测试是构造OO系统的活动。面向对象设计金字塔的4个层次如下。

(1) 子系统层

包含每个子系统的表示，这些子系统使得软件能够满足客户定义的需求，并实现支持客户需求的技术基础设施。

(2) 类和对象层

包含类层次，它们使得系统能够以通用化方式创建并不断逼近特殊需求，这层也包含了每个对象的设计表示。

(3) 消息层

包含使得每个对象能够和其协作者通信的细节，本层建立了系统的外部和内部接口。

(4) 责任层

包含针对每个对象的所有属性和操作的数据结构和算法的设计。

设计金字塔着重于特定产品或系统的设计，应该注意，存在另一个设计"层"，该层形成了金字塔的基础——基础层。基础层着重于领域对象(在本章后面称为设计模式)的设计，领域对象通过提供对人机界面活动、任务管理和数据管理的支持，在建造OO系统的基础设施方面扮演了关键角色。领域对象也可以被用于应用系统本身的设计。

# 10.4 系统测试

软件系统的开发包括一系列生产活动，其中由人带来的错误因素非常多。错误可能出现在程序的最初阶段，其目标可能是错误的或描述不完整，也可能在后期的设计和开发阶段，因为人们不能完好无缺地工作和交流，软件开发过程中必须伴有质量保证活动。软件测试是软件质量保证的关键元素，代表了规约、设计和编码的最终检查。

测试目标的规则如下。

(1) 测试是一个为了寻找错误而运行程序的过程。

(2) 一个好的测试用例是指很可能找到迄今为止尚未发现的错误的用例。

(3) 一个成功的测试是指揭示了迄今为止尚未发现的错误的测试。

测试原则如下。

(1) 所有的测试都应追溯到用户需求。正如我们所知，软件测试的目标在于揭示错误。而最严重的错误(从用户角度来看)是那些导致程序无法满足需求的错误。

(2) 应该在测试工作真正开始前的较长时间内就进行测试计划。测试计划可以在需求模型一完成就开始，详细的测试用例定义可以在设计模型被确定后立即开始，因此，所有测试可以在任何代码被产生前进行计划和设计。

(3) Pareto 原则应用于软件测试。简单而言，Pareto 原则暗示着测试发现的错误中的80%很可能起源于程序模块中的20%。

(4) 测试应从“小规模”开始，逐步转向“大规模”。最初的测试通常把焦点放在单个程序模块上，进一步测试的焦点则转向在集成的模块簇中寻找错误，最后在整个系统中寻找错误。

(5) 穷举测试是不可能的。一个大小适度的程序，其路径排列的数量也可能非常大，因此，在测试中不可能运行路径的每一种组合，然而，充分覆盖程序逻辑，并确保程序设计中使用的所有条件是有可能的。

(6) 为了达到最佳效果，应该由独立的第三方来构造测试。最佳效果指最可能发现错误的测试(测试的主要目标)。

## 10.4.1 白盒测试

白盒测试，有时称为玻璃盒测试，是一种测试用例设计方法，它使用程序设计的控制结构导出测试用例。使用白盒测试方法，软件工程师能够产生测试用例。保证一个模块中的所有独立路径至少被使用一次。对所有逻辑值均需测试 TRUE 和 FALSE。在上下边界及可操作范围内运行所有循环。检查内部数据结构以确保其有效性。

软件的白盒测试依赖对程序细节的严密检验，提供运用特定条件和循环集的测试用例，对软件的逻辑路径进行测试，在不同的点检验程序的状态以判定预期状态或待验证状态与真实状态是否相符。

一眼看去，可能认为全面的白盒测试将产生“100%正确的程序”，需要我们做的只是定义所有的逻辑路径、开发相应的测试用例，并评估结果，简而言之，详尽地生成用例以测试程序逻辑。不幸的是，穷举测试带来了必然的计算问题，即使是很小的程序，可能的逻辑路径数量也非常大。例如，考虑 100 行 C 语言程序，在一些基本的数据声明之后，程序包含两个嵌套循环，根据输入的条件分别执行 1～20 次，在内部循环中，需要 4 个 if-then-else 结构，该程序中大约有 1014 条可能路径。

为了正确表达这个数值，我们假设开发了一个“有魔力”的测试处理器(“有魔力”是因为不存在这样的处理器)进行穷举测试。该处理器能在 1ms 内开发一个测试用例、进行运行并评估结果，如果每天运行 24 小时，每年运行 365 天，则需要 3170 年的时间来测试这个程序。不可否认，这将导致大多数开发进度表的混乱，对大型软件系统不可能进行穷举测试。

然而，白盒测试不应该被抛弃，可选择有限数量的重要逻辑路径进行测试，检测重要数据结构的有效性，可以综合黑盒测试和白盒测试的属性提供一种方法，以验证软件界面，并有选择地保证软件内部工作的正确性。

### 10.4.2 黑盒测试

黑盒测试注重于测试软件的功能性需求，也即黑盒测试使软件工程师派生出执行程序所有功能需求的输入条件。黑盒测试并不是白盒测试的替代品，而是用于辅助白盒测试发现其他类型的错误。

黑盒测试试图发现以下类型的错误：①功能不对或遗漏。②界面错误。③数据结构或外部数据库访问错误。④性能错误。⑤初始化和终止错误。

等价划分是一种黑盒测试方法，将程序的输入域划分为数据类，以便导出测试用例。理想的测试用例是独自发现一类错误(如字符数据的处理不正确)。等价划分试图定义一个测试用例以发现各类错误，从而减少必须开发的测试用例数。

等价划分的测试用例设计基于输入条件的等价类评估。如果对象由具有对称性、传递性或自反性的关系连接，就存在等价类(BEI 95)。等价类表示输入条件的一组有效或无效的状态。典型地，输入条件通常是一个特定的数值，一个数值域，一组相关值或一个布尔条件。可按照如下方法定义等价类。

(1) 如果输入条件代表一个范围，可以定义一个有效等价类和两个无效等价类。

(2) 如果输入条件需要特定的值，可以定义一个有效等价类和两个无效等价类。

(3) 如果输入条件代表集合的某个元素，可以定义一个有效等价类和一个无效等价类。

(4) 如果输入条件是布尔式，可以定义一个有效等价类和一个无效等价类。

例如，考虑自动银行应用软件所维护的数据，用户可以用自己的计算机拨号到银行，提供 6 位数的密码，并遵循一序列键盘命令以触发各种银行功能。银行应用程序的软件可以接收如下格式的数据。

区号——空或 3 位数字。

前缀——3 位数字，但不是 0 和 1 开始。

后缀——4 位数字。

密码——6 位字母或数字。

命令——“检查”、“存款”、“付款”等。

边界值分析。由于某些未被完全知道的原因，输入域的边界比中间更加容易发生错误，为此，可用的边界值分析可作为一种测试技术。边界值分析选择一组测试用例检查边界值。

边界值分析是一种补充等价划分的测试用例设计技术。边界值分析不是选择等价类的任意元素，而是选择等价类边界的测试用例，边界值分析不仅注重于输入条件，而且也从输出域导出测试用例。

边界值分析的方法类似于等价划分。

(1) 如果输入条件代表以 $a$ 和 $b$ 为边界的范围，测试用例应当包含 $a$、$b$、略大于 $a$ 和略小于 $b$ 的值。

(2) 如果输入条件代表一组值，测试用例应当执行其中的最大值和最小值，还应当测试略大于最小值的值和略小于最大值的值。

(3) 上述(1)和(2)也适用于输出条件，例如，工程分析程序要求输出温度和压强的对照表，测试用例应当能够创建包含最大值和最小值的项。

(4) 如果程序数据结构有预定义的边界(如数组有 100 项)，要测试其边界的数据项。

大多数软件工程师会在某种程度上自发地执行边界值分析，利用上述方法，边界测试会更加完整，从而更可能发现错误。

## 10.5 软件项目管理与软件质量

### 10.5.1 软件项目管理

软件项目管理是软件工程的保护性活动。它先于任何技术活动之前开始，且持续贯穿于整个计算机软件的定义、开发和维护之中。项目管理活动包含测度和量度、估算、风险分析、进度安排、跟踪和控制。

有效的项目管理集中于三个 P 上：人员(People)、问题(Problem)和过程(Process)，其顺序不是任意的。三个 P 对软件项目管理具有本质的影响。人员必须被组织成有效率的小组，激发他们进行高质量的软件工作，并协调他们实现高效的通信。问题必须由用户与开发者交流，划分(分解)成较小的组成部分，并分配给软件小组。过程必须适应于人员和问题。选择一个公共过程框架，采用一个合适的软件工程范型，并挑选一个工作任务集合来完成项目的开发。

#### 1. 人员

参与软件过程(及每一个软件项目)的人员可以分为以下 5 类。

(1) 高级管理者：负责确定商业问题，这些问题往往对项目产生很大影响。

(2) 项目(技术)管理者：必须计划、刺激、组织和控制软件开发人员。

(3) 开发人员：负责开发一个产品或应用软件所需的专门技术人员。

(4) 客户：负责说明待开发软件的需求的人员。

(5) 最终用户：一旦软件发布成为产品，最终用户是直接与软件进行交互的人。

每一个软件项目都有上述的人员参与。为了获得较高的效率，项目组的组织必须最大限度地发挥每个人的技术和能力，这是项目负责人的任务。

**2. 问题**

在进行项目计划之前,应该首先明确该项目的目的和范围,考虑可选的解决方案,定义技术和管理的约束。没有这些信息,就不可能进行合理的、准确的成本估算,有效的风险评估,适当的项目任务划分,或是给出了意义明确的项目进度标志的项目管理计划。

软件开发者和用户必须一起定义项目的目的和范围。目的说明该项目的总体目标,而不考虑这些目标如何实现。范围说明给出与问题相关的主要数据、功能和行为,更为重要的是,它以量化的方式约束了这些特性。

一旦了解了项目的目的和范围,就要开始考虑可选的解决方案了。虽然这一步并不讨论细节,但它使得管理者和开发者可以选择一条"最好的"途径,并根据产品交付的期限、预算的限制、可用的人员、技术接口及各种其他因素,给出项目的约束。

**3. 过程**

软件过程提供了一个框架,在该框架下可以建立一个软件开发的综合计划。若干框架活动适用于所有软件项目,而不在乎其规模和复杂性。若干不同的任务集合(每一个集合都由任务、里程碑、交付物以及质量保证点组成)使得框架活动适应于不同软件项目的特征和项目组的需求。最后是保护性活动,如软件质量保证、软件配置管理和测度,它们贯穿于整个过程模型之中。保护性活动独立于任何一个框架活动,且贯穿于整个过程之中。

**4. 软件项目组**

软件开发的组织结构几乎与开发软件的组织一样多。不管怎么说,组织结构不能轻易改变。关心组织改变所产生的实际的、政策上的影响,并不是软件项目管理者的责任范围。但是,在一个新的软件项目中直接涉及的人员的组织,则是项目管理者的职责。

下面给出为一个项目分配人力资源的若干可选方案,该项目需要 $n$ 个人工作 $k$ 年。

(1) $n$ 个人被分配来完成 $m$ 个不同的功能任务,相对而言几乎没有合作的情况发生。协调是软件管理者的责任,而他可能同时还有 6 个其他项目要管。

(2) $n$ 个人被分配来完成 $m$ 个不同的功能任务($m<n$),建立非正式的小组,指定一个专门的小组负责人,小组之间的协调由软件管理者负责。

(3) $n$ 个人被分成 $t$ 个小组,每一个小组完成一个或多个功能任务,每一个小组有一个特定的结构。该结构是为同一个项目的所有小组定义的,协调工作由小组和软件项目管理者共同控制。

虽然对于上述的每一种方法都可以找到其优点和缺点,但越来越多的证据表明正式的组织小组(第 3 种方法)是生产率最高的。

"最好的"小组结构取决于组织的管理风格、组里的人员数目及他们的技术水平和整个问题的难易程度。三种一般的小组组织方式如下。

(1) 民主分权式(Democratic Decentralized,DD):这种软件工程小组没有固定的负责人。任务协调者是短期指定的,之后就由其他协调不同任务的人取代。问题和解决方法的确定是由小组讨论决策的。小组成员间的通信是平行的。

(2) 控制分权式(Controlled Decentralized,CD):这种软件工程小组有一个固定的负责人,他协调特定的任务及负责子任务的二级负责人之间的关系。问题解决仍是一个群体活动,但解决方案的实现是由小组负责人在子组之间进行划分的。子组和个人间的通信是平行的,但也会发生沿着控制层产生的上下级的通信。

(3) 控制集权式(Controlled Centralized,CC):顶层的问题解决和内部小组协调是由小组负责人管理的。负责人和小组成员之间的通信是上下级式的。

所有软件项目中最关键的因素是人员。软件工程师可以按照不同的小组结构来组织,从传统的控制层到开放式范型的小组。可以采用多种协调和通信技术来支持项目组的工作。一般而言,正式的复审和非正式的个人间通信对开发者最有价值。

### 10.5.2 软件质量

软件工程方法的唯一目标是:生产出高质量的软件。软件质量定义如下。

明确声明的功能和性能需求、明确文档化的开发标准,以及专业人员开发的软件所应具有的所有隐含特征都得到满足。

在本书中,上述定义强调了以下三个重要方面。

(1) 软件需求是进行"质量"量度的基础。与需求不符就是质量不高。

(2) 指定的标准定义了一组指导软件开发的准则。如果不能遵照这些准则,就极有可能导致质量不高。

(3) 通常有一组"隐含需求"是不被提及的(如对易维护性的需求)。如果软件符合了明确的需求却没有满足隐含需求,软件质量仍然值得怀疑。

软件质量保证(Software Quality Assurance,SQA)是一种应用于整个软件过程的保护性活动。SQA 包括:①一种质量管理方法。②有效的软件工程技术(方法和工具)。③在整个软件过程中采用的正式技术复审。④一种多层次的测试策略。⑤对软件文档及其修改的控制。⑥保证软件遵从软件开发标准的规程(在适用时)。⑦量度和报告机制。

SQA 小组执行的质量保证活动包括以下几项。

(1) 参与开发该项目的软件过程描述——软件工程小组为要进行的工作选择一个过程。SQA 小组将复审过程说明,以保证该过程与组织政策、内部软件标准、外界所订标准(如 ISO 9001)以及软件项目计划的其他部分相符。

(2) 复审各项软件工程活动,对其是否符合定义好的软件过程进行核实——SQA 小组识别、记录和跟踪与过程的偏差,并对是否已经改正进行核实。

(3) 审计指定的软件工作产品,对其是否符合定义好的软件过程中的相应部分进行核实——SQA 小组对选出的产品进行复审。识别、记录和跟踪出现的偏差,对是否已经改正进行核实,定期将工作结果向项目管理者报告。

(4) 确保软件工作及工作产品中的偏差已被记录在案,并根据预定规程进行处理——偏差可能出现在项目计划、过程描述、采用的标准或技术工作产品中。

(5) 记录所有不符合的部分,并报告给高级管理者——不符合的部分将受到跟踪直至问题得到解决。

# 习题

**一、填空题**

1. ________是指在软件的开发和维护过程中遇到的一系列严重问题，表现为软件开发的成本和进度严重超过预算，软件无法更新和维护等。

2. ________模型按线性关系组织过程活动，强调活动执行次序的单向性和相邻依赖性。该过程模型的焦点是文档和可交付产品。

3. ________是对目标系统的部分实现，作为一种尝试和探索的手段，可以应用到软件开发的各个阶段。根据其用途和作用不同，大致可分为________和________两种类型。

4. 软件测试阶段的主要依据是________。

5. 统一建模语言的英文缩写是________，它是一种定义良好、功能强大且普遍适用的可视化建模语言。

6. 软件工程的三要素是指________、________和________。

7. 在软件项目进度安排及跟踪方面，常常使用两种图。一种是用来定义任务网络的，叫做PERT图；另外一种是用来定义项目时间进度的，叫做________。

8. 可用于需求收集和用户通信的主要技术手段包括________、________、________、构造原型、JAD等。

9. 动态测试中，________测试法主要检查程序是否满足功能要求。

10. SRS的中文含义是________，它是用户和开发组织对于目标系统的要求所达成的正式契约，也是后续开发活动参考的基本依据。

**二、选择题**

1. 下列属于非功能需求的是(　　)。

A. 对系统发布时间的限制　　B. 对开发工具的限制
C. 对系统性能的要求　　D. 以上都是

2. 业务需求的获取应该来自于(　　)。

A. 客户　　B. 用户　　C. 系统分析员　　D. 以上都不是

3. 瀑布模型的存在问题是(　　)。

A. 用户容易参与开发　　B. 体现了推迟实现的观点
C. 用户与开发者易沟通　　D. 不适用可变需求

4. 需求分析中开发人员要从用户那里了解(　　)。

A. 软件做什么　　B. 用户使用界面
C. 输入的信息　　D. 软件的规模

5. 软件神话之一是，“即使进度拖后，也可以增加更多的人手，在项目后期赶上进度”。但是，实际上往往达不到预期目标，原因在于(　　)。

A. 新来者技术水平不佳　　B. 新来者与原来者沟通能力有问题
C. 新来者外语水平不佳　　D. 新来者与原来者沟通增加通信成本

6. Beta 是在以下哪个场所进行的？（　　）

A. 客户的单位　　B. 野外

C. 网络中心　　D. 开发者的场所

7. 当前的客户机/服务器应用更多采用以下哪种软件构件的分布？（　　）

A. “胖”客户机/“胖”服务器　　B. “胖”客户机/“瘦”服务器

C. “瘦”客户机/“瘦”服务器　　D. “瘦”客户机/“胖”服务器

8. 代码行是被用于进行软件量度的一个参量，它是用于（　　）的。

A. 公共量度　　B. 私有量度　　C. 直接测量　　D. 间接测量

9. 下列软件开发过程模型中，以风险控制为焦点的是（　　）。

A. 瀑布模型　　B. V 模型

C. 螺旋模型　　D. 组件开发模型

10. 白盒测试属于以下哪种测试？（　　）

A. 单元测试　　B. 系统测试　　C. 集成测试　　D. 确认测试

# 第11章 前沿知识扩展

## 11.1 移动互联网

15年前，如果问手机可以做什么，得到的回答不外是打电话发短信；10年前，人们也许会告诉你手机可以用来听音乐、拍照片、上网聊天；今天，手机可以看视频、写博客、上交友社区、用手机支付、看更丰富的新闻和更新鲜的资讯，各种从互联网上移植过来的应用，如下载、搜索、博客、即时通信、电子商务、VoIP(网络电话)等业务，正在通过手机得到日益广泛的应用和普及。可以说，移动互联网正在日益改变我们的生活。

### 11.1.1 移动互联网的发展

互联网曾经在20世纪末到21世纪初掀起了一场产业革命，创造了令人瞠目的一个个神话和奇迹。互联网是最近20年里最具革命性的一个创造，这是毫无争议的。对于互联网来讲，它的最大特点是开放性，而且内容丰富。在国内，互联网资源基本上是电信的宽带为主，虽然还有教育网等网络，但主流还是电信的宽带网络。

移动网在过去是一个简单的承载体，其承载的主要业务是语音服务，然后还有一些简单的数据业务，如短信或者彩信，虽然也有其他业务，但基本上也是小数据量的应用为主。后来出现了2.5G和3G甚至于未来的4G，使得移动网可以承载更多的东西。尽管移动通信用户数增长迅猛，但是由于竞争激烈使得移动电话资费不断下降，以及新增用户多为利润率较低的低端用户，使得传统话音业务每用户平均收入(Average Revenue Per User，ARPU)值的下降趋势明显。彩铃、移动IM(Instant Messenger)、移动博客等业务的出现，弥补了话音业务的下降所带来的业务萎缩，“让互联网移动起来”成为移动通信行业发展的新方向标。

在此背景下，互联网和移动通信的深度融合产生了移动互联网。随着手机上网资费的降低，以及上网功能的增加和优化，大大降低了用户使用手机上网的门槛。同时，移动互联网市场的发展方兴未艾，逐渐成为移动运营商新的业务增长点。纵观全球运营商所发展的增值业务，可以发现个人娱乐是增值业务发展的主要方向，另一方面随着网络和业务平台承载能力的提高，综合行业应用成为了新的亮点和发展趋势。国际知名运营商都已纷纷加大在移动信息化业务上的投入，如沃达丰的电子邮件、移动办公，BT的面向大型/中小型企业的综合信息化平台，T-Mobile的跨国企业管理系统都是成熟商务模式。

在移动互联网刚刚起步时，实现方式基本是互联网内容服务加上移动接入，即无线上网。可以说雏形时期的移动互联网,实质上就是互联网的翻版,为手机量身定做的"互联网",这个时期可以用两个词概括:移植和封闭。这一阶段仅仅体现了手机随时随地的优势,而没有体现互联网分享开放的优势。因此,把这一阶段叫做基于封闭的移动互联网。这一阶段在平台层面并没有实现 WAP(Wireless Application Protocol)和互联网的无缝对接,WAP 网络完全是一个封闭的网络,是一个"有围墙的花园",可以把它理解为一个面向手机客户的巨大的"局域网"。这个阶段的典型代表是手机新浪网、3G 门户和移动梦网。

发展至今的移动互联网,已经把互联网与移动终端的优点完美融于一身,将互联网延伸至随时随地(Anytime,Anywhere),互联网将不再局限于办公室或者家里的计算机,而将延伸至计算机和任何可移动终端(手机、PDA、MP3、手持游戏终端等)。移动互联网继承了互联网的开放协作的特点,又继承了移动网的实时性、隐私性、便携性、准确性、可定位性的特点,图 11-1 展示了三网的特点。

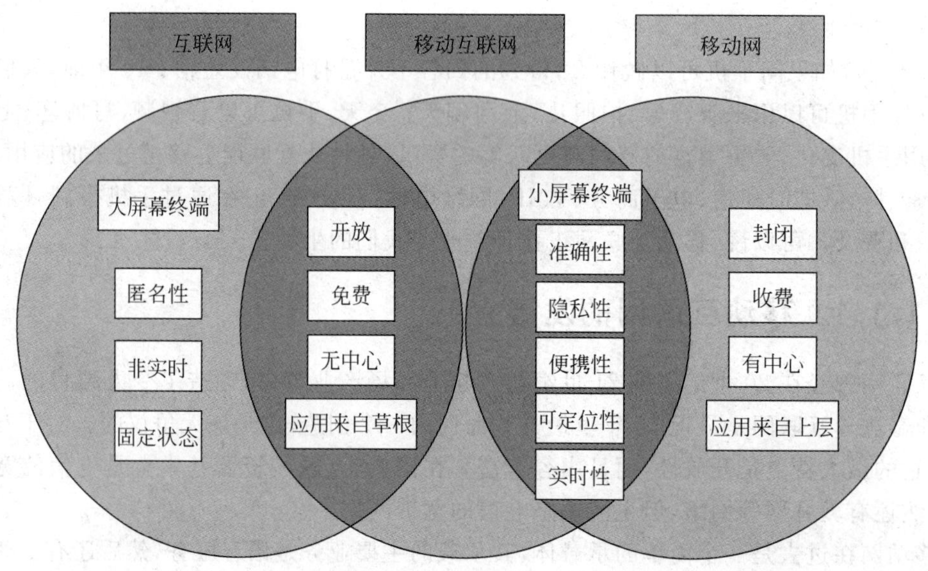


图 11-1 三网的特点

在国内的发展情况看,移动网在互联网上的渗透比较弱,虽然中国移动已经进入了飞信和邮箱等领域,但其运营模式还停留在电信运营商的做法上,其精细度以及面向用户的思路还不够清晰,大部分还是处于布局和观察阶段。而在另一方面,互联网向移动网的渗透却是很明显,在移动互联网领域起到比较关键角色的都是互联网公司。

### 11.1.2 移动互联网的定义

从技术层面定义移动互联网,指的是以宽带 IP 为技术核心,可以同时提供语音、数据、多媒体等业务的开放式基础电信网络。

从用户行为角度定义移动互联网,是指用户通过各种移动终端(手机、PDA、笔记本或其他便携式终端),通过移动通信网(如 GSM、CDMA、3G 网络等)接入互联网业务。也就是说移动互联网就是借助移动通信这个平台实现访问互联网的过程,可以不受时间、地域的限制。方便地实现上网。移动互联网是传统互联网的延伸和未来发展的方向,是下一代的互联网——Web 3.0。

## 11.1.3　移动互联网的技术基础

### 1. 移动 IP 技术

1）移动互联网的基础协议

传统 IP 技术的主机不论是有线接入还是无线接入，基本上都是固定不动的，或者只能在一个子网范围内小规模移动。在通信期间，它们的 IP 地址和端口号保持不变。而移动 IP 主机在通信期间可能需要在不同子网间移动，当移动到新的子网时，如果不改变其 IP 地址，就不能接入这个新的子网。如果为了接入新的子网而改变其 IP 地址，那么先前的通信将会中断。

移动互联网技术是在 Internet 上提供移动功能的网络层方案，它可以使移动结点用一个永久的地址与互联网中的任何主机通信，并且在切换子网时不中断正在进行的通信，达到的效果如图 11-2 所示。

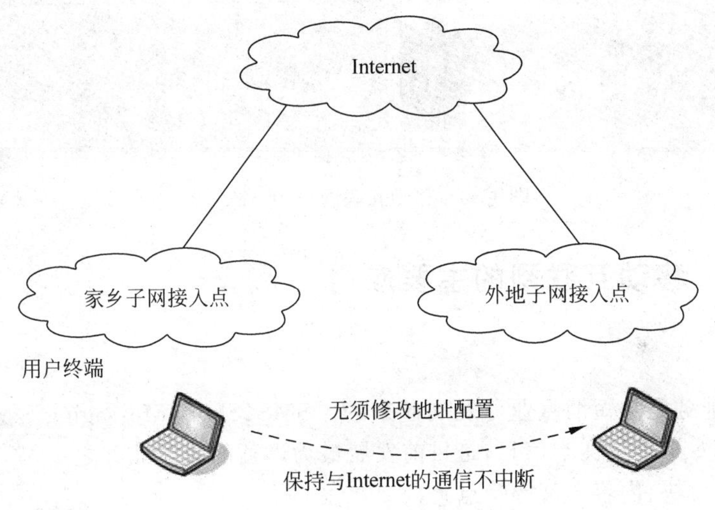


图 11-2　移动互联网通信

移动互联网的基础协议为移动 IPv6 协议（MIPv6），IETF 已经发布了 MIPv6 的正式协议标准 RFC 3775。MIPv6 支持单一终端无须改动地址配置，可在不同子网间进行移动切换，而保持上层协议的通信不发生中断。

2）移动互联网的扩展协议

基本的 MIPv6 解决了无线接入 Internet 的主机在不同子网间用同一个 IP 寻址的问题，而且能保证在子网间切换过程中保持通信的连续，但切换会造成一定的延时。移动 IPv6 的快速切换（FMIPv6）针对这个问题提出了解决方法，IETF 已经发布 FMIPv6 的正式标准 RFC 4068。若用户终端移动到离家乡网络很远的位置，每次切换时发送的绑定要经过较长时间才能被家乡代理收到，造成切换效率低下。为解决这个问题，IETF 提出层次移动 IPv6（HMIPv6），发布了正式标准 RFC 4140。

### 2. WAP

WAP为无线应用协议，是一项全球性的网络通信协议。WAP使移动Internet有了一个通行的标准，其目标是将Internet的丰富信息及先进的业务引入到移动电话等无线终端之中。

WAP能够运行于各种无线网络之上，如GSM、GPRS、CDMA等。WML是无线标记语言(Wireless Makeup Language)的英文缩写。支持WAP技术的手机能浏览由WML描述的Internet内容。

移动互联网与WAP关系如图11-3所示。WAP网关连接到Internet，Internet只是其连接通道，而不是内容平台。

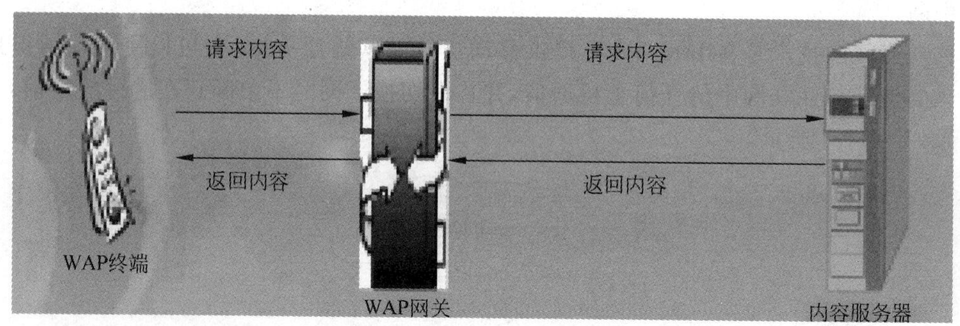


图11-3 移动互联网与WAP关系

## 11.1.4 移动互联网的主要应用

### 1. 短消息

移动数据业务是从短消息业务发展起来的。SMS(Short Messaging Service)即短消息服务，它通过信令来传递文本信息，是目前发展最为迅猛的数据业务之一，具有价格低廉、省时高效、传播速度快、内容丰富等特点。

SMS将移动网的短信息技术和互联网技术进行了融合，实现即时、强大的信息传递功能，是如今国内和欧洲常用的移动文本消息业务。它可用于满足客户不同层次、个性化与多样化的业务需求，如针对个人的短信问候和电子付费、针对企业的短信群发和个性化广告等功能，已成为国内移动增值服务市场主要应用。现在收发短消息这种通信方式的人也多以使用手机的人群为主，而通过手机号码登记注册，手机点播和订阅将给互联网和移动网带来增值业务的利润增长。

目前全球一个月的短信息发送量已达到150亿条。在欧洲，每天发送的短消息为2000万条，GSM运营商8%～20%的收入来自短消息。在中国，SMS发展迅猛，SMS和基于SMS的各种新业务层出不穷，迅速获得了移动用户的青睐。移动办公、移动银行、移动电子商务等移动互联网增值服务将会成为新的时尚，并为运营商带来更多的利润和发展空间。

### 2. 移动支付

移动支付是以手机、PDA等移动终端为工具，通过移动通信网络，实现资金由支付方转移到受付方的支付方式。在我们日常生活依赖的两块屏中,手机屏大有超过计算机屏的势头,手机的随身性、普及性、媒体性被日益看好,以手机为承载体的消费支付模式也被日益关注,移动支付的前景和可带来的社会经济效益被越来越多的服务商和运营商所看好。

纵观国外,当前日韩、欧美等国家和地区,大力开展手机移动支付业务,已得到用户的广泛认可和接受,并已开始全面的手机支付应用。据英国调研公司 Juniper Research 预测,到 2013 年,全球手机移动支付额将达 6000 亿美元,如图 11-4 所示。

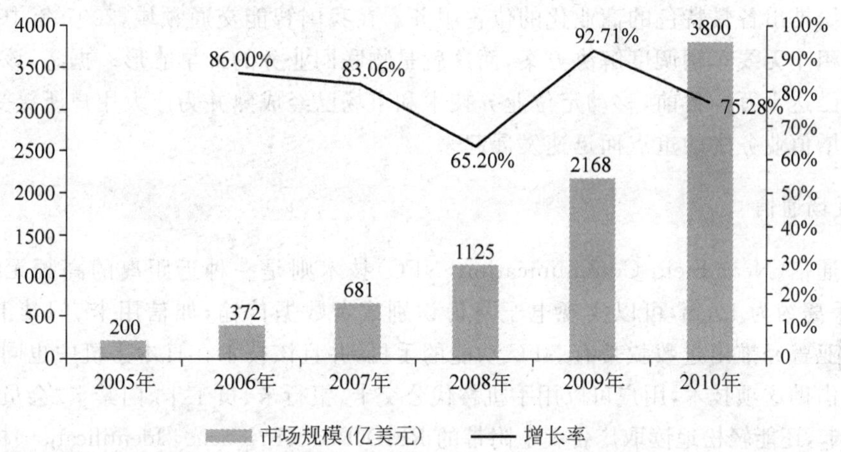


图 11-4 2006—2010 年全球移动支付产业市场规模及增长率统计

当前中国的手机用户数量已逾 8 亿,其中,已开通移动互联网业务用户为 3.03 亿,占全部手机用户的 37.8%。2010 年我国移动支付市场整体规模达到 202.5 亿元,同比增长 1.1%。预计 2011 年移动支付市场将迎来更加强劲的增长,2012 年手机支付交易规模将有望超过 1000 亿元。2009—2013 年中国移动支付市场收入规模预测如图 11-5 所示。

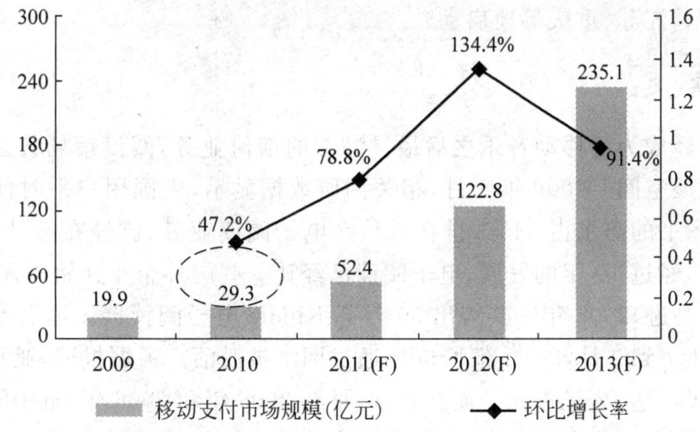


图 11-5 2009—2013 年中国移动支付市场收入规模预测

### 3. 移动位置服务

移动位置服务又称移动定位业务(Location Based Service,LBS),是移动运营商通过移动网(GSM、CDMA、GPRS、WCDMA、TD-SCDMA、CDMA2000)在电子地图平台的支持下，获取移动终端用户的位置信息(经纬度坐标)，为用户提供的一种和位置有关的增值业务。其目标为：一是为用户提供安全保障和紧急救助，二是为用户提供个性化的、贴身的服务。移动位置服务包括：安全救援活动、位置跟踪、交通和导航服务、移动广告服务、信息查询、移动社区服务、移动气象、移动黄页等业务。

位置服务最初从美国发展起来。1996 年，美国联邦通信委员会要求移动运营商给手机用户提供 E911(紧急救援)服务是位置服务的开始。此后日本、韩国、德国、法国、瑞典、芬兰等国家纷纷推出各具特色的商业化的位置服务。在我国智能交通领域，2007 年中国联通就提供了出租车无线车辆调度解决方案，而这就是物联网业务的最早雏形。据悉，该项目累计入网用户已达 1 万。目前，移动定位业务技术和市场已经成熟并为广大用户所接受，它必将成为移动增值业务中的重点而迅速发展起来。

#### 4. 近场通信

近场通信(Near Field Communication，NFC)技术则是一种近距离的高频无线通信技术，可用距离约为 10cm，可以实现电子身份识别或者数据传输，如信用卡、门禁卡等功能。过去诺基亚曾经推出过数款带有 NFC 功能的手机，并且该技术在日本手机中也同样是非常普及的。借助这项技术，用户可以用手机替代公交卡、银行卡、员工卡、门禁卡、会员卡等非接触式智能卡，还能轻松地读取广告牌上附带的 RFID(Radio Frequency Identification)标签信息。

2009 年 4 月，中国联通率先在上海发布了基于非接触式通信技术的手机支付业务，用户可通过购买内置 NFC 芯片的联通 3G 手机以及购买 NFC 手机贴卡(挂坠)等方式体验手机支付。上海公交系统成为联通该业务的突破口。2009 年下半年开始，中国移动通过与星巴克等商家的合作，在上海推广其基于非接触式射频识别技术的“手机钱包”业务。2010 年 9 月在上海率先推出刷公交卡手机，应用 NFC 技术，内置公交卡账户，用户在乘坐公交、地铁、出租车时可实现“刷手机”买单。2010 年，中国移动的“手机钱包”手机小额支付业务也陆续在北京、山东、江苏、重庆等地启动。

#### 5. 电子阅读

电子阅读已经成为继移动音乐之后最具潜力的增值业务，阅读市场甚至可能具有比移动音乐更大的发展空间。2009 年 5 月，相关调研数据显示，中国用户平时使用手机上网内容型业务时，对图书的需求占 44%，排在首位。电子阅读业务，已经在海外有了成功案例。据国外媒体报道，经过 10 年的发展，电子阅读已经让一些国外企业开始进入收获期。

Amazon(亚马逊)2008 年一共售出 50 万部 Kindle 电子阅读器。远远高于之前预期的 38 万部。2008 年 7 到 9 月，21 万部 Kindle 通过网络被激活。另据报道，亚马逊来自 Kindle 的营收到 2010 年将达 12 亿美元。而在日本，早在 2005 年和 2006 年，电子阅读就已经被炒得非常火热。对国内运营商和厂商来说，电子阅读业务和电子阅读器市场无疑是移动互联网必争之地。

#### 6. 手机游戏

手机游戏市场一直以来占据着移动互联网应用的较大比例。以日本为例，手机游戏已经占据了内容市场的第二大份额，如图 11-6 所示。其规模增速在初期一直高于市场平均的增速，市场在3G推出前三年经历了142.2%的高速复合增长，至2008年规模已达到869亿日元，并随着3G普及率的提高获得了迅猛增长。可以把日本手机游戏市场的发展历程大致分为导入期、发展期、成熟期三个阶段。

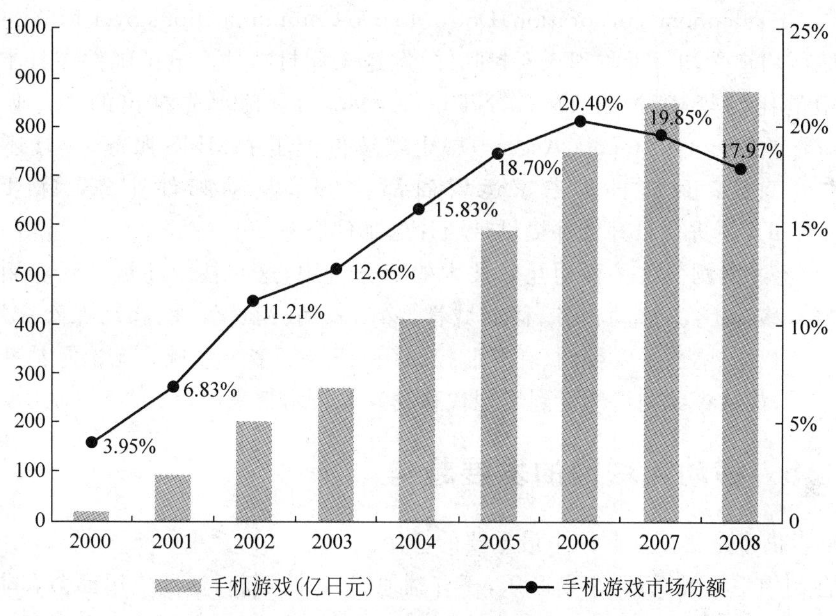


图 11-6 日本手机游戏市场规模及占比变化

导入期(2000—2002年)：市场规模以超过100%的速度飞速增长。导入期的用户以男性学生和青年人为主，游戏类型较为单一，主流是基于Java的小型益智游戏(如吃豆(PAC-MAN)、俄罗斯方块(Tetris)等)。以当时手机的机能，所能够表现的游戏素质基本上相当于任天堂红白机。虽然机能有限，但用户看到许多伴随自己成长的作品在手机上出现，激发了购买和使用的兴趣。

发展期(2003—2006年)：这一时期女性用户增长迅速，同时受众群体也有所扩大。游戏的表现形式也不再简单地拘泥于先前的2D画面，随着手机机能的提升，开始出现相当于Sony PS1游戏机水平的3D游戏。在这段时期市场以20%～50%左右的速度持续增长。

成熟期(2007年至今)：市场增速明显放缓，受消费疲弱的影响，市场在2008年仅增长不到3%。这一时期的游戏类型日益多元化，在手机上出现了越来越多支持动作感应的游戏，基于SNS的休闲小游戏和在各种游戏中内嵌软广告也逐渐成为风潮。

### 7. 移动邮件

MMMS(Multimedia Mail Messaging Service)即移动邮件服务，与MMS(Multimedia Messaging Service)有很多类似之处。首先，MMMS和MMS都是基于无线互联网这一载体，无论是GPRS、CDMA或是未来的3G，都将会以移动通信的方式进行传递。其次，和MMS一样，移动邮件服务传递的也是文本、声音、图片、动画、视频等各种多媒体信息。

手机的制作如今因越来越小巧而方便携带，但存储空间有限一直是手机存在的难题。如今大容量的邮件服务不仅很好地解决了这一困惑，还帮助MMS很好地扩展了用户群。MMS和邮件服务可以相互结合，促进彼此的发展。同时，MMS用户又完全可以通过邮件与不支持 MMS 终端的用户进行多媒体信息沟通。MMMS 和传统的互联网电子邮件服务一样对人们的生活起着非常重要的作用。

日本的移动互联网业务的发展处于全球领先地位。调查显示，每个 NTT(Nippon Telegraph and Telephone corporation)DoCoMo(Do Communications over Mobile network)的移动互联网用户平均每天收到 5.6 封邮件、发送 3.5 封邮件。电子邮件在日本移动互联网业务量中的比例较高，约占 17%。NTTDoCoMo 在全球率先推出的 3G 业务 FOMA (Freedom of Mobile multimedia Access)中也继续保留了 MMMS 服务，并且还增强了速度、多媒体等特性。目前日本三家运营商都推出了移动邮件业务。NTTDoCoMo、J-Phone 和 KDDI 还进一步开发并提供带照片的邮件服务。

事实上，上述案例仅仅是移动互联技术的部分应用，这一技术还被广泛应用于移动办公、移动警务、移动工商、移动税务、移动城管、移动采编、销售管理、移动保险应用、智能公交、环保监控、智能抄表、平安校园、驻车监控、移动证券等多个领域。无论是消费者还是企业的管理人员，都从中深刻地感受到了现代移动互联技术带来的巨大便利。

### 11.1.5 移动互联网的发展趋势

(1) 搜索仍将是移动互联网中最重要的应用。

网民会利用手机看视频、享受音乐，还有翻地图、查阅资料，这些应用都会有非常大的使用量，但是最大的移动互联网应用还是搜索。

(2) 移动互联网与固定互联网将形成互补。

不少人都有这个习惯，早上还没有进入办公室或者固定互联网环境之前，会在手机上浏览一些内容，所以，在早上的那个时间点上，移动互联网流量将形成一个峰值。而到了办公室，固定互联网、传统台式机和笔记本占上风。到了下午，移动互联网使用量再次呈现出峰值，这说明大家开始休闲了，这种状态会一直延续到很晚。

(3) 移动互联网应用呈现本地化特点。

移动互联网的应用非常本地化，因为它带有位置信息。这是非常大的优势，它可以自动地告知这个人在哪个位置上，使得你可以对相关服务进行整合。未来，基于位置的移动互联网应用会是非常大的应用。

(4) 移动互联网是一个开放的世界。

移动互联网一定是在一个开放、公平、自由流通的状态之下。在传统的移动增值业务里，曾经走过一段比较封闭、比较传统的阶段，实际上，移动互联网的空间，还得由用户自己决定。所以，在未来，不论是平台、应用，还是终端，都应该延续开放、公平的方式，让用户享受到最好服务。

## 11.2 人工智能

人工智能是在计算机科学、控制论、信息论、神经生理学、心理学、语言学和哲学等多个学科相互渗透的基础上发展起来的一门新兴学科。其夯实的学科基础及各领域的广泛应用使其在发展过程形成了极富挑战性的一门学科，并逐渐成为引领未来的科学之一。

### 11.2.1 什么是人工智能

#### 1. 人工智能的定义及发展目标

人工智能是极富挑战的学科,但是人工智能到底是什么呢?

长期以来,围绕着人工智能的定义有很多争议。不同的学科背景、不同的研究领域的学者对人工智能有着不同的理解,同时也形成了不同的学派。总体上主要有两个方面,一是从思维过程方面进行定义,强调对人类功能的模拟程度;二是从行为方面定义,强调在可控、可知范围的正确行为。这里结合多方面给出人工智能的定义。

人工智能(从思维方面)是研究、设计和应用智能机器模拟人类自然智能活动的能力,是对人类智能的模仿及延伸。

人工智能(从行为方面)是智能机器模拟人类在复杂环境中执行如识别、设计、学习、推理、交流等智能行为过程中所体现的能力。

人工智能的近期目标是研究如何用智能机器模拟和执行人脑的某些智力功能,并开发相关的理论和技术。人工智能的长期目标是发明、制造可以向人类一样或能更好地完成人类思维和行为的智能机器。

#### 2. 如何衡量机器的"智能"

"机器是否可以思考?"这一问题吸引了许多的哲学家、科学家和工程师。计算机科学的创始人之一,艾伦·图灵(Alan Turing)在1950年提出了著名的图灵测试。图灵测试的设计目的是提供一个满足可操作要求的定义。

图灵测试对人类这个毋庸置疑的智能实体的辨别能力进行测试。图灵指出"如果机器在某些现实的条件下,能够非常好地模仿人回答问题,以至询问者在相当长时间里误认它不是机器,那么机器就可以被认为是能够思维的"。通过测试的机器可以认为是"智能机器"。

为了进行这个测试,图灵还利用他超强的想象力设计了一个很有趣但智能性很强的对话内容,称为"图灵梦想"。例如,图灵采用"问"与"答"模式,即观察者通过控制打字机向两个测试对象通话,其中一个是人,另一个是机器,并假设都阅读过狄更斯(Dickens)所著的《匹克威克外传》。要求询问者不断提出各种问题,从而辨别回答者是人还是机器。对话内容如下。

询问者:你的14行诗的首行为"你如同夏日",你觉得"春日"更好吗?

智者:它不合韵。

询问者:"冬日"如何?它可是完全合韵的。

智者:它的确是合韵,但是没有人愿意被比喻为"冬日"。

询问者:你不是说过匹克威克先生让你能想起圣诞节吗?

智者:是的。

询问者:圣诞节是冬天的一个日子,我想匹克威克先生对这个比喻不会介意吧。

智者:我认为你不够严谨,"冬日"指的是一般的冬天的日子,而不是某个特别的日子,如圣诞节。

从表面上看,要使机器的回答按一定范围提出的问题似乎没有什么困难,可以通过编制特殊的程序来实现。然而,如果询问者并不遵循常规标准,编制回答问题的程序复杂度就会随着升高。因此,要达到"图灵测试"的标准是很难的,若以这个标准来衡量机器是否具有智能,那么 1997 年 5 月 12 日轰动全球的第二次人机大战中战胜国际象棋大师卡斯帕罗夫的更深的蓝(深蓝Ⅱ代),也只能算是部分的模拟了人类的智能。

"图灵测试"没有规定问题的范围和提问的标准,如果想要设计出能通过测试的智能机器,以现在的技术水平,必须在计算机中储存人类所有可能想到的问题,并存储对这些问题的所有合乎常理的回答,并且按照一定的需要做出合理地选择。

## 11.2.2 人工智能的历史

人工智能的发展过程中,哲学、数学、经济学、神经科学、计算机工程、控制论、心理学、语言学等各学科的发展为人工智能取得长足的进步提供了深厚的历史基础。同样,人工智能的历史也和其他学科发展一样经历了不同的历史时期。

### 1. 人工智能的孕育期(1943—1955 年)

人工智能的发展以硬件和软件为基础,经历了漫长的发展历程。在 20 世纪 30 年代和 20 世纪 40 年代,发生了两件重要的事情:数理逻辑和关于计算的新思想。以维纳(Wiener)、弗雷治、罗素等为代表对发展数理逻辑学科的贡献及丘奇(Church)、图灵和其他一些人关于计算本质的思想,为人工智能的形成产生了重要影响。

### 2. 人工智能的诞生(1956 年)

到 20 世纪 50 年代,人工智能已经呼之欲出。1956 年夏季,年轻的美国学者麦卡锡、明斯基、兰彻斯特和香农共同发起,并邀请莫尔、塞缪尔、纽厄尔和西蒙等人参加了在美国的达特茅斯大学举办的长达两个月的研讨会。在会上认真热烈地讨论了用机器模拟人类智能的问题,首次提出了"人工智能"这一术语,标志着人工智能这门学科的诞生。

### 3. 人工智能的发展(1957—1990 年)

自人工智能诞生以来,1969 年召开了第一届国际人工智能联合会议(International Joint Conference on AI, IJCAI),此后每两年召开一次。1970 年人工智能国际杂志(International Journal of AI)创刊。这些对开展人工智能国际学术活动和交流、促进人工智能的研究和发展起到积极作用。特别是 20 世纪 70 年代到 20 世纪 80 年代,知识工程的提出与专家系统的成功应用,确定了知识在人工智能中的地位。近年来,机器学习、计算智能、人工神经网络等和行为主义的研究深入开展,形成高潮。

### 4. 网络时代的人工智能的发展(1991 年至今)

1991 年商用 Internet 协会(Commercial Internet Exchange Association,CIEA),宣布用户可以将 Internet 用于任何的商业用途,为人工智能的发展提供了网络环境的实践平台。人工智能技术成为许多 Internet 工具的基础,如搜索引擎、评价系统、防病毒、数据挖掘与知识发现、Agent 等。基于网络的人工智能的网络智能、分布式智能、协同智能、集成智能以及相关的研究理论和方法将为人工智能的发展提供广阔的发展前景。

### 5. 我国人工智能的发展

我国的人工智能研究起步较晚。国家计划研究的智能模拟始于1978年。1984年召开了智能计算及其智能系统的全国学术讨论会。1986年起将智能计算机系统、智能机器人和智能信息处理等重大项目列入国家高技术研究发展计划。1993年又将智能控制和智能自动化等项目列入国家科技攀登计划。中国的科学工作者已经在人工智能领域取得了许多具有国际领先水平的研究成果。其中,吴文俊院士的关于几何定理证明的“吴氏方法”最为突出,已在国际上产生了重大的影响。21世纪,有更多的人工智能与智能系统研究获得了各种基金计划的支持。目前,我国众多的人工智能研究者从事着不同层次的人工智能研究,他们必将为我国的现代化建设做出卓著的贡献。

## 11.2.3 人工智能的研究途径及应用领域

人类对智能有着不同的理解与认识,由于认识的途径不同而产生了不同的人工智能的研究方法与学术观点,从而也形成了符号主义、连接主义和行为主义三大学派为主的不同的研究学派。随着研究和应用的深入,人们又逐步认识到三个学派各有所长、各有所短,应相互结合、取长补短,综合集成。

人工智能学科仍处于可快速发展之中,目前的研究和应用领域主要有问题求解、逻辑推理与定理证明、自然语言理解、自动程序设计、专家系统、机器学习、神经网络、机器人学、模式识别、机器视觉、智能控制、智能检索、智能调度与指挥、分布式人工智能和Agent、计算智能和进化计算、数据挖掘与知识发现、人工生命等。

## 11.2.4 搜索技术

在问题解决的过程中,最重要的是找到解决问题的求解方法。为了实现问题的目标,人工智能主要有推理技术及搜索技术两种最基本的方法。一个智能系统搜索策略的优劣,将直接影响到该系统的性能与效率。

所谓搜索,就是为了达到某一“目标”而连续地进行推理的过程。例如,考察从城市中一个交叉路口如何驾车到另一个交叉路口。如果把问题理解为一个搜索过程,则考察的焦点就是汽车在城市中位置状态的转化。那么,搜索过程就变成了为了到达目的地所寻找的路线的变化及最终选择驾驶路线的交叉路口变化序列。

按照在搜索过程中是否利用问题本身所体现的特征信息来指导搜索过程进行分类可分为盲目搜索和启发式搜索两类。

### 1. 盲目搜索

盲目搜索也叫做无信息搜索,是按预定的控制策略进行搜索,在搜索过程中即使获得了中间信息也不改变搜索过程及搜索策略。搜索总是按预先规定的路线进行,没有考虑到问题本身的特性。因此,这种搜索具有盲目性、效率低、耗费过多的计算空间与时间不足。盲目搜索适用于解决比较简单的、问题规模比较小的问题,它主要包括广度优先搜索法、深度优先搜索法、等代价搜索法、有界深度优先搜索法、迭代加深的深度优先搜索法等。

1）广度优先搜索

广度优先搜索也称为宽度优先搜索，它是一种先生成的结点先扩展的策略。例如求解图 11-7 所示树的初始状态 S 到目标 F 的广度优先搜索过程，如图 11-8 所示。

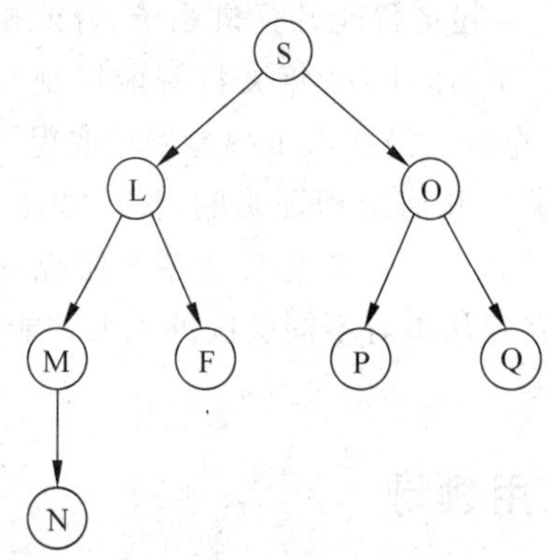


图 11-7　搜索树示意图

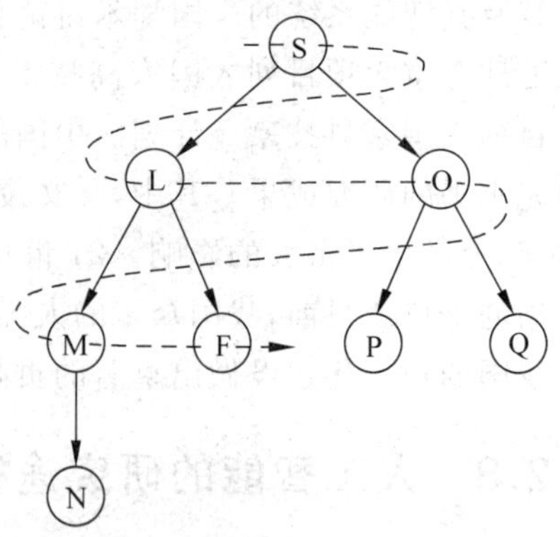


图 11-8　广度优先搜索过程示意图

另外，广度优先搜索可被推广用来解决寻找从初始状态至目标状态的具有最小代价的普通路径（路径的代价不等）问题，这种推广了的广度优先搜索算法叫做等代价搜索算法。

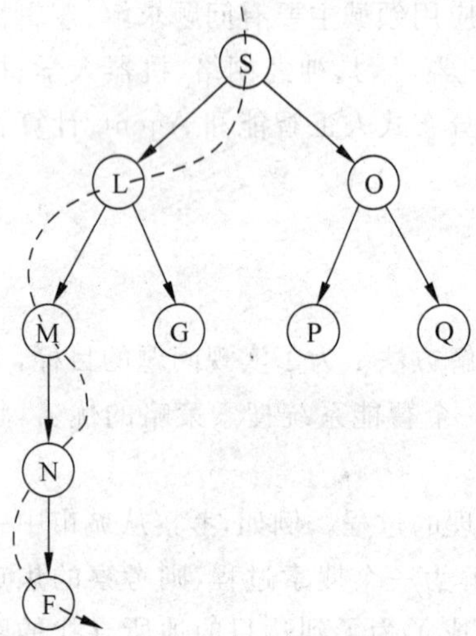

2）深度优先搜索

深度优先搜索是一种后生成的结点先扩展的策略。例如求解图 11-7 所示树的初始状态 S 到目标 F 的深度优先搜索过程，如图 11-9 所示。

图 11-9　深度优先搜索过程示意图

3）有界深度优先搜索

有界深度优先搜索是对深度优先搜索的改进搜索方法，其过程总体上按深度优先策略进行，但对搜索深度需要给出一个深度限制，当搜索深度达到了深度限制，但还没有找到目标时，就停止该分支的搜索，换到另外一个分支进行搜索。

4）迭代加深的深度优先搜索

迭代加深的深度优先搜索是对深度优先搜索和有界深度优先搜索的综合搜索方法，它在搜索过程中既能满足深度优先搜索的线性存储，又能保证发现一个最小深度的目标结点的方法。

**2. 启发式搜索**

启发式搜索也叫做有信息搜索，是搜索过程中加入与问题特征有关的启发性信息，用于指导搜索朝着最有希望的方向前进，加速问题的求解过程并找到最优解。因此，这种搜索的方向明确，搜索的效率较高。启发式搜索过程中，由于人们试图找到一种方法用于排列待扩展结点的顺序，然后从中选择最有希望的结点加以扩展，因此，启发式搜索适用于问题规模较大、问题特征信息可分析获得的问题。它主要包括大英博物馆法、分支界限法、动态规划法、最佳图搜索法（A 算法、A＊算法）等方法。

在进行启发式搜索方法的介绍之前，我们首先要明确如下的定义。

启发性信息是指那种与具体问题求解过程有关的，并能指导搜索过程朝着最有希望方向前进的控制信息。

评估函数是指用来评价结点重要性的函数，通常以 $f(n)$ 表示。评估函数 $f(n)$ 被定义为从初始结点 S 出发，经过结点 $n$ 约束到达目标结点 G 的所有路径中最小路径代价的估计值。它的一般形式为：

$$f(n) = g(n) + h(n)$$

其中，$g(n)$ 是从初始结点 S 到结点 $n$ 的实际代价，$h(n)$ 是从结点 $n$ 到目标结点 G 的最优路径的估计代价。

搜索的方向按照尼尔逊的观点就是按照评估函数 min $f(n)$ 值所对应结点的方向进行扩展。

下面，以 A 算法为例进行说明。例如，求解人工智能的经典问题——数码问题（以 8 数码问题为例），如图 11-10 所示的初始状态如何搜索到目标的状态。

初始状态

| | | |
|---|---|---|
| 2 | 8 | 3 |
| 1 | 6 | 4 |
| 7 | | 5 |

目标状态

| | | |
|---|---|---|
| 1 | 2 | 3 |
| 8 | | 4 |
| 7 | 6 | 5 |

图 11-10 问题的初始状态及目标状态图

首先，假设 $g(n)$ = 搜索的深度值，$h(n)$ = 中间结点与目标结点相比位置错误的数字个数，其 A 算法搜索过程影响 $f(n)$ 值的因素 $g(n)+h(n)$ 的转化过程及搜索顺序示意图如图 11-11 所示。

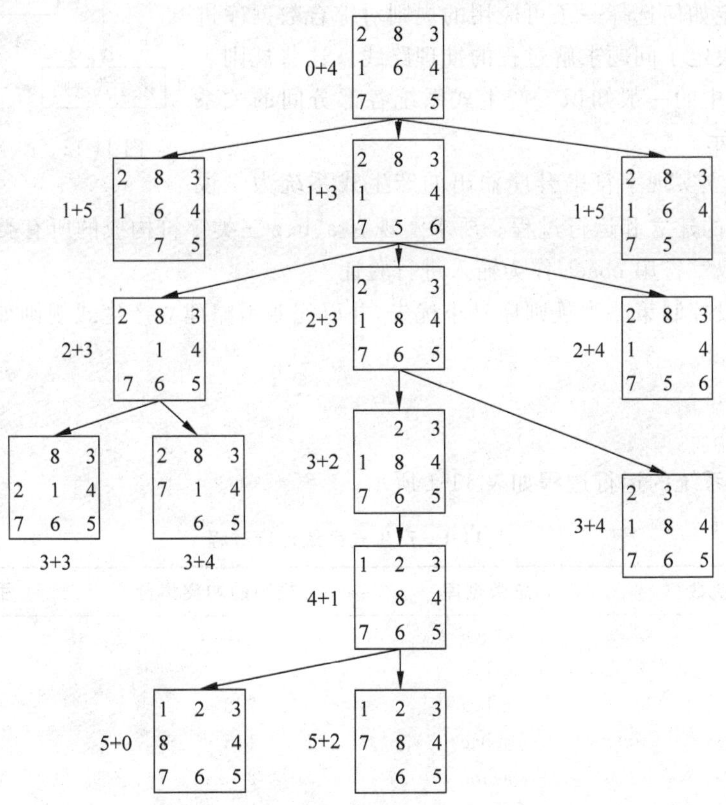


图 11-11 A 算法搜索过程示意图

除了上述的搜索技术之外，还有遗传算法、模拟退火算法、蚁群算法、粒子群算法等高级搜索技术，将在后面的小节介绍。

## 11.2.5 推理技术

在问题解决的过程中，推理是另一种最重要的找到解决问题的求解方法。同样的，一个智能系统推理策略的优劣，也将直接影响到该系统的性能与效率。

所谓推理，就是指依据一定的规则从已有的事实推出结论的过程。例如，现在的刑侦破案过程就是以犯罪现场的证据为事实开始，以此进行推理、验证，最后使案件逐渐明朗化。

按照在推理过程信息是否具有确定正确性进行分类，可分为经典推理和高级推理两类。

### 1. 经典推理方法

经典推理方法主要有规约推理、消解演绎推理和规则演绎推理等方法。它们建立在经典的逻辑基础之上，运用确定性的知识进行精确的推理，是一种单调性的推理。以产生式系统为例介绍确定性推理的过程。

产生式系统由三个部分组成，即总数据库(或全局数据库)、产生式规则和控制策略。总数据库用于存放问题求解过程中各种信息。如问题的当前状态、过程状态和最终状态。产生式规则是一个规则库，用于存储求解问题有关的某个领域的规则集合。控制策略是一个推理机构，用来控制产生式系统的运行，决定问题求解的推理路线，即规定如何选择一条可应用的规则对综合数据库进行操作，从而决定了问题求解过程的推理路线。这些规则表示了问题领域中的一般知识。产生式系统各部分间的关系如图 11-12 所示。

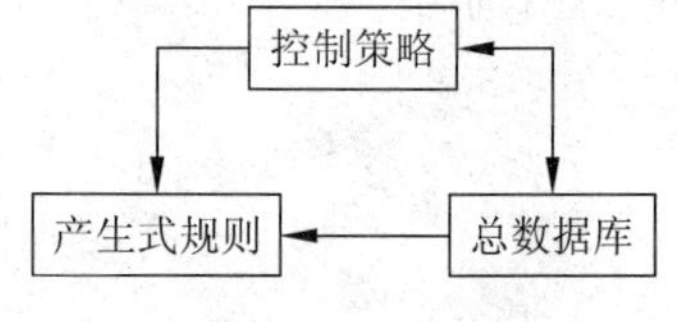

图 11-12　产生式系统框图

下面以建立实现字符串升序输出的产生式系统为例说明产生式系统的建立和运行过程。要求实现有 a、b、c 三类字符构成的所有类型的字符串的正确输出，并以字符串 cbaca 作为输入进行验证。

首先，假设控制策略为规则序号小优先，并以完备策略建立产生式规则如下。

1) ba → ab

2) ca → ac

3) cb → bc

则产生式系统的运行过程如表 11-1 所示。

**表 11-1　产生式系统运行过程**

| 系统运行次数 | 总数据库 | 规则的冲突集合 | 引发的规则 |
|---|---|---|---|
| 0 | cbaca | 1、2、3 | 1 |
| 1 | cabca | 2 | 2 |
| 2 | acbca | 2、3 | 3 |
| 3 | acbac | 1、3 | 1 |
| 4 | acabc | 2 | 2 |
| 5 | aacbc | 3 | 3 |
| 6 | aabcc | NULL | 结束(输出结果) |

#### 2. 高级推理方法

高级推理技术往往用于解决现实世界中遇到的问题和事物之间的关系，比较复杂、客观事物之间存在的联系具有随机性、模糊性、不完全性的情况。这些推理方法不同于经典推理技术，常被称为高级推理技术，主要有模糊推理技术、不确定性推理、非单调推理和时序推理等。这些高级的推理技术已经在专家系统、机器人规划和机器学习等领域得到广泛的应用。

### 11.2.6 智能计算

目前智能计算涉及模糊计算、遗传算法、神经计算、模拟退火计算、蚁群计算和粒子群计算等，它的研究和发展反映了当今科学技术的多学科的交叉与集成趋势。

#### 1. 什么是智能计算

智能计算也有人称为“软计算”，是借用自然界规律的启示，模仿设计求解问题的算法。它运用生物界特有的并行性、自适应性、自学习性对各学科中的海量数据进行规律的挖掘和知识发现，受到了人们的广泛关注。

#### 2. 神经网络

严格地讲神经网络应该称为人工神经网络，是神经科学、计算机科学等多个领域的交叉学科。一直以来，许多的科学家为了揭开大脑机能的奥秘，从不同的角度进行着长期不懈的努力和探索，逐渐形成了神经网络。

神经网络是人类采用处理元件(如电子元件)构成的模拟人脑神经系统的模型，其处理单元由模拟生物神经元产生，而处理单元之间的互联则形成了神经元系统。它在不同层次和程度上模仿人脑神经系统处理信息的功能，其本质是通过网络的变换和动力学行为获得某种并行分布式的信息处理功能。

神经网络具有信息分布存储、并行处理及自学习能力的优点，使其在信息处理、模式识别、智能控制等领域具有广阔的发展前景。

#### 3. 遗传算法

1975 年，美国学者霍兰德(Holland)在他的著作 *Adaptation in Natural and Artificial Systems* 中首次提出遗传算法，并主要由他和他的学生发展起来的。

遗传算法是基于达尔文的进化论“适者生存，不适者淘汰”的生物遗传学和自然选择机理，通过人工方式所构造的随机搜索算法，从某种程度上说遗传算法是对生物进化过程进行的数值仿真。和传统的搜索算法不同，遗传算法是从一组随机产生的初始种群开始搜索，种群中的每个个体是问题的一个解。遗传算法的种群进化过程类似于生物进化过程，通过作用于个体之间的交叉、变异来适应自然环境。

遗传算法自从提出以来，在国际上已经形成了一个比较活跃的研究领域，已召开了多次比较重要的国际会议，创办了很多相关的国际刊物。遗传算法具有隐并行性和求解复杂问题广泛适应性、全局搜索的有效性和灵活性的特点。因此，目前遗传算法已用于求解带有应用前景的一些问题，例如遗传程序设计、函数优化、排序问题、人工神经网络、分类系统、计算机图像处理和机器人运动规划等。成功的应用有函数优化、作业调度与排序、可靠性设计、车辆路径选择与调度、成组技术、设备布置与分配和交通问题等。

#### 4. 粒子群优化算法

粒子群优化算法(Particle Swarm Optimization,PSO)是一种进化计算技术,是由Eberhart博士和Kennedy博士发明的。它源于鸟群捕食的行为,在搜索空间中的每一只鸟称为一个粒子。粒子由目标决定适应值,每个粒子的速度决定他们飞行的方向和距离。粒子群优化算法由随机产生的一组粒子开始,然后粒子群追随当前的最优粒子在解空间进行搜索。和遗传算法类似,是一种基于迭代的优化算法,但是没有用到遗传算法的交叉和变异,而是在解空间追踪最优粒子进行搜索。

粒子群优化算法具有算法简单、容易实现并且没有许多参数调整的优点。目前已经广泛应用于函数优化、神经网络训练、模糊系统控制等领域。

另外,蚁群算法与粒子群优化算法类似,是模仿蚂蚁在觅食过程中的特征设计的一种进化计算。

### 11.2.7 人工智能的展望

在本节论述中,人工智能学者从不同的侧面、深度、认识观对人工智能进行了研究及应用。各种思想及应用领域不断地融合、集成,已经成为人工智能的发展趋势。

随着网络计算和网络技术的快速发展,人类社会已经走进了信息时代。随着分布式人工智能、Internet及数据挖掘、智能系统之间的不断交互与通信及智能Agent之间的紧密合作,尤其是最近出现的云计算、物联网技术的发展。人工智能必将面临新的机遇和挑战,同时也必将会为人工智能谱写新的历史篇章。

## 11.3 数字地球

数字地球是对地球上自然界、人类社会的一切事物、现象、活动数字化的过程,是对地球与人类活动的数字虚拟,是帮助我们科学利用地球资源,达到人、社会、自然的和谐与可持续发展的重要手段。

### 11.3.1 什么是数字地球

数字地球(Digital Earth),这是1998年1月31日美国副总统阿尔·戈尔在加利福尼亚科学中心所作的演讲中提出的一个新概念。戈尔演讲的题目是“数字地球：21世纪认识地球的方式”。戈尔在其演讲的开头就说：“一场新的技术革新浪潮正允许我们能够获取、存储、处理并显示有关地球的空前浩瀚的数据以及广泛而又多样的环境和文化数据信息”。接着他提出：“我相信我们需要一个数字地球,即一种可以嵌入海量地理数据的、多分辨率的和三维的地球表示。”戈尔的这种描绘为我们勾勒出一个诱人的数字地球景象。使普通老百姓,甚至一个小孩子都能方便地运用一定的科学手段获得自己所想了解的有关地球现状和历史的信息。真可谓“全部地球尽收眼底”,当然,这个虚拟的“全部地球”,只是人们今天所认识的地球,还不可能是真实的全部地球。

从广义的角度看,数字地球是将地球上自然界、人类社会的一切事物、现象、活动数字化的技术,是对地球与人类活动的数字虚拟。从狭义的角度看,数字地球是通过遥感技术、地理信息系统技术、导航定位技术、计算机高性能计算技术、虚拟现实技术与通信技术,以地球信息应用为核心,整合地球与空间信息,准确地用数据描述地球,分析和模拟地球与空间的自然、社会演变的过程,是帮助我们科学利用地球资源,达到人、社会、自然的和谐与可持续发展的重要手段。

数字地球概念的核心如下。

(1) 使用数字化和空间化技术,用数据来准确地描述地球与空间状态信息。

(2) 最大限度地利用与地球相关的信息资源。

(3) 可以在空间维度上漫游,也可以在时间维度上漫游。

(4) 为地球科学研究创造条件。

## 11.3.2 数字地球的核心技术

数字地球是一项以信息技术为核心,多学科交叉、融合的研究成果。从数字地球的数据获取、收集、传输、存储、处理到利用,可以看出支撑数字地球的核心技术主要包括:遥感(Remote Sensing,RS)、全球定位系统(Global Positioning System,GPS)、地理信息系统(Geographic Information System,GIS)、数字地球基础理论体系。

### 1. 航天航空遥感技术

现代遥感技术主要是指航空航天遥感技术,它通过遥感飞机和遥感卫星的遥感遥测,对地球进行完整的扫描,将地球任何一个地点的自然、人文景观实地地拍摄下来。今后大地资源卫星、气象卫星、海洋卫星、环境与灾害监测小卫星群和航空遥感将构成一个完整的航空航天对地观测体系,实现对地球的陆地、大气、海洋的立体观测和动态监测。

航天遥感系统包括:运载平台、成像传感器系统与数据处理系统。

1) 运载平台

近年来,遥感观测平台出现了两种重要的发展趋势,一是利用无人机(无人飞机、无人直升机与无人飞艇)开展灵活的低空、高精度、安全的遥感遥测,二是发展遥感小卫星星座技术。

2) 成像传感器系统

遥感的目的就是获取遥感影像。卫星遥感影像是通过成像传感器系统来获取的。在卫星遥感问世的二十多年来,卫星遥感影像的空间分辨率已经有了很大的提高。空间分辨率指影像上所能看到的地面最小目标尺寸。在成像传感器技术中,光学高分辨率传感器技术进展最快。

3) 数据处理系统

数据处理系统对遥感所获得数据的处理,提取有用的信息,通过分析、判断,将信息变成知识,再将这些知识运用到经济建设、国防建设、抗灾救灾等服务中。

观测与研究人类赖以生存的地球成为数字地球研究的重要内容,空间遥感是主要的手段之一。遥感小卫星星座的编队飞行技术的发展为对地观测增添了活力。遥感小卫星星座的编队飞行，即若干个小卫星在一定的距离范围内联合飞行、彼此配合、协同工作组成的空间系统。

以遥感卫星为核心的对地观测技术的发展也为信息技术研究提出了更多的课题和更高的要求，为信息产业的发展提供了更大的空间。

### 2. 全球定位系统

全球定位系统是一种全新的定位方法，它是将卫星定位和导航技术与现代通信技术相结合，具有全时空、全天候、高精度、连续实时地提供导航、定位和授时的特点。用 GPS 同时测定三维坐标的方法将测绘定位技术从陆地和近海扩展到整个地球空间和外层空间。

目前全球主要的 GPS 有 4 个：美国的“全星球导航定位系统”（Global Navigation Satellite System，GNSS）、欧盟的“伽利略”（Galileo）卫星定位系统、俄罗斯的“格洛纳斯”（Glonass）卫星定位系统与中国的“北斗”卫星定位系统。这 4 个系统并称为全球 4 大卫星导航系统。目前，联合国已将这 4 个系统确认为全球卫星导航系统核心供应商。

GPS 由三个部分组成：空间部分、地面控制部分与用户接收机。

空间部分的 GPS 卫星星座是由 21 个工作卫星和三颗在轨备用卫星组成，记作（21＋3）GPS 星座。24 颗卫星均匀分布在 6 个轨道平面上，其结构如图 11-13 所示。

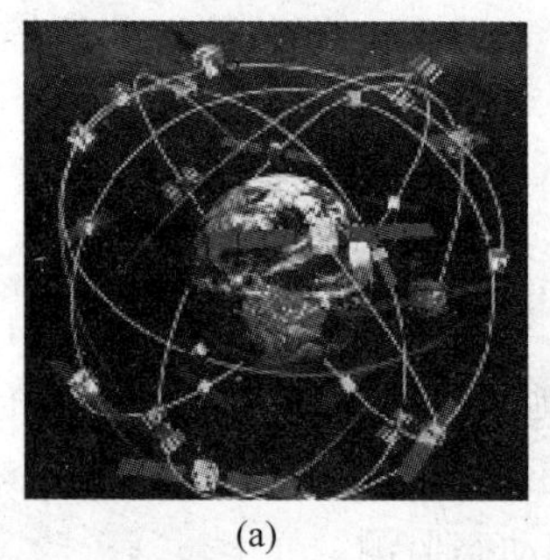
(a)

(b)

(c)

图 11-13 GPS 卫星星座结构示意图

地面监控系统承担着两项任务，一是控制卫星运行状态与轨道参数，二是保证星座上所有卫星的时间基准的一致性。

GPS 接收机硬件一般由主机、天线和电源组成。为了准确的定位，每一颗 GPS 卫星上都有两台原子钟，GPS 接收机需要从 GPS 信号中获取精确的时钟信息。通过判断卫星信号从发送到接收的传播时间来测算出观测点到卫星的距离，然后根据到不同卫星的距离通过计算得出自己在地球上的位置。

GPS 可以用于陆地、海洋、航空航天应用等领域。陆地应用主要包括车辆导航、突发事件应急指挥、大气物理观测、地球物理资源勘探、工程测量、变形监测、地壳运动监测与市政规划控制。海洋应用主要包括远洋船最佳航程航线测定、船只实时调度与导航、海洋救援、水文地质测量、海洋平台定位与海平面升降监测。航空航天应用主要包括飞机导航、航空遥感姿态控制、低轨卫星定轨、导弹制导、航空救援和载人航天器防护探测等。

GPS 技术正朝着高精度、高可靠性、安全性、服务的综合性、多系统的兼容性方向发展。

### 3. 地理信息系统

地理信息系统是在地理学、遥测遥感技术、全球定位系统、管理科学与计算机科学的基础上发展起来的一门交叉学科。遥感影像可以作为GIS的一种基本地图,由GPS提供精确位置数据,加之其他社会经济数据共同形成了地理空间数据库。GIS是以地理空间数据库为基础,在计算机技术的支持下,运用系统工程和信息科学的理论,科学管理和综合分析具有空间内涵的地理数据,为管理与决策提供科学的依据。

GIS作为一种综合处理和分析地理空间数据的软件技术,它包括地理空间数据库、空间信息检索软件、空间信息分析与处理软件、空间信息显示软件。

其中,地理空间数据库是GIS的核心与基础,它具有以下几个基本的特点。

1) 数据的来源是多样的

地理空间数据库存储的数据包括遥测遥感数据、地面测绘数据、建筑物设计图纸与数据、地区与城市规划图纸,以及政府管理文件等。这些数据格式不同,数据量不同,处理的方式与精度要求也不同。图11-14给出了常见的卫星遥感地图、人工测绘的城市地图,以及提供GPS获取的城市位置数据信息。GIS软件需要对同一个对象的多种数据采用数据融合技术,在地理空间数据库建立统一的描述,为地理数据的综合分析和利用提供条件。

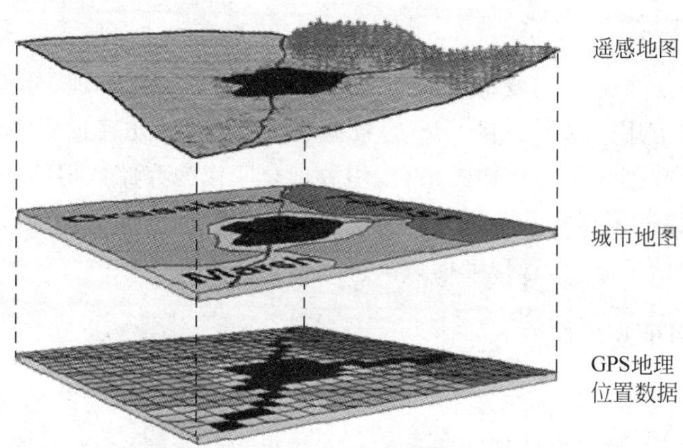


图11-14 遥感地图、城市地图与GPS地理位置数据的关系

2) 数据的选取是面向行业和面向应用的

实际应用的GIS都是面向行业、面向应用的。图11-15给出一个直观的例子,对于同一个地区来说,地理学研究人员关心城市总体的地理概貌,通过GIS软件系统获取的是第一张城市等高线地图;如果是城市交通管理人员,他需要一张有关城市交通的地图;负责城市土地规划的管理人员,需要一张有关城市土地使用情况的地图;对于城市绿化管理人员,则需要一张有关城市植被的地图。

3) 数据是动态的

面向行业的GIS的数据必然要随着发展不断地更新。使GIS地理空间数据库能够及时准确地反映城市用地的变化。智能交通系统的GIS关心的道路交通环境与交通流量信息更是不断变化的。

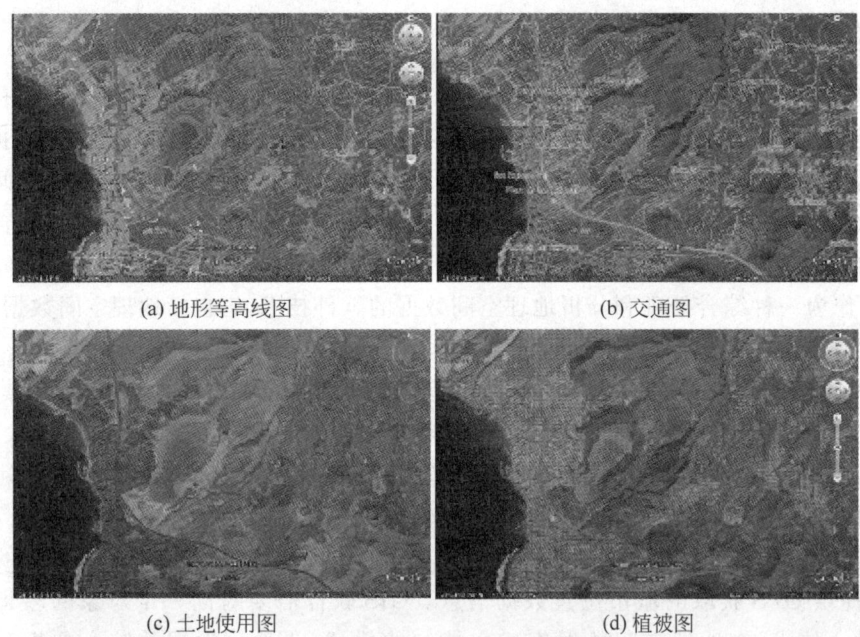

(a) 地形等高线图 (b) 交通图

(c) 土地使用图 (d) 植被图

图 11-15 地形等高线图、交通图、土地使用图与植被图

4）数据是海量的

能够动态反映一个地区或城市的 GIS 数据是海量的，如何管理、分析与利用信息取决于所采用的计算机应用的水平。在 GIS 的数据收集、存储与处理过程中，普遍采用了互联网与移动通信作为数据采集与传输的平台，用数据仓库作为存储数据的环境，依据空间数据分析模型，使用数据挖掘技术和并行计算方法深度提取数据内涵的信息，用三维动画与虚拟现实技术显示提取的信息，为管理者提供决策服务。

### 4. 全球综合对地观测系统

通过广泛和有效的国际合作，建立全球天地一体化的地球观测系统，提高全球信息资源的共享程度，有利于人类深入认识地球系统动态过程和资源环境，为人类的安全和经济的可持续发展提供保障。

全球对地观测系统(Global Earth Observation System of Systems，GEOSS)计划主要关注以下 9 个方面的问题。

(1) 减少自然与人为灾害造成的生命财产损失。

(2) 了解环境因素对人类健康和生命的影响。

(3) 改善对能源资源的管理。

(4) 认识、评估、预测、减轻并且适应气候变化。

(5) 更好地了解水循环过程，改进水资源管理。

(6) 改进气象信息、天气预报和预警。

(7) 提高对陆地、海岸、海洋生态系统的保护和管理。

(8) 支持农业的可持续发展，减少荒漠化。

(9) 了解、监测和保护生物多样性。

通过建设GEOSS,人类将会对地球系统进行更全面、更深入地观测和认识,扩展在全球范围的观测、监测与预警能力。

**5. 数字地球基础理论体系**

数字地球的研究真正的核心和基础是数字地球原型系统与数字地球基础理论体系。卫星遥感技术、GPS与GIS都是需要建立在数字地球原型系统与数字地球基础理论体系之上,同时也为数字地球基础理论体系的实现提供了技术手段。

数字地球原型系统涉及数字地球理论与模型方面的研究,建立海量空间数据与相关数据的存储、查询和检索服务,为跨学科的地球科学研究,以及地球各圈层动力学关联分析、数据融合、数据挖掘与知识发现、模拟与预测提供平台。数字地球基础理论体系包括:数字地球参考模型、地球表层信息化理论、数字地球分析理论与科学计算方法。

### 11.3.3 数字地球技术的作用

数字地球作为信息时代的一项重要的技术成果,将对人类社会与人类生活产生重要的影响。这些影响主要表现在以下几个方面。

(1) 数字地球对全球的事务处理将会发挥越来越重要的作用。

① 数字地球在解决人类社会可持续发展问题中的作用。

经济的全球化与资源环境的全球化的发展日趋明显,人类在全球环境恶化的面前必须采取共同的应对策略,这一点在各国之间开始达成了共识。最典型的例子是温室效应对地球环境的影响问题。温室效应主要是由于现代化工业社会过多燃烧煤炭、石油和天然气,这些燃料燃烧后放出大量的二氧化碳气体进入大气造成的。显然,监测、控制二氧化碳等有害气体排放,必须依靠数字地球技术。同时,人类可以利用数字地球技术对自然资源、人口与经济发展进行规划,对灾害预测与防范进行预测,帮助解决好人类社会的可持续发展问题。

② 数字地球在提高人类应对突发事件能力中的作用。

地球时刻面临着环境恶化以及地震、海啸等突发事件的威胁,甚至是需要处理太空飞来的陨石撞击地球的事件。这些威胁虽然可能是局部的,但是对于全球都会产生一定的影响。人类可以借助数字地球技术的各种数据进行分析和预测,虚拟各种突发事件的场景,提供给相关部门作为决策参考和模拟训练,以提高人类预防和处置突发事件的能力。

③ 数字地球在提高军队作战能力方面的作用。

在现代战场上,从大气层外空间到大气层内空间,从高空到中、低空,从地面到水面和水下,到处都布满了军事监测装置和传感器。显然,数字地球技术是现代信息化条件下作战的关键技术。在海湾战争的"沙漠风暴"战争中,美国在行动之前的半年里,在外空就调用了几十颗卫星、大量侦察飞机、预警飞机、舰载电子侦察设备,以及在伊拉克周边设立了八十多个地面侦察点,对伊拉克进行全方位、多层次、实时的监视和侦察,广泛搜集各种情报,为美军的作战提供了准确和及时的信息。战争开始之后,美军戴着装备了GPS的头盔,通过无线自组网,及时获得战场信息和战斗指令。而伊军在美军强大的信息压制、干扰和打击下,侦察情报与指挥通信系统失灵,整个作战体系瘫痪,完全处于被动挨打的局面。从这个例子可以看出,数字地球对于推动战争向精确、可控方向发展,提高多兵种协同作战能力和指挥能力是十分重要的。

(2) 数字地球对提高国家管理和决策水平将会发挥越来越重要的作用。

① 数字地球将为国家决策提供新的手段。

国家决策涉及政治、军事、外交、科技、文化，而决策正确与否很大程度上取决于决策者对国内外信息的把握。统计数据表明，80%以上的决策都会与空间信息相关，因此数字地球技术无疑会为国家决策提供一种新的和有效的手段。

② 数字地球将在国家管理中发挥重要的作用。

数字地球技术可以用于城市规划、市政管理、城市交通、资源与经济、环境保护、公安消防管理，以及突发公共安全事件的应急处置。政府部门的管理者可以依据数字地球技术提供的相关信息，科学地预测、规划和处置涉及城市经济与社会发展的问题，保持城市的经济发展与安全，提高决策的科学性、前瞻性与正确性。

# 附录A ASCII字符编码表

| 十进制 | 八进制 | 十六进制 | 字符 | 描　述 |
|---|---|---|---|---|
| 0 | 0 | 00 | NUL | |
| 1 | 1 | 01 | SOH | start of header |
| 2 | 2 | 02 | STX | start of text |
| 3 | 3 | 03 | ETX | end of text |
| 4 | 4 | 04 | EOT | end of transmission |
| 5 | 5 | 05 | ENQ | enquiry |
| 6 | 6 | 06 | ACK | acknowledge |
| 7 | 7 | 07 | BEL | bell |
| 8 | 10 | 08 | BS | backspace |
| 9 | 11 | 09 | HT | horizontal tab |
| 10 | 12 | 0A | LF | line feed |
| 11 | 13 | 0B | VT | vertical tab |
| 12 | 14 | 0C | FF | form feed |
| 13 | 15 | 0D | CR | carriage return |
| 14 | 16 | 0E | SO | shift out |
| 15 | 17 | 0F | SI | shift in |
| 16 | 20 | 10 | DLE | data link escape |
| 17 | 21 | 11 | DC1 | no assignment，but usually XON |
| 18 | 22 | 12 | DC2 | |
| 19 | 23 | 13 | DC3 | no assignment，but usually XOFF |
| 20 | 24 | 14 | DC4 | |
| 21 | 25 | 15 | NAK | negative acknowledge |
| 22 | 26 | 16 | SYN | synchronous idle |
| 23 | 27 | 17 | ETB | end of transmission block |
| 24 | 30 | 18 | CAN | cancel |
| 25 | 31 | 19 | EM | end of medium |
| 26 | 32 | 1A | SUB | substitute |
| 27 | 33 | 1B | ESC | escape |
| 28 | 34 | 1C | FS | file seperator |
| 29 | 35 | 1D | GS | group seperator |
| 30 | 36 | 1E | RS | record seperator |
| 31 | 37 | 1F | US | unit seperator |
| 32 | 40 | 20 | SPC | space |

续表

| 十进制 | 八进制 | 十六进制 | 字符 | 描 述 |
| --- | --- | --- | --- | --- |
| 33 | 41 | 21 | ! | |
| 34 | 42 | 22 | " | |
| 35 | 43 | 23 | # | |
| 36 | 44 | 24 | $ | |
| 37 | 45 | 25 | % | |
| 38 | 46 | 26 | & | |
| 39 | 47 | 27 | ' | |
| 40 | 50 | 28 | ( | |
| 41 | 51 | 29 | ) | |
| 42 | 52 | 2A | * | |
| 43 | 53 | 2B | + | |
| 44 | 54 | 2C | , | |
| 45 | 55 | 2D | - | |
| 46 | 56 | 2E | . | |
| 47 | 57 | 2F | / | |
| 48 | 60 | 30 | 0 | |
| 49 | 61 | 31 | 1 | |
| 50 | 62 | 32 | 2 | |
| 51 | 63 | 33 | 3 | |
| 52 | 64 | 34 | 4 | |
| 53 | 65 | 35 | 5 | |
| 54 | 66 | 36 | 6 | |
| 55 | 67 | 37 | 7 | |
| 56 | 70 | 38 | 8 | |
| 57 | 71 | 39 | 9 | |
| 58 | 72 | 3A | : | |
| 59 | 73 | 3B | ; | |
| 60 | 74 | 3C | < | |
| 61 | 75 | 3D | = | |
| 62 | 76 | 3E | > | |
| 63 | 77 | 3F | ? | |
| 64 | 100 | 40 | @ | |
| 65 | 101 | 41 | A | |
| 66 | 102 | 42 | B | |
| 67 | 103 | 43 | C | |
| 68 | 104 | 44 | D | |
| 69 | 105 | 45 | E | |
| 70 | 106 | 46 | F | |
| 71 | 107 | 47 | G | |
| 72 | 110 | 48 | H | |
| 73 | 111 | 49 | I | |
| 74 | 112 | 4A | J | |

续表

| 十进制 | 八进制 | 十六进制 | 字符 | 描　述 |
|---|---|---|---|---|
| 75 | 113 | 4B | K | |
| 76 | 114 | 4C | L | |
| 77 | 115 | 4D | M | |
| 78 | 116 | 4E | N | |
| 79 | 117 | 4F | O | |
| 80 | 120 | 50 | P | |
| 81 | 121 | 51 | Q | |
| 82 | 122 | 52 | R | |
| 83 | 123 | 53 | S | |
| 84 | 124 | 54 | T | |
| 85 | 125 | 55 | U | |
| 86 | 126 | 56 | V | |
| 87 | 127 | 57 | W | |
| 88 | 130 | 58 | X | |
| 89 | 131 | 59 | Y | |
| 90 | 132 | 5A | Z | |
| 91 | 133 | 5B | [ | |
| 92 | 134 | 5C | \ | |
| 93 | 135 | 5D | ] | |
| 94 | 136 | 5E | ^ | |
| 95 | 137 | 5F | _ | |
| 96 | 140 | 60 | ` | |
| 97 | 141 | 61 | a | |
| 98 | 142 | 62 | b | |
| 99 | 143 | 63 | c | |
| 100 | 144 | 64 | d | |
| 101 | 145 | 65 | e | |
| 102 | 146 | 66 | f | |
| 103 | 147 | 67 | g | |
| 104 | 150 | 68 | h | |
| 105 | 151 | 69 | i | |
| 106 | 152 | 6A | j | |
| 107 | 153 | 6B | k | |
| 108 | 154 | 6C | l | |
| 109 | 155 | 6D | m | |
| 110 | 156 | 6E | n | |
| 111 | 157 | 6F | o | |
| 112 | 160 | 70 | p | |
| 113 | 161 | 71 | q | |
| 114 | 162 | 72 | r | |
| 115 | 163 | 73 | s | |
| 116 | 164 | 74 | t | |

续表

| 十进制 | 八进制 | 十六进制 | 字符 | 描述 |
|---|---|---|---|---|
| 117 | 165 | 75 | u | |
| 118 | 166 | 76 | v | |
| 119 | 167 | 77 | w | |
| 120 | 170 | 78 | x | |
| 121 | 171 | 79 | y | |
| 122 | 172 | 7A | z | |
| 123 | 173 | 7B | { | |
| 124 | 174 | 7C | \| | |
| 125 | 175 | 7D | } | |
| 126 | 176 | 7E | ～ | |
| 127 | 177 | 7F | Del | Delete |

# 附录B 计算机综合应用能力考核全球标准认证

## B1 认证简介

计算机综合应用能力考核全球标准认证（Internet and Computing Core Certification，$IC^3$），由微软办公软件全球认证中心推出。它建立了全球认可的计算机应用知识与操作技能的权威评价标准，是世界上首次针对计算机和网络基本技能的认证。

$IC^3$ 国际标准由来自二十多个国家的产业界、教育界和IT领域专家通力合作所建立，这套标准不仅被国际众多知名院校所接受，同时还获得了政府、企业界、主要行业和学术机构的广泛认可和支持。

$IC^3$ 国际标准涵盖了由271项单项能力组成的现代信息化环境中各行业工作人员所必须具备的计算机核心应用能力。该认证主要有计算机基础、常用软件、网络与安全三个科目，考试可以不分科目顺序，自行选考。

## B2 计算机综合应用能力考核全球标准认证提纲

第1部分 计算机基础

1.1 计算机硬件

1.1.1 了解计算机的类型，计算机处理信息的方式以及个人计算机与其他计算机系统和设备配合使用的方法

1. 计算机分类
2. 了解各种类型的微型计算机
3. 了解其他类型的计算设备
4. 了解中央处理单元的作用
5. 了解标示微处理器速度的指标
6. 了解各类内存和存储器
7. 了解有关标示存储器的指标
8. 在日常计算机应用中，存储设备和微处理器以及RAM之间的信息流向
9. 了解大型系统与台式计算机的运行
10. 识别计算机以各种方式与大型系统的集成

11. 计算机如何共享数据、资源

1.1.2 计算机硬件组件

1. 计算机外围组件的类型和用途，包括标准输入、输出设备

2. 计算机内部组件的类型和用途

3. 了解专用输入设备的类型和用途

4. 专用输出设备的类型和用途

5. 存储媒体的类型和用途

6. 通用外设端口

1.1.3 购买计算机的决定的因素

1. 了解选择个人计算机的标准

2. 了解影响计算机性能的因素

3. 了解购买计算机时对硬件和软件的考虑

4. 了解影响购买计算机决定的其他因素

1.1.4 了解如何维护计算机设备以及解决有关计算机硬件的常见问题

1. 如何防止计算机硬件被盗或破坏

2. 可能导致计算机硬件或媒体损坏的因素

3. 如何防止计算机硬件受电源波动、断电及其他电力问题的影响

4. 与计算机硬件有关的常见问题，如硬件设备无法操作

5. 不正确维护硬件可能导致的常见问题

6. 了解用户可以日常执行的维护工作

7. 只能由经验丰富的专业人员执行的维护

8. 了解解决计算机相关问题所需的步骤

1.2 计算机软件

1.2.1 软件概述

1. 了解硬件和软件如何协作

2. 了解有关软件开发流程的简单术语和概念

3. 了解有关软件升级的问题

1.2.2 软件的各种类型

1. 文字处理软件

2. 电子表格软件

3. 简报软件

4. 数据库软件

5. 多媒体软件

6. 了解各种实用程序的类型和用途

7. 了解其他软件类型

8. 了解如何选择适当的应用程序，以及将不适当的软件产品用于特定目的时可能引起的问题

1.3 操作系统软件

1.3.1 操作系统

1. 了解操作系统的用途
2. 了解各种不同的操作系统
3. 理解图形界面操作系统
4. 了解操作系统的功能和局限性
5. 了解和解决有关操作系统的常见问题

1.3.2　Windows 桌面概述

1. 认识 Windows 桌面上的元素
2. 操作窗口，如最小化窗口
3. 关闭、注销和重新启动计算机
4. 使用 Windows“开始”菜单和任务栏
5. 操作桌面文件夹和图标
6. 使用 Windows 资源管理器和文件管理器管理文件
7. 了解操作文件时应该注意的事项，包括使用标准化命令约定
8. 解决与处理文件有关的常见问题

1.3.3　系统设置

1. 显示控制面板
2. 识别各种控制面板功能
3. 更改简单的控制面板设置，如日期和时间设置
4. 显示和更新已安装的打印机列表
5. 了解有关更新系统设置的注意事项
6. 安装软件，包括通过在线资源安装更新
7. 了解与安装和运行应用程序有关的常见问题

第 2 部分　常用软件

2.1　常用程序功能

2.1.1　启动、退出 Windows 和帮助资源

1. 启动 Windows 应用程序
2. 退出 Windows 应用程序
3. 了解并选择合适的资源以获取帮助
4. 利用各式各样的自动化帮助

2.1.2　应用程序

1. 了解 Windows 应用程序的常见窗口组建
2. 显示或隐藏工具栏
3. 在多个打开的文档间切换显示
4. 更改视图
5. 更改显示比例
6. 创建文件
7. 打开应用程序和文件并了解文件的扩展名
8. 保存文件
9. 关闭文件

10. 了解和解决与文件操作有关的常见问题

2.1.3 编辑和格式化功能

1. 利用滚动条、键盘快捷键定位命令浏览打开的文件
2. 在文件中插入文本和数字
3. 简单编辑(如剪切、复制和移动信息)
4. 使用撤销、恢复和重复命令
5. 查找信息
6. 替换信息
7. 检查拼写
8. 执行简单的文本格式化
9. 在文本中插入图片
10. 修改文本中的图片
11. 在文件中添加绘制图像,包括创建和修改对象

2.1.4 打印功能

1. 格式化文档以便进行打印
2. 打印前预览文件
3. 打印文件,设置常用的打印选项
4. 管理打印和打印工作
5. 解决与打印有关的常见问题

2.2 文字处理

2.2.1 格式设置

1. 了解各种格式标记,包括换行符、段落标记等
2. 选择文字、行、段落、文档
3. 更改行距和段落间距
4. 文本缩进
5. 创建和修改项目符号和编号
6. 利用框架结构格式化文档
7. 插入符号、特殊字符
8. 插入日期和时间
9. 插入、查看和打印文档注释
10. 显示标尺
11. 使用 Tab 键
12. 插入和删除分页符或分节符
13. 插入、修改和格式化页码
14. 创建、修改和格式化页眉和页脚
15. 创建、修改和格式化脚注和尾注
16. 为文本段落应用边框和底纹
17. 创建、修改和应用样式
18. 使用格式刷

19. 使用语言工具
20. 在文档中使用追踪修订功能
21. 显示文档统计信息

2.2.2　插入、编辑和格式化文档的表格

1. 创建表格
2. 插入和编辑表格中的数据
3. 修改表格结构
4. 格式化表格
5. 排序表格中的数据

2.3　电子表格功能

2.3.1　修改并格式化工作表数据

1. 组织表格数据
2. 选择信息，包括选择行、列和工作表
3. 插入和修改数据
4. 修改表格结构
5. 更改数字格式，包括货币、日期和时间及百分数格式
6. 为单元格应用边框和底纹
7. 指定单元格对齐方式（如单元格中的文本自动换行）
8. 应用表格自动套用格式

2.3.2　排序、使用公式和函数处理数据并添加和修改图表

1. 排序工作表数据
2. 掌握和理解单元格地址的绝对引用和相对引用
3. 在工作表单元格中插入算术公式
4. 掌握常用工作表函数（如 SUM、AVERAGE 和 COUNT）
5. 在单元格中插入包含工作表函数的公式
6. 修改公式和函数
7. 使用自动求和
8. 了解使用公式和函数时常见的错误
9. 根据工作表中的表格数据得出简单结论
10. 插入和修改工作表中图表
11. 能够确定展示的图表是否准确反映了表格中显示的工作表数据
12. 了解用于展示各种不同类型信息的相应图表类型

2.4　用展示软件进行交流

1. 了解简单演示文稿的有效设计原理
2. 管理幻灯片（如删除幻灯片）
3. 为幻灯片添加信息
4. 更改幻灯片视图
5. 更改幻灯片版式
6. 修改幻灯片背景

7. 为幻灯片指定切换方式
8. 更改演示文稿中的幻灯片顺序
9. 使用不同版式输出演示文稿
10. 预览幻灯片放映效果
11. 在放映幻灯片时进行定位
第 3 部分　网络与安全
3.1　网络与因特网
3.1.1　网络的基本原理和好处与风险
1. 了解有关电信、网络和因特网的术语
2. 了解网络的类型
3. 了解网络的工作原理
4. 了解计算机联网的好处
5. 了解计算机联网的风险
6. 了解网络安全的基本原理
3.1.2　网络与互联网
1. 了解电话系统用于传输信息的不同方式
2. 了解在模拟与数字格式之间来回转换信息的电信设备，如调制解调器
3. 了解用于测量数据传输速度的单位
4. 了解因特网是小型计算机网络组成的“超级网络”，计算机通过小型计算机网络的“接口”连接到因特网
5. 了解连接到因特网所需的硬件和软件
6. 了解内部网和外部网
3.2　电子邮件
3.2.1　电子邮件的工作原理
1. 了解电子邮件在网络和因特网上的工作方式
2. 了解电子邮件内容的组成部分
3. 了解电子邮件地址的组成部分
4. 了解何时使用不同的电子邮件选项
5. 了解访问电子邮件的不同方式
6. 识别附件
3.2.2　使用电子邮件
1. 阅读和发送电子邮件
2. 了解为邮件内容补充更多信息的方式
3. 管理附件
4. 管理邮件
5. 管理地址
6. 了解常用邮件配置选项的用途
3.2.3　了解电子邮件的适当用法和“网络礼节”
1. 了解电子邮件的优点

2. 了解与电子邮件有关的常见问题

3. 了解专业和有效电子邮件的元素

4. 了解比电子邮件更适合使用其他通信方式的时机

5. 了解何时在回复中包含原始电子邮件的内容以作为追踪电子邮件通信“历史记录”的方法

6. 了解电子邮件附件的适当用法以及其他补充信息

7. 了解有关非索取电子邮件(“垃圾邮件”)的问题以及如何减少或控制非索取电子邮件

8. 了解确保安全有效使用电子邮件的有效步骤

3.3　使用因特网

3.3.1　因特网资源

1. 了解因特网有关的术语

2. 了解浏览器在访问环球信息网上的信息时的作用

3. 定义 Web 网站的不同元素

4. 区分网站类型

5. 了解安全与不安全网站并判断 Web 网站的安全性

6. 了解通过因特网进行通信的各种方式

3.3.2　能够使用 Web 浏览应用程序

1. 定义网站网址

2. 使用浏览器浏览 Web 网页

3. 刷新 Web 网页视图

4. 显示以及删除最近访问过的 Web 网站的历史记录

5. 在 Web 网站上查找特定信息

6. 管理加入书签的网站/收藏夹中的网站

7. 保存 Web 网站并脱机浏览

8. 复制 Web 网站的元素

9. 打印 Web 网站的全部或指定内容

10. 将文件从 Web 网站下载到指定位置

11. 了解可在 Web 浏览器应用程序中修改的设置

12. 了解与使用 Web 浏览器有关的问题

3.3.3　搜索引擎

1. 搜索引擎分类的方式和如何查找 Web 网站

2. 了解在 Web 中搜索信息的其他方式

3. 根据指定的关键词使用搜索引擎搜索信息

4. 搜索有效性

5. 了解有关在因特网中找到信息的质量的问题

6. 如何评估在 Web 中找到信息的质量

3.4　计算机和因特网对社会的影响

3.4.1　日常生活中的计算机

1. 了解如何使用计算机和因特网收集、整理和评估信息并促进学习
2. 了解涉及日常应用中计算机"后台"操作的技术和流程
3. 了解电子商务对企业、个人和政府的影响
4. 了解支持或提供残疾人士和弱势群体使用机会的技术，如语音识别

3.4.2 计算机的安全使用

1. 了解如何维护符合法律要求与安全规定的安全工作环境
2. 了解长时间使用计算机可能导致的伤害
3. 了解对个人和企业数据带来的风险
4. 了解有害的软件，包括病毒和蠕虫

3.4.3 计算机安全与犯罪

1. 了解限制互联网的访问
2. 了解在线信息版权原则
3. 了解有关何时可以将信息视为或不能视为个人所有的原则，包括学校或企业拥有的计算机系统（对个人数据在系统中的存储提出规定和指导）与个人拥有的计算机之间的区别
4. 了解如何避免有关电子商务的危险，包括只向安全可靠的网站提供信用卡信息
5. 了解如何在线保护隐私和个人安全信息
6. 了解如何查找有关使用计算机和因特网的规定的信息
7. 了解如何获得有关技术变革和发展的最新信息
8. 了解如何成为计算机和因特网的负责任的用户

# 参 考 文 献


[1] 余松森.计算机导论.北京：中国铁道出版社,2009.

[2] 晁思曾.计算机科学导论教程.北京：清华大学出版社,2009.

[3] 刘艺,等译.计算机科学导论(第二版).北京：清华大学出版社,2010.

[4] 胡承德,姜岩.电脑选购·组装·故障排除入门与进阶.北京：清华大学出版社,2010.

[5] 谭浩强.C程序设计(第二版).北京：清华大学出版社,2005.

[6] 汤小丹,梁红兵,汤子瀛.计算机操作系统(第三版).西安：西安电子科技大学出版社,2007.

[7] 孟庆昌,等. Linux基础教程.北京：清华大学出版社,2009.

[8] 徐士良.计算机软件技术基础(第三版).北京：清华大学出版社,2010.

[9] 黄迪明.软件技术基础(第三版).成都：电子科技大学出版社,2009.

[10] 沈被娜,刘祖照.计算机软件技术基础 .北京：清华大学出版社,2000.

[11] 陈明.计算机导论.北京：清华大学出版社,2009.

[12] 肖慎勇,尹兰,吴良霞.SQL Server数据库管理与开发.北京：清华大学出版社,2006.

[13] 袁方,王兵,李继民.计算机导论.北京：清华大学出版社,2009.

[14] 陈海,李玫,刘琨,等.计算机基础.北京：人民邮电出版社,2009.

[15] 钱乐秋,赵文耘,牛军钰.软件工程.北京：清华大学出版社,2007.

[16] 郑人杰,马素霞,白晓颖译.软件工程：实践者的研究方法. 北京：机械工业出版社,2007.

[17] 田淑梅,廉龙颖,高辉.软件工程理论与实践.北京：清华大学出版社,2011.

[18] 王珊,萨师煊.数据库系统概论(第四版).北京：高等教育出版社,2006.

[19] 常晋义,王小英,周蓓. 计算机系统导论.北京：清华大学出版社,2011.

[20] 吴功宜.计算机网络(第二版).北京：清华大学出版社,2007.

[21] 刘振鹏,张明,王煜.操作系统(第二版).北京：中国铁道出版社,2007.

[22] 徐敬东.计算机网络.北京：清华大学出版社,2002.

[23] 吴功宜.智慧的物联网.北京：机械工业出版社,2010.

[24] 张立昂.算法设计.北京：清华大学出版社,2007.

[25] 刘峡壁.人工智能导论-方法与系统.北京：国防工业出版社,2008.

[26] 吴玉.数据结构.北京：人民交通出版社,2007.

[27] 王汝传.智能Agent及其在信息网络中的应用.北京：北京邮电大学出版社,2006.

[28] 王爱英.计算机组成与结构.北京：清华大学出版社,2007.

[29] 蒋本珊.计算机组成原理.北京：清华大学出版社,2007.

[30] 单学红.计算机组装与维护.北京：清华大学出版社,2009.

[31] 刘怀亮.计算机导论.北京：冶金工业出版社,2009.

[32] 邹水龙,吴发宗.大学计算机基础.北京：研究出版社,2010.

[33] 吕云翔,等译.计算机文化.北京：机械工业出版社,2008.

[34] 严蔚敏,吴伟民.数据结构.北京：清华大学出版社,2010.

[35] 黄维通.Visual C++面向对象与可视化程序设计(第二版).北京：清华大学出版社,2010.

# 图书资源支持

感谢您一直以来对清华版图书的支持和爱护。为了配合本书的使用，本书提供配套的资源，有需求的读者请扫描下方的“书圈”微信公众号二维码，在图书专区下载，也可以拨打电话或发送电子邮件咨询。

如果您在使用本书的过程中遇到了什么问题，或者有相关图书出版计划，也请您发邮件告诉我们，以便我们更好地为您服务。


**我们的联系方式：**

地　　址：北京海淀区双清路学研大厦 A 座 707

邮　　编：100084

电　　话：010－62770175－4604

资源下载：http://www.tup.com.cn

电子邮件：weijj@tup.tsinghua.edu.cn

QQ：883604(请写明您的单位和姓名)


资源下载、样书申请

书圈

**用微信扫一扫右边的二维码，即可关注清华大学出版社公众号“书圈”。**